小麦族 Ns 染色体组植物
分类、系统发育与资源创新利用

主　编　周永红

副主编　杨瑞武　张海琴　凡　星

　　　　康厚扬　沙莉娜　王　益　曾　建

U0287382

科学出版社

北　京

内 容 简 介

在小麦族植物中，含有 **Ns** 染色体组的有新麦草属（Psathyrostachys Nevski）、赖草属（Leymus Hochst.）和牧场麦属（Pascopyrum Á. Löve）植物。它们具有较强的耐寒、耐旱、耐碱以及抗病、抗虫、抗风沙能力，同时具有高抗小麦条锈病和全蚀病、早熟等优良特性，是麦类作物和牧草遗传育种宝贵的基因资源。然而，小麦族 **Ns** 染色体组植物的系统分类、种间关系及其系统演化一直存在很大的学术争议和分歧。本书以四川农业大学"小麦族生物系统学与资源创新利用"课题组多年来对小麦族 **Ns** 染色体组植物的研究成果为核心素材汇编而成，系统地介绍了小麦族 **Ns** 染色体组植物的分类、系统发育、资源创新和利用等方面的研究成果，澄清了 **Ns** 染色体组植物的分类学及系统发育的科学问题，获得了一大批含 **Ns** 染色体组的特异小麦育种新材料。

本书可作为植物学、农学、草学、生态学、园林学等相关学科和专业教学、科研和生产工作者的参考书。

图书在版编目(CIP)数据

小麦族 Ns 染色体组植物分类、系统发育与资源创新利用 / 周永红主编. —北京：科学出版社，2022.6
ISBN 978-7-03-069769-1

Ⅰ.①小… Ⅱ.①周… Ⅲ.①小麦–染色体–遗传学–研究 Ⅳ.①S512.132

中国版本图书馆 CIP 数据核字 (2021) 第 187782 号

责任编辑：武雯雯 / 责任校对：彭 映
责任印制：罗 科 / 封面设计：墨创文化

科 学 出 版 社 出版

北京东黄城根北街16 号
邮政编码：100717
http://www.sciencep.com

成都锦瑞印刷有限责任公司印刷
科学出版社发行 各地新华书店经销

*

2022 年 6 月第 一 版 开本：787×1092 1/16
2022 年 6 月第一次印刷 印张：22 3/4
字数：539 000
定价：168.00 元

主编

周永红

副主编

杨瑞武　张海琴　凡　星

康厚扬　沙莉娜　王　益　曾　建

编写人员

丁春邦　王　龙　王晓丽　刘　静

张　利　余小芳　吴丹丹　肖　雪

杨财容　罗小梅　廖进秋　张　春

统稿

周永红　杨瑞武

谨以此书献给我尊敬的老师——

南京大学耿伯介教授、

四川农业大学颜济教授和杨俊良教授！

前　言

　　小麦族(Triticeae)是禾本科(Poaceae)植物中非常重要的一个类群,不仅包含小麦、大麦和黑麦等世界重要的粮食作物,也包含老芒麦、冰草、新麦草等具有重要经济价值的牧草种类。作为麦类作物的野生近缘植物,小麦族植物具有改良小麦和大麦高产、优质、抗病虫和抗逆的优异基因,通过远缘杂交和现代生物技术,可以将这些优异基因转移到普通小麦中。因此,小麦族植物是麦类作物遗传改良的重要种质资源。在小麦族中,含 Ns 染色体组的植物包括赖草属(Leymus Hochst.)、猬草属(Hystrix Moench)、新麦草属(Psathyrostachys Nevski)和牧场麦属(Pascopyrum Á. Löve)等 70 余种,分布于欧亚大陆和北美洲,生长于海滨、沙漠、山坡和林下,具有较强的耐寒、耐旱、耐碱以及抗病、抗虫、抗风沙能力,同时具有高抗小麦条锈病和全蚀病、早熟等优良特性,是小麦育种宝贵的基因资源。资源利用的前提就是要认识物种,对物种进行分类,弄清物种间、染色体组间的亲缘关系,探讨物种的形成、起源和演化,在此基础上进行资源评价和筛选,发掘优异基因资源,创制大批特异的优良材料。然而,小麦族 Ns 染色体组植物的系统分类、种间关系及其系统演化一直存在很大的学术争议和分歧。

　　四川农业大学“小麦族生物系统学与资源创新利用”课题组长期从事小麦族系统分类、种质资源评价以及创新与利用研究,特别是在小麦族系统分类和物种生物系统学研究方面取得了突出的研究成果。1999 年和 2006 年先后获得了四川省科学技术进步奖一等奖,2000年获得国家自然科学奖二等奖。2006 年以来,课题组在原有优秀研究工作基础上,在多项国家自然科学基金和省部级科技计划课题的资助下,利用属间、种间杂交,形态学、地理分布、细胞学和细胞遗传学资料,结合繁育学、基因组原位杂交和分子系统学的资料,探讨了猬草属的系统地位和物种亲缘关系,对物种进行了分类处理;研究了赖草属种间关系、物种分类处理、多倍体形成和亲缘地理关系;探讨了 Ns 和 Xm 染色体组的起源和演化;成功将含 Ns 染色体组的华山新麦草导入普通小麦中,并对创制的新材料进行筛选、鉴定,发掘获得一大批含华山新麦草外源遗传物质,具抗条锈病、早熟、分蘖多等优异特性的小麦育种新材料。在对小麦族 Ns 染色体组植物的分类、系统发育与资源评价的基础上,发掘优异基因资源,创制特异优良育种材料,在理论和实践上无疑具有重要的意义和价值。2013 年 4 月 14 日,四川省科技厅组织以中国科学院北京植物研究所洪德元院士为组长,北京大学顾红雅教授为副组长,四川大学、中国科学院成都生物研究所的专家为成员的成果鉴定专家组,对形成的“小麦族 Ns 染色体组植物的分类、系统发育与资源创新”科技成果进行了评价和鉴定。专家组认为:“该成果系统性强,创新性突出,总体达到了国际同类研究先进水平,在赖草属和猬草属物种生物学、系统发育与进化研究方面居国际领先水平。”该成果获得了 2013 年四川省科学技术进步奖自然科学类二等奖。

　　本书以课题组形成的“小麦族 Ns 染色体组植物的分类、系统发育与资源创新”科技成果为核心素材，系统地介绍了小麦族 **Ns** 染色体组植物的分类、系统发育、资源创新和利用等方面的研究结果，澄清了 **Ns** 染色体组植物的分类学及系统发育的学术问题，获得了一大批含 **Ns** 染色体组的特异小麦育种新材料。全书共 5 章，第 1 章由周永红教授和杨瑞武教授负责编写，概述了小麦族中的 **Ns** 染色体组植物，介绍了 **Ns** 染色体组植物的形态特征、地理分布及细胞学特征等；第 2 章由张海琴教授和周永红教授负责编写，采用形态学、生理生化、细胞学、分子生物学等研究方法对传统猬草属植物的染色体组组成、种间亲缘关系、起源和演化等问题进行研究，澄清了猬草属的系统地位，并对该属物种进行了分类处理；第 3 章由杨瑞武教授和沙莉娜副教授负责编写，利用形态学、生理生化、细胞学、分子生物学等研究方法开展赖草属植物的系统与分类研究，澄清了一些赖草属物种的种间关系以及与近缘属的关系，分析了该属植物的多倍体物种形成和亲缘地理关系；第 4 章由凡星教授和沙莉娜副教授负责编写，主要采用分子生物学手段分析 **Ns** 染色体组植物的起源和演化问题，探讨了 **Ns** 和 **Xm** 染色体组以及相关的 **St** 和 **H** 染色体组的起源和演化；第 5 章由康厚扬教授和王益教授负责编写，开展 **Ns** 染色体组植物在小麦育种中的应用研究，成功将含 **Ns** 染色体组的华山新麦草导入普通小麦中，利用形态学、细胞学、分子生物学等技术对创制的新材料进行筛选、鉴定，发掘获得一大批含华山新麦草外源遗传物质，具有抗条锈病、早熟、分蘖多等优异特性的小麦育种新材料。四川农业大学张利教授、丁春邦教授、王晓丽教授、曾建副教授、余小芳副教授、廖进秋副教授、罗小梅副教授、刘静博士、王龙博士、吴丹丹博士、肖雪老师和成都师范学院的杨财容博士、西南医科大学张春博士参加了部分内容的编写。本书由周永红教授和杨瑞武教授统稿。

本书的撰写和出版得到国家自然科学基金、四川农业大学双支计划和四川省高校博士创新团队的资助，在此表示衷心的感谢。在科学研究和本书的编写过程中，得到了四川农业大学小麦研究所和生命科学学院的大力支持，在此感谢支持和关心本书的各位领导和专家。在具体科学研究的实验过程中，课题组的博士和硕士研究生做了大量的工作，感谢他们辛勤的付出。

本书可作为植物学、农学、草学、生态学、园林学等相关学科和专业教学、科研和生产工作者的参考书。由于水平有限，时间仓促，本书难免有不当之处，恳请读者批评指正。

目　　录

第1章　小麦族 Ns 染色体组植物

1.1　小麦族植物

1.1.1　小麦族概述

小麦族(Triticeae)隶属于禾本科(Poaceae)早熟禾亚科(Pooideae)。该族植物的形态特征为一年生或多年生草本。秆直立，通常丛生。叶片狭窄，线形，叶鞘口部常具小的叶耳。叶片的解剖为狐茅型，矽细胞长圆形或椭圆形，无双细胞毛。花序穗状，顶生，穗轴断落或延续不断；小穗含1至数枚小花，通常两性(大麦属侧生小穗可为雄性)，单生或2～11枚簇生于穗轴每节，常无柄或两侧生小穗具短柄并不同程度退化；小穗轴断落于颖片之上与各小花之间(栽培种类则不断落)；颖片草质，大多披针形，脉明显，有时退化为锥刺状；外稃具5至数脉，无芒或有芒，直或弯曲；内稃与外稃相等或略有长短，具2脊；鳞被2枚；雄蕊3枚，花药纤细，通常黄色；子房顶部被毛，花柱2。颖果黏合或与稃体分离，长圆形，先端具茸毛，种脐长线形，胚小，单粒淀粉。染色体大型，$x=7$(郭本兆，1987；周永红，2017)。

小麦族是一个多形性、多变异的族，全世界约有30属450种，广泛分布于北半球温带地区(颜济和杨俊良，2013)。我国产13属175种，其中90%以上的物种为多年生，主要分布于西北、西南、华北、华中、华东、东北等地区，西北高寒地区为我国小麦族植物的集中分布区(周永红，2017)。小麦族植物的生态环境极其复杂多样，可生长于山坡、草地、林缘、灌丛、河谷、湖岸、沼泽、荒漠、砾石、沙滩、田间、路旁等生境中，个别种类能在比较极端的环境下生存。如大赖草(*Leymus racemosus*)能在戈壁、沙漠中生存；鹅观草(*Roegneria kamoji*)能在流水小河中生长；钙生鹅观草(*R. calcicola*)适生于石灰岩土上；吉林鹅观草(*R. nakaii*)可生长在温泉附近；多变鹅观草(*R. varia*)常见于阳坡砾石；短颖鹅观草(*R. breviglumis*)多生长在湿地、沼泽等。在海拔梯度上，光穗鹅观草(*R. glaberrima*)可分布于海平面之下30m的吐鲁番盆地，而芒颖鹅观草(*R. aristiglumis*)可分布于海拔5 500m的高山之巅等(卢宝荣，1995；颜济和杨俊良，2013)。

小麦族的系统分类可以追溯到林奈(Carolus Linnaeus)时代。1753年，林奈在 *Species Plantarum*(《植物种志》)中将 *Lolium*、*Elymus*、*Secale*、*Hordeum* 和 *Triticum* 排列在一起，并对各属所含物种的地理分布做了简要概述。在1754年出版的 *Genera Plantarum*(《植物属志》)中，林奈对上述5属的特征做了具体描述。显然，他当时依据形态对这些类群所做的排列，建立了对小麦族的先期认识。

1823年，比利时植物学家 Dumortier 在 *Observations sur les Graminees de la flore Belgique*(《比利时植物区系禾本科植物的观察》)一书中建立了小麦族(Triticeae Dumortier)，

并对其形态特征做了具体描述，定义为"花序穗状，直立或下垂；小穗 2~3 枚簇生于穗轴同节，无柄，每小穗含 1 至多枚小花；小穗轴脱节于颖片与各小花之间；颖片通常狭窄，草质，坚韧，与小穗等长或稍短；外稃常草质，坚韧，5~9 脉，有芒或无芒，芒直或弯曲；内稃与外稃等长"的一类植物。同时，在族下列举了 *Elymus*、*Secale*、*Triticum*、*Hordeum*、*Aegilops*、*Asperella*、*Agropyron*、*Elytrigia*、*Lolium* 和 *Nardus*10 属。

1833 年，Kunth 在 *Enumeratio Plantarum*（《植物志》）中，将 Hordeaceae 用作小麦族的族名，对属的特征重新进行了描述，在其下选择性地罗列了 *Lolium*、*Triticum*、*Secale*、*Elymus*、*Asperella*、*Hordeum*、*Aegilops* 和 *Pariana* 8 属，并对其包含的 130 个物种做了形态和产地介绍，引证了研究文献。

1883 年，Bentham 和 Hooker 在 *Genera Plantarum*（《植物属志》）中，首次应用综合形态特征的研究方法（穗轴每节上着生的小穗数目以及小穗的结构）对小麦族的分类系统做了具有划时代的订正。明确小麦族的物种数有 97 种，在原有族特征的基础上，新增了"草本，花序单性，内稃 2 脊"等性状。他们建立了小麦族分类系统［当时称之为大麦族（Hordeae Spen.）］，并在 Hordeae 下分小麦亚族（Triticeae）、细穗草亚族（Leptureae）和披碱草亚族（Elymeae）3 亚族 12 属。①Triticeae：包含 *Secale*、*Triticum*（包含 *Aegilops*）、*Agropyron*、*Lolium*；②Leptureae：包含 *Nardus*（现归狐茅族）、*Psilurus*（现归狐茅族）、*Kralikia*、*Lepturus*（现归细柄草族）、*Oropetium*（现归虎尾草族）；③Elymeae：包含 *Elymus*、*Asperella*、*Hordeum*。按照现在的小麦族分类，他们当时的划分只有 *Agropyron*、*Asperella*、*Elymus*、*Hordeum*、*Secale* 和 *Triticum* 6 属留在小麦族内。尽管如此，Bentham 和 Hooker 的小麦族分类系统仍形成了后来欧洲、北美洲和亚洲植物志分类的重要基础。

1933 年，苏联植物学家 Nevski 在 *Agrostological studies. IV. On the tribe Hordeae Benth*（《禾草学研究 IV. 大麦族》）一文中，首次将种系发生的概念和研究方法应用于小麦族的分类，把 Triticeae 划分为 Elyminae、Aegilopinae、Hordeinae、Clinelyminae、Agropyrinae、Roegneriinae 和 Brachypodieae 7 亚族，包括了 *Aegilops*、*Agropyron*、*Aneurolepidium*、*Anthosachne*、*Asperella*、*Brachypodium*、*Clinelymus*、*Critesion*、*Crithopsis*、*Cuveria*、*Elymus*、*Elytrigia*、*Eremopyrum*、*Haynaldia*、*Heteranthelium*、*Hordeum*、*Malacurus*、*Psathyrostachys*、*Roegneria*、*Secale*、*Sitanion*、*Taeniatherum*、*Terrella*、*Trachynia* 和 *Triticum* 25 属，新增了 *Clinelymus*、*Eremopyrum*、*Psathyrostachys*、*Taeniatherum* 等属，对每个亚族和属的形态做了更为详细的描述，新增了诸如根茎有无、花序形状、疏密、小穗着生方式、外稃形状、花药长短以及果实形态等鉴别特征。

1951 年，美国植物学家 Hitchock 接受 Bentham 和 Hooker（1883）的分类系统，把小麦族（Hordeae）划分为 12 属：*Aegilops*、*Agropyron*、*Elymus*、*Hordeum*、*Hystrix*、*Lolium*、*Monerma*、*Parapholis*、*Scribneria*、*Secale*、*Sitanion* 和 *Triticum*。Hitchcock 在当时已注意到了穗轴节上小穗的数目、小穗的形状、每小穗上小花的数目、颖片的形状和外稃芒等特征在属等级上的应用，并以此侧重编制了分属检索表。在北美洲，Hitchcock 的分类系统是小麦族植物现代分类处理的基础。

1954 年，Pilger 在发表的 *Das System der Gramineae*（《禾本科的系统》）一文中，基于 Nevski 的小麦族概念，以新的研究资料，纠正了 Nevski 在小麦族各属命名上的某些错误，重新合并和删除了某些属，进一步扩展了某些属的范围和数量，并对各属增添了生长习性、叶片质地、小穗轴方位、鳞被是否被毛等性状的描述，最终提出了包含 *Aegilops*、*Agropyron*、*Amblyopyrum*、*Crithopsis*、*Dasypyrum*、*Elymus*、*Eremopyrum*、*Henrardia*、*Heteranthelium*、*Hordelymus*、*Hordeum*、*Hystrix*、*Psathyrostachys*、*Roegneria*、*Secale* 和 *Triticum* 16 属在内的小麦族新分类系统。

1976 年，苏联植物学家 Tzvelev 基本沿用了 Nevski 的分类定义，在 *Poaceae URSS*（《苏联禾本科》）中对小麦族的分类系统做了重大修订，在前人研究基础上，新增了"叶舌膜质或纸质，表面光滑或边缘被毛；小穗长 5～35(45)mm，含 1～9(12) 小花；颖片 2 枚，短于外稃；外稃具 (3)5～7(13) 脉；颖果椭圆形；胚狐茅型；染色体较大，基数为 7"等性状。将小麦族划分为 3 亚族 17 属：①Henrardiinae：*Henrardia*；②Hordeinae：*Leymus*、*Hystrix*、*Hordeum*、*Hordelymus*、*Taeniatherum*、*Psathyrostachys*；③Triticinae：*Secale*、*Elymus*、*Triticum*、*Aegilops*、*Elytrigia*、*Agropyron*、*Dasypyrum*、*Eremopyrum*、*Amblyopyrum*、*Heteranthelium*。对每个亚族和属的特征重新做了描述，同时介绍了每个亚族和属的地理分布、各属所含的种类和经济价值，对属下类群编制了分类检索表，在一定程度上澄清了前人研究中小麦族分类混乱的问题，是小麦族系统与分类研究上的一个里程碑。

1983 年，加拿大植物学家 Baum 综合营养和生殖器官的 30 个形态学性状，首次运用分支系统学的方法对小麦族进行了系统发育分析，并依据系统发育树的结构将该族划分为 2 亚族 26 属。可惜的是，他并未为 2 亚族标明具体的拉丁学名，只是用 Subtribe 1 和 Subtribe 2 来表示。其中，Subtribe 1 包含 *Asperella* 和 *Cockaynea* 2 属，Subtribe 2 则包含 *Hordeum*、*Taeniatherum*、*Roegneria*、*Henrardia*、*Terrella* 和 *Malacurus* 等 24 属。

美国植物学家 Dewey 和 Löve 几乎同时利用细胞学资料对小麦族进行了研究，他们提倡依据染色体组（genome）的信息来建立小麦族属的概念，即属的划分应是含有某一特定染色体组或数个染色体组的数个物种的集群。

1984 年，Dewey 依据染色体组组成，将小麦族多年生种划分为 *Elymus*、*Leymus*、*Pseudoroegneria*、*Thinopyrum* 等 9 属，尤其确定了冰草属（*Agropyron*）的分类范围以及偃麦草属（*Elytrigia*）与披碱草属（*Elymus*）的细胞学界限，明确指出冰草属是仅限于含 P 染色体组的小麦族植物，偃麦草属和披碱草属则是分别含 S、J、E 和 S、H、Y 3 个染色体组的小麦族植物，从而结束了这 3 属植物长期分类混乱的局面。

1984 年，Löve 在 *Conspectus of the Triticeae*（《小麦族大纲》）一文中，以染色体组特征为依据，将小麦族划分为 4 亚族 37 属：①Agropyrinae：*Agropyron*；②Henrardiinae：*Henrardia*；③Hordeinae：*Leymus*、*Elymus*、*Elytrigia*、*Critesion*、*Hordeum*、*Crithopsis*、*Hordelymus*、*Festucopsis*、*Thinopyrum*、*Pascopyrum*、*Lophopyrum*、*Taeniatherum*、*Australopyrum*、*Heteranthelium*、*Psathyrostachys*、*Pseudoroegneria*；④Triticinae：*Secale*、*Sitopsis*、*Triticum*、*Aegilops*、*Aegilemma*、*Gigachilon*、*Dasypyrum*、*Crithodium*、*Patropyrum*、*Comopyrum*、*Aegilopodes*、*Eremopyrum*、*Gastropyrum*、*Orrhopygium*、*Kiharapyrum*、*Amblyopyrum*、*Chennapyrum*、*Aegilonearum*、*Cylindropyrum*。基本摆脱了单纯依靠外部形态进行分类的做法，开拓了外部形态特征与细胞学资料有机结合的完美形式，使小麦族的分类在一定程度上体现了类群间的演化关系和亲缘关系。

Nevski 和 Tzvelev 的小麦族分类系统对中国和俄罗斯邻近国家的小麦族分类产生了非常重要的影响。

1957 年，耿以礼在《中国主要禾本植物属种检索表》中，沿用了 Bentham 和 Hooker 的小麦族名（当时称为 Hordeae），以外部形态特征将国产小麦族划分为 4 亚族 17 属。①Loliinae: *Lolium*；②Lepturinae: *Lepturus*、*Parapholis*；③Elyminae: *Elymus*、*Hordeum*、*Asperella*、*Clinelymus*、*Aneurolepidium*、*Psathyrostachys*；④Triticinae: *Secale*、*Triticum*、*Aegilops*、*Elytrigia*、*Roegneria*、*Agropyron*、*Eremopyrum*、*Brachypodium*。对属和属下类群分别编制了分类检索表，填补了中国小麦族分类的空白，也为后来《中国植物志》小麦族部分的编写奠定了基础。1959 年，耿以礼在《中国主要植物图说 禾本科》中，对小麦族及族下类群（亚族、属、种）的形态特征做了详细描述，编制了族下类群（亚族和属）分类检索表。

1986 年，郭本兆按照 Nevski 的分类系统将中国小麦族分为 *Aegilops*、*Agropyron*、*Elymus*、*Elytrigia*、*Eremopyrum*、*Hordeum*、*Hystrix*、*Leymus*、*Psathyostachys*、*Roegneria*、*Secale*、*Triticum* 共 12 属。

2006 年，Chen 等在 *Flora of China*（《中国植物志》）中，对中国乃至世界的小麦族植物重新作了确认，指出小麦族全世界约含 20 属 330 种，中国产 13 属 175 种。同时根据植株根茎的有无、穗轴节上小穗的数目、小穗的形状、每小穗小花的数目、颖片的脉数、外稃芒的有无等性状对国产 13 属类群进行了一一区分，编制了分属检索表，对每个属的形态特征、种类、分布、生境和优良特性做了较为全面的描述。

在 1999～2013 年的 15 年间，颜济和杨俊良出版了《小麦族生物系统学》1～5 卷。他们认为：传统的植物分类学与系统学主要以形态特征的鉴定为主。由于性状遗传的显隐性关系，形态特征或表型仅表现其遗传特征的一部分，而另一部分则需要通过细胞学与分子生物学分析才能得以鉴别。他们以全球近百年研究所积累的细胞遗传学资料和近几十年分子生物学等方面的研究成果为基础，系统地修订了小麦族，其包含了 29 属 2 亚属 464 种 9 亚种 186 变种。这 29 属为 *Agropyron*、*Anthosachne*、*Australopyrum*、*Campeiostachys*、*Crithopsis*、*Douglasdeweya*、*Elymus*、*Eremopyrum*、*Festucopsis*、*Henrardia*、*Heteranthelium*、*Hordelymus*、*Hordeum*、*Kengyilia*、*Leymus*、*Lophopyrum*、*Pascopyrum*、*Peridictyon*、*Psammopyrum*、*Psathyrostachys*、*Pseudoroegneria*、*Pseudosecale*（*Dasypyrum*）、*Roegneria*、*Secale*、*Stenostachys*、*Taeniatherum*、*Tricopyrum*、*Triticum*（*Aegilops*）、*Tritiosecale*。这是迄今为止世界上第一次用现代方法订正和撰写成的自然小麦族生物系统学，也反映了现代生物系统学的发展方向。

1.1.2 Ns 染色体组植物

在小麦族现代系统分类中，影响最大的分类系统是由 Löve（1982，1984）提出的以不同物种染色体组的异同来确定小麦族属界限的分类系统。该系统认为：①对每属的模式种应进行染色体组构成的分析和确定；②对该属内所有其他物种的染色体组进行确定，并将与该模式种染色体组一致的其他种保留在该属内；③将与该模式种染色体组不同的其他物种统统从该属中划分出去(Dewey，1984)。Löve 的分类系统虽然采用了一些传统的属名，但对属的定义却与任何其他的小麦族分类系统不同，尤其是一年生小麦族植物属的划分有非常大的变动。这个分类系统得到了 Barkworth 和 Dewey(1985)的支持和倡导。同时，也遭到了许多小麦族分类学家的异议和争论，主要问题在于小麦族植物种类繁多，物种间的遗传交流频繁，确定一个物种染色体组成的染色体组分析方法容易受到遗传和环境因子的影响(Seberg and Petersen，1998)。尽管如此，Löve(1984)的分类系统以及他对许多多年生小麦族中属的定义已被全世界许多小麦族分类学家、植物育种学家和细胞及分子遗传学家所采用。这一分类系统也在小麦族系统与演化和分类研究中起到了重要的参考作用，也产生了深远的影响。

由日本著名的细胞遗传学家木原均(Hitoshi Kihara)和他的同事建立的染色体组分析法(genome analysis method)，对确定小麦族植物的染色体组组成和物种生物系统学都产生了深远的影响(Kihara and Nishiyama，1930；Kihara，1975；Kimber，1983)。Löve(1984)和 Dewey(1984)的工作为确定小麦族物种染色体组构成奠定了基础。Löve(1984)指出新麦草属(*Psathyrostachys*)含有 **N** 染色体组(后来订正为 **Ns**)，而拟鹅观草属(*Pseudoroegneria*)含 **S** 染色体组(后来订正为 **St**)。Dewey(1984)通过大量的属间和种间杂种染色体配对分析，确定了小麦族多年生植物 9 属，明确指出冰草属是仅限于含 **P** 染色体组的小麦族植物，大大缩小了该属的范围。Bothmer 等(1986)发现大麦属(*Hordeum*)含有 **H**、**I** 等染色体组。在第二届国际小麦族会议上，Wang 等(1994)基于通行的小麦族植物染色体组符号，推荐了一个小麦族染色体组的符号体系(表 1-1)。小麦族植物分布广泛，形态差异极大，物种杂交事件频繁发生，造成了小麦族植物分类上的混乱。小麦族染色体组符号的确定和规范，推动了该族植物系统分类和演化历史的研究，为麦类作物和牧草的遗传改良提供了实质性指导(Löve，1984；Dewey，1984；Lu，1994)。

小麦族包括大量的二倍体和多倍体，二倍体通过不同天然杂交组合形成了小麦族70%～75%的多倍体植物(Löve，1984)。染色体组分析法理清了小麦族二倍体物种的染色体组界限，基本明确了二倍体属的属间界限。目前，小麦族普遍得到认可的二倍体属主要有 *Aegilops*、*Agropyron*、*Australopyrum*、*Crithopsis*、*Dasypyrum*、*Eremopyrum*、*Festucopsis*、*Henrardia*、*Heteranthelium*、*Hordeum*、*Lophopyrum*、*Peridictyon*、*Psathyrostachys*、*Pseudoroegneria*、*Secale* 和 *Taeniatherum*。染色体组分析法还进一步确定了多倍体染色体组组成和多倍体属，分清了多倍体属与二倍体属的系统关系。根据大量的属间和种间杂种染色体配对分析，Dewey(1984)认为偃麦草属(*Elytrigia*)含有 **S**、**J**、**E** 3 个染色体组；披

表 1-1　小麦族染色体组符号

属名或种名	推荐染色体组符号	属名或种名	推荐染色体组符号
Agropyron	**P**	*Aegilops speltoides*	**S**
Heteranthelium	**Q**	*Ae. Bicornis*	**S**[b]
Crithopsis	**K**	*Ae. longissima*	**S**[l]
Taeniatherum	**Ta**	*Ae. sharonensis*	**S**[l]
Hordeum vulgare	**I**	*Ae. searsii*	**S**[s]
H. bulbosum	**I**	*Orrhopygium*	

续表

属名或种名	推荐染色体组符号	属名或种名	推荐染色体组符号
H. marinum	Xa	*Aegilops caudata*	C
H. murinum	Xu	*Patropyrum*	
Other *Hordeum* species	H	*Aegilops tauschii*	D
Hordelymus	XoXr	*Comopyrum*	
Festucopsis	L	*Aegilops comosa*	M
Peridictyon sanctum	Xp	*Amblyopyrum*	
Australopyrum	W	*Aegilops mutica*	T
Pseudoroegneria	St	*Chennapyrum*	
P. pertenuis	StP	*Aegilops uniaristata*	N
P. deweyi	?	*Kiharapyrum*	
P. geniculata ssp. *scythica*	E^eSt	*Aegilops umbellutata*	U
Psathyrostachys	Ns	*Secale*	R
Thinopyrum bessarabicum	E^b	*Dasypyrum*	V
T. junceiforme	E^bE^e	*Eremopyrum*	F，Xe
T. sartorii	E^bE^e	*Henrardia*	O
T. distichum	E^bE^e	*Gigachilon*	AB
T. junceum	$E^bE^bE^e$	*Triticum durum*	A^uB
Lophopyrum elongatum	E^e	*T. timopheevii*	A^uG
L. caespitosum	E^eSt	*T. zhukovskyi*	A^mA^uG
L. curvifolium	E^bE^b	*Triticum*	A^uBD
L. nodosum	E^eSt	*T. ventricosum*	DN
L. scirpeum	E^eE^e	*T. recta*	UMN
Trichopyrum	E^eSt		UMX
T. intermedium	E^eE^eSt	*T. syriacum*	DMS
	E^bE^eSt		D^cS^sX
Elymus sibiricus	StH	*Aegilemma*	US
E. caucasicus	StY	*Aegilops variabilis*	US
E. drobovii	StHY	*Cylindropyrum*	CD
E. batalinii	StPY	*Aegilops cylindrica*	CD
E. scabrus	StWY	*Aegilopodes*	UC
E. transhyrcanus	StStH	*Aegilops triuncialis*	UC
Kengyilia	StPY	*Gastropyrum*	DM
Leymus	NsXm	*Aegilops crassa*（4x）	D^cXc
Elytrigia		*Ae. crassa*（6x）	DD^cXc
E. repens	StStH	*Aegilonearum*	
Psammopyrum	LE	*Aegilops juvenale*	D^cZcU
Pascopyrum	StHNsXm	*Aegilops*	UM
Crithodium		*Aegilops ovata*	UM
Triticum monococcum	A^m	*Ae. biuncialis*	UM
T. urartu	A^u	*Ae. columnaris*	UM
Sitopsis	S	*Ae. triaristata*	UMN

注：引自 Wang 等（1994）。

碱草属（*Elymus*）含有 **S**、**H**、**Y** 3 个染色体组（后来发现还含有 **P** 和 **W** 染色体组）；赖草属（*Leymus*）含有 **J** 和 **N**（后来订正为 **Ns** 和 **Xm**）染色体组。**S**、**J**、**E**、**H** 和 **N** 染色体组分别来自拟鹅观草属、薄冰草属（*Thinopyrum*）、冠麦草属（*Lophopyrum*）、大麦属和新麦草属，从而结束了偃麦草属、披碱草属和赖草属划分长期混乱的局面。颜济和杨俊良（1990）以生长于石质戈壁中含有 StYP 染色体组组成的 *Kengyilia gobicola* Yen et J. L. Yang 为模式种建立了仲彬草属（*Kengyilia*）。Yen 等（2005）以含有 StP 染色体组组成的 *Douglasdeweya wangyii* C. Yen，J. L. Yang & B. R. Baum 为模式种建立了杜威草属（*Douglasdeweya*）。

在小麦族植物中，含有 **Ns** 染色体组的属有：新麦草属（*Psathyrostachys* Nevski）、赖草属（*Leymus* Hochst.）和牧场麦属（*Pascopyrum* Á. Löve）。其中，新麦草属植物多为二倍体，染色体组组成为 **NsNs**；赖草属植物多为异源四倍体，染色体组组成为 **NsNsXmXm**；牧场麦属植物是披碱草属与赖草属植物杂交形成的异源八倍体，染色体组组成为 **StStHHNsNsXmXm**。

1.2　新麦草属植物

新麦草属（*Psathyrostachys* Nevski）是小麦族中较小的一个多年生属，是苏联植物学家 Nevski 从大麦属（*Hordeum* L.）中分离出来的。1933 年，《苏联科学院植物研究所学报》第 1 系列第 1 卷首次提出的新属 *Psathyrostachys* Nevski 还仅仅是一个裸名，1936 年《苏联科学院植物研究所学报》第 1 系列第 2 卷对该属做了拉丁文描述之后，*Psathyrostachys* 才算正式建立。1984 年，Löve 在 *Conspectus of the Triticeae*（《小麦族大纲》）一文中，把新麦草属的染色体组命名为 **N**，这一名称与一年生的 *Aegilops uniaristata* 的染色体组名称代号相同。1994 年，第二届国际小麦族学术会议发表了染色体组命名委员会修订意见，把新麦草属的染色体组修订为 **Ns**，以与 *Aegilops uniaristata* 的 **N** 染色体组名称相区别（表 1-1）。新麦草属的 **Ns** 染色体组是赖草属与牧场麦属 **Ns** 染色体组的供体（颜济和杨俊良，2011）。

该属植物约 10 种，为亚洲特有，主要分布于中亚。生于干旱荒漠、干草原及草原地区。《中国植物志》第九卷第三分册记载了我国产 4 种，多为山地草原及山地半荒漠带常见牧草。

1.2.1　形态特征

新麦草属植物为多年生，具根茎，密丛或疏丛禾草。株高 15～100（～150）cm。叶片长线形，扁平或内卷。顶生直立穗状花序，紧密，呈长线形至短卵圆形；穗轴脆弱，成熟后逐节断落；小穗 2～3 枚生于 1 节，无柄，含 2～3 小花，均可育或其 1 顶生小花退化为棒状；颖片锥状、刚毛状或亚钻形，具 1 条不明显的脉，被柔毛或粗糙，两颖基部独立分开；外稃广披针形，圆背无脊，被柔毛或短刺毛，上部具明显逐渐聚合的脉，顶端具短尖头或芒；内稃两脊通常光滑无毛（郭本兆，1987；Baden，1991；颜济和杨俊良，2011）。

细胞学特征：$2n=2x$、$4x=14$、28；染色体组为 **Ns**。

模式种：*Psathyrostachys lanuginosa* (Trin.) Nevski，产于新疆阿勒泰。

1.2.2　主要物种及分布

新麦草属植物共 8 种 1 亚种 2 变种，主要分布于中国(陕西、甘肃、内蒙古、新疆)、蒙古国、俄罗斯(西伯利亚、伏尔加与顿河地区)、塔吉克斯坦、哈萨克斯坦、吉尔吉斯斯坦、乌兹别克斯坦、伊朗、外高加索地区(颜济和杨俊良，2011)。

本属植物多数为牧草，也是重要的防风、固沙植物。

1. 脆穗新麦草

***Psathyrostachys fragilis*(Boiss.) Nevski**

1)原变种

var. *fragilis*

多年生，具短匍匐根茎，密丛生。株高 30～60cm，秆光滑无毛或节间上段被微柔毛，穗下节间被微柔毛，周沿秆基节膝曲斜升。叶鞘无毛或下段近节处被微柔毛；叶片窄线形，常内卷，长 8～40cm，宽(1.5～)3～7mm，剑叶长(1.5～)4～11cm，宽 0.7～1.9mm，上表面无毛糙涩或被微柔毛，下表面光滑无毛；叶舌长 0.1～0.3mm，上沿细裂呈纤毛状；通常无叶耳。穗状花序直立，长圆形或上宽下窄的棒形，长 7～12cm(芒除外)，宽 1.0～1.5cm，白绿色；穗轴很脆，成熟时逐节断落，每节着生(2～)3 无柄小穗；小穗只有第 1 小花发育，第 2 小花不发育，在细梗状小轴上成小壳状结构；颖片窄线形，具 1 脉，渐尖成长芒，长 3.5～6.0cm(含芒长)，具短硬毛；外稃广披针形，疏生或较密生短柔毛，渐尖成长芒，两侧各有一细长齿刺，芒长 2.5～3.4mm，第一外稃长 7～14mm，宽 2.0～2.5mm；内稃与外稃近等长或稍长，两脊无毛或具极短硬毛，顶端下凹使两脊在顶端呈二刺尖状；鳞被两裂，长 1.0～1.5mm，上部具刚毛；花药黄色，长 5～7mm；颖果白黄色至褐色，长 5～6mm。

细胞学特征：$2n=2x=14$；染色体组组成为 **Ns^{f}Ns^f**。

分布于外高加索、土耳其东部、伊拉克东北部、伊朗。生长于石质岩坡。模式标本采自伊朗。

2)脆穗新麦草柔毛变种

var. *villosus*(C. Baden) C. Yen et J. L. Yang

与原变种的区别：秆节、叶鞘下段、节间上段、叶片上表面无毛；颖片与外稃被短柔毛，毛长 0.5～1.0mm。

细胞学特征：$2n=2x=14$；染色体组组成为 **Ns^{f}Ns^f**。

分布于土耳其东部。生长于石质岩坡。

3)脆穗新麦草似黑麦变种

var. *secaliformis*(Tzvel.) C. Yen et J. L. Yang

与原变种的区别：秆节、叶鞘下段、节间上段、叶片上表面无毛；颖片与外稃糙涩或疏生微柔毛，毛长 0.3mm。

细胞学特征：$2n=2x=14$；染色体组组成为 $\mathbf{Ns^f Ns^f}$。

分布于外高加索、土耳其东部、伊拉克东北部、伊朗西北部。生长于石质岩坡。

2. 华山新麦草

***Psathyrostachys huashanica* Keng ex P. C. Kuo**

多年生，具长根茎，疏丛生。秆散生，高 40～60cm，直径 2～3mm，2～4 节。叶鞘光滑无毛，基生叶叶鞘基部褐紫色或古铜色，长于节间，秆生叶叶鞘短于节间，仅有节间长的 1/2～3/4；叶舌长约 0.5mm，顶具细小纤毛；叶耳长 1～3mm，无毛；叶片长线形，扁平或边缘稍内卷，宽 2～4mm，分蘖者长 10～20cm，秆生者长 3～8cm，边缘粗糙，上表面黄绿色，具柔毛，下表面灰绿色，无毛。穗状花序长圆柱形，长 4～8cm，宽约 1cm；穗轴很脆，成熟时逐节断落，侧棱具硬纤毛，背腹面具微毛，每穗轴节上着生 2～3 枚小穗，穗轴节间长 3.5～4.5mm；小穗黄绿色，含 1～2 小花，通常只有第 1 小花发育完全；小穗轴节间长约 3.5mm；颖片锥形，具 1 脉，粗糙，长 10～12mm，两颖近等长；外稃广披针形，无毛，粗糙，先端具长 5～7mm 的芒，第一外稃长 8～10mm；内稃与外稃等长，具 2 脊，脊上部疏生微小纤毛；鳞被两裂，长 1.0～1.4mm；花药黄色，长 4～5mm。颖果黄褐色，长 4～6mm，宽 1.5～2.0mm。花、果期 5～7 月。

细胞学特征：$2n=2x=14$；染色体组组成为 $\mathbf{Ns^h Ns^h}$。

特产于我国陕西华山。多生长在海拔 450～1800m 的山坡道旁岩石残积土上。模式标本采自陕西华山。

华山新麦草是中国特有的禾草植物，仅分布在陕西华山极为狭小的范围内，与同属的其他物种有较大的形态差异和形成间断地理分布。它是农作物的野生近缘种，具有很强的抗逆性和喜光的特性，具有抗病、抗旱、早熟等优良特性，这些优良特性已被成功转移到栽培小麦中，这对小麦的遗传改良和新品种选育有重大意义。华山新麦草已被列为国家一类珍稀保护植物(优先保护种)和急需保护的农作物野生近缘种。

3. 新麦草

***Psathyrostachys juncea*（Fisch.）Nevski**

多年生，具直伸的短根茎，密集丛生。秆高 40～80(～110)cm，直径约 2mm，2～4 节，光滑无毛，仅于花序下部稍粗糙，基部残留枯黄色、纤维状叶鞘。叶鞘短于节间，光滑无毛，老基生叶鞘宿存，常纵裂，或多或少呈纤维状，秆生叶鞘短于节间；叶舌长约 1mm，膜质，顶部不规则撕裂；叶耳膜质，长约 1mm；叶片深绿色，长 5～15cm，宽 3～4mm，扁平或边缘内卷，上下两面均粗糙，叶脉凸起。穗状花序下部为叶鞘所包，长 9～12cm，宽 7～12mm；穗轴脆而易断，侧棱具纤毛，每一节上着生 2～3 枚小穗，穗轴节间长 3～5mm 或下部者长达 10mm；小穗淡绿色，成熟后呈黄色或棕色，长 8～11mm，含 2～3 朵小花；颖片锥形，长 4～7mm，被短毛，具 1 不明显的脉，两颖片近等长；外稃披针形，被短硬毛或柔毛，具 5～7 脉，先端渐尖成一小尖头或成 1～2mm 长的短芒，第一外稃长 7～10mm；内稃稍短于外稃，两脊上具纤毛，两脊间被微毛；花药黄色，长 4～5mm。花期 5～7 月，果期 8～9 月。

细胞学特征：2n=2x=14；染色体组组成为 **NsNs**。

分布于俄罗斯，哈萨克斯坦，塔吉克斯坦，乌兹别克斯坦，吉尔吉斯斯坦，阿富汗，蒙古国，中国新疆、内蒙古。生于山地草原及山坡上。模式标本采自苏联普里沃尔什斯基草原。

4. 单花新麦草

***Psathyrostachys kronenburgii*（Hack.）Nevski**

多年生，具直伸的短根茎，密集丛生。秆高 30～100cm，除穗下节间上部被短柔毛外，其余部分光滑无毛，基部宿存枯黄纤维状叶鞘。叶鞘无毛，短于节间；叶耳长 0.4～1.0mm，无毛；叶舌长 1～2mm，膜质，先端撕裂状；叶片长线形，灰绿色或绿色，分蘖者长约 10cm，秆生者长 3～5cm，宽 3～5mm，扁平或内卷，两面都粗糙。穗状花序长条形，直立，下部被短柔毛，长 5～7cm，宽 8～10cm；穗轴很脆，易断，侧棱具柔毛，毛长 2.5～3.5mm，每穗轴节上着生（2～）3 枚小穗，穗轴节间长 2～4mm；小穗含 1 小花和 1 枚棒状不孕小花，有时基部含 2 小花，长 7～9mm；颖片锥形，密被柔毛，长 6～8mm，两颖片近等长；外稃广披针形，具 5 脉，被柔毛，先端渐尖成短芒，芒长 1～3mm，第一外稃长 6～10mm；内稃与外稃等长，具 2 脊，脊上被纤毛；鳞被两裂，具短刚毛；花药黄白色，长 4～5mm。颖果长 4～5mm。花、果期 6～8 月。

细胞学特征：2n=2x=14；染色体组组成为 **Ns^kNs^k**。

分布于乌兹别克斯坦东部、塔吉克斯坦东部、克尔克孜东部、哈萨克斯坦东南部、中国（新疆、甘肃等）。生于山地草原及半荒漠地带的河谷阶地。模式标本采自乌兹别克斯坦费尔干纳东南部的塔尔迪克山。

5. 毛穗新麦草

***Psathyrostachys lanuginosa*（Trin.）Nevski**

多年生，密集丛生。根茎细长形，褐色；秆较细，秆高 15～40（～60）cm，直径 1.5～2.0mm，2～3 节，光滑无毛，稀在穗下节间疏生短柔毛。基部包围灰褐色枯老基生叶鞘，叶鞘灰白绿色，剑叶叶鞘稍膨大；叶片线形，灰白色或灰绿色，基生叶叶片稍内卷，秆生叶叶片平展，长 1～13cm，宽 1.5～4.0mm，上节位短，下节位长，上表面糙涩，叶脉凸起，下表面光滑或糙涩；叶舌很短，长约 0.5mm，上缘撕裂呈流苏状；叶耳膜质，长约 0.1mm，或无叶耳。穗状花序直立，短小，长卵形至长椭圆形，长 1～3cm，宽 0.6～1.0cm；穗轴很脆，逐节断落至基部，具 7～15（～20）节，棱脊着生长柔毛，每节着生（2～）3 小穗，穗轴节间长 1.5～3.0mm，宽 0.8～1.0mm；小穗含 1（～2）小花；颖片窄线形，长 6～7（～10）mm，宽 0.4～0.5mm，被长柔毛，具 1 脉，两颖片近等长；外稃广披针形，背部密被白色长柔毛至绵毛，具 5 脉，具小尖头或长 1.0～1.5mm 的短芒，第一外稃长 7～9（～10.5）mm，宽 2.0～2.5mm；内稃与外稃近等长，两脊上伸成两芒尖，两脊及两脊间背部疏生长柔毛；花药黄色，长 3～4mm；鳞被两裂，长 0.6～0.8mm。侧生小穗常窄于中央小穗，宽 1.3～1.8mm。花期 5～6 月，果期 7～8 月。

细胞学特征：2n=2x、4x=14、28；染色体组组成为 **Ns^lNs^l**、**Ns^lNs^lNs^lNs^l**。四倍体发现

于新疆阿勒泰至富蕴途中阿魏滩南侧小丘陵石质丘坡，不构成群体的个别单株。

　　分布于西伯利亚阿尔泰山区、哈萨克斯坦、中国（新疆清河县与富蕴县、甘肃）。生于山地荒漠、半荒的石质山坡。中亚和西伯利亚也有分布。模式标本采自新疆阿勒泰。

6. 根茎新麦草

Psathyrostachys stoloniformis C. Baden

　　多年生，具根茎，疏丛生。株高 25～60cm，秆 2～3 节，除穗下节间上部有时被短柔毛外，一般无毛。叶鞘仅有节间的一半长，无毛；叶片长线形，叶缘稍内卷，长 10～17cm，宽 3～5mm，旗叶长 1.5～2.0cm，宽 1.5～2.0mm，上下表面均糙涩无毛；叶舌长 0.4～0.6mm；叶耳小，长 0.4～1.2mm。穗状花序长圆形；穗轴具 15～26 节，棱脊着生短纤毛，每节着生 (2～)3 枚无柄小穗，成熟时自节上断折；小穗含 1～2 小花；颖片锥形，具 1 脉，长 (8～)9～13mm，糙涩或被柔毛；外稃广披针形，背面无毛或疏生柔毛，5 脉，上端渐尖成短尖头或长 0.8～1.3mm 的短芒，第一外稃长 7～10mm；内稃与外稃等长，两脊疏生短纤毛；鳞被两裂，长 1.4～1.8mm；花药黄色，长 3.5～5.0mm。颖果长椭圆形，黄褐色，长 4.4～4.6mm，宽 1.2～1.4mm。

　　细胞学特征：$2n=2x=14$；染色体组组成为 **NsNs**。

　　分布于中国甘肃、青海。模式标本采自美国犹他州立大学实验苗圃。

1.3　赖草属植物

　　1848 年，德国植物学家 Hochstetter 认为 Linneus 建立的披碱草属（*Elymus* L.）太庞杂，其中 *Elymus arenarius* L.具有强大的根茎，茎叶近于革质，穗直立而健壮，颖片呈窄披针形，与披碱草属明显不同。Hochstetter 把它从披碱草属中分离出来，并以 *Leymus arenarius* (L.) Hochest.为模式种建立了赖草属（*Leymus* Hochst.）。

　　自赖草属建立以来，属的系统地位、属内等级划分、物种界限和数目、种间亲缘关系、起源和演化等问题一直处于争论之中。1933 年，Nevski 认为披碱草属是一"大杂烩"，应划分为不同的属。因此，他将披碱草属划分为 5 属，即：*Elymus*、*Clinelymus* (Griseb.) Nevski、*Aneurolepidium* Nevski、*Asperella* Humb.（*Hystrix* Moench）和 *Malacurus* Nevski，把与赖草属相近的物种放在 *Aneurolepidium* 中。1934 年，*Aneurolepidium* 的范围进一步扩大，被划分为 2 组 7 系 20 种。Pilger (1949)根据颖片钻形、具短而硬的芒等特征，将 Nevski (1934)置于 *Aneurolepidium* 和 *Malacurus* 中的相应物种组合到赖草属中。以后的许多学者都接受了 Pilger 关于赖草属的分类系统。Tzvelev (1976)在 *Poaceae URSS*（《苏联禾本科》）一书中，将 *Elymus*、*Aneurolepidium* 和 *Malacurus* 3 属中，具有长花药、异花授粉习性和根状茎的物种组合到赖草属中，并根据颖片形状、颖片脉数、外稃先端、外稃背部、每穗轴节小穗数、叶背特征、生活习性等特征，将赖草属划分为 Sect. *Leymus*、Sect. *Anisopyrum*、Sect. *Aphanoneuron* 和 Sect. *Malacurus* 4 个组。Barkworth 和 Atkins (1984)整理了北美洲赖草属植物资料，将其划分为 2 组 10 种，详细描述了它们在北美洲的分布，认为北美洲赖草属植物不能区分 Sect. *Anisopyrum* 和 Sect. *Aphanoneuron*，将其合为 Sect.

Anisopyrum。同时，认为赖草属中还有许多种间类型和种下分类问题需要进一步研究。Löve（1984）在 *Conspectus of the Triticeae*（《小麦族大纲》）中对赖草属做了全面的介绍，描述了属的特征，记录了物种的染色体数目，认为赖草属大多数物种为四倍体，其染色体组组成为 **JN**。按照 1994 年第二届国际小麦族会议上通过的国际染色体组命名委员会修订的染色体组统一命名法规，赖草属的染色体组应修订为 **NsXm**。至此，赖草属的分类地位得到了大多数欧洲和中国禾草学家的普遍认可（Pilger，1949；耿以礼，1959；Tzvelev，1976；Melderis，1980；Löve，1984；郭本兆，1987）。然而，多数北美禾草学家忽视了赖草属，如 Bowden（1965）、Gould（1968）、Stebbins（1956）等明确拒绝将赖草属独立成为一个属，认为赖草属的物种应组合到披碱草属中。美国的 Dewey（1982）限制性地接受赖草属，加拿大的 Baum（1982）接受狭义的赖草属。

中国是赖草属物种分布最多的国家，迄今为止，报道的物种有 40 个左右（包括新组合来的猬草属物种）（周永红，2017）。我国最早进行赖草属研究的是著名禾草学者耿以礼先生，他在《中国主要植物图说 禾本科》中，沿袭 Nevski（1934）的分类体系，报道了 5 种赖草属植物。《中国植物志》第 9 卷第 3 分册中记载我国赖草属植物有 9 种（郭本兆，1987）。之后，一批学者根据形态资料，相继报道了该属植物近 20 个新分类群（颜济和杨俊良，1983；吴玉虎，1992；蔡联炳，1995，1997，2001；崔大方，1998；Cai，2000）。*Flora of China*（《中国植物志》）第 22 卷中记载中国赖草属植物有 24 种和 4 变种（Chen et al.，2006）。智丽和藤中华（2005）对国产赖草属进行了修订，将 20 种 2 变种国产赖草属植物划分为 3 组，即多穗组（Sect. *Racemosus*）、少穗组（Sect. *Leymus*）和单穗组（Sect. *Anisopyrum*）。蔡联炳和苏旭（2007）根据形态，系统整理了国产赖草属植物，确认了在我国分布有 3 组 33 种 7 变种。其中，多穗组包含 4 种，少穗组包含 24 种 7 变种，单穗组包含 5 种。颜济和杨俊良（2011）在《小麦族生物系统学》第 4 卷中记载了赖草属 65 种（其中 4 个为存疑种），并将该属植物分为 3 个生态组：沙生组（Sect. *Arenarius*）、草原草甸组（Sect. *Pratensisus*）和林下组（Sect. *Silvicolus*）。

1.3.1　形态特征

赖草属物种为多年生草本植物，沙生生态环境中生长的类群，皆具有强大的根茎；在草原草甸生长的类群常具或不具匍匐或直伸的根茎，如不具时则形成密丛；在林下生长的类群则不具有根茎或具短根茎，疏丛或单秆，稀呈密丛。秆直立，叶鞘呈撕裂状宿存于秆基部；叶耳披针形，新月形；叶舌可长达 1mm，稀长 3（～4）mm，革质至膜质，沿边缘常被纤毛；叶片线形，挺立，平展或内卷，质地较硬；穗状花序线形、长圆柱形或卵圆形，直立；穗轴坚实，不断折，通常 2～3（～5）枚小穗生于每一穗轴各节上，稀单生，或 5 枚以上；小穗无柄或有柄，具（1～）3～7（～12）小花；花两性；小穗轴粗糙或被短柔毛，脱节于颖之上、小花之下，多少扭转，致使外稃的位置有些移动或与颖片交叉排列，使外稃背部裸露；颖片锥刺状、钻形、披针形或窄披针形，覆盖最下小花的侧面，基部合生，有的种颖片退化呈残迹小突起或完全消失退化不存在，多粗糙或被短柔毛、长柔毛，或平滑，具有 1～3（～5）脉，脉不甚明显，有时具脊，先端具或不具芒；外稃披针形，稀披针状卵圆形，革质，多少被毛，粗糙或平滑，5～7 脉，不具脊，先端急尖，具短尖头或延伸成芒；基盘钝，三角形或圆形，无毛或具长达 1.5mm 的毛；内稃与外稃近等长，沿两脊与两脊之间被毛或粗糙，稀无毛平滑；雄蕊 3 枚；花药长达 2.5～5.0（～8.2）mm；子房被毛；颖果扁长圆形，与稃体贴生（Melderis，1980；Barkworth and Atkins，1984；郭本兆，1987；颜济和杨俊良，2011）。

细胞学特征：$2n=4x$、$6x$、$8x$、$10x$、$12x=28$、42、56、70、84；染色体组由 **Ns** 与 **Xm** 染色体组构成。

模式种：*Leymus arenarius*（L.）Hochst.，产自欧洲。

1.3.2　主要物种及分布

赖草属物种全球约有 65 种，主要分布于中亚、东亚、北美、南美和欧洲。从北海的沿岸地区，越过中亚到东亚直至阿拉斯加和北美西部的广阔地域均有分布，多数种类集中分布于中亚和北美的高山。生长于海滨、河湖沙岸、沙漠沙丘、干草原、草原、草甸及林下。在中国，主要分布于新疆、青海、甘肃、西藏、宁夏、内蒙古、辽宁、吉林、黑龙江、四川、陕西、河北、山西及北部沿海地区。生长于海拔 500～5000m 的山坡、草地、林缘，常生长在盐碱地和干旱半干旱的地区，对寒冷、干旱、盐碱土等不良环境具有高度适应性（Barkworth and Atkins，1984；颜济和杨俊良，2011）。

本属植物多数种类为重要牧草，返青期早，生长旺盛，可供作刈草之用；根茎顽强，可作为护堤岸及固沙植物。

1. 单小穗赖草

Leymus aemulans（Nevski）Tzvel.

多年生，密丛生，不具短的根状茎。秆细瘦，平滑无毛。叶片窄，平展或近于内卷，粉绿色，上表面粗糙，下表面平滑，宽 5mm。穗状花序直立，长 5～10cm；每一穗轴节上着生 1 枚小穗；小穗淡绿色，排列稀疏，与穗轴节间等长或稍长，具 3～5 小花；颖片钻形至线形，非常狭窄，宽 0.50～0.75mm，基部较宽，多呈披针形，无毛，两颖片不等长，第一颖长 3.0～3.5mm，先端具小尖头或芒尖，第二颖长 6～12mm，先端渐尖形成短芒，脉不明显；外稃宽披针形，平滑无毛，具不明显的 5 脉，先端渐尖形成长 2～4（～5）mm 的粗糙短芒，第一外稃长（9～）10～12mm；基盘短，钝形，平滑无毛。

细胞学特征：$2n=4x=28$；染色体组组成为 **NsNsXmXm**。

分布于中亚天山。生于石质山坡和倒石堆上。模式标本采自中亚瑟尔达伦斯卡娅地区。

2. 阿克莫林赖草

Leymus akmolinensis（Drob.）Tzvel.

多年生，丛生，具长的根状茎，植株粉绿色。秆直立，下部节常膝曲，高 40～50cm，除花序下节间微粗糙外，其余部分平滑无毛。叶鞘平滑无毛；叶片几乎平展，或内卷，挺直，上表面及边缘非常粗糙，下表面无毛，宽 2～5mm。穗状花序直立，长 6～10（～12）cm，宽 5～7（～8）mm；穗轴在脊上具柔毛至硬毛，每一穗轴节上着生 2～3 枚小穗，下部穗轴节间长 5～10mm；小穗淡粉绿色，有时具微弱紫晕，排列紧密，长 8～12(～14)mm，具 2～4(～5) 小花；小穗轴节间密被贴生短毛；颖片线状钻形，非常窄，两颖片等长，长 7～10mm，具 1 微弱的脉，沿边缘与背上部粗糙，背下部平滑，不具膜质边缘；外稃宽披针形，除两侧边缘及接近先端处有时被硬毛至微毛(稀毛长达 0.5mm)外，一般平滑无毛，具不明显 7 脉，先端渐尖形成长 0.5～2.0mm 的短芒尖，第一外稃长 6.0～6.8mm；基盘无毛，钝形；内稃脊上半部密被大小不等长的刺毛。

细胞学特征：$2n=4x=28$；染色体组组成为 **NsNsXmXm**。

分布于哈萨克斯坦，中国准噶尔至塔城，俄罗斯乌拉尔(南部)、西西伯利亚与东西伯利亚。生长于含盐碱的草甸和卵石堆中。模式标本采自哈萨克斯坦阿克莫林斯克边区。

3. 阿拉依赖草

Leymus alaicus (Korsh.) Tzvel.

1) 原变种

var. *alaicus*

多年生，密丛生，株丛直径可达 10～20cm(包括宿存叶鞘)，不具长匍匐的根状茎。秆高 50～100cm，除花序下节间上部粗糙或被微毛外，其余部分均无毛，秆基部被残存的褐黄色平滑叶鞘。叶片粉绿色，平展，稍内卷，或边缘内卷，挺直，上表面及边缘很粗糙，叶脉突起成脊，脊间具窄而深的纵沟，下表面微粗糙，宽 3～6mm。穗状花序线形，长 (5～)8～14cm，宽 1cm；穗轴粗糙，棱脊上被糙毛，每一节上着生 2～3(～4)枚小穗，稀上下端节上单生；小穗粉绿色或稍具紫晕，排列紧密，长 13～19mm，稍外展，具 3～5 小花；颖片钻形至线形，长 9～15(～18)mm(芒尖在内)，具 1 脉，背上部与边缘粗糙；外稃披针形，背上部或全部被细小不明显的贴生刚毛，具 5～7 脉，先端渐尖形成长 (1～)2.5～3.0mm 的短芒，第一外稃长 9～13mm；基盘短而钝，无毛或具很短(稀长可达 0.3mm)簇生的毛。

细胞学特征：$2n=4x=28$；染色体组组成为 **NsNsXmXm**。

分布于中亚天山、阿拉依、帕米尔。生长于石质山坡、倒石堆和岩石上。模式标本采自塔吉克斯坦阿拉依山谷。

2) 阿拉依赖草卡拉塔文变种

var. *karataviensis* (Roshev.) C. Yen et J. L. Yang

多年生，密丛生，不具长而匍匐的根状茎。秆直立，粉绿色，高 30～55cm，除花序下节间粗糙外，其余部分平滑无毛，秆基部被灰色平滑而亮的残存叶鞘。叶片粉绿色，内卷，上表面及边缘粗糙，下表面平滑无毛，宽 2mm。穗状花序淡绿色，长 6～12cm，宽 (4～)5～8mm；每一穗轴节上着生 2 枚小穗；小穗排列紧密，长 9～15mm，具 2～5 小花；颖片钻形至线形，无毛，具不明显的 1 脉，长 8～11(～12)mm；外稃宽披针形，平滑无毛，先端渐尖形成长 0.5mm 的芒尖，第一外稃长 8～9mm。

细胞学特征：$2n=4x=28$；染色体组组成为 **NsNsXmXm**。

分布于中国准噶尔至塔城(准噶尔至阿拉套)、天山(南部与西部)。生长于石质山坡、倒石堆和岩石上。模式标本采自中亚瑟尔达伦斯卡娅地区。

3）阿拉依赖草石生变种

var. *petraeus*（Nevski）C. Yen et J. L. Yang

多年生，密丛生，不具长而匍匐的根状茎。秆高 50～70cm，平滑无毛，秆基部被残存的黄褐色叶鞘。叶片窄线形，粉绿色，近于平展或稍内卷，上表面及边缘非常粗糙，下表面平滑，宽 2.5～3.0mm。穗状花序线形，淡绿色，长 6.5～8.5cm，宽 4～5mm；每一穗轴节上着生 2 枚小穗；小穗排列紧密，无毛，长 1～3cm，具 4～5 小花；颖片线状钻形，长 4～8mm，脉不明显，边缘及脉上粗糙，先端具尖头；外稃窄披针形，平滑无毛，先端渐尖形成长 0.5～1.0mm 的芒尖，第一外稃长 6～7mm。

细胞学特征：$2n=?$ 。

分布于中国准噶尔至塔城、天山（北部）、准噶尔至喀什噶尔（喀什）（东天山）。生长于石质山坡、岩石与倒石堆中。模式标本采自中亚塞米帕拉廷斯卡娅地区。

4. 高株赖草

Leymus altus D. F. Cui

多年生，具下伸的根状茎。秆单生或丛生，被白霜，直立，高 80～150cm，具 2 节，平滑无毛，秆基部具黄色碎裂残存叶鞘。叶鞘平滑无毛；叶舌膜质，长约 2mm；叶片平展，有时内卷，上表面粗糙，下表面平滑，宽 4～5mm。穗状花序直立，长 8～15cm，宽 7～9mm；穗轴边缘具纤毛，节间具长毛，中下部每一节上着生 2～3 枚小穗或小穗单生，节间长 5～7mm，基部节间可长达 30mm；小穗灰绿色，长 15～18mm，具 4～6 小花；小穗轴被短柔毛，节间长 1.5～2.0mm；颖片线状窄披针形，长 10～15mm，第一颖稍短于第二颖，具 3 脉，侧脉通常不明显，边缘膜质具纤毛，先端渐尖而形成长芒尖；外稃披针形，背部具 5 脉，被短柔毛，边缘具纤毛，先端具长 1～3mm 的短芒，第一外稃长 10～14mm；基盘具长约 1mm 的柔毛；内稃与外稃近等长，先端常微 2 裂，两脊上部具纤毛；花药黄色，长 3～4mm。

细胞学特征：$2n=?$ 。

分布于中国新疆叶城。生长于果园与农田边，海拔 2200m。模式标本采自中国新疆叶城。

5. 科罗拉多赖草

Leymus ambiguus（Vasey et Scribn.）D. R. Dewey

多年生，疏丛生，偶具短的根状茎。秆高 60～110cm，秆基部残存叶鞘无毛至疏被微毛。叶鞘无毛；叶舌平截，长 0.2～1.2mm；叶片平展，上表面微粗糙，下表面平滑，长 3～44cm，宽 2.7～5.8mm。穗状花序直立，长 8～17cm；每一穗轴节上着生 2 枚小穗；小穗长 12～23mm，具 2～7 小花；小穗轴通常被糙伏毛，节间长 1.6～3.3mm；颖片钻形，两颖不等长，第一颖长 2.0～9.5mm，宽 0.2～0.8mm，第二颖长 6～14mm，宽 0.4～1.0mm，无毛，具 1 脉，不覆盖外稃基部；外稃宽披针形，先端具芒，芒长 1.3～7.0mm，第一外稃长 8.0～14.5mm，宽 2.3～3.4mm；内稃长 8.5～12.0mm，两脊上具糙伏毛；花药长 3.8～6.8mm。

细胞学特征：$2n=4x=28$；染色体组组成为 **NsNsXmXm**。

分布于美国科罗拉多州、怀俄明州、新墨西哥州等。生长于草原和山坡上。模式标本采自美国科罗拉多州。

6. 窄颖赖草

***Leymus angustus* (Trin.) Pilger**

多年生，单生或丛生，具下伸的根状茎；须根粗壮，径 1～2mm。秆直立，基部残存褐色纤维状叶鞘，高 60～100cm，具 3～4 节，无毛或在节下以及花序下部常被短柔毛。叶鞘平滑或稍微粗糙，灰绿色，常短于节间；叶舌短，干膜质，先端钝圆，长 0.5～1.0mm；叶片质地较厚而硬，粉绿色，两面均粗糙或其背面近于平滑，大部内卷，先端呈锥状，长 15～25cm，宽 5～7mm。穗状花序直立，长 15～20mm，宽 7～10mm；穗轴被短柔毛，每一穗轴节上着生 2 枚(稀 3 枚)小穗，节间长 5～10mm，基部节间可长达 15mm；小穗长 10～14mm，含 2～3 小花；小穗轴被短柔毛，节间长 2～3mm；颖片线状披针形，下部较宽广，覆盖第一外稃的基部，向上逐渐狭窄成芒，第一颖稍短于第二颖，或两颖等长，长 10～13mm，中上部分粗糙，下部偶有短柔毛，具 1 粗壮的脉；外稃披针形，密被柔毛，具不明显的 5～7 脉，顶端渐尖或延伸成长约 1mm 的芒，第一外稃长 10～14mm(含芒长)；基盘被短毛；内稃常稍短于外稃，两脊上部具纤毛；花药黄色或紫红色，长 2.5～5.0mm。花、果期 6～8 月。

细胞学特征：$2n=4x$、$6x$、$8x$、$10x$、$12x=28$、42、56、70、84；染色体组组成为 **NsNsXmXm**。

分布于俄罗斯西伯利亚，中亚天山，中国准噶尔至塔城、阿拉依区域、准噶尔至喀什噶尔，蒙古国，巴尔喀什。生于平原及半荒漠盐渍化的草地上。模式标本采自俄罗斯阿尔泰。

7. 沙生赖草

***Leymus arenarius* (L.) Hochst.**

多年生，具长而匍匐的根状茎。秆高 50～150cm，粗壮，被白粉，除花序下部的秆上约 5mm 有时被微毛外，其余部分通常光滑无毛。叶鞘平滑无毛，常被白粉；叶舌长 0.3～2.5mm；叶片平展，或边缘内卷，上表面密被小刺毛而粗糙，或在脉上被毛，下表面平滑无毛，长 7.5～35.0cm，宽 8～15mm。穗状花序直立而粗壮，长(7.5～)12～35cm，宽 15～25mm；穗轴无毛，棱脊上具刺状纤毛，每一穗轴节上着生 2 枚小穗，节间长 8～11mm；小穗长 12～32mm，着生密集，具 2～5(～9)小花；颖片窄披针形，下部无毛，上部有时被短毛，具 3～5 脉，长 15～25(～30)mm，宽 2.0～3.5mm；外稃宽披针形，具 5～7 脉，背部密被短毛或长的柔毛，第一外稃长 12～25mm；内稃脊的先端疏生纤毛；花药长 6～9mm。

细胞学特征：$2n=8x=56$；染色体组组成为 **NsNsNsNsXmXmXmXm**。

分布于欧洲、亚洲，后引进到北美洲。生于海岸边的沙石中，或引种栽植于河边沙滩上。模式标本采自欧洲海岸边的流动沙丘。

8. 阿尔金山赖草

***Leymus arjinshanicus* D. F. Cui**

多年生，丛生，具下伸的根状茎；须根具沙套。秆直立，基部残存褐色纤维状叶鞘，高 30～70cm，具 2～4 节。叶鞘平滑无毛，较短，边缘膜质，常具细纤毛；叶耳镰状披针形；叶舌平截，长约 0.5mm；叶片通常内卷，上表面被短柔毛，边缘具小刺，下表面平滑无毛，长 10～20cm，宽约 3mm。穗状花序直立或稍弯，长 4～10cm，宽 6～8mm；穗轴边缘具纤毛，每一穗轴节上着生 1 枚小穗，节间长 5～7mm，基部节间可长达 15mm；小穗灰绿色或带紫色，排列疏松，长 10～15mm，具 3～4 小花；小穗轴长约 2mm，密被短柔毛；颖片线状披针形，质地硬，背面中下部平滑，上部粗糙，边缘具小刺，两颖片不等长，第一颖细而短，长 6～8mm，第二颖粗而长，长 8～10mm，均具 1 脉，上端渐尖；外稃宽披针形，平滑无毛或边缘被短柔毛，无膜质边缘，先端渐尖或具长 1mm 的短尖头，具不明显的 5 脉，因小穗轴扭转而背部裸露，第一外稃长 10～12mm（含小尖头）；基盘被短柔毛；内稃与外稃等长，先端微 2 裂，两脊上部具纤毛；花药黄色，长约 4mm。

细胞学特征：$2n=?$ 。

分布于中国新疆若羌。生长于含盐碱的草原和草地中，海拔 3100m。模式标本采自中国新疆若羌阿尔金山。

9. 芒颖赖草

***Leymus aristiglumus* L. B. Cai**

多年生，具下伸的根状茎。秆直立，疏丛生，高 30～50cm，通常 3 节，基部残存撕裂成纤维状叶鞘。叶鞘大多短于节间，边缘具纤毛；叶舌膜质，先端钝圆，长 1.5～2.0mm；叶片平展或边缘内卷，两面微粗糙，长 7～16cm，宽 2.5～4.0mm。穗状花序直立，浅绿色，长 7～10cm，宽 6～9mm；穗轴被微毛，每一穗轴节上着生 2～3 枚小穗，节间长 3～6mm；小穗密集，长 8～11mm，含 3～4 小花；小穗轴被微毛；颖片锥形，具 1 脉，两侧膜质边缘使其中下部呈椭圆形，上段呈芒状，两颖片近等长，长 3.5～4.0mm，宽 2mm 左右；外稃披针形，背部无毛，边缘疏生柔毛，具不明显的 5 脉，顶端具长约 1mm 的短尖头，第一外稃长 6～7mm；内稃与外稃近等长，顶端微凹，两脊疏生短刺毛；花药浅黄色，长约 4mm。

细胞学特征：$2n=?$ 。

分布于中国青海。生长于向阳山坡，海拔 2690m。模式标本采自中国青海西宁。

10. 夏河赖草

***Leymus auritus* (Keng) Á. Löve**

多年生。秆直立，高 23～45cm，除花序下被微毛外，其余部分平滑无毛。叶鞘具条纹；叶舌长 0.5～1.0mm，顶端内凹；叶耳直立；叶片坚实，直立，通常内卷，长 2.5～5.5cm，宽 2～3mm。穗状花序直立，灰褐色，长 3～27cm，宽 6～10mm；每一穗轴节上着生 2 枚小穗，稀单生；小穗长 10～16mm，有时具小柄，柄长 0.6～1.0mm，被微毛，具 4～7

小花；小穗轴被微毛，节间长 1.0～1.5mm；颖片钻形，边缘明显粗糙，两颖片近等长，长 6～10mm，具不明显 3 脉；外稃圆状披针形，平滑无毛，具 5 脉，边缘干膜质，粗糙，先端具 1～3mm 长的芒，第一外稃长 7～8mm；基盘被微毛；内稃长 6～8mm，两脊上部稍粗糙；花药长 3.0～3.5mm。

细胞学特征：2n=？。

分布于中国甘肃夏河。生长于草原中，海拔 4000m。模式标本采自中国甘肃夏河。

11. 褐穗赖草

***Leymus bruneostachyus* N. R. Cui et D. F. Cui**

多年生。秆直立，高约 40cm，无毛或花序下被微毛。叶鞘密被微毛，边缘具纤毛；叶舌膜质，长 1.5～2.0mm；叶片平展或内卷，上表面被微毛与柔毛，下表面被微毛，长 15～20cm，宽 6mm。穗状花序直立，长 12～14cm，宽 7～10mm；穗轴下面部分密被微毛，上面部分被硬毛，每一穗轴节上着生 3 枚小穗，节间长 5～7mm，基部节间可达 40mm 长；小穗淡褐色，长 10～15mm，具 4～6 小花；小穗轴密被长硬毛，节间长 1.0～1.5mm；颖片钻形，长 8～11mm，沿脊粗糙，边缘具纤毛，脉不明显，不遮盖第一外稃基部；外稃披针形，边缘膜质，背部平滑无毛，具 5 脉，先端具长约 1mm 的芒尖，第一外稃长 7～9mm；基盘密被硬长毛；内稃稍短于外稃，两脊上具纤毛；花药长 2～4mm。

细胞学特征：2n=？。

分布于中国新疆清河。生长于田间或路边。模式标本采自中国新疆清河。

12. 刺颖赖草

***Leymus buriaticus* G. A. Peschkova**

多年生，具长而粗的匍匐根状茎。秆单生，从根状茎上交互发出，高 35～60cm，平滑无毛。叶片平展，稀内卷，从茎上下垂，叶脉较细，上表面密被微毛，有时杂以长而岔开的毛，下表面无毛。穗状花序上小穗着生较密集，特别是穗中部；穗轴无毛，沿棱脊具纤毛，有时在小穗下面的脊上形成毛的条纹，通常每一穗轴节上着生 2 枚小穗；小穗轴疏被微毛；颖片钻状披针形，无毛，边缘具刺毛；外稃的毛稀疏，有时近于无毛，先端渐狭窄而形成短芒尖或短芒；基盘被稀疏微毛。

细胞学特征：2n=？。

分布于俄罗斯东西伯利亚，蒙古国。生长于草原的沙坡上、河谷草原化的肥土上。模式标本采自俄罗斯东西伯利亚。

13. 加利福尼亚赖草

***Leymus californicus* (Bolander ex Thurb.) M. E. Barkworth**

多年生，疏丛生，具短的根状茎。秆直立，粗壮，高（100～）120～170（～200）cm，直径 5～10mm，具 5～7 节，无毛，秆基部残留灰褐色被长 1.3mm 直立糙毛的叶鞘。叶鞘无毛；叶舌长 1～5mm；叶耳长 2～6mm；叶片上表面无毛或被疏柔毛，下表面无毛，边缘粗糙，长 10～50cm，宽 6～20mm。穗状花序成熟时微下垂，长 12～21（～30）cm（芒除外），宽 10～30mm；穗轴无毛，棱脊上粗糙，每一穗轴节上着生 2～3 枚（基部稀 4～5 枚）

小穗，节间长 (7～) 8～11 (～15) mm，上端宽 1.0～1.2mm；小穗无毛，排列紧密，具长 2～4mm 的小柄，含 (2～) 3～4 (～5) 小花；颖片退化不存；外稃背部微粗糙或平滑无毛，先端明显 5 脉，具芒，芒长 (16～) 18～26 (～33) mm，第一外稃长 14～22mm；内稃明显短于外稃，长 10～13mm，先端 2 裂，两脊上粗糙；花药长 6～9mm。

细胞学特征：$2n=8x=56$；染色体组组成为 **NsNsNsNsXmXmXmXm**。

分布于美国加利福尼亚州马林到圣克如孜。生长于森林区与靠近海岸荫蔽处。模式标本采自美国加利福尼亚州。

14. 卡帕多西亚赖草

***Leymus cappadocius* (Boiss. et Bal.) A. Melderis**

多年生，丛生，具长而匍匐的根状茎。秆直立，被白粉，平滑无毛。叶片线形，坚硬，被白粉，内卷，两面平滑无毛，叶片长可达 15cm，宽 3mm。穗状花序直立，长 4～6cm，宽 3mm；穗下部每一穗轴节上着生 2 枚小穗，穗上部小穗单生；小穗具 1～2 小花，多数小花败育而形成延伸小穗轴；颖片窄，线状钻形，长约 8mm，具 4 脉或不具脉，上部边缘粗糙；外稃椭圆形或披针形，第一外稃长约 8mm，与颖片等长，背部无毛，具明显 5 脉，先端急尖，形成一短芒尖。

细胞学特征：$2n=$？。

分布于阿富汗、土耳其。生长于盐土中，海拔 2800～2900m。模式标本采自土耳其。

15. 恰卡思阿赖草

***Leymus chakassicus* G. A. Peschkova**

多年生，具长的根状茎。秆高 50～130cm，除花序下被柔毛外，其余部分无毛。叶片黄绿色或褐绿色，平展，稀内卷，上表面粗糙，有时其间杂以长毛，下表面无毛或微粗糙。穗状花序大而宽，长 5～20cm，开花时宽 2.0～2.5cm，后变窄 (约 1.5cm)；穗轴被毛或粗糙；小穗密集，具多枚小花，下部小穗向外开展，上部小穗贴生；颖片窄线状钻形，沿中脉及边缘具纤毛或粗糙，近于分开，等长或短于第一小花；外稃黄绿色或橄榄绿色，披针形，多少被柔毛，先端渐尖而成芒尖，或形成长 0.5～2.0mm 的短芒；内稃两脊上具外展的纤毛，或仅在上部具纤毛。

细胞学特征：$2n=$？。

分布于俄罗斯中西伯利亚。生长于沿河谷及其草原坡上的盐生草原与草原化草甸上。模式标本采自俄罗斯西伯利亚。

16. 羊草

***Leymus chinensis* (Trin. ex Bunge) Tzvel.**

多年生，具下伸或匍匐横走的根状茎，须根具沙套。秆散生，直立，有时基部斜升，高 (30～) 40～90cm，具 (2～) 3～5 节，秆基部残留叶鞘呈纤维状，枯黄色。叶鞘光滑；叶舌平截，顶具裂齿，纸质，长 0.5～1.0mm；叶片线形，扁平或内卷，上表面及边缘粗糙，有时疏被柔毛，下表面平滑，长 7～18 (～20) cm，宽 3～6mm。穗状花序直立，长 7～20cm，宽(6~)10~15mm；穗轴边缘具细小睫毛，通常每一穗轴节上着生 2 枚小穗，或在上端及基部者常单生，节间长 6~10mm，最基部的节间可长达 16mm；小穗线状卵圆形至卵形，粉绿色，成熟时变黄，长 10~22mm，宽 2.2~2.5mm，含 5~10 小花；小穗轴节间平滑，长 1.0~1.5mm；颖片锥状，质地坚硬，两颖片近等长，长 5~9mm，等于或短于第一小花，不覆盖第一外稃的基部，具不显著 1~3 脉，背面中下部光滑，上部粗糙，边缘微具纤毛，先端渐尖或形成芒状小尖头；外稃披针形，平滑无毛，具狭窄膜质的边缘，顶端渐尖或形成芒状小尖头，背部具不明显的 5 脉，第一外稃长 7~9(~11)mm；基盘光滑；内稃与外稃等长，先端常微 2 裂，上半部脊上具微细纤毛或近于无毛；花药长 3~4mm。花、果期 6~8 月。

细胞学特征：$2n=4x=28$；染色体组组成为 **NsNsXmXm**。

分布于中国东北、内蒙古、河北、山西、陕西、新疆等地区，俄罗斯，日本，朝鲜半岛，蒙古国。生长于碱性草甸、草原和卵石堆，也常为杂草生长于田间、路边和村落处。模式标本采自北京。

本种植物耐寒、耐旱、耐碱，更耐牛马践踏，为内蒙古东部和东北西部天然草场上的重要牧草之一，也可割制干草。

17. 灰赖草

Leymus cinereus (Scribn. et Merr.) Á. Löve

多年生，具短的根状茎，形成大而密的株丛，通常呈亮绿色，由于被白粉而呈灰绿色。秆粗壮，高 60~210cm，无毛，但常在节及节的附近被微毛，秆基部残存叶鞘因密被微毛而呈灰色。叶鞘变异较大，从密被微毛到无毛；叶舌薄，平截，长 2.5~7.5mm，密被短微毛；叶片坚实，内卷，上下表面密被微毛，或上表面粗糙，下表面无毛，通常被白粉，长 20~30cm，宽 3~12mm。穗状花序直立，长 12~29cm；穗轴疏被微毛，每一穗轴节上着生 2~7 枚小穗，节间长 6~8mm；小穗密集，长 9~19mm，中部小穗偶具短柄，具 3~7 小花；小穗轴被微毛；颖片钻形，硬，长 8~18mm，无毛，或被微毛；外稃无毛至被短柔毛，至少在上部被毛，先端急尖，无芒，或具长约 3mm 的短芒，第一外稃长 6.5~12.0mm；内稃与外稃近等长，两脊上被纤毛，有时在靠近 2 裂的先端密生簇毛；花药长 4~7mm。

细胞学特征：$2n=4x$、$8x=28$、56；染色体组组成为 **NsNsXmXm** 和 **Ns₁Ns₁Ns₂Ns₂XmXmXmXm**。

分布于北美洲西部。生长于沿溪流、冲沟、山谷、潮湿或干燥的山坡、平原、路边、蒿类灌丛中的砾石与沙地区域，以及开矿的树林，多在高海拔地区生长。模式标本采自美国内华达州。

18. 密穗赖草

Leymus condensatus (Presl) Á. Löve

多年生，常形成大的密丛，具短而粗的根状茎。秆粗壮，高(60~)115~300(~350)cm，基部径粗 6~10mm，无毛，节褐色，秆基部具残存叶鞘。叶鞘疏松，具条纹，无毛；叶舌革质，平截，流苏状，长 0.7~7.5mm；叶片坚实，具强壮的叶脉，平展或边缘内卷，无毛或被银色的微毛，宽 10～13mm。穗状花序粗壮，直立，长 15～44(～50)cm；穗轴呈之字形曲折，三棱形，背部狭窄，棱上粗糙，通常具 9～31 个穗轴节，每一穗轴节上着生 3～5(或更多)枚小穗，有时形成短而紧缩的长 2～7cm 的分枝，分枝上着生一至数枚小穗，而呈非常密集的穗；小穗长 9～25mm，具 3～7 小花，小花常不育；颖片钻形或扁平但很窄，具 1 脉或无脉，粗糙；外稃无毛至疏生糙伏毛，具较宽的透明膜质边缘，先端急尖具尖头，或具长达 4mm 的短芒，第一外稃长 7～14mm；花药黄色，长 3.5～7.0mm。

细胞学特征：$2n=4x$、$8x=28$、56；染色体组组成为 **NsNsXmXm**。

分布于美国加利福尼亚州、加拿大不列颠哥伦比亚。生长于海岸与河流的干燥山坡与开阔的林间隙地，以及近海岸的岛屿。模式标本采自美国加利福尼亚州。

19. 朝鲜赖草

***Leymus coreanus* (Honda) K. B. Jensen et R. R. -C. Wang**

多年生，疏丛，有时单生，具短而匍匐的根状茎。秆粗壮，直立，高 60～110cm，径粗 3～4mm，具 3～5 节，除穗下部被微毛外，其余平滑无毛，秆基部具灰褐色呈纤维状的残存叶鞘。上部叶鞘无毛，老的叶鞘被长约 1mm 开展的毛；叶舌长 0.5～1.0mm；叶耳长 1.5～3.0mm；叶片线状披针形，平展，上表面无毛至被短柔毛到混生长 1mm 的毛，下表面无毛至粗糙，长 15～47cm，宽 6～11mm。穗状花序直立或稍下垂，长 8～13cm，宽 1～2cm；穗轴密被柔毛，每一穗轴节上着生 2 枚小穗，节间长 6～8(～10)mm，宽 1mm；小穗椭圆形，排列稀疏，长 12～20mm，宽 1.6～2.8mm，近无柄或具长 2～4mm 的短柄，柄密被柔毛，具(2～)3～5(～6)小花；小穗轴微粗糙，扁平，长 2～3mm；颖片钻形，长 7～12mm，宽 0.5～1.1mm，具 1 脉，基部具脊，先端粗糙；外稃披针形，背部无毛，有时在先端接近处疏被毛，具 5 脉，近先端处突起，先端具长 2～5mm 的短芒，第一外稃长 9～11(～13)mm；内稃窄披针形，与外稃近等长或短于外稃，长 8～10mm，先端急尖，具 2 齿，两脊上具纤毛；花药黄色，长(4.5～)5～7mm。

细胞学特征：$2n=4x=28$；染色体组组成为 **NsNsXmXm**。

分布于中国东北、朝鲜半岛、日本、俄罗斯西伯利亚。生长于石质山坡、岩石和碎石堆中，稀生长于河边沙地的卵石间。模式标本采自朝鲜北部。

20. 粗穗赖草

***Leymus crassiusculus* L. B. Cai**

多年生，丛生，具木质下伸的根状茎。秆粗壮，直立，高 70～110cm，基部径粗约 4mm，具 2～3 节，平滑无毛，秆基部常具残存的纤维状叶鞘。叶鞘无毛，有时边缘具纤毛；叶舌膜质，长 1.5～2.0mm，先端平截；叶片通常内卷，两表面平滑无毛或上表面粗糙，长 20～42cm，宽 4.5～7.0mm。穗状花序直立，黄棕色，长 16～22cm，宽 1.5～2.0cm；穗轴粗壮，密被长柔毛，通常每一穗轴节上着生 4～6(稀 11)枚小穗，节间长 4～10mm；小穗排列密集，长 12～18mm，具 4～7 小花；小穗轴密被柔毛，节间长 1.0～1.5mm；颖片线状披针形，边缘膜质具纤毛，两颖片近等长，长 10～13mm，具 1 脉，先端狭长渐尖；外稃披针形，密被柔毛，具不明显 5 脉，先端具 2mm 以内的短尖头，第一外稃长 8～10mm；

内稃与外稃近等长，先端微凹，两脊疏生短刺毛；花药黄色，长约 5mm。

细胞学特征：$2n=?$ 。

分布于中国青海。生长于农田边，海拔 2550m。模式标本采自中国青海兴海。

21. 双叉赖草

Leymus divaricatus (Drob.) Tzvel.

1）原变种

var. *divaricatus*

多年生，丛生，稀单生，具短而匍匐的根状茎。秆直立，高（16～）30～40（～50）cm，下部有时狭长分枝，除花序下部粗糙或微粗糙外，其余部分平滑无毛，秆基部具残存叶鞘。叶鞘无毛或微粗糙；叶舌很短，1～5mm，撕裂状至纤维状；叶耳线状针形；叶片粉绿色，平展，边缘波状，上表面与边缘很粗糙，下表面微粗糙或平滑，叶片长可达 15cm，宽 3～7mm。穗状花序线状披针形，直立，长 5～10cm，宽 15mm；穗轴粗糙，棱脊上被糙毛，每一穗轴节上着生 2 枚小穗，一枚无柄，一枚有可长达 5mm 的柄，有时在花序的上部或下部只着生 1 枚小穗，下部节间长可达 15mm；小穗排列密集，椭圆柱状，略弯，向外展，粉绿色，长 10～25mm，宽 3mm，具 5～10 小花；颖片线形或披针形，长 5～8（～10）mm，平滑无毛，下部明显具 1 脉，先端急尖，具尖头或长约 2mm 的芒；外稃披针形至卵形，无毛，发亮，淡绿色，不具褐色晕，具 5～7 脉，先端急尖，无芒或具 1.0～1.5mm 的小尖头，第一外稃长 6.6～8.0mm；基盘较短，钝，无毛，或具一簇很短（约 0.3mm）的毛；内稃与外稃近等长，两脊上具纤毛。

细胞学特征：$2n=4x=28$。

分布于哈萨克斯坦巴尔喀什东部与南部，俄罗斯塞而—达尔雅，天山，中国准噶尔至塔城、准噶尔至喀什噶尔。生长于盐碱草原、盐土、水库岸边附近，也成为杂草生长在田间路旁。模式标本采自哈萨克斯坦。

2）双叉赖草簇生变种

var. *fasciulatus* (Roshev.) Tzvel.

与原变种的区别：秆高 70～120cm；穗状花序长 10～20cm；成对小穗通常均无柄，其中一枚小穗偶具短柄，最下面的穗轴节间长（12～）15～25mm；小穗长（14～）17～23（～26）mm；小穗轴无毛；颖片长 7～12mm，上部边缘粗糙，具小齿；外稃绿色，或具紫晕，长 7～9mm，上部具不明显 5 脉，芒长（1～）3～4mm。

细胞学特征：$2n=?$ 。

分布于哈萨克斯坦。生长在河边沙地与卵石中。模式标本采自哈萨克斯坦北部。

22. 杜氏赖草

Leymus duthiei (Stapf) Y. H. Zhou et H. Q. Zhang

1）原亚种

ssp. *duthiei*

多年生，疏丛生。秆直立，高（53～）80～107（～113）cm，径粗 1.5～3.0mm，具 5～7

节，花序下被微毛，稀无毛，节上多粗糙，其余平滑无毛。叶鞘光滑或下部者被微毛；叶舌长约 1mm，截平，顶端具纤毛；叶片平展，上表面疏被柔毛，下表面及边缘粗糙，长 10~20cm，宽 6~18mm。穗状花序稍弯曲，成熟时下垂，长 (8~) 10~15 (~17) cm，宽 5~13 (~18) mm；穗轴被微毛或密被微毛，稀无毛，脊上被纤毛，每一穗轴节上着生 2 枚小穗，稀 1 枚，节间长 3~7mm，下部者长达 10~12mm；小穗排列较疏松，长 3~4mm，具 1 (~2) 小花及延伸的小穗轴；小穗轴粗壮，扁，粗糙，长 3~4 (4.8) mm；颖片大都退化而不存在，稀呈微粗糙的芒状，长 1~6mm，通常靠近穗轴一侧的颖片退化；外稃披针形，具 5 脉，背面微粗糙，上半部具小刺毛，稀平滑，先端具芒，芒长 15~31 (~35) mm，第一外稃长 9~11mm；基盘钝圆，常被短毛；内稃稍短于外稃，先端稍急尖，两脊上疏生纤毛；鳞被及雌蕊均被细毛；花药黄色，长约 5mm。花果期 5~8 月。

细胞学特征：$2n=4x=28$；染色体组组成为 **NsNsXmXm**。

分布于中国西藏、陕西、浙江、湖北、湖南、四川、云南，尼泊尔，印度，日本，朝鲜半岛。生长于海拔 1000~2800m 的山谷林缘和灌丛中、道路旁岩石山坡。模式标本采自西藏西部。

2) 杜氏赖草日本亚种

ssp. *japonicus* (Hack.) Y. H. Zhou et H. Q. Zhang

与原亚种的区别：疏丛生，具细的根状茎。秆高 60~80cm，径粗 1~3mm，具 4~5 节，平滑无毛。叶片平展，深绿色，长 8~20cm，宽 8~15mm。穗状花序斜升或下垂，长 8~12cm；穗轴无毛，棱脊上被小刺毛而粗糙，每一穗轴节上小穗单生；小穗无柄，排列较疏松，具 1 小花，略向外开展；小穗轴细，延伸，长 5.6~6.0mm；颖片极为退化，钻形或针形，长 2~5mm，或不存在；外稃披针形至披针状长圆形，背部接近边缘被糙伏毛，先端具芒，芒长 15~25 (~31) mm，细而直，第一外稃长 9~11mm；内稃与外稃近等长；花药长 4.0~4.2mm。

细胞学特征：$2n=?$。

分布于日本。生长于山区的林中，稀少。模式标本采自日本。

3) 杜氏赖草长芒亚种

ssp. *longearistatus* (Hack.) Y. H. Zhou et H. Q. Zhang

与原亚种的区别：通常单生，具匍匐的根状茎。秆高 60~110 (~130) cm，径粗约 3.5mm，具 (3~) 4~7 节。叶鞘被微毛，下部叶鞘被散生的长白毛；叶片上表面疏或中度被毛，下表面粗糙，长 15~47cm，宽 6~11mm。穗状花序长 8~13cm，宽约 10mm；穗轴被糙毛，毛长 0.50~0.75mm；小穗近无柄，外展，长 12~20mm，具 1~2 (~5) 小花；颖片钻形，第一颖长 7~8mm，1 脉，第二颖长 8.5~10.0mm，具 1~3 脉；外稃披针状椭圆形，具 5~7 脉，粗糙，先端渐尖而形成芒尖，芒长 20~35mm，第一外稃长 9~11mm；内稃窄披针形，与外稃近等长，长 8~10mm，先端急尖，具 2 齿，两脊上被纤毛；花药长约 7mm。

细胞学特征：$2n=4x=28$；染色体组组成为 **NsNsXmXm**。

分布于日本，也可能分布于朝鲜。生长于荫蔽的山地森林与沿河流的灌丛中，海拔 700~1100m。模式标本采自日本。

23. 毛花赖草

Leymus erianthus (Phil.) Dubcovsky

多年生，丛生，具鞘内分枝。秆直立，高 30～70cm，具 3～4 节，节褐色，无毛，秆基部具硬纸质密被微毛至几无毛的残存叶鞘。叶鞘被微毛至几无毛；叶舌膜质，直，长 0.3～1.0mm，具流苏状的毛；叶耳长 0.3～1.0mm，膜质，或不具叶耳；叶片内卷，上表面被微柔毛，下表面无毛，长（2～）7.0～14.5（～20）cm，宽 2.2～4.4mm。穗状花序直立，长（3.5～）6～11cm，宽（0.8～）15～25mm，常具紫晕；穗轴坚实，棱脊粗糙，密被毛，具 11～22 节，每一穗轴节上着生 1～2 枚小穗，节间长（4～）5.4～12.8（～15.1）mm，宽 0.8～1.2mm；小穗排列稀疏，长 1～2cm，宽 2～4mm，无柄或近于无柄，具 1～3（～5）小花，小穗顶端的小花退化只有外稃；小穗轴无毛，节间长 2.4～4.6mm；颖片线状钻形，两颖片不等长，第一颖长（8.2～）10.8～17.2mm，宽 0.3～0.5（～1.8）mm，第二颖长 10.8～19.9mm，宽 0.4～0.8（～2.3）mm，具 1（～3）脉，无毛或脉上粗糙，先端急尖或渐尖；外稃边缘及背部密被长纤毛，具 5（～7）脉，先端急尖，具长 1.8～10.2mm 的芒，第一外稃长 10.2～15.3mm，宽 3.9～4.3mm；内稃短于外稃，长 8.0～11.7mm，先端急尖、平截或内凹，两脊上具纤毛；花药长 2.2～4.4mm。

细胞学特征：$2n=6x=42$；染色体组组成为 **NsNsNsXmXmXm**。

分布于阿根廷。生长于干草原以及倒石堆中，海拔 3400m。模式标本采自阿根廷。

24. 黄毛赖草

Leymus flavescens (Scribn. et J. G. Smith) Pilger

多年生，丛生，匍匐的根状茎具褐色鳞片。秆直立，高 40～120cm，除节下被微毛外，其余无毛，秆基部具宿存纤维状叶鞘。叶鞘无毛，具条纹，有时被白粉；叶舌短，长 0.3～1.5mm，干膜质；叶片坚实，平展，干时内卷，上表面粗糙，或被糙伏毛、微毛，下表面平滑无毛，长 20～40cm，宽（3～）4～8mm。穗状花序直立，有时上端稍下弯，长 10～25cm；穗轴被丝状长柔毛，每一穗轴节上着生 2 枚小穗，1 枚无柄，1 枚具短柄，柄或多或少被丝状长柔毛，节间长 7～10mm；小穗长（10～）13.5～25.0mm，具 3～9 小花；颖片钻形至窄披针形，两颖片不等长，第一颖长 8.5～13.5mm，第二颖长 10～16mm，第二颖稍宽于第一颖，无脉，背部多少被微毛或丝状长柔毛，边缘干膜质，具短芒尖；外稃宽披针形或卵形，密被白黄色、黄色至褐色丝状长柔毛，先端无芒或具长约 2mm 的短芒，第一外稃长 10.5～15.0mm；内稃稍短于外稃，长约为外稃的 2/3，先端 2 裂，两脊上部粗糙；花药长 4.5～7.0mm。

细胞学特征：$2n=4x=28$；染色体组组成为 **NsNsXmXm**。

分布于美国华盛顿州东部、俄勒冈州、爱达荷州、南达科他州。生于沙丘与沙地上以及河谷、河岸路边。模式标本采自美国华盛顿州克利基塔特。

25. 曲穗赖草

Leymus flexilis (Nevski) Tzvel.

多年生，密丛生，不具长而匍匐的根状茎。秆高 30～70cm，平滑无毛，秆基部稍弯曲，具灰褐色残存叶鞘。叶鞘无毛；叶舌长可达 1mm；叶片粉绿色，窄，内卷，稀近于平展，上表面散生刺毛而粗糙，下表面平滑无毛，宽约 1.3mm。穗状花序短，线形，长 4～7cm，宽 7～9mm；穗轴曲折，节间与棱脊上均被微毛，每一穗轴节上着生 2 枚小穗；小穗排列较紧密，灰绿色，长 11～14mm，具 2～3 小花；颖片钻形至线形，背部与边缘被短柔毛，通常在下部 1/4～1/2 处具 1 脉，不遮盖外稃基部，先端渐尖而形成芒尖；外稃披针形，密被白色柔毛，先端渐尖形成长 1～2mm 的短芒，第一外稃长 8～10mm；内稃窄披针形，两脊上部 2/3 密被纤毛。

细胞学特征：$2n=?$。

分布于俄罗斯塔拉斯至阿拉图，天山。生长于石质山坡与碎石堆中。模式标本采自俄罗斯达舍波利苏。

26. 弯穗赖草

***Leymus flexus* L. B. Cai**

多年生，疏丛生，具下伸的根状茎。秆直立，高 60～100cm，径粗 2～3mm，具 3～4 节，秆基部具纤维状残存叶鞘。叶鞘无毛或下部叶鞘具柔毛；叶舌膜质，长约 1.5mm，先端钝圆；叶片通常内卷，上表面微粗糙，下表面平滑，长 15～27cm，宽 4～5mm。穗状花序微弯，淡棕色，长 15～25cm，宽约 1cm；穗轴密被灰白色短柔毛，每一穗轴节上通常着生 3 枚小穗，节间长 8～15mm；小穗排列疏松，长 11～17mm，具 3～7 小花；小穗轴明显粗糙，节间长 0.5～1.0mm；颖片线状披针形，不覆盖外稃基部，边缘膜质具纤毛，两颖片近等长，长 11～14mm，具 1～2 脉，先端狭窄如芒；外稃披针形，密被柔毛或逐渐脱落而无毛，先端具长 2～3mm 的短芒，第一外稃长 9～10mm；内稃与外稃近等长，两脊上部具短纤毛；花药黄色，长 3～4mm。

细胞学特征：$2n=?$。

分布于中国青海。生长于山坡上，海拔 3200m。模式标本采自中国青海兴海。

27. 新枝赖草

***Leymus innovatus* (Beal) Pilger**

多年生，丛生，具匍匐的根状茎。秆直立，高(18～)50～105cm，除节下常稍被微毛外，其余无毛，常被白粉，秆基部具纤维状残存叶鞘。叶鞘平滑无毛，具条纹；叶舌很短，长约 0.5mm；叶片较坚实，内卷，较短，上表面平滑，边缘与下表面脉上粗糙，长(5～)10～18cm，宽 2～6(～8)mm。穗状花序直立，长(3～)5～16cm；每一穗轴节上着生 2～3 枚小穗；小穗长 10～18mm，具 3～7 小花；颖片钻形，长 5～12mm，两颖片不等长，基部被微毛或粗糙；外稃密被紫色或灰色长柔毛，或短柔毛，稀无毛，先端具芒尖或具长 2～4mm 的短芒，第一外稃长 7.0～10.5mm；内稃与外稃等长，先端具 2 齿，脊上部具细纤毛；花药长 3～10mm。

细胞学特征：$2n=4x$、$8x=28$、56；染色体组组成为 **NsNsXmXm**。

分布于美国蒙大拿州、怀俄明州、南达科他州、阿拉斯加到不列颠哥伦比亚。生长于开阔林地、河岸、开阔草原，常生长在多沙石或淤泥的土壤中。模式标本采自美国蒙大拿州。

28. 远东赖草

***Leymus interior* (Hulten) Tzvel.**

多年生，丛生，具细的根状茎。秆高 20～50（～70）cm，除有时花序下被微毛外，其余部分平滑无毛。叶鞘无毛，上部稍膨大；叶片通常边缘内卷，上表面粗糙，具明显突起的脉，脉上粗糙，下表面平滑无毛，宽 2～7mm。穗状花序直立，长 5～10cm，宽 10～17mm；穗轴密被柔毛，每一穗轴节上着生 2（～4）枚小穗；小穗淡红紫色，排列紧密，长 10～18mm，具 3～5 小花；颖片窄披针形，灰色至紫色，具 1～3 脉，被长柔毛，具窄膜质边缘，长 5～8（～12）mm；外稃宽披针形，脉不明显，其上密被灰色至黄色长毛，背部密被长柔毛，具窄膜质边缘，中脉延伸成小尖头，第一外稃长 8～14mm；内稃常稍长于外稃，两脊上具柔毛；花药长（3.5～）5～7mm。

细胞学特征：$2n=4x=28$。

分布于俄罗斯东西伯利亚、远东。生长于河边（稀海边）沙地与卵石滩、火山熔渣、草原以及冲积平原的矮树丛中。模式标本采自俄罗斯泰米尔湖南岸。

29. 卡瑞林氏赖草

***Leymus karelinii* (Turcz.) Tzvel.**

多年生，疏丛生或单生，具长而匍匐的根状茎。秆高（40～）60～100cm，基部径粗 5～6mm，除花序下粗糙外，其余平滑无毛，秆基部具残存叶鞘。叶鞘平滑无毛；叶舌短，长 1～2mm；叶片内卷或边缘内卷，上表面与边缘极为粗糙，下表面微粗糙，宽 7mm。穗状花序直立，窄，线形，长 10～20（～25）cm，宽 4～10mm；穗轴被短而贴生的硬毛，每一穗轴节上通常着生 2 枚（稀中部 3～4 枚）小穗，最下部节间长 10～17（～20）mm；小穗淡粉绿色，排列较密，长 12～15（～17）mm，具 2～3（～5）小花；颖片披针形，基部较宽，不对称，近于覆盖小穗基部，长 11～15（～18）mm，两颖片不等长，或近等长，具不明显的 1 脉，背部粗糙，上部边缘具小齿，先端渐尖形成芒尖；外稃披针形，被短而贴生的毛，有时毛细小而较不明显，稀无毛或几乎平滑，具 5～7 脉，先端渐尖形成芒尖，芒长 1.5～2.5mm，第一外稃长 11～14mm。

细胞学特征：$2n=4x=28$；染色体组组成为 **NsNsXmXm**。

分布于中亚阿拉尔—卡斯皮安、巴尔喀什，中国准噶尔至塔城、准噶尔至喀什噶尔（喀什），天山北部与西部、塞尔达尔雅，西伯利亚，乌拉尔南部。生长于盐碱草甸、草原、河边沙地与卵石中。模式标本采自哈萨克斯坦。

30. 柯马洛夫赖草

***Leymus komarovii* (Roshev.) C. Yen，J. L. Yang et B. R. Baum**

多年生，秆少数丛生或单生，具非常短而不明显的根状茎。秆直立，高 80～130（～150）cm，具 4～6（～8）节，除花序下面被微毛以及节的上下被反折的毛外，其余部分光滑无毛。上部叶鞘无毛，基部叶鞘灰褐色，被微毛；叶舌较短，长 1.0～1.5（～2）mm；叶片扁平，上表面脉上被长约 1mm 的柔毛，下表面无毛微粗糙，边缘粗糙，长 10～20cm，宽 10～20mm。穗状花序较细弱，下垂，长（7～）10～20cm，宽 10～15mm；穗轴被微毛，脊上具纤毛，每一穗轴节上着生 2 枚小穗，节间长 3～5mm，下部者可长达 15mm；小穗稀疏，含(1～)2～3 小花；小穗轴节间被微毛，长 1～2(～3)mm；颖片钻形，常退化，如存在，上部小穗的颖片长 1～2mm，下部者长 3～8(～9)mm，具 1 脉，在基部形成脊，粗糙；外稃披针形，具 5～7 脉，背面具短刺毛，先端与边缘糙毛长 0.5～1.0mm，先端渐尖而形成长 10～15mm 粗糙的芒，第一外稃长 9～12mm；基盘密被贴生短毛；内稃披针状长圆形，约短于外稃，长 7.5～9.0(9.5)mm，先端微 2 裂，两脊具纤毛；花药长 2.5～3.0(～3.5)mm。花、果期 6～8 月。

细胞学特征：$2n=4x=28$；染色体组组成为 **NsNsXmXm**。

分布于俄罗斯远东沿阿穆尔河哲布若雅、乌苏里、萨哈林岛南部，日本，中国黑龙江、吉林、辽宁、陕西(秦岭北坡)、河北。多生于海拔 1000～2000m 的山谷林下与灌木丛中。模式标本采自俄罗斯阿穆尔河中游。

31. 科皮塔汗赖草

Leymus kopetdaghensis (Roshev.) Tzvel.

多年生，密丛生，具短而匍匐的根状茎。秆高 60～150cm，除花序下常被短柔毛或粗糙外，其余平滑无毛，秆基部具残存叶鞘。叶片粉绿色，狭窄，内卷，上下表面很粗糙，宽仅 1～3(～5)mm。穗状花序细瘦，淡粉绿色，长 10～22(～25)cm，宽 4～7mm；穗轴被小刚毛，节间上部粗糙，每一穗轴节上着生 2 枚小穗，中部稀 3 枚小穗，中部穗轴节间短于 10mm，下部者长 12～20mm；小穗长 12～17mm，具 3～5 小花；颖片钻形至披针形，两颖片近等长，长 15～20(～25)mm，具 1 细弱的脉，背部与边缘着生刺毛而很粗糙；外稃披针形，背部平滑无毛至散生小刺毛而粗糙，具 5 脉，先端渐尖形成粗糙的芒尖，芒长 1～2mm，第一外稃长 10～14mm；内稃与外稃约等长，先端具 2 齿裂，脊上粗糙。

细胞学特征：$2n=8x=56$。

分布于土库曼斯坦。生长于中山地带的石质山坡与碎石堆中，海拔 600～2 000 m。模式标本采自土库曼斯坦。

32. 绵毛赖草

Leymus lanatus (Korsh.) Tzvel.

多年生，密丛生，具短而斜升、被多数粗而坚实的木质纤维包裹的根状茎。秆直立，高 40～100cm，平滑无毛，通常被白粉。叶鞘无毛；叶舌短，长约 1mm，平截，边缘睫毛状或撕裂状；叶片平展，坚实，上表面粗糙，叶脉突起，下表面平滑无毛，宽 4～7mm。穗状花序宽线形或线状长圆形，长 6～13cm，宽(12～)15～22mm；穗轴无毛，棱脊上具短纤毛，着生小穗处具一簇长而软的毛(髯毛)，每一穗轴节上着生 2 枚小穗；小穗排列紧密，长 12～15mm，具 3～4 小花；小穗轴细而易碎，被柔毛；颖片钻形至锥形，宽 0.2～0.3mm，平滑无毛，下部 1/4～1/2 处可见 1 脉；外稃披针形，背部密被淡红色的长绵毛，绵毛可长达 2mm，使得整个穗状花序呈毛绒状，具 7～9 脉，先端具长 1.5～2.0mm 的针状短芒，芒易脱落，第一外稃长 7～10mm；内稃与外稃等长，两脊上部具长纤毛；花药紫色。

细胞学特征：$2n=6x=42$。

分布于中亚吉萨尔—达尔瓦孜（东部）、阿拉依、帕米尔，伊朗，阿富汗北部。生长于石质与多石山坡和倒石堆中。模式标本采自大阿拉依。

33. 阔颖赖草

***Leymus latiglumis* Tzvel.**

多年生，密丛生，不具或疏具长而匍匐的根状茎。秆高 80～100cm，除花序下密被贴生柔毛外，其余平滑无毛，秆基部具残存的纤维状叶鞘。叶鞘无毛；叶舌短，长约 1mm；叶片平展或内卷，叶脉在表面明显突起成矩形的脊，脊间形成沟槽，上表面粗糙，下表面平滑无毛，宽 3～5mm。穗状花序直立，长 12～17cm；穗轴密被贴生微毛，每一穗轴节上着生 2～3(～4) 枚小穗，稀单生于穗的上下两端，下部穗轴节间可长达 2cm；小穗排列疏松，淡绿色，长 20～25mm，具 4～6 小花；小穗轴密被贴生糙硬毛；颖片线状钻形，长 12～15mm，被刺毛而极粗糙；外稃背部平滑无毛，或先端疏生刺毛，尖端具长 0.5～1.0mm 的小尖头，或具长 1～2mm 的短芒，第一外稃长 10～14mm。

细胞学特征：$2n=?$。

分布于中亚吉萨尔—达尔瓦孜、雅卡巴格境内。生长于裸露的红土上。模式标本采自中亚雅卡巴格。

34. 门多萨赖草

***Leymus mendocinus* (Parodi) Dubcovsky**

多年生，丛生，具鞘内分枝。秆直立，高可达 125cm，具 2～4 节，节褐色，无毛，秆基部具宿存叶鞘，质硬，无毛。叶鞘无毛；叶舌直，长 0.3～1.4mm；叶耳膜质，褐色，长 0.2～0.4mm，或不具叶耳；叶片平展或内卷，上表面粗糙，下表面平滑无毛，长 6.5～24.0cm，宽 3.0～8.5mm。穗状花序长 10.5～19.0cm，宽 4～10mm，具 7～14 枚小穗；穗轴被糙毛，至少在穗轴节上被糙毛，每一穗轴节上着生 1 枚小穗，节间长 9.5～16.3mm；小穗无柄，稀近于无柄，长 1.7～3.0cm，宽 3～10mm，具 3～8 小花，顶端为一退化小花，仅具外稃，着生在长 1.9～3.2mm 的小穗轴上；小穗轴微粗糙；颖片窄椭圆形或卵形，通常被微毛，两颖片不等长，第一颖长 4.4～11.6mm，宽 1.0～1.5(～2)mm，具 1～3 脉，第二颖长 7.3～13.5mm，宽 1.5～3.9mm，具 1～3(～5) 脉，先端急尖至长渐尖而形成长 2.2mm 的小尖头（第一颖）至 4.1mm 的短芒（第二颖）；外稃急尖，稀长渐尖，第一外稃长 12.6～20.0mm，宽 3.4～4.1mm；内稃短于外稃，长 10.5～13.6mm，先端急尖或内凹；花药长 6～9mm。

细胞学特征：$2n=8x=56$；染色体组组成为 **NsNsXmXmXmXmXmXm**。

分布于阿根廷门多萨。生长于干燥的岩石间与碎石堆中，海拔 600～2700m。模式标本采自阿根廷。

35. 滨麦

***Leymus mollis* (Trin.) Hara**

多年生，具下伸的根状茎，须根外被沙套。秆单生或少数丛生，直立，高 30～100

（～170）cm，除紧接花序下部被微毛外，其余光滑无毛。叶鞘无毛，下部者长于节间，而上部者短于节间，秆基生宿存膜质叶鞘，碎裂成纤维状；叶舌长 1～2mm；叶片质较厚而硬，粉绿色，通常内卷，上表面微粗糙，下表面光滑，长（10～）15～40cm，宽 4～12mm。穗状花序长 9～30cm，宽 10～15mm；穗轴粗壮，被短柔毛，每一节着生 2～3（～5）枚小穗，或于花序上下两端者为单生，节间长 6～10mm；小穗长（10～）15～20（～25）mm，含 2～5 小花；小穗轴被短毛，节间长 2～3mm；颖片宽披针形或披针形，背部被微毛，具脊，边缘膜质，具 3～5（～7）脉，先端长渐尖，长 12～20mm，宽 2.0～2.5mm；外稃披针形，先端具小尖头，密被长柔毛或被柔毛，具 7 脉，第一外稃长 12～14mm；内稃与外稃等长或稍短，长 10～12mm，两脊具小纤毛；花药长 5～6（～7.5）mm。花期 5 月。

细胞学特征：$2n=4x=28$；染色体组组成为 **NsNsXmXm**。

分布于俄罗斯远东、北极南部、堪察加、鄂霍次克海沿岸、乌达、乌苏里、萨哈林岛、鞑靼海峡沿岸、日本海沿岸，中国北部沿海地区，日本，朝鲜半岛，北美阿拉斯加。生长于海岸沙地与卵石中。模式标本采自朝鲜。

本种有固沙作用，也可作饲草。

36. 多枝赖草

Leymus multicaulis（Kar. et Kir.）Tzvel.

多年生，单生或丛生，具下伸或横走的根状茎。秆直立，高 50～80cm，直径 1.5～3.0mm，具 3～5 节，光滑无毛或仅于花序下粗糙，秆基部具残留枯黄色纤维状叶鞘。叶鞘光滑，有时稍带紫色；叶舌长约 1mm；叶片灰绿色（带白霜），扁平或内卷，上表面粗糙，下表面较平滑，有时粗糙，长 10～30cm，宽 3～8mm。穗状花序直立或稍下垂，长 5～30cm，宽 6～10（～13）mm；穗轴粗糙或被短毛，边缘具纤毛，每一穗轴节上着生 2～3 枚小穗，节间长 3～8mm，下部节间长达 10mm；小穗绿色或稍带紫色，成熟后变黄，长 8～15mm，含（2～）3～6 小花；小穗轴被微毛，节间长约 1mm；颖片钻状，短于或等于第一小花，具 1 脉，脉和颖片边缘被细刺毛，不覆盖第一外稃基部，长（4～）5～7（～8）mm；外稃宽披针形，光滑无毛，具不明显的 5 脉，顶端具长 2～3mm 的短芒，第一外稃长 5～8mm；基盘稍具微毛；内稃短于外稃，脊上具睫毛；花药长约 3mm。花、果期 5～7 月。

细胞学特征：$2n=4x=28$；染色体组组成为 **NsNsXmXm**。

分布于中国新疆塔城、阿勒泰、哈巴河、额敏、福海，俄罗斯伏尔加河下游（南部）、阿尔泰、楚雅盆地、咸海—里海，天山，土库曼斯坦，哈萨克斯坦。生长于平原绿洲的盐渍化荒漠草甸、碎石堆、农田、路边和民居附近。模式标本采自新疆塔城。

本种可供割制干草。

37. 有柄赖草

Leymus obvipodus L. B. Cai

多年生，疏丛生或单生，具匍匐的根状茎。秆直立或下部节稍膝曲，高 40～75cm，径粗 2～3mm，具 2～3 节，紧接穗下的秆密被柔毛，秆基部具残存的纤维状叶鞘。叶鞘平滑，有时被微毛；叶舌膜质，钝，长 1～2mm；叶片通常内卷，上下表面密被微毛，长

6～18cm，宽 2～4mm。穗形总状花序直立，绿色，长 8～18cm，宽 6～8mm；穗轴密被柔毛，每一穗轴节上着生 1～2 枚小穗，节间长 5～20mm，最下部者可长达 50mm；小穗排列稀疏，密被微毛，长 11～18mm（包含小柄），均具小柄，柄长 1～14mm，具 4～8 小花；小穗轴密被微毛，节间长 0.52mm；颖片线状披针形或披针形，无毛或背部粗糙，边缘膜质，两颖片不等长，第一颖长 5.0～6.5mm，第二颖长 6.0～7.5mm，具 1～3 脉，先端逐渐狭窄形成长 2～4mm 的短芒；外稃披针形，有光泽，无毛，或背部粗糙，沿边缘或靠近边缘处被柔毛，具不明显 5 脉，先端渐尖，形成长 1～3mm 的短芒，第一外稃长 7～10mm；内稃稍短于外稃，两脊上被稀疏刺毛，脊间无毛；花药黄色，长约 4mm。

细胞学特征：$2n=?$。

分布于中国青海。生长于土壤为黑土以及沙土的林缘与撂荒地，海拔 2200～2900m。模式标本采自中国青海都兰。

38. 奥尔达赖草

Leymus ordensis G. A. Peschkova

多年生，密丛生，植株灰绿色。秆粗壮，高 50～90cm（或以上），径粗 2～3mm，具 2～3 节，除花序下微粗糙或被微毛外，其余部分平滑无毛。叶片内卷或平展，平滑无毛，有时在上表面沿粗脉微粗糙。穗状花序上小穗排列较疏松，每一穗轴节上通常着生 1～3 枚小穗，有时全部单生，易脱落，颖片和小穗轴以及下面的小花保存较久；颖片线状披针形，非常狭窄，长 4～6mm，两颖片不等长，稀等长，通常无毛，几乎短于下部小花两倍，有时其中一颖片极为退化，长仅为 1～2mm；外稃宽披针形，多被柔毛，有时背部稍无毛或全部无毛，先端急尖，形成小尖头或长 0.5～2.0mm 的短尖，第一外稃长 8～10mm；内稃两脊密生大小不等的刺毛。

细胞学特征：$2n=4x=28$。

分布于俄罗斯的西伯利亚、阿尔泰山，蒙古国北部。生长于盐土草甸与草原中。模式标本采自俄罗斯东西伯利亚。

39. 宽穗赖草

Leymus ovatus（Trin.）Tzvel.

多年生，具下伸的根状茎。秆单生，高（40～）70～100cm，具 3～4 节，光滑无毛，或于花序下密被贴生细毛，秆基部具枯褐色纤维状叶鞘。叶鞘光滑无毛；叶舌膜质，截平，被微毛，长约 1mm；叶片扁平或内卷，上表面密被白色长柔毛，下表面密被短毛，长 5～15cm，宽 5～8mm。穗状花序直立，密集成椭圆形或长椭圆形，长 5～9cm，宽 15～25mm；穗轴密被柔毛，每一穗轴节上着生 2～4 枚小穗，节间长 2～6mm，基部者长达 10mm；小穗黄绿色或褐绿色，长 10～20mm，无柄或具长约 1mm 的短柄，含 5～7 小花；小穗轴贴生短柔毛，节间长约 1mm；颖片线状披针形，两颖片近等长，长 10～13mm，覆盖或不正覆盖第一外稃的基部，先端狭窄如芒，下部具窄膜质边，常具不明显的 1～3 脉，中脉稍突起成脊，脊上与边缘粗糙；外稃披针形，上部被稀疏而贴生的短刺毛，边缘具纤毛，具明显 5～7 脉，先端渐尖或具长 1～3mm（～4）的短芒，第一外稃长 8～10（～11）mm；基盘具长约 1mm 的硬毛；内稃与外稃等长或稍短，两脊的上半部具纤毛；花药长 3.5～4.0mm。花、果期 7～8 月。

细胞学特征：2n=？。

分布于俄罗斯西伯利亚、哈萨克斯坦、中国新疆东北部、蒙古国。生长于河边沙地与卵石堆中、沙质草原、碱性土草原、平原路边和沟渠旁。模式标本采自新疆阿勒泰。

40. 毛穗赖草

***Leymus paboanus* (Claus) Pilger**

多年生，秆单生或少数丛生，具下伸的根状茎。秆高 40～90cm，具 3～4 节，光滑无毛，秆基部残留枯黄色纤维状叶鞘。叶鞘光滑无毛；叶舌长约 0.5mm；叶片扁平或内卷，上表面微粗糙，下表面光滑，长 10～30cm，宽 4～7mm。穗状花序直立，长 10～18cm，宽 8～13mm；穗轴较细弱，上部密被柔毛，向下渐平滑，边缘具睫毛，每一穗轴节上着生 2～3 枚小穗，节间长 3～6mm，基部者长达 12mm；小穗长 8～13mm，含 3～5 小花，稀小花发育成珠芽；小穗轴密被柔毛，节间长约 1.5mm；颖片线状钻形，长 6～12mm，与小穗等长或稍长，微被细小刺毛而粗糙，不覆盖第一外稃的基部，边缘窄膜质，通常具纤毛；外稃披针形，淡绿色，背部密被长 1.0～1.5mm 的白色柔毛，脉不显著，腹面可见 3～5 脉，先端渐尖而形成小尖头，或具长 1.0～1.5mm 的短芒，第一外稃长 6～10mm；内稃与外稃近等长，两脊的上半部具睫毛；花药长约 3mm。花、果期 6～7 月。

细胞学特征：2n=4x=28；染色体组组成为 **NsNsXmXm**。

分布于俄罗斯欧洲部分、西伯利亚、阿拉依，天山，哈萨克斯坦巴尔喀什，中国新疆准噶尔—喀什，蒙古国。生长于碱化草原、碱土和卵石堆中。模式标本采自俄罗斯欧洲部分。

41. 太平洋赖草

***Leymus pacificus* (Gould) D. R. Dewey**

多年生，具细长而匍匐或上升直立的根状茎。秆直立或在基部呈弓形弯曲，高 10～60cm，无毛，基部具鞘内分枝，秆基部具纤维状宿存叶鞘。叶鞘无毛；叶舌很短而退化；叶耳延伸成一弯曲的角状；叶片内卷，上表面具深沟被疏微毛，下表面无毛，长 15～25cm，宽 2～4mm。穗状花序长 2～8cm；穗轴几乎平滑无毛，每一穗轴节上通常着生 1 枚小穗；小穗长 12～15mm，具 4～5 小花；颖片钻形至直立窄披针形，革质，长 5～10mm，具 3～5 脉，边缘具纤毛，先端长渐尖；外稃较宽，革质，粗糙，先端锐尖或形成短芒尖，第一外稃长约 10mm；内稃两脊上具纤毛。

细胞学特征：2n=4x=28。

分布于美国加利福尼亚蒙特瑞到门多色洛。生长于海边沙地。模式标本采自美国加利福尼亚马林瑞斯岬。

42. 垂穗赖草

***Leymus pendulus* L. B. Cai**

多年生，疏丛生或单生，具匍匐的根状茎。秆直立，或下部节稍膝曲，高 60～150cm，径粗 2~3mm，具 4~6 节，平滑，秆基部具残存的纤维状叶鞘。叶鞘无毛或粗糙；叶舌透明膜质，钝形，长 2.0~3.5mm；叶片平展或内卷，上下表面均粗糙，边缘具稀疏刺毛或纤毛，上部叶片长 5~15cm，宽 2~5mm，下部叶片长 22~53cm，宽 4~7mm。穗状花序弯垂，褐色，长 23~32cm；穗轴细，密被柔毛，通常每一穗轴节上着生 2~3 枚小穗，上部节间长 6~12mm，中部与下部节间长 15~30mm；小穗排列疏松，长 11~15mm，具 5~7 小花；小穗轴密被微毛，节间长 1.0~1.5mm；颖片线状披针形，革质，背部粗糙，上部边缘被稀疏纤毛，两颖片近等长，长 9~11mm，具 1 脉，先端渐尖呈芒刺状；外稃披针形，背部疏被刺毛，靠近边缘处被柔毛，具不明显 5 脉，先端具一纤细的长 2~3mm 的短芒，第一外稃长 6~9mm；内稃与外稃等长或稍长于外稃，先端尖或 2 裂，两脊上疏被刺毛，内稃背部脊间粗糙；花药黄色或紫色，长 2.5~3.5mm。

细胞学特征：$2n=?$ 。

分布于中国青海。生长于红色沙土至黏土的林缘、山谷以及墙基，海拔 2200~2320m。模式标本采自中国青海西宁。

43. 皮山赖草

***Leymus pishanicus* S. L. Lu et Y. H. Wu**

多年生，疏丛生，具长而下伸的根状茎。秆高 50~80cm，具 3~5 节，无毛。叶鞘平滑无毛；叶舌极短；叶耳镰刀状，长 1~2mm；叶片平展，或边缘内卷，上表面与边缘粗糙，下表面无毛。穗状花序细瘦，直立，长 8~11cm；穗轴边缘粗糙，或具纤毛，通常每一穗轴节上着生 1 枚小穗，节间长 8~12mm；小穗排列疏松，长 12~17mm，具 2~3 小花；颖片披针形，两颖片近等长，长 9~11mm，平滑无毛，具 3 脉，边缘膜质具纤毛，先端渐尖；外稃长圆状披针形，平滑无毛，具 5 脉，无芒，第一外稃长 12~14mm；内稃明显短于外稃，长约 9mm，先端微凹，两脊被纤毛，脊间背部被微毛。

细胞学特征：$2n=?$ 。

分布于中国新疆皮山。生长于高山草甸中，海拔 2600m。模式标本采自中国新疆皮山。

44. 柴达木赖草

***Leymus pseudoracemosus* C. Yen et J. L. Yang**

多年生，丛生，具木质下伸的根状茎。秆直立，高 60~90cm，茎秆粗壮，秆基径粗 5~6mm，具 2~3 节，除紧接穗下部分被短柔毛外，其余部分平滑，秆基部具纤维状残存叶鞘。叶鞘平滑，具膜质边缘；叶舌透明膜质，舌状，长约 3mm；叶片灰绿色，平展或内卷，上表面被短柔毛或被长柔毛，下表面平滑或微粗糙，长 15~34cm，宽 5~7mm，分蘖叶片可长达 40cm，宽 4~6mm。穗状花序或穗状圆锥花序，直立，淡绿色，长 15~25cm，宽 2~3cm；穗轴粗壮，密被灰白色短柔毛，棱脊被长柔毛，下部常具分枝，分枝长(2~)3~4cm，每一穗轴节上通常着生 3~5 枚小穗，上部节间长 1cm，下部节间长 2.5~3.0cm；小穗排列紧密，长 17~21mm，具 5~10 小花；小穗轴贴生短柔毛，节间长 1.0~1.8mm；颖片窄披针形或披针形，坚硬，边缘膜质，具纤毛，两颖片不等长，第一颖长 10~12mm，第二颖长 13~16mm，具不明显 3 脉，先端具长 1.0~1.6mm 的芒；外稃披针形，被长 1mm 的长柔毛，后逐渐脱落，具 5～7（～10）脉，边缘膜质，具纤毛，先端渐尖，形成长 1.0～1.5mm 的芒尖，第一外稃长 9～13mm；基盘被长 1.5mm 的毛；内稃与外稃等长或比外稃短 0.5～3.0mm，先端 2 裂，裂片长 0.5mm，两脊上部具稀疏短纤毛；花药淡黄色，长 3～5mm。

细胞学特征：$2n=4x=28$；染色体组组成为 **NsNsXmXm**。

分布于中国青海。生于沙漠中，海拔 3100m。模式标本采中国青海诺木洪。

45. 毛节赖草

***Leymus pubinodis*（Keng）Á. Löve**

多年生，秆单生。秆直立，高 50～100cm，径粗 2.5～3.5mm，具 3～4 节，节缢缩，密被倒生并贴生的短柔毛，节间长达 26.5cm，具条纹，被倒生柔毛或无毛。叶鞘松弛，具条纹，最上部叶鞘伸长，长 18～25cm；叶舌干膜质，啮齿状或深裂，长约 1mm；叶片线形，平展，多脉，基部有些缢缩，上表面多被白霜，无毛，下表面无毛，长 12.5～23.0cm，宽 4.5～8.0mm。穗状花序直立或稍下弯，长 11～14cm，宽 5～8mm；穗轴被微柔毛，每一穗轴节上通常着生 2～3 枚小穗，上部节间长 3～5mm，下部节间长 5～14mm，棱脊上被细刚毛状纤毛；小穗亮绿色或稍带紫色，排列密集，长 12～15mm（芒除外），具 3～4 小花；小穗轴被微毛，长约 3mm；颖片长圆状披针形，粗糙，两颖片近等长，长 9～10mm，具 3～5 脉，先端多数渐尖至具尖头；外稃被微毛，先端处明显被毛，上部明显 5 脉，中脉延伸至芒中，芒长 2～3mm，粗糙，第一外稃长 9～10mm；基盘被微毛；内稃稍长于外稃，窄长圆形，两脊上部具小刚毛状纤毛；鳞被长 1.5～2.0mm，边缘被纤毛；花药褐色或微黑色，长 2.0～2.5mm。

细胞学特征：$2n=$? 。

分布于四川青藏高原东部。生长于山丘、房屋废墟中。模式标本采自中国四川乾宁（现道孚县）。

46. 青海赖草

***Leymus qinghaicus* L. B. Cai**

多年生，疏丛生或单生，具下伸的根状茎。秆直立或稍倾斜，高 18～45cm，径粗 2～3mm，具 2～3 节，秆基部具残存的撕裂成纤维状的叶鞘。叶鞘无毛；叶舌膜质，顶端平截或略呈啮齿状，长 1～2mm；叶片内卷，上下表面密被微毛，长 5～12cm，宽 2～5mm。穗状花序直立，棕色或淡棕色，长 6～10cm，宽 8～13mm；穗轴密被柔毛，每一穗轴节上通常着生 3～4 枚小穗，节间长 4～8mm；小穗排列密集，长 11～15mm，具 4～7 小花；小穗轴密被微毛，节间长 0.8～1.5mm；颖片狭披针形，两颖片近等长，长 8～11mm，两侧稍不对称，通常具 1 脉，背部无毛，上部边缘被短纤毛；外稃披针形，具不明显 5 脉，脉上疏生刺毛，边缘或近边缘疏生柔毛，先端具长 1.5～2.5mm 的短芒，第一外稃长 7～10mm；内稃明显短于外稃，顶端微凹，脊上微粗糙；花药带黑色，长约 3mm。

细胞学特征：$2n=$? 。

分布于中国青海刚察、祁连。生长于草原山坡和水塘边，海拔 2920～3100m。模式标本采自中国青海刚察。

47. 大赖草

***Leymus racemosus*（Lam.）Tzvel.**

1）原变种

var. *racemosus*

多年生，具长而匍匐的根状茎。秆粗壮，直立，高 50～100cm，直径 10～12mm，除花序下粗糙至被微毛外，其余部分糙涩，秆基部具宿存的黄褐色叶鞘。叶鞘松弛包茎，具膜质边缘；叶舌膜质，平截，长约 2mm；叶片浅绿色，质硬，上表面与边缘粗糙，下表面平滑无毛，长 20～40cm，宽 5～15mm。穗状花序直立，粗大，长 15～40cm，下部径粗 10～25（～40）mm；穗轴坚硬，扁圆形，无毛，棱脊上具刺状纤毛，穗下部每节着生 4～6 枚小穗，穗上部每节着生 2～3 枚小穗；小穗淡粉绿色，排列紧密，长 15～32mm，含 3～5（～6）小花；颖片窄披针形，坚硬，平滑无毛，具 3～4 明显的脉，中脉突起成脊，脊上无毛或被短毛，先端长渐尖，基部不重叠，长 15～28mm，长于或等长于小穗；外稃披针形，具 7 脉，下部被柔毛，向先端无毛，先端无芒，具尖头，第一外稃长 10～20mm；内稃比外稃短 1～2mm，两脊平滑无毛；花药长约 5mm。花期 6～7 月，果期 8～9 月。

细胞学特征：$2n=4x=28$；染色体组组成为 **NsNsXmXm**。

分布于中欧多瑙河三角洲，俄罗斯伏尔加—顿河区、外伏尔加、顿河下游、伏尔加下游、高加索、西伯利亚，天山，哈萨克斯坦，中国新疆。生长于河边沙地、沙丘、沙地草原与荒漠中。模式标本采自哈萨克斯坦。

2）大赖草粗脉变种

var. *crassinervius*（Kar. et Kir.）C. Yen et J. L. Yang

与原变种的区别：花序下的秆上平滑无毛；每一穗轴节上着生 2～4 枚小穗；颖片下部披针形至线形，具 1～3 脉，基部稍重叠。

细胞学特征：$2n=?$ 。

分布于俄罗斯西伯利亚、天山、哈萨克斯坦、中国准噶尔至喀什噶尔（沿黑依儿特什）。生长在河边沙地、沙质草原与荒漠中。模式标本采自哈萨克斯坦。

3）大赖草圆柱变种

var. *cylindrius*（Roshev.）C. Yen et J. L. Yang

与原变种的区别：秆在花序下无毛；穗状花序较疏松；每一穗轴节上着生 3 枚小穗；颖片具 1 脉；内稃两脊上部具多数纤毛。

细胞学特征：$2n=?$ 。

分布于俄罗斯乌拉尔、伏尔加—顿河、外伏尔加、西伯利亚、里海至阿拉尔。生长在河边沙地和沙质草原上。模式标本采自俄罗斯南乌拉尔。

4）大赖草钻形变种

var. *sabulosus*（Bieb.）C. Yen et J. L. Yang

与原变种的区别：秆在花序下平滑无毛；叶片上表面沿脊上散生短刺毛；穗状花序较疏松，狭窄；每一穗轴节上着生 2～3（～4）枚小穗；颖片具 2～3 脉；内稃两脊上无毛或在上部具少数纤毛。

细胞学特征：$2n=?$ 。

分布于伏尔加至顿河南部、黑海沿岸、克里米亚、高加索、外高加索、里海至阿拉尔、中欧南部的地中海(希腊)、小亚细亚。生长在海岸边与河边沙地、沙质草原上。模式标本采自克里米亚。

48. 分枝赖草

Leymus ramosus (Trin.) Tzvel.

多年生，丛生，具细长而匍匐的根状茎。秆高(20～)30～45cm，从基部形成分枝，光滑无毛，秆基部具少数残留叶鞘。叶鞘平滑无毛；叶舌很短；叶耳线状披针形；叶片粉绿色，内卷或扁平，直挺，上表面具突起的脉，密被刺毛或很短的刚毛而粗糙，沿增厚的脉常疏生叉开的毛，下表面光滑无毛，宽 2～6mm。穗状花序线形，长(3～)4～8cm；穗轴棱脊上具糙毛，每一穗轴节上着生 1 枚小穗，下部节间长 6～10mm；小穗排列较疏松，粉绿色，稀具紫晕，偶尔具短暂的粉白色，长 11～15(～17)mm，含(4～)5～7(～9)小花；小穗轴近于无毛，微粗糙；颖片线状钻形，无毛，长 5～8(～9)mm，第一颖稍短于或明显短于第二颖，两颖片挺直，很窄，无脉或具 1 不明显的脉，先端尖；外稃宽披针形，或近椭圆状披针形，平滑无毛，或具短刺毛而粗糙，无芒或具长可达 1.5～2.0mm 的芒尖，第一外稃长 6～8mm；基盘钝，平滑无毛。

细胞学特征：$2n=4x=28$；染色体组组成为 **NsNsXmXm**。

分布于俄罗斯乌拉尔、伏尔加—顿河、黑海、顿河下游、下伏尔加、西伯利亚、伊尔提斯、阿尔泰、安嘎拉—萨彦、阿拉尔—卡斯皮安，克里米亚，哈萨克斯坦巴尔哈什，天山，中国准噶尔—喀什噶尔。生长于盐碱土草原、盐碱土草甸和卵石堆中，也常成为杂草长在农田与路边。模式标本采自俄罗斯阿尔泰。

49. 若羌赖草

Leymus ruoqiangensis S. L. Lu et Y. H. Wu

多年生，丛生，具长而下伸的根状茎。秆直立，高 30～70cm，通常具 3～4 节，平滑无毛，秆基部具残留的纤维状叶鞘。叶鞘平滑无毛，基部褐色，边缘膜质，常具细纤毛；叶舌长约 0.5mm；叶耳镰状或针形，边缘被柔毛；叶片通常内卷，上表面与边缘粗糙，或被微毛，下表面平滑无毛，长(1～)6～15cm，宽 1～3mm。穗状花序直立，长 4.5～14.0cm；穗轴边缘具纤毛，每一穗轴节上着生 1 枚小穗，节间长 6～15mm，节上被毛；小穗排列疏松，紫色或灰绿色，具 3～5 小花，位于顶端的小花通常不育；颖片钻形，或窄披针形，两颖片近等长，长 7～10mm，平滑无毛，或疏被柔毛，无脉或具 1 脉，边缘粗糙，先端渐尖；外稃长圆状披针形，具 5 脉，基部裸露，被柔毛，无芒或具小尖头，第一外稃长 9～12mm；内稃与外稃等长，沿两脊被纤毛或无毛；花药黑紫色或黄绿色，长 3～4mm。

细胞学特征：$2n=?$ 。

分布于中国新疆若羌。生长于盐碱地，海拔 3600～4100m。模式标本采自中国新疆若羌。

50. 萨林纳赖草

Leymus salinus（M. E. Jones）Á. Löve

1) 原变种

var. *salinus*

多年生，丛生，稀具短的根状茎。秆高 39～102cm，秆基部具残留叶鞘。叶鞘无毛；叶舌平截，长 0.1～1.0mm；叶片伸直，强烈内卷，上表面粗糙至被柔毛，特别是叶片基部接近叶舌处密被糙伏毛，下表面无毛，长 1～35cm，宽 1～4mm。穗状花序直立，长 4～12cm；每一穗轴节上着生 1 枚小穗，稀中部穗轴节着生 2 枚小穗；小穗长 9～21mm，具 3～6 小花；小穗轴被粗伏毛，节间长 0.8～2.5mm；颖片钻形，两颖片不等长，第一颖有时退化不存在，如存在则长 11.5mm，宽有时可达 3.2mm，第二颖长 3.7～12.2mm，宽 0.4～2.5mm，背部圆，具 1 脉，颖片不覆盖外稃，故可见外稃中脉；外稃无毛，无芒或具长 2.6mm 的短芒，第一外稃长 6.9～12.5mm，宽 0.6～3.6mm；内稃长 6.2～12.5mm，与外稃等长或稍短，两脊上被糙伏毛；花药长 2.7～6.7mm。

细胞学特征：$2n=4x$、$6x$、$8x=28$、42、56；染色体组组成为 **NsNsXmXm**。

分布于美国犹他州、怀俄明州、科罗拉多州、内华达州。生长在岩石山坡上。模式标本采自美国犹他州。

2) 萨林纳赖草展叶变种

var. *mojavensis* M. E. Barkworth et R. J. Atkins

与原变种的区别：秆高 35～90cm。基部叶鞘无毛；叶片平展，上表面被柔毛，但其基部叶片上表面不具硬毛，下表面近于无毛，稀散生硬毛。穗状花序除中部 2～3 个穗轴节上着生 2 枚小穗外，其余均着生 1 枚小穗。

细胞学特征：$2n=?$ 。

分布于美国加利福尼亚州、亚利桑那州。稀疏生长于山坡上。模式标本采自美国加利福尼亚州。

3) 萨林纳赖草萨蒙变种

var. *salmonis*（C. L. Hitchc.）C. Yen et J. L. Yang

与原变种的区别：秆高 60～140cm。基部叶鞘明显被柔毛；叶片平展至内卷，上表面被糙伏毛，下表面明显被硬毛。穗状花序中部通常在每个穗轴节上着生 2 枚小穗。

细胞学特征：$2n=4x=28$；染色体组组成为 **NsNsXmXm**。

分布于美国犹他州、内华达州、爱达荷州。稀疏生长于岩石山坡上。模式标本采自美国爱达荷州。

51. 赖草

Leymus secalinus（Georgi）Tzvel.

1) 原变种

var. *secalinus*

多年生，单生或丛生，具下伸和匍匐的根状茎。秆直立，高 40～100cm，具 3～5 节，光滑无毛或在花序下密被柔毛，秆基部具残留的灰色或褐色纤维状叶鞘。叶鞘光滑无毛，或在幼嫩时边缘具纤毛；叶舌膜质，截平，长 1.0～1.5mm；叶片扁平或内卷，上表面及边缘粗糙或具短柔毛，下表面平滑或微粗糙，长 8～30mm，宽 4～7mm。穗状花序直立，灰绿色，长 10～15(～24)cm，宽 10～17mm；穗轴被短柔毛，节与边缘被长柔毛，每一穗轴节通常着生 2～3 枚稀 1 枚或 4 枚小穗，节间长 3～7mm，基部者长达 20mm；小穗长 10～20mm，含 4～7(～10) 小花；小穗轴贴生微毛，节间长 1.0～1.5mm；颖片短于小穗，线状披针形，先端狭窄如芒，不覆盖第一外稃的基部，具不明显的 3 脉，上半部粗糙，边缘具纤毛，第一颖短于第二颖，长 8～15mm；外稃披针形，边缘膜质，先端渐尖或具长 1～3mm 的短芒，具 5 脉，被短柔毛或上半部无毛，第一外稃长 8～10(～14)mm；基盘具长约 1mm 的柔毛；内稃与外稃等长，先端常微 2 裂，两脊的上半部具纤毛；花药长 3.5～5.0mm。花、果期 6～10 月。

细胞学特征：$2n=4x=28$；染色体组组成为 **NsNsXmXm**。

分布于俄罗斯西伯利亚、阿拉依帕米尔，天山，哈萨克斯坦巴尔喀什湖，中国新疆、甘肃、青海、陕西、四川、内蒙古、河北、山西、黑龙江、辽宁、吉林等，蒙古国，朝鲜半岛，日本。生境范围较广，可生长在沙地、平原绿洲、碱化草甸、山地草原、盐化沙质草甸、石质山坡、河边与湖边沙地、卵石堆中。模式标本采自新疆阿勒泰。

2) 赖草长舌变种

var. *ligulatus* (Keng) C. Yen et J. L. Yang

与原变种的区别：叶舌长，达 3～4mm。

细胞学特征：$2n=?$ 。

分布于中国甘肃。生长于光秃干燥的砾石山丘脚，海拔 2000m。模式标本采自中国甘肃。

3) 赖草毛稃变种

var. *pubescens* (O. Fedtsch.) Tzvel.

与原变种的区别：叶片上下表面均密被短柔毛。

细胞学特征：$2n=4x=28$。

分布于吉尔吉斯斯坦天山中部、阿拉依、帕米尔，中国西藏喜马拉雅山、新疆准噶尔，伊朗。生长于石质与多石山坡、盐碱沼泽以及卵石间。模式标本采自帕米尔。

4) 赖草纤细变种

var. *tenuis* L. B. Cai

与原变种的区别：穗状花序瘦长，狭窄；每一穗轴节着生 1～2 枚小穗；小穗通常具 2～3 小花；颖片近于钻形；花药一般长 2～3mm。

细胞学特征：$2n=?$ 。

分布于中国西藏。生长于湖边，海拔 4200m。模式标本采自中国西藏。

52. 山西赖草

Leymus shanxiensis (L. B. Cai) G. H. Zhu et S. L. Chen

多年生，疏丛生，具下伸的根状茎。秆直立，高 70～110cm，茎粗 2～3mm，具 2～4

节，平滑无毛。叶鞘粗糙，下部常被短柔毛，有时边缘具纤毛；叶舌膜质，较短，长约0.8mm；叶片平展或边缘内卷，上表面粗糙或密被柔毛，下表面平滑无毛，长 10～25cm，宽 3～5mm。穗状花序直立，浅绿色，长 8～15cm，宽 10～13mm；穗轴密被柔毛，每一穗轴节上通常着生 2 枚小穗，节间长 6～11mm，基部可达 20mm；小穗长 18～25mm，具5～9 小花；小穗轴密被微毛，节间长 0.5～1.5mm；颖片披针形，下部宽，边缘膜质，具纤毛，两颖片近等长，长 11～16mm，具 3～5（～7）脉，先端狭窄如芒；外稃长圆状披针形，密被长柔毛，具 5～7 脉，先端具长约 2mm 的短尖头，第一外稃长 10～12mm；内稃与外稃等长或稍短，先端微凹，两脊疏生短刺毛；花药黄色，长约 5mm。

细胞学特征：$2n=?$ 。

分布于中国山西。生长于草坡上，海拔 1350m。模式标本采自中国山西。

53. 西伯利亚赖草

Leymus sibiricus (Trautv.) J. L. Yang et C. Yen

多年生，疏丛生，具短的根状茎。秆斜升或直立，高（25～）60～80 （～100）cm，径粗3～5mm，具 3～4 节，无毛，在花序下密或疏被微毛，稀无毛，秆基部具残留灰褐色叶鞘，无毛。叶鞘无毛；叶舌长 0.5～1.0mm；叶耳长 0.5～1.0mm；叶片窄线形，扁平，两面无毛，边缘粗糙，长 2.5～16.0mm，宽 2～7mm。穗状花序直立，长（5～）10～15cm，宽 10～15mm；穗轴无毛或被微毛，棱脊上具纤毛，每一穗轴节上通常着生 2 枚（稀单生或达 6枚）小穗，节间长 9～15mm，宽 0.5～1.0mm；小穗排列稀疏，近于无柄，长约 15mm，含（1～）2～4（～5）小花；小穗轴粗糙，节间长 0.5～2.5mm；颖片退化成针头状，如存在，则呈钻形，长（2～）5（～7）mm；外稃披针形，背部无毛，基部被短微毛，具 3～5（～7）脉，边缘膜质，先端具长 2.2～5.0（～6）mm 的粗糙芒，第一外稃长 6～9（～12.5）mm；基盘被短硬毛；内稃长 6～9（～10）mm；花药长（2.5～）3～5mm。

细胞学特征：$2n=4x=28$。

分布于俄罗斯西伯利亚、远东。生长于草甸、石质山坡、河边沙地和卵石中。模式标本采自俄罗斯西伯利亚。

54. 单一赖草

Leymus simplex (Scribn. et Williams) D. R. Dewey

多年生，丛生，具强壮的匍匐根状茎，有时可长达 5 m。秆直立或斜升，坚实，高 39～90cm，平滑无毛，秆基部具宿存的叶鞘。叶鞘平滑无毛；叶舌短，平截，长 0.3～0.5mm；叶片坚实，直立，平展，成熟时内卷，先端尖硬，上表面被糙伏毛而粗糙，下表面平滑无毛，长 4～10cm，宽 2.5～6.0mm。穗状花序直立，长 5～20cm；穗轴棱脊粗糙，强烈压扁，小穗通常单生于每一穗轴节上，有时成对着生；小穗排列较疏松，无柄或具短柄，长15～21mm，具 5～7 小花，稀更多；小穗轴被长柔毛；颖片钻形至芒状，坚硬，平滑无毛，长 8～12（～20）mm，宽 0.7～1.2mm，两颖片稍不等长；外稃背部圆形，平滑无毛，多少被白粉，边缘透明膜质，先端渐尖而形成直芒，芒长（2.3～）3.0～6.5（～14）mm，第一外稃长 7～11mm；内稃与外稃约等长，两脊上除接近基部外具刺毛，两脊间背部粗糙，或被微毛，先端窄，具 2 小齿；花药长 3.7～4.5mm。

细胞学特征：$2n=4x=28$。

分布于美国怀俄明州、科罗拉多州、犹他州。生长在草甸与流动沙地上。模式标本采自美国怀俄明州。

55. 褐脊赖草

***Leymus sphacelatus* G. A. Peschkova**

多年生，密丛生。秆高 60～90cm，细，坚实，平滑无毛，或在花序下微粗糙。基生叶多数，长而渐尖，内卷，稀扁平，灰绿色，上部的叶片较短，上表面粗糙，下表面平滑无毛。穗状花序长 5～13cm，宽约 10mm；穗轴多被毛，在棱脊上具长而密的毛；小穗着生密集；颖片钻状披针形，基部常连接，通常短于下面的小花，背部具松散的短刺毛或毛，不沿中脉着生，具窄膜质边缘，边缘具刺毛或纤毛；外稃背下部密被柔毛，向先端渐无毛，同时沿两侧呈褐色(似褐色或黑色小点)，通常上面小花无芒，下面小花具不超过 2mm 长的芒；内稃稍长于外稃，上部沿两脊呈褐色，脊上具短而密的刺毛。

细胞学特征：$2n=?$ 。

分布于俄罗斯西伯利亚。生长于潮湿草甸及盐碱草原。模式标本采自俄罗斯西伯利亚。

56. 天山赖草

***Leymus tianschanicus*（Drob.）Tzvel.**

多年生，单生或丛生，具下伸的木质根状茎。秆直立，高 70～120cm，直径 3～6mm，具 3～4 节，除花序下部稍粗糙外，其余部分平滑无毛，秆基部具残留的纤维状叶鞘。叶鞘光滑无毛；叶舌膜质，先端钝圆，长 2～3mm；叶片质地较硬，扁平或内卷，上表面及边缘粗糙，下表面平滑，长 20～40cm，宽 5～9mm。穗状花序直立，长 20～35cm，宽约 10mm；穗轴非常粗糙，密被短刺毛或柔毛，边缘具睫毛，每一穗轴节上通常着生 3 枚小穗，下部者常着生 2 枚小穗，上部排列密集，下部常有些间断，基部间长达 20mm，而上部者仅长 6mm；小穗淡粉绿色，长 14～20mm，含 3～6 小花；小穗轴密被短柔毛，节间长约 3mm；颖片线状披针形，背部及边缘粗糙，稍长或等长于小穗，两颖片等长或第一颖稍短，脉不明显，先端狭窄如芒，基部具窄膜质边缘，不覆盖或稍覆盖第一外稃的基部；外稃长圆状披针形或披针形，先端延伸成小尖头，具 5 脉，背部被短柔毛，基部粗糙，边缘具纤毛，先端延伸成长 1～3mm 的芒状尖头，第一外稃长 10～13mm；基盘两侧及上端的毛较长；内稃等长或短于外稃，脊上具睫毛，上半部的纤毛长而密；花药长约 5mm；子房顶端具白色细毛。花、果期 6～10 月。

细胞学特征：$2n=4x$、$12x=28$、84。

分布于中亚天山、吉萨尔—达尔瓦孜，中国新疆。生长于山地草原上部、石质山坡，也常散生于草甸草原和倒石堆中。模式标本采自西天山。

57. 拟麦赖草

***Leymus triticoides*（Buckl.）Pilger**

多年生，密丛生，具长而匍匐的根状茎，常形成大的群体。秆高 45～125cm，具 4～

5 节，粉绿色，节上更为显著，无毛，稀花序下被微毛，秆基部具残留的灰色叶鞘。叶鞘具条纹，无毛；叶舌平截，顶端撕裂，长 0.2～1.3mm；叶片扁平或内卷，粉绿色或亮绿色，上表面无毛，粗糙至疏被柔毛，稀被微毛，下表面无毛，边缘粗糙，宽 2～10mm。穗状花序直立，长 5～20cm；穗轴节 9～22 个，每一穗轴节上通常着生 2 枚小穗，稀单生或 3 枚，节间长 5～9mm；小穗排列较疏，无柄，稀具短柄，长 10～22mm，含(3～)5～7 小花；颖片钻形或很窄的线形，坚实，无脉或具 1 脉，或具不明显 3 脉，先端具长尖头，长 5～16mm；外稃披针形，坚实，褐色，无毛至被微毛，或点状粗糙，先端急尖，通常具芒尖，或具长 3(～7)mm 的芒，第一外稃长 5～12mm；内稃比外稃短 1/4～1/3，先端 2 裂，两脊上具纤毛；花药长 3～6mm。

　　　　细胞学特征：$2n=4x=28$；染色体组组成为 **NsNsXmXm**。

　　　　分布于北美洲。广布于北美西部的干草原至湿草原中，也常生长在盐碱草甸中。模式标本采自美国洛基山。

58. 图温赖草

***Leymus tuvinicus* G. A. Peschkova**

　　　　多年生，密丛生，具细长而匍匐的根状茎。秆自根状茎上直立而伸出，无毛，或于花序下稍被柔毛。叶片扁平，具较细弱的脉，上表面粗糙或被微毛，有时在其间疏被长而开展的毛。穗状花序较细，在中部每一穗轴节上着生 2 枚小穗，其余部分单生；穗轴粗糙，在棱脊上具长而密的毛；颖片线状披针形，无毛，沿边缘粗糙，先端渐尖；外稃披针形，多被柔毛，背部粗糙或近于无毛，先端渐窄而形成长 1～4mm 的短芒；基盘大而无毛，两侧具少数短毛；内稃两脊具纤毛。

　　　　细胞学特征：$2n=?$ 。

　　　　分布于俄罗斯西伯利亚(阿尔泰、图瓦)。生长在河漫滩和沙漠中。模式标本采自俄罗斯西伯利亚。

59. 柔毛赖草

***Leymus villosissimus* (Scribn.) Tzvel.**

　　　　多年生，具细长而匍匐的根状茎。秆直立，高(12～)20～70cm，除花序下具微毛外，其余部分无毛，秆基部具宿存叶鞘。叶鞘平滑无毛，疏松包茎，具条纹；叶舌几乎不存在；叶片相对较短，质硬，粉绿色，平展或边缘内卷，上表皮沿细脉稍粗糙，下表皮平滑无毛，长 5～15(～31)cm，宽 3～8(～10)mm。穗状花序直立，长 5～15cm，宽 12～22mm；穗轴节间短，被长柔毛，6～14 节，每一穗轴节上着生 2 枚小穗；小穗常带褐紫色，长 14～25mm，具 3～6 小花；颖片披针形或线状披针形，薄革质，长 11～22mm，通常长于邻近的外稃，稀与其等长，密被长柔毛，或多少被毛，脉微弱，上端渐尖；外稃宽披针形，密被长柔毛，稀无毛，第一外稃长 11～13mm；内稃与外稃等长，先端具深 2 齿裂，两脊上具纤毛；花药长(4.5～)6～8mm。

　　　　细胞学特征：$2n=4x=28$。

　　　　分布于北美北部区域，俄罗斯北极勒纳三角洲以及勒纳河以东的更远处、堪察加、鄂霍次克、萨哈林岛北部，有时一些流入北极海的较大河流的下游也有分布。生长于沿北极海岸线的沙地与卵石堆中。模式标本采自美国白令海圣保罗岛。

60. 伊吾赖草

Leymus yiwuensis N. R. Cui et D. F. Cui

多年生。秆直立或膝曲，高 14～35cm，通常具一节，平滑无毛。叶鞘平滑无毛，或边缘具纤毛；叶舌膜质，长 0.5～1.0mm；叶片通常内卷，上表面与边缘粗糙，下表面无毛，长 4～9cm，宽 1.0～2.5mm。穗状花序直立，长 (3～)5～11cm，宽 (3.5～)5～10mm；穗轴被微毛，通常节上具白色长毛，每一穗轴节上着生 2 枚小穗；小穗绿色，排列较密，长 7～11mm，具 3～5 (～8) 小花；小穗轴密被微毛；颖片窄披针形，长 5～9mm，两颖片不等长，具 1 脉，下部被微毛，上部粗糙，通常基部覆盖外稃基部，先端狭窄呈芒状；外稃披针形，具明显 5 脉，背部密被白色绵毛，边缘具纤毛，第一外稃长 7～8mm（包括长 1.0～1.5mm 的小尖头）；内稃与外稃近等长，沿两脊被纤毛；花药黄色，长 2～3mm。

细胞学特征：$2n=4x=28$。

分布于中国新疆伊吾、叶城、布尔津。生长于高山草原和草地上，海拔 2500m 左右。模式标本采自中国新疆伊吾。

1.4　牧场麦属植物

1897 年，美国农业部的 Frank Lamson-Scribner 和 Jared Gage Smith 在 *U. S. A. Div. Agrostol. Bull.*（《美国农业部禾草分部公报》）第 4 卷发表了一个小麦族的新种——*Agropyron spicatum* Scribn. et Smith。1900 年，时任纽约植物园助理主任的瑞典植物学家 Pehr Axel Rydberg 为了纪念美国农业部的 Jared Gage Smith，在 *Memoirs of the New York Botanical Garden*（《纽约植物园研究报告》）第 1 卷上发表了一篇题为 *Catalogue of the flora of Montana and Yellowstone National Park* 的研究报告，他把 Frank Lamson-Scribner 和 Jared Gage Smith 定名为 *Agropyron spicatum* Scribn. et Smith 的分类群改名为 *Agropyron smithii* Rydb.。1975 年，Dewey 通过细胞遗传学分析认为 *Ag. smithii* Rydb.是一种异源八倍体植物，含有 **SSHHJJXX** 染色体组，推测 *Ag. smithii* Rydb.可能起源于 *Elymus dasystachys* Trin. [*Elymus lanceolatus*（Scribn. et Smith）Gould]（**SSHH**）与 *Elymus triticoides* Buckl.[*Leymus triticoides*（Buckl.）Pilger]（**JJXX**）之间的天然杂交，经染色体加倍而成。1980 年，Löve 根据他的建属原则，认为 *Ag. smithii* Rydb.具有独特的染色体组组成，应该独立成属，他在 *Taxon*（《分类群》）第 29 卷第 1 期上，以 *Agropyron smithii* Rydb.为模式种，建立了一个新属 *Pascopyrum* Á. Löve，因其常见于北美牧场而命名为牧场麦属。模式种为 *Pascopyrum smithii*（Rydb.）Á. Löve，并在 *Taxon* 第 29 卷第 3 期发表了该属的拉丁文描述，使 *Pascopyrum* Á. Löve 成为一个合法的新属。

按照 1994 年第二届国际小麦族会议上通过的国际染色体组命名委员会修订的染色体组统一命名法规，*Elymus lanceolatus* 染色体组为 **StStHH**，*Leymus triticoides* 染色体组为 **NsNsXmXm**。因此，*Pascopyrum smithii*（Rydb.）Á. Löve 染色体组为 **StStHHNsNs XmXm**。

牧场麦属为单种属，分布在美国与加拿大。

1.4.1　形态特征

多年生，整个植株绿色具白霜，具长而匍匐的根状茎。秆较细，高 30～75cm。叶鞘平滑无毛；叶片平展或内卷，宽 2～6mm，脉较强壮。穗状花序直立，长 7～15cm；穗轴坚实不断折，棱脊上粗糙，每一穗轴节上着生 1 枚或 2 枚小穗；小穗长 10～20mm，具 5～10 小花；颖片质硬，具干膜质边缘，无毛，脉微弱，先端圆钝或渐窄而形成短芒，长 4～10mm；外稃先端近于钝、具小尖头或短芒，第一外稃长 7～10mm；内稃脊上被微毛；花药长 5～6mm（Löve，1980；颜济和杨俊良，2013）。

细胞学特征：$2n=8x=56$；染色体组组成为 **StStHHNsNsXmXm**。

模式种：*Pascopyrum smithii* (Rydb.) Á. Löve，产自美国。

1.4.2　物种及分布

牧场麦属仅有模式种牧场麦［*Pascopyrum smithii* (Rydb.) Á. Löve］一个种。其形态特征为：多年生，疏丛生，具长而匍匐的根状茎及深而多的纤维状须根，整个植株具白霜，秆基部宿存苍白色叶鞘。秆直立，高（20～）30～100（～110）cm，干时具条纹，平滑无毛，通常具 2～5 个紫褐色的节。叶鞘具条纹，平滑无毛，稀被疏或密的柔毛；叶舌短，先端啮齿状，常为紫色，长约 1mm；叶耳很小，急尖，紫色，长 0.2～1.0mm；叶片坚实，蓝绿色、稀绿色或淡绿色，平展或干时内卷，直立或开展，上表面粗糙，有时被毛，边缘与突起的脉上粗糙，下表面平滑或微粗糙，长（2～）6～15cm，宽 1～5（～6）mm。穗状花序直立，长 6～17（～20）cm，下部 4 个穗轴节（稀 6 个）的小穗常不育；穗轴棱脊上粗糙，或多或少被微毛，每一穗轴节上着生 1 枚或 2 枚（常在下部）小穗，中部节间长 4～16mm，最下部两节间长于上部者约两倍；小穗排列较疏，长 12～26（～30）mm，具（2～）7～13 小花；小穗轴节间圆柱状，微粗糙；颖片线状披针形至披针形，坚实，蓝绿色或部分紫色，无毛或不同程度被微毛，长为小穗的 1/2 或 2/3，长 8～15mm，第一颖稍长于第二颖，具 3～7 脉，脉间明显突起，无毛，粗糙至被微毛，边缘膜质，先端偏斜或不等，渐尖或具芒尖；外稃披针形，背部圆或稍具脊，平滑无毛，或不同程度被毛，具 5 脉，先端急尖，具芒尖或具长 0.5～5.0mm 的芒，第一外稃长 8～14mm；内稃略短于外稃，先端啮齿状，两脊上部具纤毛；花药长 2.5～5.0mm。颖果长 4～5mm，紫褐色，先端被柔毛，与内、外稃粘贴。

细胞学特征：$2n=8x=56$；染色体组组成为 **StStHHNsNsXmXm**。

分布于美国和加拿大。在美国，以西部与中部大平原为主要分布区，向东可到大湖区；在加拿大，从安大略省到不列颠哥伦比亚省都有分布。生长在草原和草地中。模式标本采自美国堪萨斯州。

参 考 文 献

蔡联炳, 1995. 国产赖草属新分类群[J]. 植物分类学报, 33(5): 491-496.

蔡联炳, 1997. 赖草属资料[J]. 植物研究, 17(1): 28-32.

蔡联炳, 2001. 青海赖草属一新种和一新变种[J]. 植物分类学报, 39(1): 75-77.

蔡联炳, 苏旭, 2007. 国产赖草的分类修订[J]. 植物研究, 27(6): 651-660.

崔大方, 1998. 新疆赖草属的新分类群[J]. 植物研究, 18(2): 144-148.

耿以礼, 1959. 中国主要植物图说　禾本科[M]. 北京: 科学出版社.

郭本兆, 1987. 中国植物志(第9卷第3分册)[M]. 北京: 科学出版社.

卢宝荣, 1995. 小麦族遗传资源的多样性及其保护[J]. 生物多样性, 3(2): 63-68.

吴玉虎, 1992. 新疆赖草属二新种[J]. 植物研究, 12(4): 343-345.

颜济, 杨俊良, 1983. 中国赖草属新植物[J]. 云南植物研究, 5(3): 275-276.

颜济, 杨俊良, 1990. 耿氏草属 Kengyilia, 中国禾本科小麦族一新属[J]. 四川农业大学学报, 8(1): 75-76.

颜济, 杨俊良, 2011. 小麦族生物系统学(第4卷)[M]. 北京: 中国农业出版社.

颜济, 杨俊良, 2013. 小麦族生物系统学(第5卷)[M]. 北京: 中国农业出版社.

智丽, 滕中华, 2005. 中国赖草属植物的分类、分布的初步研究[J]. 植物研究, 25(1): 22-25.

周永红, 2017. 四川植物志(第5卷第1分册)[M]. 成都: 四川科学技术出版社.

Baden C, 1991. A taxonomic revision of *Psathyrostachys* (Poaceae) [J]. Nordic Journal of Botany, 11(1): 3-26.

Barkworth M E, Atkins R J, 1984. *Leymus* Hochst. (Gramineae: Triticeae) in North America: Taxonomy and distribution[J]. American Journal of Botany, 71(5): 609-625.

Barkworth M E, Dewey D R, 1985. Genomically based genera in the perennial Triticeae of North America: Identification and membership[J]. American Journal of Botany, 72(6): 767-776.

Baum B R, 1982. The generic problem in the Triticeae: Numerical taxonomy and related concepets[A]//Estes J R, Tyrl R J, Brunken J N. Grasses and Grasslands: Systematics and Ecology [M]. Norman: University of Oklahoma Press, 109-144.

Baum B R, 1983. A phylogenetic analysis of the tribe Triticeae (Poaceae) based on morphological characters of the genera[J]. Canadian Journal of Botany, 61(2): 518-535.

Bentham G, Hooker J D, 1883. Genera Plantarum Vol. 3(2)[M]. London: Reeve.

Bothmer R von, Flink J, Landstrom T, 1986. Meiosis in interspecific *Hordeum* hybrids. I. Diploid combinations [J]. Canadian Journal of Genetics and Cytology, 28: 525-535.

Bowden W M, 1965. Cytotaxonomy of the species and interspecific hybrids of genus *Agropyron* in Canada and neighbouring areas[J]. Canadian Journal of Botany, 43(5): 547-601.

Cai L B, 2000. Two new species of *Leymus* (Poaceae: Triticeae) from Qinhai, China[J]. Novon, 10(1): 7-11.

Chen S L, Li D Z, Zhu G H, et al., 2006. Flora of China (Vol. 22)[M]. Beijing: Science Press.

Dewey D R, 1975. The origin of *Agropyron smithii*[J]. American Journal of Botany, 62: 524-530.

Dewey D R, 1982. Genomic and phylogenetic relationships among North American perennial Triticeae[A]//Estes J R, Tyrl R J, Brunken J N. Grasses and Grasslands: Systematics and Ecology [M]. Norman: University of Oklahoma Press, 51-88.

Dewey D R, 1984. The genomic system of classification as a guide to intergeneric hybridization with the perennial Triticeae[A]//Gustafson J P. Gene Manipulation in Plant Improvement[M]. New York: Plenum, 209-280.

Dumortier B C J, 1823. Observations sur les Graminees de la flore Belgique[M]. Tournay (Belgium): J. Casterman, 82.

Gould F W, 1968. Grass Systematics[M]. New York: McGraw-Hill Book Co.

Hitchcock A S, 1951. Manual of the Grasses of the United States (Vol. 1) (2nd editon revised by Chase A) [M]. New York: Dover Publications Inc.

Hochstetter C F, 1848. Nachträglicher Commentar zu meiner Abhandlung: "Aufbau der Graspflanze etc. " [J]. Flora, 7: 105-118.

Kihara H, 1975. Interspecific relationship in *Triticum* and *Aegilops*[J]. Seiken Zihô, 15 (1): 1-2.

Kihara H, Nishiyama I, 1930. Genome analyse bei *Triticum* and *Aegilops*. I. Genomaffinitaten in tri-, tetra- und pentaploiden Weizenbastarden[J]. Cytologia, 1 (3): 270-284.

Kimber C, 1983. Genome analysis in the genus *Triticum*[A]//Sakamoto S. Proceedings of the 6th International Wheat Genetic Symposium[C]. Kyoto: Kyoto University Press, 23-28.

Kunth C S, 1833. Enumeratio Plantarum (Vol. 1) [M]. Stuttgart and Tubingen: Colla.

Linnaeus C, 1753. Species Plantarum (Vol. 1) (1st ed.) [M]. London: Laurentius Salvius.

Linnaeus C, 1754. Genera Plantarum (Vol. 3) [M]. London: Laurentius Salvius.

Löve Á, 1980. IOPB chromosome number reports. LXVI. Poaceae-Triticeae-Americanae[J]. Taxon, 29: 163-169.

Löve Á, 1982. Generic evaluation of the wheatgrass[J]. Biologisches Zentralblatt, 101: 199-212.

Löve Á, 1984. Conspectus of the Triticeae[J]. Feddes Repertorium, 95 (7-8): 425-521.

Lu B R, 1994. The genus *Elymus* L. in Asia. Taxonomy and biosystematics with special reference to genomic relationships[A]//Wang R R-C, Jensen K B, Jaussi C. Proceedings of the 2nd International Triticeae Symposium, Logan, Utah, USA[C]. Utah: Utah State University Publisher, 219-233.

Melderis A, 1980. *Leymus*[A]//Tutin T G, Heywood V H, Burges N A, et al., Flora Europaea (Vol. 5) [M]. Cambridge: Cambridge University Press, 190-192.

Nevski S A, 1933. Agrostological studies. IV. On the tribe Hordeae Benth[J]. Akademia Nauk SSR Botany Institute Taudy, 1 (1): 9-32.

Nevski S A, 1934. Tribe XIV. Hordeae Benth[A]//Komarov V L, Roshevits R Y, Shishkin B K. Flora URSS (Vol. 2) [M]. Leningrad: Navka Publishing House, 590-728.

Pilger R, 1949. Addimenta Agrostologica. I. Triticeae (Hordeae) [J]. Botanische Jahrbücher, 74 (6): 1-27.

Pilger R, 1954. Das system der Gramineae[J]. Botanische Jahrbücher fur Systematik, 76: 281-284.

Seberg O, Petersen G, 1998. A critical review of concepts and methods used in classical genome analysis[J]. Botanical Review, 64 (4): 373-417.

Stebbins G L, 1956. Taxonomy and the evolution of genera, with special reference to the family Gramineae[J]. Evolution, 10: 235-245.

Tzvelev N N, 1976. Tribe 3. Triticeae Dumort[A]//Fedorov A A. Poaceae URSS[M]. Leningrad: Navka Publishing House, 105-206.

Wang R R C, von Bothmer R, Dvorak J, et al., 1994. Genome symbols in the Triticeae (Poaceae) [A]//Wang R R-C, Jensen K B, Jaussi C. Proceedings of the 2nd International Triticeae Symposium, Logan, Utah, USA[C]. Utah: Utah State University Publisher, 29-34.

Yen C, Yang J L, Baum B R, 2005. *Douglasdeweya*: a new genus, with a new species and a new combination (Triticeae: Poaceae) [J]. Canadian Journal of Botany, 83 (4): 413-419.

第2章 猬草属分类地位及其物种分类

2.1 分类历史和研究内容

2.1.1 分类历史

猬草属(*Hystrix* Moench)是小麦族(Triticeae)的一个多年生小属,主要分布于北美和中亚、西亚。迄今为止,报道的猬草属物种有 11 种(Hitchcock,1951;Pilger,1954;Bor,1960;Tzvelev,1976,1983;Osada,1989;郭本兆,1987)。Baden 等(1997)系统研究和分类修订了猬草属,认为该属包括 6 种 3 变种:*Hystrix patula* Moench、*Hystrix californica* (Bol.) Kuntze、*Hystrix duthiei* (Stapf) Bor ssp. *duthiei*、*Hystrix duthiei* (Stapf) Bor ssp. *longearistata* (Hack.) Baden,Fred. & Seberg、*Hystrix duthiei* (Stapf) Bor ssp. *japonica* (Hack.) Baden,Fred. & Seberg、*Hystrix komarovii* (Roshev.) Ohwi、*Hystrix coreana* (Honda) Ohwi 和 *Hystrix sibirica* (Trautv.) Kuntze。中国有 3 种:*Hystrix komarovii*、*Hystrix duthiei* 和 *Hystrix coreana*(耿以礼,1959;郭本兆,1987;Chen et al.,2006)。除了 *Hystrix californica* 为八倍体($2n=8x=56$)外,其余猬草属物种都为四倍体($2n=4x=28$)(Löve,1984)。

1794 年,Moench 把 Linneus(1753)描述的 *Elymus hystrix* L.因为其颖片强烈退化甚至缺失的特点,独立为一个属,建立了猬草属(*Hystrix*),模式种为 *Hystrix patula* Moench。Sakamoto(1973)认为猬草属是一个古老的属,形态和生境与披碱草属(*Elymus* L.)差异较大,和其他小麦族属之间的遗传关系还不了解。Dewey(1984)根据猬草属的模式种 *Hystris patula* 具有 **StH** 染色体组,按照染色体组分类原则,将 *Hystrix* 合并到 *Elymus* 中。Löve(1984)在 *Conspectus of the Triticeae* 中,把 *Hystrix* 作为 *Elymus* 的一个组 Sect. *Hystrix* (Moench) Á. Löve 处理。Jensen 和 Wang(1997)通过染色体组分析以及基因组特异 RAPD 标记表明 *Elymus coreanus* Honda(*Hystrix coreana*) 和 *Elymus californicus* (Bol.) Gould(*Hystrix californica*)具有赖草属(*Leymus*)的 **NsXm** 染色体组。蔡联炳和王世金(1997)研究了 *Hystrix duthiei*、*Hystrix komarovii* 和披碱草属物种的叶表皮结构,认为猬草属植物应归于披碱草属中。

在猬草属染色体组组成研究方面,Church(1967)首次报道 *Elymus hystrix* L.(*Hystrix patula* Moench)与加拿大披碱草复合群物种 *Elymus canadensis* complex 具有较近的亲缘关系。Jensen(1993)报道 *Elymus coreanus* Honda(*Hystrix coreana*)和 *Elymus californicus* (Bol.) Gould(*Hystrix californica*)可能具有 *Leymus* 的 **NsXm** 染色体组。之后,Jensen 和 Wang (1997)进行了 *Hystrix coreana* 与 *Psathyrostachys stoloniformis*(**Ns**)、*Psathyrostachys juncea*(**Ns**)、*Leymus ambiguous*(**NsXm**)、*Leymus salinus* ssp. *salmonis*(**NsXm**)、*Leymus innovatus*(**NsXm**)、*Pseudoroegneria spicata*(**St**) 和 *Elymus lanceolatus*(**StH**)的杂交,成功

获得了 *Hystrix coreana*×*Psathyrostachys stoloniformis*、*Hystrix coreana*×*Leymus ambiguous*、*Hystrix coreana*×*Leymus salinus* ssp. *salmonis*、*Hystrix coreana*×*Leymus innovatus* 的杂种，染色体配对分别为 5.80、13.74、13.15 和 13.58；同时，还利用 Wei 和 Wang（1995）基因组特异 RAPD 标记 $OPC14_{450}$（**St**）、$OPW05_{338}$（**Ns**）和 $OPC03_{330}$（**E**^{b}）对亲本和杂种材料的 DNA 进行 RAPD 扩增，检测特异带的有无，从而判断该基因组存在与否。结果表明：①*Elymus coreanus* 和 *Elymus californicus* 具有 *Psathyrostachys* 的 **Ns** 基因组和未知起源的 **Xm** 基因组；②*Elymus coreanus* 与 *Leymus ambiguous*、*Leymus salinus* ssp. *salmonis* 和 *Leymus innovatus* 杂种 F_1 减数分裂 M I 中高频率的二价体表明 *Elymus coreanus* 为异源四倍体；③*Elymus coreanus* 和 *Elymus californicus* 具有 *Leymus* 的 **NsXm** 染色体组，因此该将 *Elymus coreanus* 组合到 *Leymus* 中，成为 *Leymus coreanus*（Honda）K. B. Jensen et R. R.-C. Wang。对于 *Elymus californicus* 还有待进一步的细胞遗传学研究。

Svitashev 等（1998）利用基因组特异的重复 DNA 片段和 RAPD 标记研究了 *Elymus* 和 *Hordelymus* 物种的基因组组成，结果表明 *Elymus hystrix*（*Hystrix patula*）具有 **H** 基因组，而 **St** 基因组特异的重复 DNA 片段不支持其含有 **St** 基因组，仅有一个 **St** 基因组特异的 RAPD 引物检测到 **St** 基因组特异条带；*Elymus duthiei*（*Hystrix duthiei*）、*Elymus coreanus*（*Hystrix coreana*）和 *Elymus komarovii*（*Hystrix komarovii*）没有检测到 **St**、**H**、**Y**、**W** 基因组特异性的重复 DNA 片段和 RAPD 标记，而检测到 **Ns** 基因组特异的 RAPD 标记条带。周永红等（1999）和 Zhou 等（1999）利用染色体组分析了 *Hystrix duthiei* 和 *Hystrix longearistata* 的人工杂种，很易杂交，其杂种 F_1 染色体配对频率极高，为 13～14 个二价体；杂种 F_1 育性较低，为 10.58%。他们认为 *Hystrix duthiei* 和 *Hystrix longearistata* 是同一物种，由于地理分布和生境差异，使它们在形态上开始发生分异，并出现一定程度的生殖隔离。因此，他们认为把 *Hystrix longearistata* 处理为 *Hystrix duthiei* 的一亚种是合理的。Zhou 等（2000）分析了 3 个猬草属物种和 10 个披碱草属物种的 RAPD 变异，聚类分析表明，*Hystrix* 和 *Elymus* 各聚类在一起，认为把 *Hystrix* 作为独立的一个属处理比较合理。张海琴等（2002）报道了 *Hystrix duthiei* ssp. *longearistata*×*Psathyrostachys huashanica*（**Ns**）杂种花粉母细胞减数分裂中期 I 染色体配对平均形成约 5 个二价体，表明 *Hystrix duthiei* ssp. *longearistata* 的一组染色体与 *Psathyrostachys huashanica* 的 **Ns** 染色体组同源。蔡联炳和王世金（1997）研究了 *Hystrix duthiei*、*Hystrix komarovii* 和披碱草属物种的叶表皮结构，认为猬草属植物应归于披碱草属中，并认为原始的老芒麦（*Elymus sibiricus* L.）在一定程度上可能衍生了原始猬草类植物。猬草类植物的颖片已退化为芒状或消失，是原始老芒麦植物颖体继续缩短的最终结果。进化路线为：*Elymus sibiricus*→*Hystrix komarovii*→*Hystrix duthiei*。

2.1.2　存在的学术和技术问题

关于猬草属的界限和它的分类一直处在争论中，主要是把这些物种置于猬草属（*Hystrix*）（郭本兆，1987；Watson and Dallwitz，1992；Baden et al.，1997）；还是作为披碱草属 [*Elymus*（s. lat）] 的一部分（蔡联炳和王世金，1997；Löve，1984；Dewey，1984；Barkworth，1993）；还是放在赖草属（*Leymus*）中（Jensen，1993；Jensen and Wang，1997）？

引起这么大争议的主要原因是狵草属物种的染色体组组成尚未明确或存在争议，导致不同学者对它们有不同的分类处理。

2.1.3　研究思路和研究内容

通过属间、种间杂交，形态学、细胞学和细胞遗传学等特征分析，结合繁育学资料、基因组原位杂交(genomic in situ hybridization，GISH)、基因组特异性的 RAPD 标记分析和细胞核 rDNA 的 ITS 区序列分析，本书旨在：①探讨狵草属物种的染色体组组成、种间关系、种内分化变异；②解决长期争议的狵草属的系统地位、物种分类处理问题，为客观地认识狵草属植物的起源和演化提供资料。

2.2　形态学研究

2.2.1　狵草属植物的形态特征和地理分布

1. 形态特征

狵草属植物的形态特征为：多年生草本，植株较高大。叶片披针形，宽大。穗状花序细长，穗轴延伸而无关节；小穗常孪生，稀单生(*Hystrix sibirica* 和 *Hystrix duthiei* ssp. *japonica*)，各以其背腹面对向穗轴的两侧棱，其中模式种 *Hystrix patula* 的小穗在成熟时与穗轴呈直角张开，各含 1～3 小花，顶端小花常不孕；小穗轴脱节于颖之上，延伸于内稃之后而成细柄；颖片退化成针状甚至缺失；外稃披针形，背面具短刺毛，具 5～7 脉，顶端延伸成长芒；内稃具 2 脊，脊具小纤毛；花药较长；子房被毛；颖果狭长。

狵草属植物区别于小麦族其他多年生草本植物的一个最显著形态特征，就是它们的颖片强烈退化成针状甚至缺失。正是以此形态特征为依据建立了此属，得到了一些学者的认可(Sakamoto，1973；郭本兆，1987；Watson and Dallwitz，1992；Baden et al.，1997)。此外，狵草属植物一般长得较为高大(60～120cm)，叶片宽大，也区别于一些披碱草属植物。

2. 地理分布和生境

狵草属植物全世界约 6 种和 3 亚种，我国有 3 种(郭本兆，1987；Baden et al.，1997；Chen et al.，2006)。模式种 *Hystrix patula* 和 *Hystrix californica* 分布于美国与加拿大境内，其中 *Hystrix californica* 仅在美国加利福尼亚州有分布，量很少，现在很难在野外采到。其余 4 个种分布于亚洲，其中 *Hystrix duthiei* 间断分布于印度北部、尼泊尔西部以及中国的东部、西南直至中部；而 *Hystrix duthiei* ssp. *longearistata* 和 *Hystrix duthiei* ssp. *japonica* 则仅分布于日本。*Hystrix komarovii* 中国东北以及俄罗斯的东南部。*Hystrix coreana* 从朝鲜的北部到中国东北再到帕米尔高原一带均有分布。*Hystrix sibirica* 则广泛分布于西伯利亚一带。

所有狵草属植物都生长在相对比较湿润的环境中，如山谷林下、溪边、海滩边等地。

垂直分布从海平面(*Hystrix californica*)到海拔 2800m(*Hystrix duthiei*)的区域。每年 6～8
月为开花期，其中 *Hystrix duthiei* 花期较早，5～6 月开花。

2.2.2　猬草属模式种 *Hystrix patula* 不同居群的形态变异

猬草属模式种 *Hystrix patula* Moench 分布于北美洲。在形态上，具有明显区别于其他
披碱草属物种的特征，如：较为宽大的叶片；小穗在成熟时与穗轴呈 90° 垂直张开；颖片
退化，或呈针状(若存在)(Dewey，1982)。正是由于这些明显不同于其他物种的形态特征，
Hystrix patula 于 1753 年就被林奈认识，并被归于披碱草属中。Moench(1794)将颖片强烈
退化甚至缺失的物种独立出来，以 *Hystrix patula* Moench 为模式种建立了猬草属。然而，
我们在研究过程中发现，*Hystrix patula* 在形态特征上呈现出明显的多样性，特别是来自美
国印第安纳州编号为 PI 531616 的材料，其植株形态表现出明显变异，包括外稃毛的有无、
小穗与穗轴的角度(30°～90°)、颖片的有无以及颖片大小等特征。

Church(1967)报道 *Hystrix patula* 与加拿大披碱草复合群 *Elymus canadensis* complex
物种，如 *Elymus diversiglumis*、*Elymus wiegandii*、*Elymus canadensis* 具有较近的亲缘关系，
并且在它们的共同分布区存在它们的天然杂种，认为 *Hystrix patula* 的颖片呈现从针状到
退化的变异，是无颖类群与有颖类群杂交的结果。《美国禾草手册》(*Manual of the Grasses
of the United States*)(第二版)中，将外稃被柔毛的类群作为 *Hystrix patula* var. *bigeloviana*
(Fernald) Deam 处理(Hitchcock，1951)。

本书对不同类群 *Hystrix patula* 材料(表 2-1)的株高、顶节长、叶长、叶宽、旗叶长、
旗叶宽、穗长、每穗小穗数、每小穗小花数、每节着生小穗数、穗轴节间长、颖片(包括
第一颖和第二颖)长和宽、第一外稃长、第一外稃芒长、内稃长、第 1 和 2 小花小柄长、
秆节数、小穗与穗轴角度、叶鞘毛等 26 个形态性状进行观察和测定。

根据颖片的有无、外稃是否被毛以及成熟时小穗与穗轴之间的角度，可将 *Hystrix
patula* 分成 3 个不同形态的类群(表 2-2)，其穗部形态如图 2-1 所示。

类群Ⅰ：主要为无颖类群，包括来自加拿大编号为 PI 372546、美国哥伦比亚编号为
PI 531615 和美国印第安纳州编号为 PI 531616 中的无颖类群。它们的主要形态特征有：植
株高 80～120cm；叶鞘光滑，有的被白蜡；叶片为浅绿色；穗状花序直立，每一穗轴节上
着生 2 枚小穗；小穗含 3～6 小花，成熟时小穗与穗轴张开角度为 30°～90°，第 1、2 小
花小柄长 1～2cm；颖片大都退化至无，稀呈芒状；外稃披针形，光滑，先端具芒，芒长
2～4cm；内稃稍短于外稃。

类群Ⅱ：为 PI 531616Ⅱ，是来自美国印第安纳州编号为 PI 531616 中出现的一个类群。
与其他类群相比，其主要形态特征有：植株高大，高 110～160cm；叶鞘密被纤毛，不被
白蜡；叶片为深绿色；穗状花序直立，每一穗轴节上着生 2～3 枚小穗；小穗含 3～6 小花，
成熟时小穗与穗轴张开角度约 30°，第 1、2 小花小柄长 1.0～1.5cm；颖片退化为针状，2
枚，先端具芒；外稃披针形，密被小刺毛，先端具芒，芒长 2～4cm；内稃稍短于外稃。

类群Ⅲ：为 PI 531616Ⅲ，是来自美国印第安纳州编号为 PI 531616 中出现的一个类群。
其主要形态特征为：植株较为高大；叶鞘光滑，有的被白蜡；叶片为深绿色；穗状花序直

立，每一穗轴节上着生 2 枚小穗；小穗含 3～5 小花，成熟时小穗张开较小（小穗与穗轴的角度≤30°），第 1、2 小花小柄长 1～2cm；具 2 颖片，呈狭长披针形，坚硬，先端具芒；外稃披针形，光滑，有的被白蜡，先端具芒，芒长 2～4cm；内稃稍短于外稃。

表 2-1　*Hystrix patula* 不同类群供试材料

序号	物种	2n	染色体组	编号	地理分布	国家
1	*Hystrix patula*	28	**StH**	PI 372546	安大略省卡尔顿	加拿大
2	*Hystrix patula*	28	**StH**	PI 531616	印第安纳州佩里	美国
3	*Hystrix patula*	28	**StH**	PI 531615	密苏里州哥伦比亚	美国

表 2-2　*Hystrix patula* 的形态特征比较

特征	类群 I			类群 II	类群 III
	PI 372546	PI 531615	PI 531616	PI 531616 II	PI 531616 III
株高/cm	83.81 ± 8.64	117.60 ± 9.05	107.05 ± 10.44	136.86 ± 16.67	126.2 ± 14.38
顶节长/cm	22.96 ± 6.28	19.31 ± 3.94	19.78 ± 3.25	25.61 ± 4.15	29.00 ± 4.69
叶长/cm	26.46 ± 2.90	18.92 ± 2.04	19.18 ± 2.48	25.03 ± 3.40	20.81 ± 2.51
叶宽/cm	1.92 ± 0.25	1.47 ± 0.15	1.47 ± 0.21	1.58 ± 0.20	1.27 ± 0.12
旗叶长/cm	22.48 ± 2.88	15.41 ± 1.47	14.75 ± 1.69	18.04 ± 3.75	15.00 ± 0.71
旗叶宽/cm	1.83 ± 0.19	1.30 ± 0.00	1.23 ± 0.09	1.52 ± 0.30	1.28 ± 0.18
穗长/cm	21.10 ± 3.22	19.48 ± 2.24	16.71 ± 2.99	21.17 ± 3.66	18.30 ± 2.68
每穗小穗数	43.71 ± 7.52	60.30 ± 9.38	47.70 ± 6.78	72.57 ± 12.38	47.40 ± 2.68
每小穗小花数	4～6	3～5	3～5	3～6	3～5
穗轴节间长/cm	1.19 ± 0.60	0.93 ± 0.47	0.68 ± 0.24	1.50 ± 1.28	1.03 ± 0.54
第一外稃长/cm	1.01 ± 0.02	0.92 ± 0.08	0.94 ± 0.05	0.88 ± 0.12	0.91 ± 0.10
第一外稃芒长/cm	3.08 ± 0.40	2.54 ± 0.34	2.65 ± 0.19	2.74 ± 0.52	2.68 ± 0.54
内稃长/cm	0.95 ± 0.07	0.82 ± 0.05	0.85 ± 0.05	0.79 ± 0.02	0.82 ± 0.03
第一颖长/cm	—	—	—	2.65 ± 0.37	2.30 ± 0.26
第二颖长/cm	—	—	—	2.51 ± 0.40	2.20 ± 0.26
第一颖宽/cm	—	—	—	—	1.50 ± 0.50
第二颖宽/cm	—	—	—	—	1.62 ± 0.45
第 1、2 小花小柄长 /mm	1.92 ± 0.11	2.00 ± 0.00	1.97 ± 0.08	1.18 ± 0.20	1.70 ± 0.24
秆节数	5～6	8～9	8	8	8
小穗与穗轴角度/(°)	75～90	30～60	30～60	≈30	≤30
每节着生小穗数	2	2(少 3)	2	2～3	2
叶舌/mm	1	1	1	0.8	0.5～1.0
穗状花序	直立	直立	直立	直立	直立
叶鞘毛	-	-	-	+	-
外稃毛	-	-	-	+	-
颖片毛	-	-	-	+	-

注：“+”表示具纤毛；“-”表示不具纤毛。

图 2-1　*Hystrix patula* 不同类群的穗部形态

1. PI 531616Ⅲ；2. PI 531616Ⅱ；3. PI 531615；4. PI 372546。

研究结果表明，来自美国印第安纳州编号为 PI 531616 的 *Hystrix patula* 不仅具有正常的垂直张开的小穗和颖片退化的类群，即类群Ⅰ，还出现了一些形态变异的类群，即外稃密被柔毛的类群Ⅱ（PI 531616Ⅱ）和具 2 枚狭长披针形颖片的类群Ⅲ（PI 531616Ⅲ）。这与 Church（1967）报道 *Hystrix patula* 存在形态变异的研究结果一致。

模式标本所描述的 *Hystrix patula* 具有退化的颖片、垂直张开的小穗、容易脱落的小穗等形态特征只是对常规的 *H. patula* 而言。实际上，本书的研究表明 *H. patula* 还存在一些形态上的变异，包括颖片从狭长披针形→针芒状→退化至无等连续的变异类群以及外稃背部从密被柔毛→光滑无毛等的变异类群。那么，这些形态变异的类群是属于 *H. patula* 不同形态变异的居群，还是如 Church（1967）报道的这些类群是无颖的 *H. patula* 与其他披碱草属物种形成的杂种后代呢？是否应按照 Hitchcock（1951）在《美国禾草手册》中的处理那样将外稃被柔毛的 *Hystrix patula* 类群作为 *Hystrix patula* var. *bigeloviana* 处理？这些问题有待繁育学和细胞遗传学的进一步研究。

2.2.3　*Hystrix duthiei* 和 *Hystrix longearistata* 的比较形态学分析

猬草［*Hystrix duthiei*（Stapf）Bor］和长芒猬草［*Hystrix longearistata*（Hackel）Honda］是猬草属的 2 个四倍体（$2n=4x=28$）物种。*Hystrix duthiei* 生长在山谷森林下，海拔 600～2000m，间断分布于印度北部、尼泊尔西部和中国西南部的喜马拉雅地区，在中国中部到东部有少量分布。而 *Hystrix longearistata* 生长于阴湿的山林和沿河的灌丛中，海拔 700～1100m，特产于日本，从九州到北海道都有分布。这 2 个物种的植株形态十分相似，Koyama（1987）把 *Hystrix longearistata* 处理为 *Hystrix duthiei* 的异名；Baden 等（1997）从形态特征分析，把 *Hystrix longearistata* 处理为 *Hystrix duthiei*（Stapf）Bor ssp. *longearistata*（Hackel）Baden。

为了研究这 2 个分类单位的亲缘关系，本书利用采集于四川崇州市九龙沟和汶川县卧龙的 *Hystrix duthiei* 以及颜济教授采于日本东京的 *Hystrix longearistata*，通过测定 20 个形态特征来比较研究它们的形态学特征差异，结果见表 2-3。

表 2-3　*Hystrix duthiei* 和 *Hystrix longearistata* 的形态特征比较

特征	*Hystrix duthiei*		*Hystrix longearistata*
	崇州	汶川	日本
株高/cm	80.71±22.15	78.25±18.17	71.79±11.97
穗长/cm	15.72±1.13	15.67±1.67	15.50±1.66
顶节间长/cm	18.05±6.07	17.96±4.18	24.77±4.36
旗叶长/cm	15.96±3.47	15.74±2.85	16.80±2.25
旗叶宽/cm	1.64±0.31	1.60±0.31	1.94±0.31
叶长/cm	19.42±3.01	19.07±2.02	18.89±1.98
叶宽/cm	1.79±0.28	1.71±0.26	2.14±0.22
穗轴节长/cm	0.80±0.18	0.87±0.25	1.24±0.26
每小穗小花数	1.75±0.45	1.75±0.60	2.18±0.60
颖片	无	无	无或 0.5~1.0mm 芒尖
外稃长/cm	1.05±0.05	1.04±0.07	1.15±0.08
外稃芒长/cm	2.45±0.27	2.57±0.32	3.05±0.4
内稃长/cm	0.98±0.04	0.96±0.03	1.05±0.07
花药长/cm	0.54±0.03	0.52±0.05	0.62±0.05
穗轴毛	+	+	+
鳞被毛	+	+	+
基盘毛	+	+	+
雌蕊毛	+	+	+
外稃毛	+	+	+
花药颜色	黄	黄	黄

注："+"表示有毛；"-"表示无毛。

Hystrix duthiei 比 *Hystrix longearistata* 的植株高，而 *H. longearistata* 的叶片比 *H. duthiei* 的宽大；*Hystrix duthiei* 每小穗有 1~2 小花，而 *H. longearistata* 每小穗具 2~3 小花；*Hystrix duthiei* 无颖片，而 *H. longearistata* 具 0.5~1.0mm 小芒状颖片或者无颖片；在顶节间、穗轴节、外稃、外稃芒、内稃和花药的长度上，*H. longearistata* 都比 *H. duthiei* 长。

Hystrix longearistata 和 *H. duthiei* 在 20 个形态学特征上的比较结果表明，它们的形态极其相似，差异较小，主要表现在叶宽、外稃芒长和每穗小花数有变化。因此，把它们作为同一物种处理是合理的。但具体作为变种还是亚种处理，需要物种生物学进一步研究结果的支撑。

2.2.4　猬草属及近缘属植物的表皮微形态和解剖结构特征

禾本科传统的分类依据主要是花序、小穗、颖片、稃片等形态及数量特征。自 20 世纪初以来，先后有许多学者将叶片表皮特征应用于禾本科各级分类处理中，发现禾本科植物叶横切结构的许多特征是稳定的，认为叶片的解剖学特征对禾本科植物的分类学研究同样具有重要意义(Prat，1936；Brown，1958；Tateoka，1958；Metcalfe，1960；Hsu，1965；Clifford and Waston，1977；陈守良等，1985，1987，1993；Webb and Almeida，1990；张志耘等，1998)。其中 Metcalfe(1960)的研究为叶片解剖学在禾本科分类中的地位奠定了基础，目前叶片解剖特征仍然是划分亚科的重要依据之一。蔡联炳和郭延平(1995)和陈守良等(1993)对中国禾本科植物叶片表皮细胞和表皮附属物的常见类型及其分类价值做了系统的研究，发现营养叶的表皮层形态稳定、结构精细、类型多样，对禾本科植物的鉴定划分、亲缘演化的探讨都具有重要的分类价值。

叶片解剖特征和植物的地理分布有一定关联。Dávila 和 Clark(1990)用扫描电镜对蜀黍族 *Sorghastrum* 属内 17 个种的叶表皮特征进行了观察，利用乳突的类型把该属分为三类，而这三类的划分与植物的地理分布有较大的关联。Türpe(1962)、Escalona(1991)等对野青茅属(*Deyeuxia*)植物的叶横切面和叶表皮结构进行了研究，结果显示种间解剖特征存在多样性，而这些多样性多与生态环境相关。Ma 等(2006)对禾本科广义拂子茅属(*Calamagrostis*)植物的叶表皮特征进行观察，发现叶表皮结构在种间有丰富的变异式样，而这种变异与属下系统相关性不大，但与物种的海拔分布相关。

陈守良等(1987)对小麦族植物的叶表皮微形态进行了系统的比较研究，结果发现小麦族的叶表皮细胞结构有 11 个类型，并根据叶表皮微形态特征探讨了一些属的系统位置。郭延平和郭本兆(1991)对小麦族 17 个属的植物叶片远轴面表皮结构进行了系统研究，结果发现根据花序的形态演化与叶表皮结构细胞的形态演化探讨小麦族的系统发育问题时互为佐证。蔡联炳和张梅妞(2005)对国产赖草属及其相关类群的叶解剖特征进行观察，并分析其亲缘关系，认为各个种，特别是各个属间存在的特征可作为类群划分的依据，还可为推证类群亲缘关系提供旁证。李艳等(2006)对山东小麦族 5 属 9 种植物的叶片下表皮微形态特征进行了研究，认为叶片下表皮微形态在属间差异明显，可作为分属的参考依据。

本书对猬草属及其近缘属(赖草属和披碱草属)物种，共计 22 个物种(表 2-4)的叶表皮微形态特征及叶片横切面解剖结构进行观察，旨在报道猬草属和赖草属植物的叶表皮形态、叶横切面结构特征；揭示属间及属内叶解剖结构的变异幅度或变异式样，可能存在的系统学意义和分类价值或演化规律；探讨叶解剖特征与猬草属及赖草属植物的物种分化和生态适应的关联。

1. 叶表皮微形态特征

猬草属及其近缘属物种叶片下表皮具有以下共同特征：长细胞通常为筒形，纵向相接成行，各行平行排于脉上、脉间，细胞壁平直或波状弯曲；短细胞马鞍形或新月形，单生或孪生于长细胞之间；刺毛有或缺失，基部呈圆状或椭圆状，镶嵌于长细胞之间，单生或与短细胞孪生；气孔器呈列分布于脉间的长细胞间，保卫细胞哑铃形，副卫细胞圆顶形、低圆顶形至平顶形。除在 *Hystrix coreana* 中发现稀疏大毛外，其余均明显缺乏大毛、微毛和乳突。所有材料的叶表皮微形态特征跟 Metcalfe(1960)、陈守良等(1987，1993)、蔡联炳等(1995，1997，2005)解剖的小麦族植物的叶表皮微形态特征基本一致，属禾本科狐茅型中的小麦族型叶表皮。叶表皮长细胞和短细胞的形态及分布、刺毛的分布、气孔器的形态与分布等性状呈现丰富的多样性，各物种有其独特的性状组合而区别于其他物种

（表 2-5、图 2-2）。

　　5 个猬草属植物的叶表皮微形态特征表现出较大的相似性：长细胞较狭长、细胞壁薄而平直、气孔稀少。*Hystrix duthiei* 和 *Hystrix longearistata* 叶表皮微形态特征基本一致，形态学和细胞学分析认为它们是同一物种的不同地理宗（Baden et al.，1997），生境也很相似，主要生长在林缘、灌丛中。*Hystrix coreana* 具有大毛、常见短细胞，具气孔等特征，而 *H. patula* 表现出与 *H. duthiei* 和 *H. longearistata* 有更大的相似性。从生境看，*H. patula* 主要生长在林下，与 *H. duthiei* 和 *H. longearistata* 相似，而 *H. coreana* 则主要生长在石质山坡。形态上，*H. coreana* 植株较矮，叶线状披针形，多毛；*Hystrix duthiei*、*H. longearistata* 和 *H. patula* 植株高大、叶片宽展。从叶表皮微形态看，猬草属表现出因生态趋同的特征。

表 2-4　叶表皮和叶横切面观察的供试材料

序号	物种	编号	来源	赖草属分组的组别		
				Löve（1984）	蔡联炳和苏旭（2007）	颜济和杨俊良（2011）
1	*Hystrix patula**	PI 372546	加拿大	—	—	—
2	*H. coreana*	W6 14259	俄罗斯	—	—	*Silvicolus*
3	*H. duthiei*	ZY 2004	中国四川	—	—	*Silvicolus*
4	*H. longearistata**	ZY 2005	日本东京	—	—	*Silvicolus*
5	*H. komarovii*	ZY 3161	中国黑龙江	—	—	*Silvicolus*
6a	*Leymus angustus**	PI 440308	哈萨克斯坦	*Aphanoneuron*	*Leymus*	*Pratensus*
6b		PI 531797	中国新疆			
7	*L. arenarius**	PI 272126	哈萨克斯坦	*Leymus*	—	*Arenicolus*
8	*L. chinensis**	PI 499515	中国内蒙古	*Anisopyrum*	*Leymus*	*Pratensus*
9	*L. cinereus*	PI 478831	美国	—	—	*Pratensus*
10	*L. karelinii*	PI 598534	中国新疆	*Aphanoneuron*	*Leymus*	*Pratensus*
11	*L. mollis*	PI 567896	美国	*Leymus*	*Leymus*	*Arenicolus*
12	*L. multicaulis*	PI 440326	哈萨克斯坦	*Anisopyrum*	*Leymus*	*Pratensus*
13	*L. paboanus*	PI 531808	爱沙尼亚	*Aphanoneuron*	*Leymus*	*Pratensus*
14	*L. pseudoracemosus**	PI 531810	中国青海	—	*Racemosus*	*Arenicolus*
15	*L. racemosus**	PI 598806	俄罗斯	*Leymus*	*Racemosus*	*Arenicolus*
16	*L. ramosus*	PI 502404	俄罗斯	*Anisopyrum*	*Anisopyrum*	*Pratensus*
17	*L. salinus*	PI 636574	蒙古国	—	—	*Pratensus*
18a	*L. secalinus*	Y 040	中国新疆		*Leymus*	*Pratensus*
18b		ZY 09267	中国青海			
19	*L. triticoides*	PI 516194	美国俄勒冈	—	—	*Pratensus*
20	*Elymus canadensis**	PI 531567	加拿大亚伯达	—	—	—
21	*E. sibiricus**	ZY 3041	中国甘肃	—	—	—
22	*E. wawawaiensis**	PI 610984	美国华盛顿	—	—	—

注："*"标记的材料表示也用于叶横切面解剖观察。

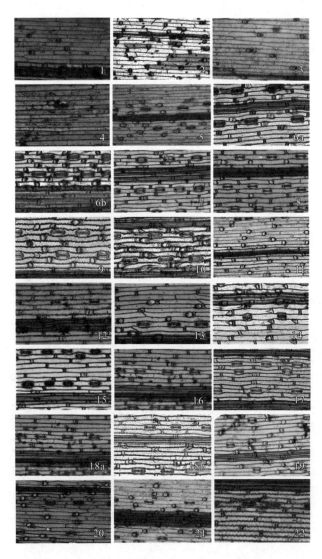

图 2-2　猬草属及近缘属物种的叶片下表皮微形态(×100)

注：1~22 为材料编号，同表 2-4。

表 2-5　猬草属及近缘属物种的叶片下表皮主要特征比较

物种	长细胞		短细胞		气孔		刺毛		
	形态	壁类型	形态	分布	副卫细胞形态	分布	形态	分布	
								脉间	脉上
Hystrix patula	细长筒形	平直，薄	马鞍形，	稀少，单生	无	无	短突	单生，稀疏	较大呈椭圆形，较密
H. coreana	阔长筒形	平直，薄	马鞍形、宽马鞍形	常见，单生或孪生	平顶形	1 列，稀少	稍长，偶见大毛	单生或孪生，密布	同脉间
H. duthiei	狭长纺锤形	平直，薄	无	无	无	无	短突	单生，稀疏	同脉间
H. longearistata	狭长纺锤形	平直，薄	无	无	无	无	短突	单生，稀疏	同脉间

续表

物种	长细胞		短细胞		气孔		刺毛		
	形态	壁类型	形态	分布	副卫细胞形态	分布	形态	脉间	脉上
H. komarovii	狭长纺锤形	平直,薄	无	无	平顶形	1列	稍长	单生,密布	较大呈椭圆形,较密
Leymus angustus	长筒形	浅波状,厚	马鞍形、宽马鞍形	普遍,单生或孪生	低圆顶形	2列,密布	稍长	孪生,偶单生,密布	稀少
L. arenarius	长筒形	浅波状,厚	马鞍形、宽马鞍形	普遍,单生或孪生	稍平行	2列,密布	无	无	无
L. chinensis	长筒形	波状,厚	马鞍形、宽马鞍形	普遍,多单生	圆顶形	2~4列,密布	突尖	单生或孪生,稀疏	稀少
L. cinereus	细长筒状	波状,厚	新月形	普遍,单生或孪生	低圆顶形	1~2列,密布	短突	单生或孪生,密布	较大呈椭圆形,较密
L. karelinii	长筒形	深波状,厚	马鞍形、宽马鞍形	普遍,单生或孪生	低圆顶形	2~4列,密布	稍长	多孪生,偶单生,密布	无
L. mollis	狭长纺锤形	脉间平直,脉上波状,薄	新月形	普遍,单生于脉上、脉侧,脉间稀少	低圆顶形	1列,稀疏	短突	单生,少有孪生,密布	常见
L. multicaulis	长筒形	深波状,厚	狭马鞍形、新月形	普遍,单生	低圆顶形	2列,密布	短突	稀有	较大呈椭圆形,偶见
L. paboanus	长筒形	脉侧细胞波状脉上较平,厚	马鞍形、宽马鞍形	普遍,单生或孪生	圆顶形	2列,较密	稍长	孪生,偶单生,密布	密布
L. pseudora-cemosus	长筒形	浅波—平直,厚	马鞍形、宽马鞍形	普遍,单生或孪生	圆顶形	2列,较密	稍长	孪生,偶单生,密布	较大呈椭圆形,较多
L. racemosus	长筒形	脉间较平直,脉上波状,厚	马鞍形	普遍,单生	低圆顶形	2~3列,较密	无	无	无
L. ramosus	短筒状	波状,厚	新月形	普遍,单生	圆顶形	2列,密布	无	无	稀有
L. salinus	细长筒状	波状,厚	马鞍形	普遍,单生或孪生	圆顶形	1~2列,较密	突尖	单生,稀疏	稀少
L. secalinus	细长筒形	波状,厚	马鞍形、狭马鞍形	普遍,单生或孪生	低圆顶形	1~2列,稀疏	突尖	单生或孪生,稀疏	稀少
L. triticoides	细长筒形	波状,较薄	狭马鞍形	普遍,单生或孪生	圆顶形	1列	较长	单生或孪生,密布	较大呈椭圆形,少
Elymus sibiricus	长筒形	脉间较平直,脉上波状,稍厚	马鞍形	普遍,单生于脉上,脉间稀少,单生或孪生	平顶形	1~2列,较密	短突	单生,密布	同脉间
E. wawawaien-sis	长筒形	波状,厚	新月形	普遍,单生	平顶形	1列	短突	无	稀有
E. canadensis	长筒形	脉间平直,脉上波状,薄	无	无	平顶形	1列	短尖	单生,密布	同脉间

2. 叶横切面解剖结构

叶横切面观测结果显示猬草属及其近缘属物种的叶横切面结构都属于狐茅型。中肋存在或不存在，如果存在则呈 V 形，包含有限个数的维管束；维管束圆形或椭圆形，大小不均，可分为一、二级维管束，部分物种具三级维管束，通常有明显的双层维管束鞘，内鞘细胞小，多在切向内壁和径向壁上加厚，外鞘细胞大，壁薄，有时具明显的叶绿体；两个维管束之间的上表皮一般有 5～8 个较大排列成扇形的泡状细胞；叶肉细胞多为圆球形、椭圆形，无栅栏组织和海绵组织之分，维管束周围的叶肉细胞基本不呈放射状排列；厚壁组织着生于维管束上、下方和/或叶边缘，尤其是大维管束侧的厚壁组织多数情况较发达。各个类群的叶横切面特征除了这些共性之外，还存在一些明显差异，主要表现在叶片轮廓、厚度、中肋的存在与否、中央大维管束能否与其他一级维管束相区别、上下表面沟和嵴的形态、厚壁组织的分布以及维管束的排列等(表 2-6、图 2-3)。

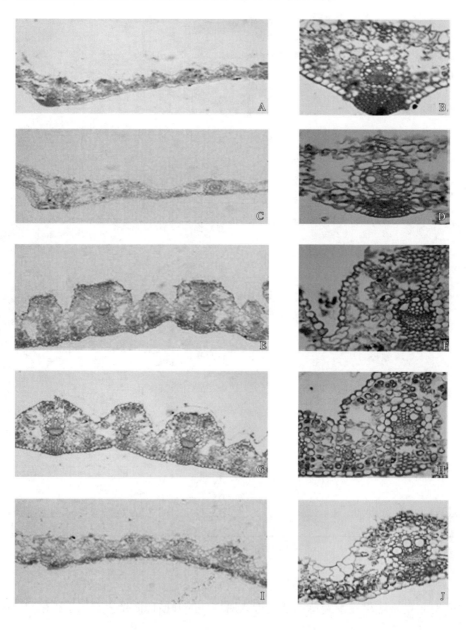

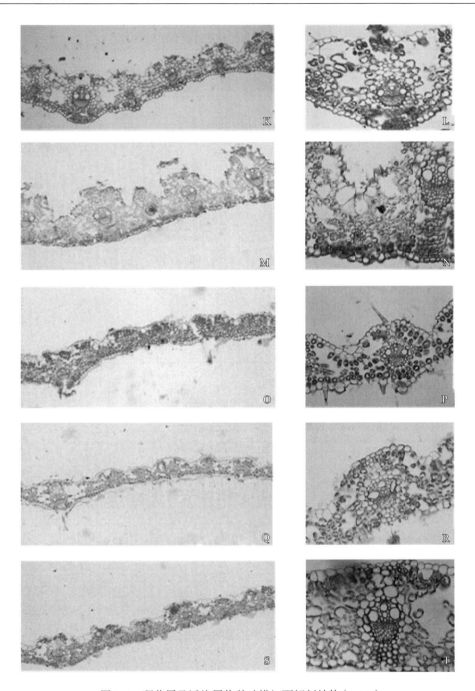

图 2-3　猬草属及近缘属物种叶横切面解剖结构（×100）

注：A-B：*Hystrix patula*；C-D：*Hystrix longearistata*；E-F：*Leymus arenarius*；G-H：*Leymus angustus*；I-J：*Leymus chinensis*；K-L：*Leymus pseudoracemosus*；M-N：*Leymus racemosus*；O-P：*Elymus sibiricus*；Q-R：*Elymus wawawaiensis*；S-T：*Elymus canadensis*。

表 2-6　猬草属及近缘属物种的叶横切面解剖特征

种名	叶厚度	沟形态	嵴形态	有无明显中肋	中央维管束的位置	中央维管束伴生组织	气孔分布	角质	维管束			厚壁组织	叶缘厚壁组织
									一级	二级	三级		
Hystrix patula	薄	浅宽	低圆锥状	明显呈 V 形	靠下	靠下为厚壁组织	脉侧	较薄	5~8	16~19	–	+	+
H. longearis-tata	薄	浅宽	不明显	明显呈 V 形	居中	为叶肉组织包围	脉侧	薄	7~10	13~20	–	+	–
Leymus arenarius	厚	极深凹	高圆锥状，顶端平截	无	居中	上下为发达厚壁组织	沟内	很厚	17~20	15~17	16~18	+++ +	+++
L. racemosus	厚	深凹	圆锥状，顶端平截	无	居中	上下为发达厚壁组织	沟内	厚	10~13	10~12	10~13	+++ +	+++
L. chinensis	薄	浅宽	低圆锥状	稍显	居中	靠下有厚壁组织	脉侧	薄	5~7	9~10	–	++	–
L. angustus	厚	中度凹陷	圆锥状	无	居中	上下为发达厚壁组织	沟内	厚	6~7	7~8	7~8	+++	++
L. pseudora-cemosus	厚	浅宽	低圆锥状	不很明显	居中	上下有发达厚壁组织	脉侧	较厚	5~7	15~16	–	++	+++
Elymus sibiricus	薄	极浅宽	低圆锥状	明显呈 V 形	靠下	靠下有厚壁组织	脉侧	薄	5~8	10~14	–	++	–
E. wawawai-ensis	薄	浅宽	圆锥状	明显呈 V 形	靠下	靠下有厚壁组织	脉侧	薄	5~6	9~12	–	++	–
E. canaden-sis	薄	浅宽	低圆锥状	明显呈 V 形	靠下	上下为薄壁细胞包围	脉侧	薄	10~13	23~25	–	++	++

注："+""−"分别表示该性状特征存在和不存在；"+"的多少表示其程度。

　　猬草属及其近缘属 10 份材料的叶厚度悬殊较大，主脉处叶厚最小仅 188.90μm（*Elymus wawawaiensis*），最大的达 514.68μm（*Leymus arenarius*）；叶横切面上，叶上表皮气孔数较下表皮的多，猬草属的 2 种植物叶下表皮气孔稀少，*Leymus arenarius* 和 *L. racemosus* 的气孔多藏于上表皮凹陷的沟内。10 个物种的叶横切面解剖结构可大致分为 A、B、C、D 四种类型。

　　（1）A 型：叶片薄或稍厚，具明显呈 V 形的中肋，沟浅宽，平行叶脉所在的上面形成圆锥状或低圆锥状的嵴，中央维管束在中肋处位置靠下，仅具 2 级维管束，机械组织不发达。*Hystrix patula*、*Elymus sibiricus*、*E. wawawaiensis* 和 *E. canadensis* 属于这种类型。

　　（2）B 型：叶片薄，具明显呈 V 形的中肋，沟浅宽，嵴不明显，中央维管束在中肋处位置居中，仅具 2 级维管束，机械组织不发达。*Hystrix longearistata* 属于该类型，与 A 型相比，主要区别在于中央维管束的位置及嵴的形态。

（3）C 型：叶片薄或稍厚，中肋不明显，沟浅宽，嵴呈低圆锥状，中央维管束在中肋处位置居中，具 2 级维管束，机械组织不很发达。*Leymus chinensis* 和 *L. pseudoracemosus* 属于该类型。

（4）D 型：叶片厚，上表面形成凹陷的深沟和高圆锥状突起的嵴，中央维管束在中肋处位置居中，具大中小 3 级维管束，机械组织极发达。*Leymus arenarius*、*L. racemosus* 和 *L. angustus* 属于该类型。

从观察结果看，叶横切面结构并没有依照属的划分而形成 3 种类型，属内存在多样性，属间也存在重叠。猬草属的 2 个物种中，*Hystrix patula* 的叶横切面结构更接近披碱草属的 3 个物种，如具中肋、低圆锥状的嵴、中央维管束在中肋处位置靠下等；而 *Hystrix longearistata* 的嵴不明显，中央维管束在中肋处位置居中，结构上更接近于赖草属的 *Leymus chinensis* 和 *L. pseudoracemosus*。

Hystrix patula 和 *Hystrix longearistata* 生长于林下荫蔽环境，由于生境的相似性而呈现趋同进化，表现出相似的外部形态特征，如叶片宽大平展、叶薄等。但在解剖结构上，*Hystrix patula* 和 3 种披碱草属植物的解剖结构更为相似：中肋明显，呈 V 形，中央维管束分布靠近下表皮，维管束伴生厚壁组织不发达，维管束相对较小，沟浅宽，叶片较薄，只有一、二级维管束。细胞学和分子系统学的研究已表明 *H. patula* 与披碱草属有相同的 **StH** 染色体组组成，亲缘关系很近。

对猬草属及其近缘属赖草属、披碱草属共 22 种植物的叶表皮微形态和 10 种材料的叶横切面解剖结构的研究结果显示，叶表皮形态与解剖结构都具有种内稳定性和种间差异性，尤其是根据各种性状的组合可以区分不同物种，所以在种一级具有一定分类价值，能够作为鉴定种的辅助特征。在叶表皮微形态上长细胞的壁形态、短细胞的有无、气孔的密度等性状具有更大的分类价值；在解剖结构上，中肋的存在与否、中肋的形态、中央维管束的分布位置等性状也具有较高的分类价值。但这些性状在属间或属下分组中的分类价值并不大，更多的是表现出与其生境的相关性，对物种的适应性进化和生态地理分化可能具有更大的研究价值。

2.2.5 　 猬草属及近缘属植物的种子胚乳细胞特性

胚乳是麦类作物种子的重要组成部分，其重量占籽粒重量的 90% 以上。麦类作物的粒重与胚乳细胞的数量呈极显著正相关，胚乳微观结构对籽粒的加工品质也具有较大的影响。

胚乳本身的基因并不传递给后代，后代胚乳的基因组成只能由原胚乳种子的胚基因型决定（张改生和赵惠燕，1990）。胚乳特性是一个相对稳定的遗传性状，可以作为植物分类和系统关系的一个指标。蔡联炳和郭本兆（1988）将胚乳淀粉粒作为一个指标，分析了我国大麦属（*Hordeum* L.）的种间关系。蔡联炳等（1991）评价了胚乳淀粉粒在小麦属（*Triticum* L.）分类中的分类价值，并探讨了小麦属的演化趋势。蔡联炳（2000）在对鹅观草属（*Roegneria* C. Koch）植物的研究中将胚乳淀粉粒的微观层次提高到胚乳细胞，结果发现胚乳细胞在鹅观草属各个类群间的发育不同步，胚乳细胞的大小、形状、数量以及反映丰厚程度的长宽比不仅具有类群鉴分的价值，而且可以作为推证类群演化关系的旁证。

　　本书对猬草属及近缘属等 6 属 20 种的胚乳细胞形态特征进行解剖观察（表 2-7、图 2-4），结果表明：20 个材料的种子胚乳细胞在大小、形状和数量上均表现出差异。胚乳细胞形状通常呈椭球形、圆球形、角粒形（轮廓近于方形，但周边多角、多面）、长体形（轮廓呈狭窄形、条状，端部并非截平）和不规则形，也有少量胚乳细胞呈梭形、方形、棒状、三角状等形状。圆球形胚乳细胞的长宽比可为 1.0，而棒状胚乳细胞的长宽比达 4.6。胚乳细胞大小差异较大，大的细胞长可逾 670μm，宽可逾 470μm，小的细胞长不及 80μm，宽不到 50μm。从分散度及数量上看，有的物种胚乳细胞易于分离，多而密布于整个液滴面，有的物种胚乳细胞不易分散，粘连在一起，液滴中分布的胚乳细胞较少而稀疏，但多数物种的胚乳细胞数量界限不十分明显。

表 2-7　猬草属及近缘属物种的胚乳细胞大小

序号	物种	长度/μm		宽度/μm		长宽比	
		范围	平均	范围	平均	范围	平均
1	*Hystrix patula*	137.25~484.33	290.67	85.72~263.86	162.30	1.02~3.45	1.85
2	*H. komarovii*	78.50~216.73	135.83	48.65~123.65	84.52	1.06~3.11	1.65
3	*H. duthiei*	191.68~583.53	330.29	129.19~394.68	226.52	1.01~2.76	1.49
4	*H. longearistata*	170.23~506.07	314.17	68.20~282.30	172.24	1.01~4.32	1.93
5	*H. coreana*	204.79~452.22	319.88	104.72~412.08	216.80	1.00~3.16	1.53
6	*Leymus arenarius*	143.41~584.51	340.02	88.50~436.41	233.34	1.03~2.48	1.50
7	*L. racemosus*	162.35~677.13	364.48	89.90~310.11	174.09	1.07~4.61	2.18
8	*L. secalinus*	166.31~407.39	288.61	114.05~329.04	214.62	1.00~2.21	1.38
9	*L. multicaulis*	147.95~504.14	305.65	108.33~335.69	210.06	1.01~2.70	1.50
10	*L. chinensis*	139.20~481.07	296.95	97.26~383.11	223.46	1.00~2.17	1.36
11	*Psathyrostachys juncea*	179.19~570.99	314.47	103.13~468.08	223.24	1.02~3.49	1.49
12	*Psa. huashanica*	182.60~592.06	337.63	108.40~364.56	231.03	1.00~2.61	1.51
13	*Pseudoroegneria strigosa*	96.40~359.54	203.89	73.25~244.01	142.71	1.01~2.52	1.45
14	*Pse. spicata*	122.25~516.72	285.39	96.31~311.71	170.43	1.02~3.20	1.70
15	*Pse. elytrigioides*	161.35~629.91	324.58	84.44~471.22	203.05	1.00~3.32	1.62
16	*Elymus sibiricus*	133.79~432.81	236.22	78.53~238.36	154.87	1.02~2.74	1.56
17	*E. wawawaiensis*	105.67~390.36	246.59	90.59~255.01	163.38	1.00~2.83	1.55
18	*E. tangutorum*	130.52~421.92	268.64	83.79~250.58	163.74	1.01~3.45	1.71
19	*Lophopyrum elongatum*	132.32~530.91	270.77	84.38~292.98	168.41	1.00~3.42	1.64
20	*Lo. bessarabicum*	182.04~620.07	346.84	86.79~315.68	192.83	1.06~4.40	1.88

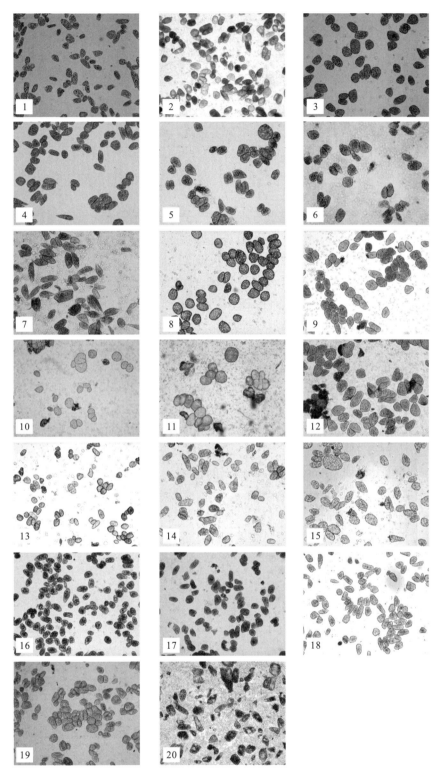

图 2-4　狷草属及近缘属物种的胚乳细胞特征(×10)

注：1~20 为材料编号，同表 2-7。

猬草属 5 个物种的胚乳细胞平均长为 135.83~330.29μm，平均宽为 84.52~226.52μm，平均长宽比为 1.49~1.93。*Hystrix komarovii* 的胚乳细胞最小，多为角粒形和长体形，并且细胞易破碎，与该属其余 4 个物种差异明显。*Hystrix duthiei* 的胚乳细胞主要呈椭球形和长体形，平均长宽比为 1.49。*Hystrix longearistata* 的胚乳细胞较狭长，主要为长体形和角粒形，平均长宽比为 1.93，与 *Hystrix patula* 较为相似。*Hystrix coreana* 与 *H. duthiei* 的胚乳细胞在大小和形状上相似，但胚乳细胞多粘连，细胞较少。

赖草属 5 个物种的胚乳细胞平均长为 288.61~364.48μm，平均宽为 174.09~233.34μm，平均长宽比为 1.36~2.18。*Leymus racemosus* 的胚乳细胞多为梭形和长体形，与赖草属其余 4 个物种差异很大。*Leymus secalinus* 与 *L. chinensis* 的胚乳细胞在形状和长宽比上较为接近，胚乳细胞多为圆球形，但从胚乳细胞数量和分散度看，后者细胞较少，严重粘连，细胞易碎。*Leymus arenarius* 与 *L. multicaulis* 的胚乳细胞在大小与长宽比上差异不大，但前者主要为椭球形和圆球形细胞，后者以角粒形细胞居多。

新麦草属 2 个物种 *Psathyrostachys juncea*、*Psa. huashanica* 的胚乳细胞在大小和长宽比上接近，细胞较为粘连，易碎。细胞形状上 *Psa. juncea* 主要为圆球形和椭球形，而 *Psa. huashanica* 主要为角粒形和长体形，稀圆球形。

拟鹅观草属 3 个物种 *Pseudoroegneria strigosa*、*Pse. spicata*、*Pse. elytrigioides* 的胚乳细胞平均长为 203.89~324.58μm，平均宽为 142.71~203.05μm，平均长宽比为 1.45~1.70。胚乳细胞均多而分散，椭球形细胞居多，*Pse. spicata* 有较多的长体形细胞。

披碱草属 3 个物种 *Elymus sibiricus*、*E. wawawaiensis*、*E. tangutorum* 的胚乳细胞大小、形状及丰厚度较为接近，平均长为 236.22~268.64μm，平均宽为 154.87~163.74μm，平均长宽比为 1.55~1.71，细胞多为角粒形，数量多，分散度好。

冠麦草属 2 个物种 *Lophopyrum elongatum*、*Lo. bessarabicum* 的胚乳细胞在大小和丰厚度上均存在差异，*Lo. elongatum* 的胚乳细胞主要为角粒形和椭球形，细胞多，而 *Lo. bessarabicum* 的胚乳细胞主要为长体形和不规则形状，解离时容易破碎。

对胚乳细胞形态特征的观察结果显示：20 个材料的种子胚乳细胞在大小、形状和数量上均表现出一定差异。同一属内不同物种在胚乳细胞的长、宽、长宽比以及形状上都呈现差异，表明胚乳细胞特征在一定程度上具有共属分种的意义，但不能很好地反映种以上的组、属以及染色体组间的差异。

2.3 生理生化研究

小麦籽粒中含有多种不具酶功能性质的贮藏蛋白，根据溶解特性的不同可分为两大类，即麦谷蛋白(glutenin)和麦醇溶蛋白(gliadin)。这两种蛋白占小麦种子蛋白的 85%，它们与小麦面粉的烘烤品质密切相关。麦谷蛋白与面团的弹性密切相关，麦醇溶蛋白决定了面团的黏着性和延展性。

麦醇溶蛋白在结构上为单亚基，具有高度的异质性和复杂性(Payne et al.，1984)。经过酸性聚丙烯酰胺凝胶电泳(acid polyacrylamide gel electrophoresis)后，每个小麦品种可分离出 15~30 条谱带。根据其分子量大小和迁移率的不同，麦醇溶蛋白电泳图谱可分为 α、β、γ、ω 4 个区。遗传研究表明：小麦醇溶蛋白的编码基因主要位于第一和第六部分同源群的染色体短臂上，有 Gli-1、Gli-2、Gli-3 3 个位点群，共 8 个位点，117 个等位变异（Payne et al.，1984；McIntosh et al.，1993）。不同醇溶蛋白位点间随机组合，使其在不同小麦品种间存在着明显的差异，显示出品种间高水平的多态性。电泳后带纹的多少及组合方式受基因型控制，几乎不受环境因子的影响。麦谷蛋白和麦醇溶蛋白，特别是麦醇溶蛋白，在小麦族植物的属间、间、种内不同居群间存在明显的差异。因此，小麦醇溶蛋白可以构成品种的"指纹"（Draper，1987；胡志昂和王洪新，1991）。

本书对猬草属及其近缘属物种进行醇溶蛋白标记分析，结果显示：猬草属、披碱草属、鹅观草属和仲彬草属 19 份材料具有明显的醇溶蛋白多态性，19 份材料共产生 75 条迁移率不同的醇溶蛋白带纹，均为多态性带（表 2-8、图 2-5）。共分离出 191 条带纹，平均为10.1 条，变化范围为 6~17 条。

表 2-8　醇溶蛋白带纹的数目、迁移率及分布

编号	材料	带纹数量/条	迁移率	ω 区/条	γ 区/条	β 区/条	α 区/条
1	*Roegneria caucasica*	11	0.728	5	2	2	2
2	*R. elytrigioides*	9	0.750	5	1	1	2
3	*R. alashanica*	6	0.728	4	0	0	2
4	*R. kamoji*	9	0.815	4	0	2	3
5	*R. japonensis*	8	0.815	2	0	2	4
6	*R. ciliaris*	9	0.815	2	1	2	4
7	*R. amurensis*	11	0.772	5	1	1	4
8	*R. grandis*	9	0.772	2	1	2	4
9	*Elymus sibiricus*	9	0.935	6	0	1	2
10	*E. tangutorum*	11	0.870	4	2	1	4
11	*E. caninus*	6	0.870	3	0	1	2
12	*E. nutans*	11	0.859	2	3	3	3
13	*Hystrix patula*	9	0.826	4	0	2	3
14	*H. longearistata*	6	0.630	3	0	2	1
15	*H. duthiei*	9	0.717	2	2	2	3
16	*Kengyilia gobicola*	15	0.793	7	3	2	3
17	*K. rigidula*	17	0.761	8	4	3	2
18	*K. mutica*	13	0.728	7	3	2	1
19	*K. melanthera*	12	0.728	5	2	4	1

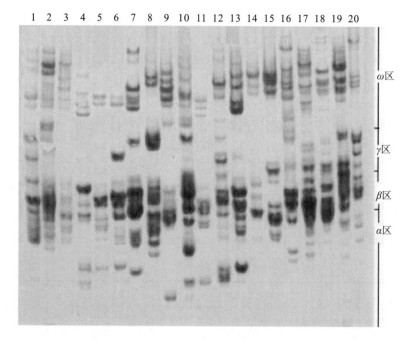

图 2-5　醇溶蛋白图谱

注：1～19 为供试材料，20 为对照中国春小麦（编号同表 2-8）。

　　猬草属物种分离出 6～9 条带纹，平均为 8.3 条，迁移率的变化范围为 0.630～0.826，平均为 0.724，*Hystrix duthiei* 和 *H. longearistata* 分别分离出 9 条和 6 条带纹，其迁移率分别为 0.630 和 0.717；披碱草属物种分离出 6～11 条带纹，平均为 9.3 条，迁移率的变化范围为 0.859～0.935，平均为 0.884；鹅观草属物种分离出 6～11 条带纹，平均为 9.0 条，迁移率变化范围为 0.728～0.815，平均为 0.774；仲彬草属物种分离出 12～17 条带纹，平均为 14.3 条，迁移率的变化范围为 0.728～0.793，平均为 0.753，ω 区带纹较其他属物种多，γ 区和 β 区带纹宽且着色较深（图 2-5）。可见，猬草属、披碱草属、鹅观草属和仲彬草属物种分离出的醇溶蛋白带纹在数量、着色深浅和迁移率等方面具有明显差异。

　　利用 75 条迁移率不同的醇溶蛋白带纹计算了材料间的遗传相似系数（genetic similarity，GS）（表 2-9）。所有材料的 GS 变化范围为 0～0.500，平均值为 0.081。其中鹅观草属 *Roegneria ciliaris* 和 *R. japonensis* 之间的 GS 最大，为 0.500，亲缘关系很近。物种之间的 GS 为 0 的现象为 71 次。表明鹅观草属、披碱草属、猬草属和仲彬草属物种间具有很明显的遗传差异。

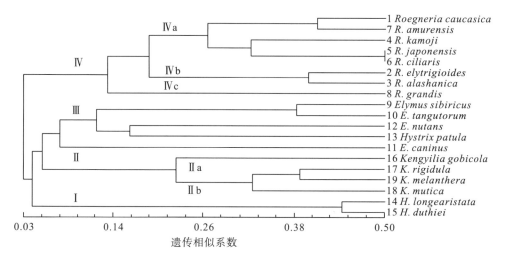

图 2-6　基于醇溶蛋白标记遗传相似关系的聚类图

表 2-9　猬草属及近缘属物种的醇溶蛋白标记遗传相似系数

序号	1	2	3	4	5	6	7	8	9	10	11	12	13	14	15	16	17	18	19
1	1.000																		
2	0.188	1.000																	
3	0.154	0.400	1.000																
4	0.188	0.125	0.273	1.000															
5	0.231	0.154	0.222	0.364	1.000														
6	0.357	0.125	0.273	0.286	0.500	1.000													
7	0.412	0.211	0.188	0.150	0.250	0.438	1.000												
8	0.125	0.000	0.083	0.063	0.077	0.308	0.294	1.000											
9	0.056	0.059	0.000	0.000	0.077	0.125	0.150	0.063	1.000										
10	0.056	0.000	0.000	0.000	0.071	0.125	0.095	0.063	0.385	1.000									
11	0.000	0.000	0.000	0.000	0.000	0.000	0.056	0.000	0.000	0.077	1.000								
12	0.053	0.000	0.000	0.000	0.067	0.056	0.044	0.059	0.056	0.267	0.071	1.000							
13	0.000	0.000	0.000	0.000	0.000	0.000	0.042	0.000	0.111	0.053	0.143	0.167	1.000						
14	0.000	0.000	0.000	0.077	0.000	0.000	0.000	0.000	0.000	0.000	0.000	0.067	1.000						
15	0.000	0.000	0.000	0.063	0.000	0.000	0.000	0.067	0.063	0.063	0.000	0.059	0.118	0.444	1.000				
16	0.000	0.000	0.000	0.000	0.000	0.000	0.044	0.059	0.118	0.056	0.000	0.111	0.105	0.000	0.125	1.000			
17	0.000	0.048	0.059	0.048	0.000	0.048	0.080	0.050	0.158	0.048	0.000	0.000	0.091	0.000	0.050	0.210	1.000		
18	0.000	0.000	0.071	0.056	0.000	0.056	0.044	0.059	0.056	0.056	0.000	0.000	0.050	0.000	0.059	0.177	0.278	1.000	
19	0.000	0.000	0.000	0.000	0.000	0.000	0.000	0.050	0.050	0.000	0.000	0.046	0.000	0.053	0.294	0.389	0.375	1.000	

注：序号 1～19 代表的物种同表 2-8。

根据遗传相似系数按非加权组平均法(unweighted pair-group method with arithmetic mean，UPGMA)进行聚类分析，形成聚类图(图 2-6)。结果表明：利用醇溶蛋白标记能将 19 份材料完全区分开。以 GS 值 0.074 为阈值，可以将所有供试材料划分为 4 类。猬草属 *Hystrix duthiei* 和 *H. longearistata* 聚为 I 类，它们的形态相似，具有 **Ns** 染色体组。仲彬草属 *Kengyilia gobicola*、*K. rigidula*、*K. mutica* 和 *K. melanthera* 4 个物种聚为 II 类，它们的染色体组为 **StYP**。*Kengyilia gobicola* 单独聚类，与 *K. rigidula*、*K. mutica* 和 *K. melanthera* 的关系较远。披碱草属的 4 个物种和猬草属模式种 *Hystrix patula* 聚为III类，它们具有 **StH** 染色体组，仅 *Elymus nutans* 具 **StYH** 染色体组。鹅观草属的 8 个物种聚为IV类，分为 3 个亚类。IVa 亚类包括具有 **StY** 染色体组的 *Roegneria caucasica*、*R. ciliaris*、*R. amurensis*、*R. japonensis* 和具有 **StYH** 染色体组的 *Roegneria kamoji*；IVb 亚类包括 *Roegneria alashanica*、*R. elytrigioides* 2 个物种，它们只有 **St** 染色体组，不具有 **Y** 染色体组；IVc 亚类只有 *Roegneria grandis* 1 个物种。

醇溶蛋白标记的结果表明：猬草属模式种 *Hystrix patula* 和披碱草属物种聚类在一起，亲缘关系较近，与细胞学研究结果一致；而 *Hystrix duthiei* 和 *H. longearistata* 单独聚为一类。

2.4　细胞学研究

2.4.1　猬草属及近缘属植物的 Giemsa-C 带核型分析

染色体分带技术是鉴别染色体和研究染色体结构变异常规而经典的技术。该技术是一种用染料对染色体进行分化染色的方法，将染色体经酸、碱、温度等处理后，再以染料染色，或单用某些荧光染料染色就可以出现深浅不同或亮暗不同的带纹的纵向结构。分带技术能够揭示染色体的"解剖学"特征，提供丰富的可用于识别染色体的特殊标记，因而比常规的核型分析更能准确地鉴别染色体。常用的有 Q-带、C-带、G-带和 N-带等。C-带又称着丝粒异染色质带，或组成异染色质带。染色体标本经一定的 NaOH 或 Ba(OH)$_2$ 处理后，在缓冲盐溶液中热水解，再以 Giemsa 染液染色。经此法处理后所染出的结构是常染色质只能显出较淡的轮廓，而结构异染色质染色较深。C-带在植物中分布较广，在染色体末端、中段、着丝点两侧、核仁缢痕处都可能出现，而且准确性较高，是植物分带的主要方法(Teoh et al.，1983)。已广泛应用于植物细胞学、细胞遗传学、植物分类学、物种起源、染色体工程、植物育种等方面的研究(Cai and Liu，1989；任正隆，1991)。

本书利用 Giemsa-C 带核型，对 4 个猬草属物种及其可能的二倍体供种体：含 **St** 染色体组的 *Pseudoroegneria spicata* 和 *Pse. libanotica*，含 **H** 染色体组的 *Hordeum bogdanii*，含 **Ns** 染色体组的 *Psathyrostachys juncea* 和 *Psa. huashanica*，以及含 **E**^{b} 染色体组的 *Lophopyrum bessarabicum*；及其近缘属具有 **StH** 染色体组的披碱草属物种 *Elymus sibiricus* 和 *E. canadensis*，具有 **NsXm** 染色体组的赖草属物种 *Leymus arenarius*、*L. multicaulis* 和 *L. racemosus*，进行染色体 Giemsa-C 带型分析(表 2-10)。

表 2-10　Giemsa-C 带型分析的供试材料

序号	物种	染色体数目	染色体组	编号	来源
1	*Pseudoroegneria spicata*	14	**St**	PI 232138	美国爱达荷
2	*Pse. libanotica*	14	**St**	PI 228391	伊朗
3	*Hordeum bogdanii*	14	**H**	Y 1488	中国新疆
4	*Psathyrostachys juncea*	14	**Ns**	PI 430871	俄罗斯列宁格勒
5	*Psa. huashanica*	14	**Ns**	ZY 3157	中国陕西
6	*Lophopyrum bessarabicum*	14	**E^b**	PI 531711	乌克兰
7	*Elymus sibirius*	28	**StH**	ZY 1005	中国甘肃
8	*E. canadensis*	28	**StH**	PI 236805	加拿大马尼托巴
9	*Leymus arenarius*	28	**NsXm**	PI 272126	哈萨克斯坦阿拉木图
10	*L. multicaulis*	28	**NsXm**	PI 440325	哈萨克斯坦江布尔
11	*L. racemosus*	28	**NsXm**	PI 478832	美国蒙大拿
12	*Hystrix patula*	28	**StH**	PI 372546	加拿大渥太华
13	*H. duthiei*	28	—	ZY 2004	中国四川
14	*H. longearistata*	28	**Ns-**	ZY 2005	日本东京
15	*H. coreana*	28	**NsXm**	W6 14259	俄罗斯符拉迪沃斯托克

1. 猬草属物种的 Giemsa-C 带核型

猬草属模式种 *Hystrix patula* 的 Giemsa-C 带核型图见图 2-7A1。根据染色体分带的不同特点和染色体的长度等特征，对 28 条 *H. patula* 的染色体进行配对、排序，得到其 Giemsa-C 带型图（图 2-7A2）。由于 *H. patula* 每条染色体所属的染色体组和部分同源群均不清楚，用数字 1～14 按照从长到短的顺序表示 14 对染色体。*Hystrix patula* 的 28 条染色体都显示 Giemsa-C 带，每对染色体的长臂或短臂上显示出较强或较弱的末端带；第 7 和第 8 对染色体长臂和短臂上具有明显的中间带；第 11 对染色体具有明显的着丝点带；第 14 对染色体的长臂或短臂都显示了较弱的中间带或近末端带。

Hystrix duthiei 和 *Hystrix longearistata* 的 Giemsa-C 带核型和带型图分别见图 2-7B1、B2 和图 2-7C1、C2。两者的 C-带型基本一致，14 对染色体的长臂或短臂都显示了较强的末端带，特别是 *H. duthiei* 第 2 对染色体的短臂和 *H. longearistata* 第 11 对染色体的长臂上出现了强烈的末端带；两者的每对染色体还显示了较强的着丝点带或近着丝点带；除了第 2 对染色体外，几乎没有中间带。

Hystrix coreana 的 Giemsa-C 带核型和带型图见图 2-7D1、D2。*Hystrix coreana* 的 14 条染色体的长臂或短臂显示了强烈的末端带；除了第 2 对染色体出现一条近末端带外，其余染色体都没有出现着丝点带和中间带。

2. 披碱草属物种的 Giemsa-C 带核型

披碱草属模式种 *Elymus sibiricus* 和 *Elymus canadensis* 的 Giemsa-C 带核型和带型图分别见图 2-7E1、E2 和图 2-7F1、F2。*Elymus sibiricus* 的 14 对染色体都显示了 C-带，除了

第 3 对染色体外，所有染色体的长臂或短臂都显示出末端带或近末端带；第 6 对、第 10 对、第 12 对和第 14 对染色体显示着丝点带或近着丝点带；第 1 对、第 9 对、第 10 对和第 11 对染色体出现较强的中间带。*Elymus canadensis* 与 *E. sibiricus* 的 C-带相似，但也存在差异。*E. canadensis* 除了第 2 对染色体显示弱的近末端带外，其余染色体都显示较强的末端带或中间带及着丝点带；第 4 对染色体的短臂上显示出强烈的中间带；第 10 对染色体长臂和短臂显示强烈的近着丝点带。

3. 赖草属物种的 **Giemsa-C** 带核型

对赖草属模式种 *Leymus arenarius*、*Leymus racemosus* 和 *Leymus multicaulis* 3 个物种进行了 Giemsa-C 带型分析。*Leymus arenarius* 除了第 3 对、第 6 对和第 10 对染色体外，其余 11 对染色体都显示了强烈的末端带，没有显示中间带和着丝点带；第 3 对染色体显示微弱的着丝点带；第 6 对染色体以及第 11 对染色体的长臂显示较弱的中间带（图 2-7G1、G2）。*Leymus racemosus* 的 14 对染色体都显示强烈的末端带；除了第 6 对和第 10 对染色体的长臂出现中间带以外，其余染色体没有出现着丝点带和中间带（图 2-7H1、H2）。与 *L. arenarius* 和 *L. racemosus* 比较，*Leymus multicaulis* 的 C-带带型较弱，只有第 2 对、第 5 对、第 7 对、第 11 对和第 13 对染色体出现较强的末端带；第 4 对和第 11 对染色体出现较强的着丝点带；第 1 对、第 5 对、第 7 对、第 8 对和第 13 对染色体显示近末端带（图 2-7I1、I2）。

4. 其他近缘属物种的 **Giemsa-C** 带核型

1）**St** 染色体组二倍体物种

具有 **St** 染色体组的 2 个拟鹅观草属二倍体物种的 Giemsa-C 带核型和带型图见图 2-7J1、J2、K1、K2。来自北美的 *Pseudoroegneria spicata* 除了第 1 对染色体的长臂外，7 对染色体的长臂和短臂都显示出强烈的末端带；第 3 对染色体的短臂显示出中间带。

来自中亚地区的 *Pseudoroegneria libanotica* 的 Giemsa-C 带分析结果与 *Pse. spicata* 的基本一致：7 对染色体的长、短臂都显示出很强的末端带；第 1 对和第 7 对染色体出现近着丝点带；第 4 对和第 5 对染色体出现近末端带。

2）**H** 染色体组物种 *Hordeum bogdanii*

具有 **H** 染色体组的大麦属二倍体物种 *Hordeum bogdanii* 的 Giemsa-C 带核型和带型图见图 2-7L1、L2。7 对染色体都显示了比较明显的中间带和末端带；第 5 对染色体带型最丰富，显示了明显的着丝点带、中间带和末端带。

3）**Ns** 染色体组二倍体物种

具有 **Ns** 染色体组的新麦草属二倍体物种 *Psathyrostachys juncea* 和 *Psathyrostachys huashanica* 的 Giemsa-C 带核型和带型图分别见图 2-7M1、M2 和图 2-7N1、N2。*Psathyrostachys juncea* 和 *Psa. huashanica* C-带的显著特征是具有强烈的末端带。*Psa. juncea* 第 2 对、第 3 对染色体显示强烈的近末端带，第 2 对、第 3 对和第 5 对染色体中也出现中间带。*Psa. huashanica* 的 7 对染色体都显示强烈的末端带，没有中间带和着丝点带。

4）**E**[b] 染色体组物种 *Lophopyrum bessarabicum*

具有 **E**[b] 染色体组的冠麦草属二倍体物种 *Lophopyrum bessarabicum* 的 Giemsa-C 带核

型和带型图见图 2-7O1、O2。7 对染色体主要显示末端带以及较弱的着丝点带。

从 C-带型结果看，猬草属模式种 *Hystrix patula* 的 C-带与 *Elymus canadensis* 和 *E. sibiricus* 的相似，C-带型都比较丰富。首先，三者都有一对染色体具有非常强烈的近着丝点带，与 *Hordeum bogdanii*（**H**）第 5 对染色体的带型相似，因此推测这对染色体可能为 **H** 染色体组的一对染色体。其次，*Elymus canadensis* 和 *E. sibiricus* 带型的一致性高于它们与 *Hystrix patula* 带型的一致性，*Elymus canadensis* 和 *E. sibiricus* 有 2 对染色体的短臂显示强烈而较宽的中间带，而 *Hystrix patula* 没有这个明显的特征带，表明 *Hystrix patula* 与 *Elymus canadensis* 和 *E. sibiricus* 的 C-分带存在一定差异。最后，通过与二倍体 *Pseudoroegneria*（**St**）和 *Hordeum*（**H**）物种的带型比较可以看出，带型丰富的染色体对可能是来自 *Hordeum* 的 **H** 染色体组，而带型相对较少的染色体对可能是来自 *Pseudoroegneria* 的 **St** 染色体组。研究表明 *Hystrix patula* 具有 **StH** 染色体组，与狭义披碱草属物种的染色体组组成一致。

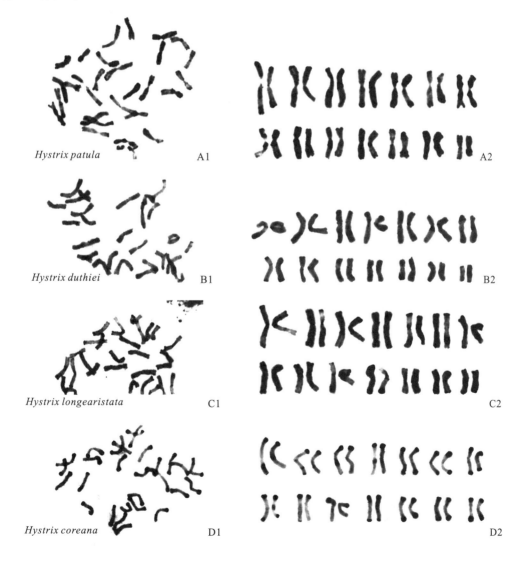

Hystrix patula　　A1　　A2

Hystrix duthiei　　B1　　B2

Hystrix longearistata　　C1　　C2

Hystrix coreana　　D1　　D2

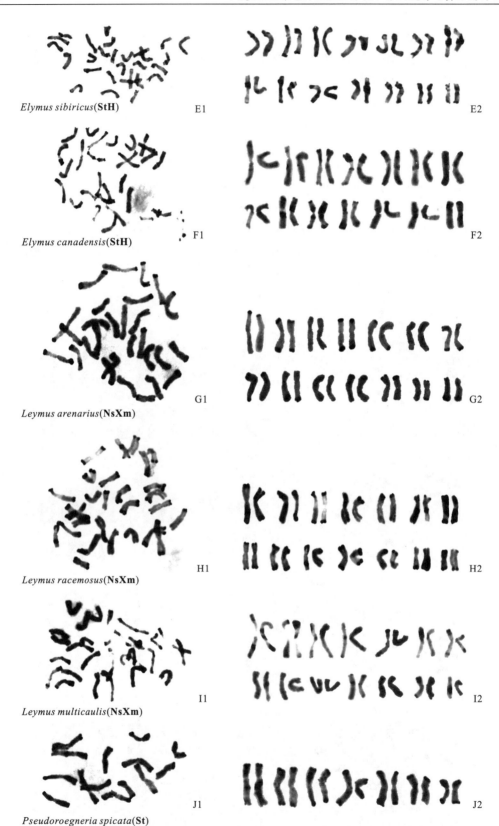

Elymus sibiricus(**StH**)　　E1　　　　　　　　　　　　　　　　　　E2

Elymus canadensis(**StH**)　　F1　　　　　　　　　　　　　　　　　　F2

Leymus arenarius(**NsXm**)　　G1　　　　　　　　　　　　　　　　　　G2

Leymus racemosus(**NsXm**)　　H1　　　　　　　　　　　　　　　　　　H2

Leymus multicaulis(**NsXm**)　　I1　　　　　　　　　　　　　　　　　　I2

Pseudoroegneria spicata(**St**)　　J1　　　　　　　　　　　　　　　　　　J2

K1　　　　K2

Pseudoroegneria libanotica(**St**)

L1　　　　L2

Hordeum bogdanii(**H**)

M1　　　　M2

Psathyrostachys juncea(**Ns**)

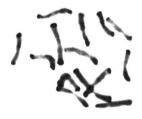

N1　　　　N2

Psathyrostachys huashanica(**Ns**)

O1　　　　O2

Lophopyrum bessarabicum(**E**^{b})

图 2-7　15 个物种的 Giemsa-C 带核型和带型图

Hystrix duthiei 和 *Hystrix longearistata* 的 C-带型没有表现出明显的中间带，而出现一些末端带和着丝点带，与 *Leymus multicaulis* 的 C-带型存在较大的相似性，表明它们的亲缘关系较近，*Hystrix duthiei* 和 *H. longearistata* 的染色体组可能与 *Leymus multicaulis* 的 **NsXm** 染色体组同源。但与其他 *Leymus* 物种的强末端带相比，*Hystrix duthiei* 和 *H. longearistata* 的末端带显得较为微弱，*L. multicaulis* 也没有显示强烈的末端带，表明不同物种的 **NsXm** 染色体组存在差异。

Hystrix coreana 与 *H. patula*、*H. duthiei* 和 *H. longearistata* 不同，C-带显示非常明显的末端带，与 *Leymus arenarius* 和 *L. racemosus* 的 C-带型一致，表明 *Hystrix coreana* 与 *Leymus* 物种的亲缘关系近，具有 **NsXm** 染色体组组成。这与 Jensen 和 Wang（1997）的细胞学研究结果一致。

2.4.2　猬草属植物的细胞遗传学研究

利用染色体组分析方法（genome analysis），进行小麦族内种间、属间杂交及对杂种 F_1 代减数分裂中期染色体配对行为分析，对该族植物的生物系统学研究起到了重要作用（Kihara and Nishiyama，1930；Sears and Sakamoto，1956；Kimber，1983；Dewey，1984；颜济和杨俊良，1999，2004，2011，2013）。通过大量的种间和属间杂种的染色体配对分析，已经查清小麦族大多数物种的染色体组组成关系（Dewey，1984；卢宝荣，1994）。

染色体组分析法的基本思想是通过衡量染色体的同源程度来研究物种与物种之间，以及属与属之间的亲缘关系和演化规律，从而建立以不同染色体组构成为基础的分类单位——属的等级。具体地说，染色体组分析法是用一个已知染色体组成的物种，称为"分析种"（analyser），与一个未知染色体组成的物种进行种间杂交，得到种间杂种 F_1，观察分析杂种 F_1 在减数分裂过程中来自不同亲本的染色体组之间的配对行为。如果在减数分裂中观察到正常的染色体配对或很高的染色体配对数——染色体同源（homology），表明两亲本具有相同的染色体组成；如果染色体配对数较低而且染色体之间的联合状况较差——染色体部分同源（homoelogy），表明两亲本的染色体组成有部分的相似性；如果杂种 F_1 的染色体完全不发生配对——染色体没有同源关系（non- homology），则表明两亲本的染色体组成完全不同。另外，与染色体配对行为分析相结合，对于杂种 F_1 的育性，如花粉育性、结实率等的观察统计，以及杂种与亲本种之间的形态特征比较等，也用来作为估计亲本种之间亲缘关系的补充指标。

本书对猬草属植物与新麦草属（**Ns**）、赖草属（**NsXm**）、披碱草属（**StH**）、拟鹅观草属（**St**）、大麦属（**H**）等属植物的属间杂种以及猬草属植物种间杂种进行杂种 F_1 减数分裂染色体配对行为分析，检测杂种花粉育性和结实率，研究猬草属物种的染色体组组成、与近缘属的亲缘关系以及物种的起源和可能的供体种。

1. 模式种 *Hystrix patula* 不同居群的细胞遗传学研究

猬草属模式种 *Hystrix patula* Moench 表现出不同的形态学特征，特别是颖片的有无、外稃是否被毛等主要形态特征存在变异。我们把 *Hystrix patula* 划分为 3 个不同形态类群

（表 2-2），进行种内类群之间的人工杂交，分析亲本和杂种 F₁ 染色体配对行为、杂种花粉育性以及杂种结实率等，结合形态特征比较和地理分布特征，探讨 *Hystrix patula* 种内不同居群的分化及变异程度。

1）不同类群间的杂交

成功获得 5 个 *Hystrix patula* 不同类群之间的杂交组合：包括 1 个类群Ⅱ与类群Ⅰ（PI 531616Ⅱ×PI 372546）；3 个类群Ⅲ与类群Ⅰ（PI 531616Ⅲ×PI 372546、PI 531616Ⅲ×PI 531616、PI 531616Ⅲ×PI 531615）；1 个类群Ⅲ与类群Ⅱ（PI 531616Ⅲ×PI 531616Ⅱ）。各杂交组合的杂交结实率和种子成活率相对较高。人工杂交结果、杂交结实率及成活杂种植株数见表 2-11。

表 2-11　*Hystrix patula* 种内不同类群间杂交结果

杂交组合	授粉小花数/朵	获得种子数/粒	获得植株数/株
类群Ⅱ×类群Ⅰ (PI 531616Ⅱ×PI 372546)	20	5	3
类群Ⅲ×类群Ⅰ (PI 531616Ⅲ×PI 372546)	36	16	13
类群Ⅲ×类群Ⅰ (PI 531616Ⅲ×PI 531616)	25	21	15
类群Ⅲ×类群Ⅰ (PI 531616Ⅲ×PI 531615)	46	10	6
类群Ⅲ×类群Ⅱ (PI 531616Ⅲ×PI 531616Ⅱ)	24	3	2

2）亲本及杂种的减数分裂

亲本减数分裂基本正常，大多数细胞形成 14 个环状二价体（表 2-12，图 2-8A～C）。PI 531616Ⅱ和 PI 531616Ⅲ出现个别的单价体（图 2-8C）。PI 531616Ⅱ中，72%的中期细胞出现棒状二价体，导致其 C-值相对较低（0.93）。

在类群Ⅱ与类群Ⅰ物种的杂种中，PI 531616Ⅱ×PI 372546 平均每细胞形成 13.57 个二价体，其中 12.06 个为环状二价体；形成了 0.62 个单价体和 0.05 个四价体，C-值为 0.92（表 2-12，图 2-8D、E）。

当类群Ⅲ与类群Ⅰ杂交时，杂种 PI 531616Ⅲ×PI 372546 平均每细胞形成 13.86 个二价体、0.97 个单价体和 0.05 个四价体，C-值为 0.96（表 2-12，图 2-8F、G）。杂种 PI 531616Ⅲ×PI 531616 和 PI 531616Ⅲ×PI 531615 中，花粉母细胞在减数分裂中期Ⅰ形成的染色体配对构型相似，分别为 0.06Ⅰ+13.97Ⅱ和 0.36Ⅰ+13.82Ⅱ，C-值分别为 0.97 和 0.96（表 2-12，图 2-8H、I）。

在类群Ⅲ与类群Ⅱ的杂种中，PI 531616Ⅲ×PI 531616Ⅱ平均每细胞形成 0.12 个单价体和 13.94 个二价体，其中 94%的细胞形成了 1～4 个棒状二价体，导致 C-值（0.92）较低（表 2-12，图 2-8J、K）。

表 2-12　*Hystrix patula* 亲本和杂种花粉母细胞减数分裂中期 I 染色体配对

亲本和杂种	染色体数目 2n	观察细胞数	I	II			IV	交叉值	C-值
				总数	环状	棒状			
类群 I PI 372546	28	50	—	14.00 (14)	13.64 (13～14)	0.36 (0～1)	—	27.64 (27～28)	0.99
类群 I PI 531615	28	50	—	14.00 (14)	13.43 (11～14)	0.57 (0～3)	—	27.43 (25～28)	0.98
类群 I PI 531616	28	54	0.37 (0～4)	13.81 (12～14)	12.24 (10～14)	1.57 (0～4)	—	26.06 (23～28)	0.93
类群 II PI 531616 II	28	49	0.53 (0～2)	13.73 (13～14)	12.43 (8～14)	1.31 (0～6)	—	26.16 (22～28)	0.93
类群 III PI 531616 III	28	57	0.18 (0～2)	13.91 (13～14)	12.91 (10～14)	1.00 (0～4)	—	26.82 (23～28)	0.96
类群 II ×类群 I PI 531616 II × PI 372546	28	93	0.62 (0～4)	13.57 (12～14)	12.06 (9～14)	1.51 (0～5)	0.05 (0～1)	25.85 (23～28)	0.92
类群 III ×类群 I PI 531616 III × PI 372546	28	58	0.97 (0～2)	13.86 (13～14)	12.79 (10～14)	0.97 (0～3)	0.05 (0～1)	26.76 (23～28)	0.96
类群 III ×类群 I PI 531616 III × PI 531616	28	67	0.06 (0～2)	13.97 (13～14)	13.33 (10～14)	0.64 (0～4)	—	27.30 (24～28)	0.97
类群 III ×类群 I PI 531616 III × PI 531615	28	61	0.36 (0～4)	13.82 (12～14)	12.93 (10～14)	0.89 (0～3)	—	26.75 (22～28)	0.96
类群 III ×类群 II PI 531616 III × PI 531616 II	28	67	0.12 (0～2)	13.94 (13～14)	11.96 (10～14)	1.99 (0～4)	—	25.90 (24～28)	0.92

3）亲本和杂种的花粉育性及结实率

类群 I 中，3 个居群的花粉可染色数都达到 98% 以上，花粉育性正常，结实率也达到 96% 以上。类群 II，即外稃密被纤毛的类群，花粉育性仅为 77%，结实率为 85%，低于类群 I 和类群 III。类群 III，即具有颖片和外稃光滑的类群，花粉育性为 80%，结实率为 87%，介于类群 I 和类群 II 之间（表 2-13）。

不同类群之间的杂种 F_1，表现出不同的花粉育性和结实率。其中类群 III 和类群 II 杂种的花粉育性和结实率最低，分别为 73% 和 75%。其他 4 个杂交组合的花粉育性和结实率分别都在 81% 和 78% 及以上（表 2-13）。

4）居群变异及其分类

染色体配对结果表明：*Hystrix patula* 不同类群之间的杂种 F_1 都形成了较高的二价体配对数，且大部分都形成了环状二价体（平均每细胞在 13 个以上），C-值达到 0.90 以上。表明 *Hystrix patula* 不同类群之间虽然在形态上存在变异，但其染色体组成具有很高的同源性，即它们具有相同的 **StH** 染色体组组成。

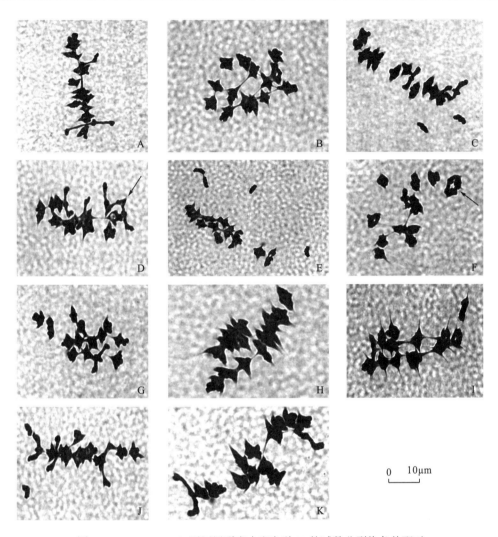

图 2-8　*Hystrix patula* 不同居群亲本和杂种 F_1 的减数分裂染色体配对

注：A. PI 372546，14 II；B. PI 531616 II，14 II；C. PI 531616III，2 I +13 II；D. PI 531616 II × PI 372546，12 II +1IV (N 形，箭头所示)；E. PI 531616 II × PI 372546，4 I + 12 II；F. PI 531616III × PI 372546，12 II + 1IV (O 形，箭头所示)；G. PI 531616 III × PI 372546，14 II；H. PI 531616III × PI 531616，14 II；I. PI 531616III × PI 531615，14 II；J. PI 531616III × PI 531616 II，2 I +13 II；K. PI 531616III × PI 531616 II，14 II。

表 2-13　不同居群 *Hystrix patula* 及其杂种 F_1 的花粉育性和结实率

亲本和杂种 F_1	观察花粉粒数	可育花粉数	花粉育性/%	观察小花数目	结实小花数	结实率/%
类群 I (PI 372546)	5000	4950	99	98	96	98
类群 I (PI 531615)	3500	3450	99	100	98	98
类群 I (PI 531616)	3380	3300	98	100	96	96
类群 II (PI 531616 II)	1300	1000	77	100	85	85
类群III (PI 531616III)	1488	1185	80	106	92	87

续表

亲本和杂种 F₁	观察花粉粒数	可育花粉数	花粉育性/%	观察小花数目	结实小花数	结实率/%
类群Ⅱ×类群Ⅰ PI 531616Ⅱ×PI 372546	1955	1590	81	200	155	78
类群Ⅲ×类群Ⅰ PI 531616Ⅲ×PI 372546	1990	1900	95	200	175	88
类群Ⅲ×类群Ⅰ PI 531616Ⅲ×PI 531616	1080	1000	93	176	150	85
类群Ⅲ×类群Ⅰ PI 531616Ⅲ×PI 531615	1150	1050	91	200	160	80
类群Ⅲ×类群Ⅱ PI 531616Ⅲ×PI 531616Ⅱ	1300	950	73	200	150	75

花粉育性和结实率结果表明：*Hystrix patula* 不同类群亲本以及配置的杂交组合杂种 F₁ 的花粉育性和结实率都相对较高，均达到 70%以上。类群Ⅲ与类群Ⅰ居群形成的杂种 F₁ 的花粉育性和结实率普遍高于类群Ⅱ与类群Ⅰ居群的杂种，表明类群Ⅲ比类群Ⅱ具有与类群Ⅰ更近的亲缘关系。尽管 *Hystrix patula* 不同类群的外部形态变异较大，但它们之间不存在生殖隔离，是同一生物学物种。

Hystrix patula 类群Ⅰ：具有垂直张开的小穗和颖片退化等形态特征，与 Church（1967）描述的一样，为正常典型的 *Hystrix patula* 类群。它们的花粉母细胞减数分裂染色体配对正常，花粉育性正常，结实率也很高，表明类群Ⅰ的 3 个居群为稳定的生物学物种。

Hystrix patula 类群Ⅱ：具有针状颖片以及外稃被毛等形态特征，花粉母细胞减数分裂染色体配对出现个别的单价体和棒状二价体，花粉育性相对较低，但小花结实率达到 85%，表明类群Ⅱ还是一个稳定的生物学物种，而非天然杂种。我们认为将外稃被毛类群作为 *Hystrix patula* 一个变种处理是合理的，支持 Hitchcock（1951）和 Church（1967）把外稃被柔毛的类群作为 *Hystrix patula* var. *bigeloviana*（Fern.）Deam 处理。

Hystrix patula 类群Ⅲ：具有狭长披针形颖片等形态特征，染色体配对、花粉育性和结实率都较为正常，介于类群Ⅰ和类群Ⅱ之间，表明类群Ⅲ也是一个稳定的类群。类群Ⅲ与类群Ⅰ3 个居群形成的杂种染色体配对 C-值均达到 0.96 以上，杂种的花粉育性和结实率较高，表明类群Ⅲ与类群Ⅰ具有非常近的亲缘关系。从地理分布看，类群Ⅲ与类群Ⅰ（PI 531616）具有一致的生长环境。由于植物演化是一个极其复杂的过程，在长期的演化过程中，选择压力不同，种内不同生态群在形态上会存在不同程度的变异。因此，我们推测类群Ⅲ可能就是类群Ⅰ中的一个变异类群。

2. 猬草属物种种间杂交及其细胞遗传学分析

本书成功获得 4 个猬草属种间杂交组合的杂种，杂交结果见表 2-14。

Hystrix patula×*Hystrix longearistata* 授粉 168 朵小花，获得 9 粒发育较好的种子，结实率为 5.36%。杂种种子萌发得到 1 株成熟植株，成苗率为 11.11%。

Hystrix longearistata×*Hystrix coreana*（2*n*=4*x*=28）授粉 38 朵小花，获得 25 粒（65.78%）

种子，萌发得到 15 株植株，成苗率为 60.00%。*Hystrix duthiei*×*Hystrix coreana* 授粉 36 朵小花，获得 6 粒（16.67%）种子，萌发得到 3 株植株，成苗率为 50.00%。这 2 个组合的杂种后来没有抽穗，在成都越夏过程中死亡。

表 2-14　猬草属种间杂交结果

杂交组合	授粉小花数 /朵	杂交种子 /粒	杂交结实率 /%	成苗率 /%	杂种植株数 /株
Hystrix patula×*Hystrix longearistata*	168	9	5.36	11.11	1
H. longearistata×*H. coreana*	38	25	65.78	60.00	15[a]
H. duthiei×*H. coreana*	36	6	16.67	50.00	3[a]
H. duthiei×*H. komarovii*	66	15	22.73	33.33	5[b]
H. komarovii×*H. coreana*	56	5	8.93	0.00	0
H. duthiei（崇州）×*H. longearistata*	24	20	83.33	95.00	19
H. longearistata×*H. duthiei*（汶川）	48	35	72.92	94.29	33

注：a 表示植株没抽穗，后来死亡；b 表示植株没有抽穗。

Hystrix duthiei×*Hystrix komarovii*（$2n=4x=28$）授粉 66 朵小花，获得 15 粒（22.73%）发育不好的种子，最终萌发并生长得到 5 株植株，成苗率为 33.33%，杂种苗还存活 1 株，但很细弱，没有抽穗。*Hystrix komarovii*×*Hystrix coreana* 授粉 56 朵小花，获得 5 粒（8.93%）发育不好的种子，最终萌发没有得到杂种植株。

Hystrix duthiei（崇州）×*Hystrix longearistata* 授粉 24 朵小花，获得 20 粒（83.33%）发育较好的种子，最终萌发并生长得到 19 株植株，成苗率为 95.00%。*Hystrix longearistata*×*Hystrix duthiei*（汶川）授粉 48 朵小花，获得 35 粒（72.92%）发育较好的种子，最终萌发并生长得到 33 株植株，成苗率为 94.29%。

亲本和杂种 F_1 花粉母细胞减数分裂中期 Ⅰ 的染色体配对结果见表 2-15。亲本和杂种的染色体配对正常，具高频率的环状二价体（图 2-9A、B）。杂种 *Hystrix longearistata*×*Hystrix coreana* 未抽穗，植株死亡，无法进行减数分裂观察。对于 *Hystrix duthiei*（崇州）×*Hystrix longearistata* 杂种，平均具有 13.98Ⅱ 和 0.04Ⅰ（图 2-9C），而在 *Hystrix longearistata*×*Hystrix duthiei*（汶川）中具有 14.00 个二价体（图 2-9D）。两个组合中均未观察到多价体的存在。在 *H. duthiei*（崇州）×*H. longearistata* 和 *H. longearistata*×*H. duthiei*（汶川）中，平均每细胞交叉数分别为 27.30 和 27.63，C-值分别为 0.98 和 0.99。偶尔可观察到四分体中的微核。结果表明：*Hystrix duthiei* 和 *Hystrix longearistata* 的染色体组具有非常高的同源性，拥有相同的染色体组组成。

对于杂种 *Hystrix patula*×*Hystrix longearistata*，观察 127 个杂种花粉母细胞的减数分裂中期 Ⅰ 染色体配对行为，平均每个细胞形成 25.36 个单价体，其变化范围为 20～28 个；1.32 个二价体，变化范围为 0～4 个，其中环状二价体为 0.08 个、棒状二价体为 1.24 个。58%的细胞在减数分裂中期 Ⅰ 形成 28 个单价体（图 2-9E）。平均每细胞交叉数为 1.41，C-值为 0.05。在减数分裂后期 Ⅱ 出现数目不等的落后染色体和形成染色体桥，少数细胞在四分体时期形成多个核，四分体中有微核出现（图 2-9F）。结果表明：*Hystrix longearistata* 的

染色体组与模式种 *Hystrix patula* 的 **StH** 染色体组之间不存在同源性关系，即它们具有不同的染色体组组成。

表 2-15　猬草属物种亲本和杂种 F_1 花粉母细胞减数分裂中期 I 的染色体配对

| 亲本和杂交组合 | 2n | 观察细胞数目 | I | II | | | III | IV | 每细胞交叉数目 | C-值 |
				总数	棒状	环状				
Hystrix duthiei（崇州）	28	50	—	14.00	0.30	13.37	—	—	27.77	0.99
				(14)	(0~2)	(12~14)			(26~28)	
H. duthiei（汶川）	28	50	—	14.00	0.22	13.78	—	—	27.78	0.99
				(14)	(0~2)	(12~14)			(26~28)	
H. longearistata	28	50	—	14.00	0.30	13.70	—	—	27.70	0.99
				(14)	(0~2)	(12~14)			(26~28)	
H. duthiei（崇州）×*H. longearistata*	28	50	0.04	13.98	0.66	13.32	—	—	27.30	0.98
			(0~2)	(13~14)	(0~3)	(11~14)			(25~28)	
H. longearistata×*H. duthiei*（汶川）	28	63	—	14.00	0.37	13.63	—	—	27.63	0.99
				(14)	(0~2)	(12~14)			(26~28)	
H. patula×*H. longearistata*	28	127	25.36	1.32	0.08	1.24	—	—	1.41	0.05
			(20~28)	(0~4)	(0~1)	(0~4)			(0~4)	

猬草属物种亲本和杂种 F_1 的花粉育性和结实率见表 2-16。

表 2-16　猬草属物种亲本和杂种 F_1 的花粉育性和结实率

亲本和杂种	观察花粉粒数目	可育花粉数	花粉育性/%	观察小花数目	结实小花数	结实率/%
Hystrix. duthiei（崇州）	756	687	90.87	174	147	84.48
H. duthiei（汶川）	633	578	91.31	112	96	85.71
H. longearistata	956	837	87.55	150	125	83.33
H. duthiei（崇州）×*H. longearistata*	742	184	24.80	258	28	10.85
H. longearistata×*H. duthiei*（汶川）	493	48	9.74	146	11	7.53
H. patula×*H. longearistata*	2000	0	0	0	0	0

猬草属物种亲本的花粉育性和结实率正常。杂种 F_1 的花粉粒仅部分可育，*Hystrix duthiei*（崇州）×*H. longearistata* 的花粉育性为 24.80%，而 *Hystrix longearistata*×*H. duthiei*（汶川）的花粉育性为 9.74%。F_1 杂种的结实性较低，分别为 10.85% 和 7.53%。结果表明：*Hystrix duthiei* 和 *H. longearistata* 之间容易杂交，杂种后代部分可育，因而它们是同一生物学物种。*Hystrix longearistata* 和 *Hystrix duthiei* 的形态差异较小，由于长时间的地理隔离，这两个居群不仅形态上开始有分化，而且存在着一定的遗传分化，以致产生一定程度的交配后的生殖隔离 (post-mating isolation)。因此，把 *Hystrix longearistata* 处理为 *Hystrix duthiei* 的一个亚种是比较合理的。

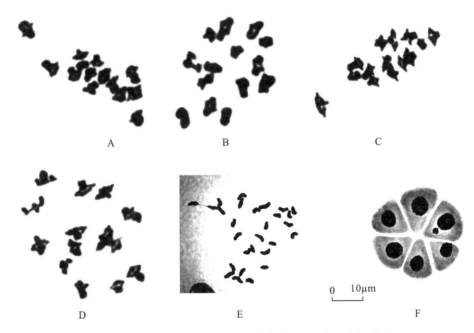

图 2-9　猬草属物种亲本和种间杂种的减数分裂染色体配对

注：A. *Hystrix duthiei*（崇州），14 Ⅱ；B. *Hystrix longearistata*，14 Ⅱ；C. *Hystrix duthiei*（崇州）×*H. longearistata*，14 Ⅱ；D. *Hystrix longearistata*×*H. duthiei*（汶川），14 Ⅱ；E. *Hystrix patula*×*H. longearistata*，28 Ⅰ；F. *Hystrix patula*×*H. longearistata*，6 细胞的多分体和微核。

Hystrix patula×*H. longearistata* 花粉无育性，完全不结实。结果表明：虽然它们之间比较容易杂交成功，但杂种后代完全不育，因而它们是不同的生物学物种。

3. 猬草属模式种 *Hystrix patula* 与其近缘属物种的属间杂交及其细胞遗传学分析

本书进行 *Hystrix patula* 与其近缘属包括拟鹅观草属（**St**）、大麦属（**H**）、披碱草属（**StH**）、鹅观草属（**StY**）、赖草属（**NsXm**）等属植物的属间杂交。*Hystrix patula* 与二倍体和四倍体的大麦属物种 *Hordeum bogdanii*（**H**）、*Hordeum chilense*（**H**）以及 *Hordeum brevisubulatum*（**HH**）的杂交没有成功；与多枝赖草（*Leymus multicaulis*）（**NsXm**）的杂交也没有获得成熟的杂种植株。其他杂交组合，如与拟鹅观草属、披碱草属、鹅观草属物种的杂交都成功获得杂种种子和植株。杂种的获得没有使用幼胚培养拯救技术。人工杂交结果、杂交结实率及成活杂种植株数见表 2-17。

表 2-17　*Hystrix patula* 的属间杂交结果

杂交组合	授粉小花数/朵	获得种子数/粒	获得植株数/株
Hystrix patula×*Pseudoroegneria spicata*（**St**）	28	18	7
Hystrix patula×*Pseudoroegneria libanotica*（**St**）	11	5	1
Hystrix patula×*Hordeum bogdanii*（**H**）	30	8	0[a]
Hystrix patula×*Hordeum chilense*（**H**）	77	7	2[b]
Hystrix patula×*Hordeum brevisubulatum*（**HH**）	36	7	0[a]

杂交组合	授粉小花数/朵	获得种子数/粒	获得植株数/株
Elymus sibiricus(**StH**)×*Hystrix patula*	24	3	3
Hystrix patula×*Elymus wawawaiensis*(**StH**)	79	35	2
Roegneria ciliaris(**StY**)×*Hystrix patula*	28	5	4
Hystrix patula×*Roegneria grandis*(**StY**)	25	3	3
Leymus multicaulis(**NsXm**)×*Hystrix patula*	48	6	0[a]

注：a 表示种子不能发芽没有得到成熟植株；b 表示种子发芽成苗，但植株弱小最终死亡。

　　Hystrix patula 属间杂交的亲本和杂种花粉母细胞减数分裂中期Ⅰ染色体配对构型见表 2-18。各亲本的减数分裂正常，四倍体物种形成 14 个二价体，二倍体物种形成 7 个二价体。

　　当 *Hystrix patula* 与具有 **St** 染色体组的 2 个拟鹅观草属物种进行属间杂交时，得到 2 个三倍体杂种 *Hystrix patula*×*Pseudoroegneria spicata*($2n=2x=14$，**St**)和 *Hystrix patula*×*Pseudoroegneria libanotica*($2n=2x=14$，**St**)，杂种花粉母细胞在减数分裂中期Ⅰ平均每个细胞分别形成 6.53 个和 5.62 个二价体，C-值分别为 0.83 和 0.50(表 2-18，图 2-10A、C)。在观察的花粉母细胞中，分别有 46%和 19%的细胞形成了完整的染色体配对，即 7 个二价体和 7 个单价体(图 2-10B、D)。还观察到少量的三价体(图 2-10E)。结果表明：*H. patula* 的一组染色体组与拟鹅观草属物种的 **St** 染色体组同源，即 *H. patula* 含有一组 **St** 染色体组，且其 **St** 染色体组更接近于 *Pse. spicata* 的 **St** 染色体组，与 *Pse. libanotica* 的 **St** 染色体组同源关系相对较远。

　　当 *Hystrix patula* 与含 **StH** 染色体组的披碱草属物种进行杂交时，杂种 *Elymus sibiricus*($2n=4x=28$，**StH**)×*H. patula* 的花粉母细胞在减数分裂中期Ⅰ平均每个细胞形成了 10.08 个二价体(表 2-18，图 2-10F)，还形成了 0.33 个三价体和 0.25 个四价体，C-值为 0.57。在杂交组合 *Hystrix patula*×*Elymus wawawaiensis*($2n=4x=28$，**StH**)中，平均每个细胞形成 12.83 个二价体(其中包括 9.76 个环状二价体、3.07 个棒状二价体)、1.54 个单价体以及少量的三价体(0.15)和四价体(0.08)，C-值为 0.83(表 2-18，图 2-10G)。32%的中期细胞形成了 14 个二价体(图 2-10H)。配对资料表明：*Hystrix patula* 的染色体组与披碱草属物种的 **StH** 染色体组同源，且与 *Elymus wawawaiensis* 的 **StH** 染色体组亲缘关系较近。

表 2-18　*Hystrix patula* 属间杂交的亲本和杂种花粉母细胞减数分裂中期Ⅰ染色体配对

亲本和杂种	染色体数目 2n	观察细胞数	染色体构型						每细胞交叉值	C-值
			Ⅰ	Ⅱ			Ⅲ	Ⅳ		
				总数	环状	棒状				
Pseudoroegneria spicata	14	50	—	7.00 (7)	6.79 (6~7)	0.21 (0~1)	—	—	13.79 (13~14)	0.99
Pseudoroegneria libanotica	14	50	0.21 (0~2)	6.89 (6~7)	6.68 (6~7)	0.21 (0~1)	—	—	13.57 (12~14)	0.97

续表

| 亲本和杂种 | 染色体数目 2n | 观察细胞数 | 染色体构型 | | | | | | 每细胞交叉值 | C-值 |
| | | | I | II | | | III | IV | | |
				总数	环状	棒状				
Psathyrostachys huashanica	14	50	—	7.00 (7)	3.56 (0~5)	3.44 (2~7)	—	—	10.56 (7~13)	0.75
Elymus sibiricus	28	50	—	14.00 (14)	13.43 (12~14)	0.57 (0~2)	—	—	27.43 (26~28)	0.98
Elymus wawawaiensis	28	50	—	14.00 (14)	13.64 (13~14)	0.36 (0~1)	—	—	27.64 (27~28)	0.99
Roegneria ciliaris	28	50	—	14.00 (14)	13.36 (13~14)	0.64 (0~1)	—	—	27.36 (27~28)	0.98
Roegneria grandis	28	50	—	14.00 (14)	13.43 (11~14)	0.57 (0~3)	—	—	27.43 (25~28)	0.98
Hystrix patula	28	50	—	14.00 (14)	13.70 (12~14)	0.30 (0~2)	—	—	27.70 (25~28)	0.99
H. patula×*Pse. spicata*	21	112	6.85 (3~11)	6.53 (5~9)	4.37 (1~7)	2.16 (0~6)	0.37 (0~2)	—	11.63 (7~16)	0.83
H. patula×*Pse. libanotica*	21	97	9.30 (5~15)	5.62 (3~8)	1.04 (0~6)	4.58 (1~7)	0.15 (0~2)	—	6.96 (3~14)	0.50
E. sibiricus×*H. patula*	28	50	5.83 (0~12)	10.08 (5~14)	4.52 (0~12)	5.56 (1~10)	0.33 (0~2)	0.25 (0~2)	16.02 (11~26)	0.57
H. patula×*E. wawawaiensis*	28	84	1.54 (0~4)	12.83 (9~14)	9.76 (2~14)	3.07 (0~11)	0.15 (0~1)	0.08 (0~1)	23.15 (15~28)	0.83
R. ciliaris×*H. patula*	28	50	20.43 (14~28)	3.57 (0~7)	0.79 (0~3)	2.79 (0~4)	0.14 (0~1)	—	4.64 (0~10)	0.17
H. patula×*R. grandis*	28	97	19.98 (14~28)	3.98 (0~7)	1.06 (0~5)	2.92 (0~7)	0.04 (0~1)	—	5.12 (0~10)	0.18

在与具有 **StY** 染色体组的鹅观草属植物进行杂交时，杂种 *Roegneria ciliaris*（2n= 4x=28，**StY**）×*Hystrix patula* 的花粉母细胞在减数分裂中期 I 染色体配对程度较低，平均每个细胞形成了 20.43 个单价体、3.57 个二价体和 0.14 个三价体，C-值为 0.17（表 2-18、图 2-10I）。在 *Hystrix patula*×*Roegneria grandis*（2n=4x=28，**StY**）中，观察到相似的染色体配对结果，平均每个细胞形成 19.98 个单价体、3.98 个二价体和 0.04 个三价体，C-值为 0.18（表 2-18、图 2-10J）。结果表明：*Hystrix patula* 的染色体组与鹅观草属 **StY** 染色体组的同源性较低。

所有杂交组合的杂种花粉完全不育，自交不结实，表明它们存在生殖隔离，是独立的生物学物种。

4. 猬草属其他物种与近缘属物种属间杂交及其细胞遗传学分析

本书将收集的 *Hystrix duthiei*、*Hystrix longearistata*、*Hystrix coreana* 和 *Hystrix komarovii* 与其近缘属物种新麦草属（**Ns**）、赖草属（**NsXm**）、披碱草属（**StH**）、鹅观草属（**StY**）、冠麦

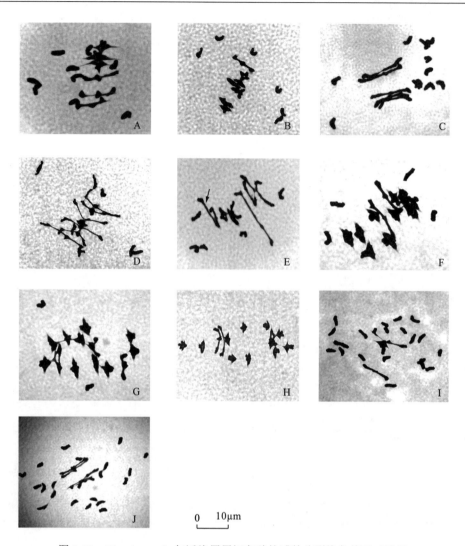

图 2-10　*Hystrix patula* 与近缘属属间杂种的减数分裂染色体配对结果

注：A. *Hystrix patula* ×*Pseudoroegneria spicata*（**St**），9 Ⅰ + 6 Ⅱ；B. *H. patula*×*Pse. spicata*（**St**）7 Ⅰ + 7 Ⅱ；C. *H. patula*×*Pse. libanotica*（**St**），11 Ⅰ + 5 Ⅱ；D. *H. patula*×*Pse. libanotica*（**St**），7 Ⅰ + 7 Ⅱ；E. *H. patula*×*Pse. libanotica*（**St**），5 Ⅰ + 5 Ⅱ + 2 Ⅲ（箭头所示）；F. *Elymus sibiricus*（**StH**）×*H. patula*，4 Ⅰ +12 Ⅱ；G. *H. patula*×*Elymus wawawaiensis*（**StH**），2 Ⅰ + 13 Ⅱ；H. *H. patula*×*E. wawawaiensis*（**StH**），14 Ⅱ；I. *Roegneria ciliaris*（**StY**）×*H. patula*，22 Ⅰ + 3 Ⅱ；J. *H. patula*×*Roegneria grandis*（**StY**），20 Ⅰ +4 Ⅱ。

草属（**E^b**）等属植物进行属间杂交。*Hystrix duthiei* 和 *H. longearistata* 与新麦草属、赖草属和鹅观草属物种杂交成功获得杂种种子和植株，杂种苗的获得没有使用幼胚培养拯救技术。但没有获得与 **StH** 染色体组的 *Elymus sibiricus* 和 **E^b** 染色体组的 *Lophopyrum bessarabicum* 的杂种。由于 *Hystrix coreana* 和 *Hystrix komarovii* 成熟的亲本材料有限，只组配了与新麦草属（**Ns**）、赖草属（**NsXm**）和披碱草属（**StH**）的杂交组合，没有成功获得杂种。所以，表 2-19 只列举了 *Hystrix duthiei* 和 *H. longearistata* 与其近缘属物种的杂交结果。

　　Hystrix duthiei 和 *H. longearistata* 的亲本和杂种花粉母细胞减数分裂中期 Ⅰ 染色体配对构型见表 2-20。各亲本的减数分裂正常，四倍体物种形成 14 个二价体，二倍体物种形

成 7 个二价体。

当 *Hystrix duthiei* 和 *Hystrix longearistata* 与具有 **Ns** 染色体组的新麦草属物种进行属间杂交时，得到 2 个三倍体杂种 *Hystrix duthiei*×*Psathyrostachys juncea*（2*n*=2*x*=14，**Ns**）和 *Hystrix longearistata*×*Psathyrostachys juncea*（2*n*=2*x*=14，**Ns**），杂种花粉母细胞在减数分裂中期 I 平均每个细胞分别形成 6.26 个和 6.07 个二价体，C-值分别为 0.61 和 0.58（表 2-20，图 2-11A、C）。在观察的花粉母细胞中，分别有 15% 和 13% 的细胞形成了完整的染色体配对，即 7 个二价体和 7 个单价体（图 2-11B、D）。还观察到少量的三价体（图 2-11E）。以上结果表明 *Hystrix duthiei* 和 *Hystrix longearistata* 的一组染色体组与新麦草属物种的 **Ns** 染色体组同源。

表 2-19 *Hystrix duthiei* 和 *Hystrix longearistata* 与其近缘属物种的杂交结果

杂交组合	授粉小花数/朵	获种子数/粒	获得植株数/株
Hystrix duthiei×*Psathyrostachys juncea*（**Ns**）	30	23	8
Hystrix longearistata×*Psathyrostachys juncea*（**Ns**）	22	10	3
Leymus multicaulis（**NsXm**）×*Hystrix duthiei*	46	3	3
Leymus multicaulis（**NsXm**）×*Hystrix longearistata*	60	25	12
Roegneria ciliaris（**StY**）×*Hystrix duthiei*	28	15	2
Roegneria ciliaris（**StY**）×*Hystrix longearistata*	16	9	1
Elymus sibiricus（**StH**）×*Hystrix duthiei*	28	7	1[a]
Lophopyrum bessarabicum（**E**[b]）×*Hystrix longearistata*	18	3	0[b]

注：a 表示种子发芽成苗，但植株弱小而最终死亡；b 表示种子不能发芽而没有得到成熟植株。

当 *Hystrix duthiei* 和 *H. longearistata* 与具有 **NsXm** 染色体组的赖草属物种进行杂交时，杂种 *Leymus multicaulis*（2*n*=4*x*=28，**NsXm**）×*Hystrix duthiei* 的花粉母细胞在减数分裂中期 I 平均每个细胞形成了 11.81 个二价体（表 2-20，图 2-11F、G）、4.19 个单价体和 0.06 个三价体，C-值为 0.67。在杂交组合 *Leymus multicaulis*×*Hystrix longearistata* 中，平均每个细胞形成了 10.15 个二价体（其中包括 5.66 个环状二价体、4.49 个棒状二价体）、7.55 个单价体以及少量的三价体（0.06），C-值为 0.57（表 2-20、图 2-11H）；20% 的中期细胞形成了 12 个二价体和 4 个单价体（图 2-11I）。染色体配对结果表明 *Hystrix duthiei* 和 *Hystrix longearistata* 的染色体组与 *Leymus multicaulis* 的 **NsXm** 染色体组同源。

在与具有 **StY** 染色体组的鹅观草属植物进行杂交时，杂种 *Roegneria ciliaris*（2*n*=4*x*=28，**StY**）×*Hystrix duthiei* 的花粉母细胞在减数分裂中期 I 染色体几乎没有进行配对，平均每个细胞形成了 27 个单价体和 0.50 个二价体，C-值为 0.02（表 2-20，图 2-11J、K）。在 *Roegneria ciliaris*（2*n*=4*x*=28，**StY**）×*Hystrix longearistata* 中，观察到相似的染色体配对结果，平均每个细胞形成了 27.09 个单价体和 0.46 个二价体，C-值为 0.02（表 2-20，图 2-11L、M）。结果表明 *Hystrix duthiei* 和 *Hystrix longearistata* 的染色体组与鹅观草属的 **StY** 染色体组不存在同源关系。

表 2-20　*Hystrix duthiei* 和 *Hystrix longearistata* 与近缘属物种杂种减数分裂中期 I 染色体配对

亲本和杂种	染色体数目 2n	观察细胞数	染色体构型						每细胞交叉值	C-值
			I	II			III	IV		
				总数	环状	棒状				
Hystrix duthiei	28	50	—	14.00 (14)	13.70 (12~14)	0.30 (0~2)	—	—	27.70 (26~28)	0.99
Hystrix longearistata	28	50	—	14.00 (14)	13.60 (11~14)	0.40 (0~3)	—	—	27.60 (25~28)	0.99
Roegneria ciliaris	28	50	—	14.00 (14)	13.64 (13~14)	0.36 (0~1)	—	—	27.64 (27~28)	0.99
Leymus multicaulis	28	57	0.58 (0~4)	13.70 (12~14)	11.20 (8~14)	2.50 (0~6)	—	—	24.90 (22~28)	0.89
Psathyrostachys juncea	14	50	—	7.00 (7)	6.12 (4~7)	0.88 (0~3)	—	—	13.12 (11~14)	0.94
H. duthiei×*Psa. juncea*	21	50	8.35 (5~13)	6.26 (3~8)	2.15 (0~7)	4.12 (0~7)	0.07 (0~1)	—	8.56 (6~14)	0.61
H. longearistata×*Psa. juncea*	21	51	8.75 (5~13)	6.07 (4~8)	2.06 (0~4)	4.01 (2~7)	0.03 (0~1)	—	8.19 (4~10)	0.58
L. multicaulis×*H. duthiei*	28	56	4.19 (0~10)	11.81 (9~14)	6.88 (4~10)	4.49 (2~8)	0.06 (0~1)	—	18.81 (13~23)	0.67
L. multicaulis×*H. longearistata*	28	67	7.55 (0~18)	10.15 (6~14)	5.66 (3~10)	4.49 (1~8)	0.06 (0~1)	—	15.93 (11~24)	0.57
R. ciliaris×*H. duthiei*	28	74	27.00 (24~28)	0.50 (0~2)	—	0.50 (0.2)	—	—	0.50 (0~2)	0.02
R. ciliaris×*H. longearistata*	28	101	27.09 (22~28)	0.46 (0~3)	—	0.46 (0~3)	—	—	0.46 (0~3)	0.02

5. 猬草属物种的种间关系

猬草属种间杂种 *Hystrix patula*×*Hystrix longearistata* 的花粉母细胞在减数分裂中期 I 染色体几乎没有配对，形成了大量的单价体，并且 58% 的中期细胞形成了 28 个单价体，而没有形成二价体。根据染色体组分析结果，*Hystrix patula* 与 *Hystrix longearistata* 的染色体组之间不存在同源关系，表明它们具有不同的染色体组组成，两者的亲缘关系较远。Church（1967）报道猬草属模式种 *Hystrix patula* 与含 **StH** 染色体组的加拿大披碱草物种具有较近的亲缘关系。因此，*Hystrix longearistata* 具有与模式种 **StH** 染色体组不一样的染色体组。

形态上，*Hystrix patula* 和 *Hystrix longearistata* 部分特征相似。它们都是较为高大的草本（约 1m）植物；叶片宽大；秆疏丛生；颖片大都退化，稀呈芒状。正是由于它们相似的形态特征，尤其是都具有退化的颖片，形态分类学家才将它们归属于同一属——猬草属中。*Hystrix patula* 和 *Hystrix longearistata* 具有相似的形态特征，可以从它们具有相似的生长环境得到一定的解释。它们大多生长于山谷林下荫蔽处或溪边潮湿处，林下荫蔽处由于阳光不充足，使得植株形成宽大的叶片以利于更好地进行光合作用。按照染色体组分类原理，具有相同染色体组组成的物种归于一个属。根据染色体配对资料，*Hystrix patula* 和 *Hystrix longearistata* 具有不同的染色体组组成，因此它们应归属于不同的属中。

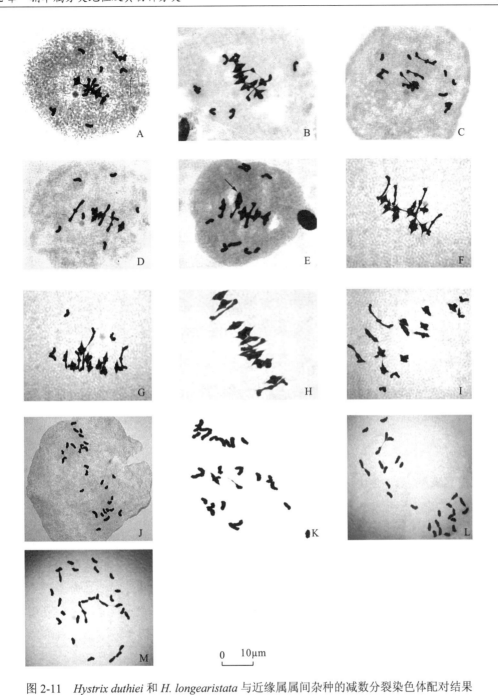

图 2-11　*Hystrix duthiei* 和 *H. longearistata* 与近缘属属间杂种的减数分裂染色体配对结果

注：A. *Hystrix duthiei*×*Psathyrostachys juncea*(**Ns**)，9 Ⅰ +6 Ⅱ；B. *H. duthiei*×*Psa. juncea*(**Ns**)，7 Ⅰ +7 Ⅱ；C. *H. longearistata*×*Psa. juncea*(**Ns**)，11 Ⅰ +5 Ⅱ；D. *H. longearistata*×*Psa. juncea*(**Ns**)，7 Ⅰ +7 Ⅱ；E. *H. longearistata*×*Psa. juncea* (**Ns**)，8 Ⅰ +5 Ⅱ +1 Ⅲ(箭头所示)；F. *Leymus multicaulis*(**NsXm**)×*H. duthiei*，14 Ⅱ；G. *L. multicaulis*(**NsXm**)×*H. duthiei*，4 Ⅰ +12 Ⅱ；H. *Leymus multicaulis* (**NsXm**)×*H. longearistata*，14 Ⅱ；I. *L. muticaulis*(**NsXm**)×*H. longearistata*，4 Ⅰ +12 Ⅱ；J. *Roegneria ciliaris*(**StY**)×*H. duthiei*，28 Ⅰ；K. *R.ciliaris*(**StY**)×*H.duthiei*，24 Ⅰ +2 Ⅱ；L. *R. ciliaris*(**StY**)×*H. longearistata*，28 Ⅰ；M. *R. ciliaris*(**StY**)×*H.longearistata*，26 Ⅰ +1 Ⅱ。

　　Hystrix duthiei 与 *Hystrix longearistata* 正反交杂种 F_1 花粉母细胞染色体配对结果表明，杂种 *Hystrix duthiei*×*Hystrix longearistata* 平均每个细胞形成了 13.98 个二价体，表明两者的染色体组具有相当高的同源性，具有相同的染色体组组成，亲缘关系很近。事实上，Baden 等（1997）把它们作为同一物种处理，将 *Hystrix longearistata* 处理为 *Hystrix duthiei* 的一个亚种。它们的形态很相似，*Hystrix duthiei* 分布在中国，而 *Hystrix longearistata* 分布在日本。本书对它们的形态比较分析表明其差异很小。它们很容易杂交，具有相同的染色体组组成，杂种有一定的育性，杂种结实率约为 10%。因此，考虑到地理分布的间断性，将 *Hystrix longearistata* 处理为 *Hystrix duthiei* 的一个地理宗，即 *Hystrix duthiei* ssp. *longearistata*。但 *Hystrix longearistata* 和模式种 *Hystrix patula* 具有不同的染色体组组成，可以推测，*Hystrix duthiei* 与 *Hystrix patula* 也具有不同的染色体组组成。

　　Jensen 和 Wang（1997）报道 *Hystrix coreana* 是一个分布于中国东北和朝鲜的四倍体物种，而 *Hystrix californica* 是一个分布于美国加利福尼亚的六倍体物种，个体数量不多。染色体组分析表明它们具有与赖草属相同的 **NsXm** 染色体组组成，与模式种 *Hystrix patula* 的 **StH** 染色体组完全不同，亲缘关系很远。

　　6. 猬草属物种的染色体组组成

　　1）模式种 *Hystrix patula* 染色体组组成

　　为进一步确定猬草属模式种 *Hystrix patula* 的染色体组组成，本书将 *Hystrix patula* 与拟鹅观草属（**St**）、大麦属（**H**）、披碱草属（**StH**）、鹅观草属（**StY**）、赖草属（**NsXm**）等具有不同染色体组组成的物种进行属间杂交。*Hystrix patula* 与 *Pseudoroegneria spicata* 和 *Pseudoroegneria libanotica* 的杂种染色体配对资料表明，*Hystrix patula* 有一组染色体组与拟鹅观草属的 **St** 染色体组同源，即 *Hystrix patula* 具有一组 **St** 染色体组。*Hystrix patula* ×*Pseudoroegneria spicata* 的 C-值（0.83）明显高于 *Hystrix patula*×*Pseudoroegneria libanotica* 的 C-值（0.50），表明 *Hystrix patula* 的 **St** 染色体组更可能来源于 *Pseudoroegneria spicata* 而不是 *Pse. libanotica*。从地理分布看，*Hystrix patula* 和 *Pse. spicata* 来自北美洲，而 *Pse. libanotica* 来自亚洲的中东地区。因此，*Pseudoroegneria spicata* 可能是 *Hystrix patula* **St** 染色体组的供体种。

　　Hystrix patula 与含 **H** 染色体组的二倍体和四倍体大麦属物种杂交都未能获得正常抽穗的杂种植株，使得杂种减数分裂染色体配对研究不能够进行。然而，将 *Hystrix patula* 与具有 **StH** 染色体组的披碱草属物种进行杂交时，顺利得到了 *Elymus sibiricus*×*Hystrix patula* 和 *Hystrix patula*×*Elymus wawawaiensis* 2 个杂交组合的杂种和杂种 F_1 植株。两个杂种在减数分裂中期 I 都形成了较高的染色体配对，C-值分别为 0.57 和 0.83，表明 *Hystrix patula* 具有 **StH** 染色体组。

　　Elymus sibiricus 为披碱草属模式种，广泛分布于欧洲东部和中亚、北亚、东亚等地区。而 *Elymus wawawaiensis* 分布于北美洲的美国、加拿大等地区。杂种 *Hystrix patula*×*Elymus wawawaiensis* 的染色体配对频率高于 *Elymus sibiricus*×*Hystrix patula*，表明 *Hystrix patula* 的 **StH** 染色体组与 *Elymus wawawaiensis* 的染色体组具有较高的同源性，它们之间的亲缘关系较近。*Elymus sibiricus*×*Hystrix patula* 杂种 F_1 的 C-值相对较低（0.57），表明两者的

StH 染色体组已经发生了一定程度的分化。*Elymus sibiricus* 与 *Hystrix patula* 的地理分布不同，表明地理隔离对物种的染色体组分化起到了一定的作用。

杂种 *Roegneria ciliaris*×*Hystrix patula* 和 *Hystrix patula*×*Roegneria grandis* 平均每个细胞分别观察到 3.57 个和 3.98 个二价体，表明 *Hystrix patula* 的 **StH** 染色体组与鹅观草属的 **StY** 染色体组同源性较低。杂种中配对的染色体绝大多数来自 *Hystrix patula* 的 **St** 染色体组与鹅观草属的 **St** 染色体组之间的同源配对，极少数来源于鹅观草属的 **St** 染色体组与 **Y** 染色体组或 **St** 染色体组与 **H** 染色体组之间的同亲配对。

2) 猬草属其他物种的染色体组组成

猬草属种间杂种的染色体分析表明，*Hystrix longearistata* 具有与模式种 *Hystrix patula* 不一样的染色体组组成。为了分析猬草属其他物种如 *Hystrix duthiei*、*Hystrix longearistata*、*Hystrix komarovii* 和 *Hystrix coreana* 的染色体组组成，我们分别将它们与新麦草属(**Ns**)、赖草属(**NsXm**)、披碱草属(**StH**)、鹅观草属(**StY**)、冠麦草属(**E^b**)等属的植物进行属间杂交，只获得了 *Hystrix duthiei* 和 *Hystrix longearistata* 与部分近缘属物种的杂种 F$_1$ 植株。

Hystrix duthiei 和 *Hystrix longearistata* 与 *Psathyrostachys huashanica*(2*n*=2*x*=14，**Ns**)属间杂种的减数分裂染色体配对结果表明，*Hystrix duthiei* 和 *H. longearistata* 的一组染色体组与华山新麦草的 **Ns** 染色体组同源。*Hystrix duthiei* 和 *H. longearistata* 与新麦草属另一个物种 *Psathyrostachys juncea*(2*n*=2*x*=14，**Ns**)的属间杂种 F$_1$，在减数分裂中期 I 平均每个细胞分别形成了 6.26 个和 6.07 个二价体，表明 *Hystrix duthiei* 和 *H. longearistata* 具有一组来源于新麦草属的 **Ns** 染色体组。

将 *Hystrix duthiei* 和 *H. longearistata* 与 *Leymus multicaulis*(**NsXm**)进行杂交时，杂种 F$_1$ 花粉母细胞在减数分裂中期 I 平均每个细胞分别形成了 11.81 个和 10.15 个二价体，表明 *Hystrix duthiei* 和 *H. longearistata* 具有与赖草属植物相似的 **NsXm** 染色体组。

在杂种 *Roegneria ciliaris*×*Hystrix duthiei* 和 *Roegneria ciliaris*×*Hystrix longearistata* 中，杂种 F$_1$ 花粉母细胞在减数分裂中期 I 几乎没有配对，表明 *Hystrix duthiei* 和 *H. longearistata* 的 **NsXm** 染色体组与鹅观草属的 **StY** 染色体组不存在同源性关系，两者之间的亲缘关系很远。

Jensen 和 Wang(1997)报道 *Hystrix coreana* 和 *Hystrix californica* 具有与赖草属相同的 **NsXm** 染色体组组成，与模式种 *Hystrix patula* 的 **StH** 染色体组完全不同，亲缘关系很远。

2.4.3　猬草属物种的原位杂交分析

1. 荧光原位杂交分析

荧光原位杂交技术(fluorenscence in situ hybridization，FISH)是 20 世纪 60 年代末出现的一种将 DNA 序列或基因定位在染色体上的技术。植物分子原位杂交是近年得到快速发展的一门新技术，基本原理是：根据核酸分子碱基互补配对的原则(A-T，G-C)，将放射性或非放射性标记的外源核酸(探针)与染色体或 DNA 纤维上经过变性后的单链 DNA 互补配对，结合成专一性的核酸分子，再经一定的检测手段将待测核酸在染色体或 DNA 纤维上的位置显示出来。该技术具有快速、安全、灵敏度高以及探针可长期保存等特点，目前广泛应用于 DNA 重复序列或多拷贝基因家族的染色体定位、分子核型构建、染色体识别以及结构分析、外源染色质检测、异源多倍体物种进化等研究（Anamthawat-Jónsson and Heslop -Harrison，1993；Jiang and Gill，1994）。

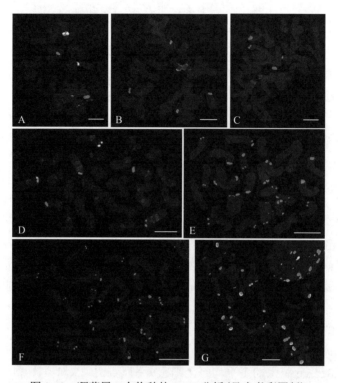

图 2-12　猬草属 3 个物种的 FISH 分析（见本书彩图版）

注：A. *Hystrix patula*，5S rDNA（红）和 45S rDNA（绿）；B. *Hystrix duthiei*，5S rDNA（红）和 45S rDNA（绿）；C. *Hystrix longearistata*，5S rDNA（红）和 45S rDNA（绿）；D. *Hystrix patula*，(AAG)$_{10}$（红）和 pLrTaiI-1（绿）；E. *Hystrix duthiei*，(AAG)$_{10}$（红）和 pLrTaiI-1（绿）；F. *Hystrix longearistata*，(AAG)$_{10}$（红）和 pLrTaiI-1（绿）；G. *Hystrix patula*，pPlTaq2.5（红）和 pCbTaq4.14（绿）。

本书利用 6 种探针：5S rDNA、45S rDNA、pLrTaiI-1（*Leymus racemosus* 克隆的 570bp TaiI 序列）、(AAG)$_{10}$（简单重复序列）、pPlTaq2.5（*Pseudoroegneria libanotica* 克隆的 0.4kb 的 **St** 染色体组特异重复序列）、pCbTaq4.14（*Hordeum bogdanii* 克隆的 0.8kb 的 **H** 染色体组特异重复序列），对 *Hystrix patula*、*Hystrix duthiei*、*Hystrix longearistata* 进行荧光原位杂交分析。结果表明：5S rDNA 和 45S rDNA 分别位于 *H. duthiei*（3 对染色体）和 *H. longearistata*（2 对染色体）不同的染色体上；而位于 *H. patula* 3 对相同的染色体上。pLrTaiI -1 位于 *H. patula* 3 对染色体的末端，位于 *H. duthiei* 和 *H. longearistata* 11 对染色体的末端；*H. patula* 的 12 对染色体上显示 (AAG)$_{10}$ 信号，2 对染色体显示 pPlTaq2.5 信号，11 对染色体显示 pCbTaq4.14 信号；而 *H. duthiei* 和 *H. longearistata* 的染色体没有显示 (AAG)$_{10}$、pPlTaq2.5 和 pCbTaq4.14 的信号（图 2-12）。结果表明：*Hystrix duthiei* 和 *Hystrix longearistata* 的染色体十分相似，而它们与模式种 *Hystrix patula* 的染色体差异明显。

2. 基因组原位杂交分析

基因组原位杂交(genomic in situ hybridization，GISH)是利用一个物种的基因组总 DNA 作为探针，以适当浓度的另一物种总基因组 DNA 进行封阻，在靶染色体上进行原位杂交，检测被杂交物种是否存在或渗入了该基因组(Anamthawat-Jónsson and Heslop-Harrison，1993)。GISH 反应完全与否主要取决于基因组 DNA 探针与目的染色体 DNA 所共有的那些分散的、高度重复的 DNA 序列的杂交程度(Ørgaard and Heslop-Harrison，1994)。植物基因组原位杂交已广泛用于基因组分析，包括植物基因组确定、异源多倍体物种中染色体组组成分析以及植物远缘杂种及后代中外源染色体检测。

前述染色体组分析表明：猬草属模式种 *Hystrix patula* 具有披碱草属(*Elymus*)物种的 **StH** 染色体组，而 *Hystrix duthiei*、*Hystrix longearistata*、*Hystrix coreana* 具有赖草属(*Leymus*)物种的 **NsXm** 染色体组。由于染色体组分析方法本身存在的缺陷，如 *Ph* 基因对染色体配对的影响，容易造成对亲缘关系的错误估计(Okamoto，1957；Riley et al.，1968；Sears，1976；卢宝荣和刘继红，1992)。为弥补染色体组分析方法的不足，本书利用基因组原位杂交技术进一步研究和检测猬草属物种 *Hystrix patula*、*Hystrix duthiei*、*Hystrix longearistata*、*Hystrix komarovii* 的染色体组(基因组)组成，并探讨它们可能的二倍体祖先种。

1)*Hystrix patula* 基因组组成

猬草属模式种 *Hystrix patula* 的根尖细胞中期染色体经过 DAPI 染色，显示 28 条染色体(图 2-13A)，表明 *H. patula* 为四倍体物种。

用 Rhodamine 标记的 *Pseudoroegneria spicata*(**St**)基因组 DNA 作探针，以非标记的 *Hordeum bogdanii*(**H**)基因组 DNA 作封阻，与 *H. patula* 根尖细胞中期染色体 DNA 进行原位杂交。*H. patula* 的 28 条染色体中，有 14 条染色体出现红色荧光杂交信号，另外 14 条染色体没有显示红色荧光杂交信号(图 2-13B)，表明 *H. patula* 具有一组来自拟鹅观草属物种的 **St** 基因组。

在双色荧光原位杂交实验中，用 Rhodamine 标记 *Pseudoroegneria spicata*(**St**)基因组 DNA，Fluorescein 标记 *Hordeum bogdanii*(**H**)基因组 DNA，按 1∶1 的比例与 *H. patula* 根尖细胞中期染色体 DNA 进行原位杂交。*H. patula* 的 28 条染色体中，有 14 条染色体出现红色荧光杂交信号，为与 *Pse. spicata* 杂交的 **St** 基因组；14 条染色体显示绿色荧光杂交信号，为与 *H. bogdanii* 杂交的 **H** 基因组(图 2-13C)。表明 *Hystrix patula* 具有一组来自拟鹅观草属物种的 **St** 基因组和一组来自大麦属物种的 **H** 基因组。

当用 *Psathyrostachys huashanica*(**Ns**)和 *Lophopyrum elongatum*(**E^e**)基因组 DNA 分别作为标记探针进行原位杂交时，*Hystrix patula* 的 28 条染色体没有显示杂交信号。

2)*Hystrix duthiei* 基因组组成

Hystrix duthiei 的根尖细胞中期染色体经过 DAPI 染色，显示 28 条染色体(图 2-13D)，表明 *H. duthiei* 为四倍体物种。

用 Rhodamine 标记的 *Psathyrostachys huashanica*(**Ns**)基因组 DNA 作探针，以 *Lophopyrum elongatum*(**E^e**)基因组 DNA 作封阻，以 1∶20 的比例与 *H. duthiei* 根尖细胞中期染色体 DNA 进行原位杂交。*H. duthiei* 的 28 条染色体中，有 14 条染色体出现红色荧光

杂交信号，14 条染色体没有显示红色荧光杂交信号 (图 2-13E)。表明 *H. duthiei* 具有一组来自新麦草属物种的 **Ns** 基因组。

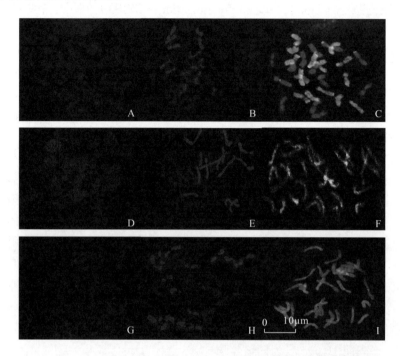

图 2-13　*Hystrix patula*、*H. duthiei* 和 *H. longearistata* 根尖染色体 GISH 结果 (见本书彩图版)

注：A~C. *Hystrix patula*: A. DAPI 染色，B. *Pseudoroegneria spicata* 的 **St** 基因组 DNA 作探针 (红)，*Hordeum bogdanii* 的 **H** 基因组 DNA 作封阻，14 条染色体显示红色，C. **St** 基因组 DNA (红色) 和 **H** 基因组 DNA (绿色) 双色杂交，14 条染色体显示红色，14 条染色体显示绿色；D-F. *Hystrix duthiei*: D. DAPI 染色，E. *Psathyrostachys huashanica* 的 **Ns** 基因组 DNA 作探针 (红)，*Lophopyrum elongatum* 的 **E^e** 基因组 DNA 作封阻，14 条染色体显示红色，F. **Ns** 基因组 DNA (红色) 和 **E^e** 基因组 DNA (绿色) 双色杂交，14 条染色体整体显示红色，几乎 28 条染色体显示点状分布的绿色杂交信号；G~I. *Hystrix longearistata*: G. DAPI 染色，H. *Psathyrostachys huashanica* 的 **Ns** 基因组 DNA 作探针 (红)，*Lophopyrum elongatum* 的 **E^e** 基因组 DNA 作封阻，14 条染色体显示红色，I. **Ns** 基因组 DNA (红色) 和 **E^e** 基因组 DNA (绿色) 双色杂交，14 条染色体整体显示红色，所有 28 条染色体显示呈点状分布的绿色杂交信号。

在双色荧光原位杂交中，用 Rhodamine 标记 *Psa. huashanica* (**Ns**) 基因组 DNA，Fluorescein 标记 *Lo. elongatum* (**E^e**) 基因组 DNA，按 1∶20 的比例与 *H. duthiei* 根尖细胞中期染色体 DNA 进行原位杂交。*H. duthiei* 的 28 条染色体中，有 14 条染色体显示明亮的红色荧光杂交信号 (图 2-13F)，表明 *H. duthiei* 具一组 **Ns** 基因组；几乎 28 条染色体的一些区域显示出微弱或明亮的呈点状分布的绿色荧光杂交信号，表明 *H. duthiei* 的基因组与 *Lo. elongatum* 的 **E^e** 基因组存在一些具有同源性关系的 DNA 重复片段。

用 *Pseudoroegneria spicata* (**St**) 和 *Hordeum bogdanii* (**H**) 基因组 DNA 分别作为标记探针进行原位杂交时，*Hystrix duthiei* 的 28 条染色体没有显示杂交信号。

3) *Hystrix longearistata* 基因组组成

Hystrix longearistata 的根尖细胞中期染色体经过 DAPI 染色，显示 28 条染色体 (图 2-13G)，表明 *H. longearistata* 为四倍体物种。

用 Rhodamine 标记的 *Psathyrostachys huashanica*（**Ns**）基因组 DNA 作探针，以 *Lophopyrum elongatum*（**E^e**）基因组 DNA 作封阻，以 1∶20 的比例与 *H. longearistata* 根尖细胞中期染色体 DNA 进行原位杂交，*H. longearistata* 的 28 条染色体中，有 14 条染色体出现红色荧光杂交信号，14 条染色体没有显示红色荧光杂交信号（图 2-13H），表明 *H. longearistata* 具有一组来自新麦草属物种的 **Ns** 基因组。

在双色荧光原位杂交中，用 Rhodamine 标记 *Psa. huashanica*（**Ns**）基因组 DNA，Fluorescein 标记 *Lo. elongatum*（**E^e**）基因组 DNA，按 1∶20 的比例与 *H. longearistata* 根尖细胞中期染色体 DNA 进行原位杂交。*H. longearistata* 的 28 条染色体中，有 14 条染色体显示明亮的红色荧光杂交信号（图 2-13I），表明 *H. longearistata* 具一组 **Ns** 基因组；28 条染色体，尤其是着丝点区域，显示微弱或明亮的呈点状分布的绿色荧光杂交信号，表明 *H. longearistata* 的基因组与 *Lo. elongatum* 的 **E^e** 基因组存在一些具有同源性关系的 DNA 重复片段。

4）*Hystrix komarovii* 基因组组成

Hystrix komarovii 的根尖细胞中期染色体经过 DAPI 染色，显示 28 条染色体，表明 *H. komarovii* 为四倍体物种。

用 *Pseudoroegneria spicata*（**St**）基因组 DNA 作探针，*Hordeum bogdanii*（**H**）基因组 DNA 作封阻，以 1∶140 的比例与 *Hystrix komarovii* 根尖细胞中期染色体 DNA 进行原位杂交，*H. komarovii* 的 28 条染色体没有显示杂交信号（图 2-14A）；用 *Hordeum bogdanii*（**H**）基因组 DNA 作探针，*Pseudoroegneria spicata*（**St**）基因组 DNA 作封阻，以 1∶140 的比例与 *Hystrix komarovii* 根尖细胞中期染色体 DNA 进行原位杂交，*H. komarovii* 的 28 条染色体没有显示杂交信号（图 2-14B）。

用 *Psathyrostachys huashanica*（**Ns**）基因组 DNA 作探针，以 *Lophopyrum elongatum*（**E^e**）基因组 DNA 作封阻，以 1∶140 的比例与 *Hystrix komarovii* 根尖细胞中期染色体 DNA 进行原位杂交，*H. komarovii* 的 28 条染色体中，有 14 条染色体显示明亮的黄色荧光杂交信号，14 条染色体没有显示杂交信号（图 2-14C），表明 *Hystrix komarovii* 具有一组来自新麦草属物种的 **Ns** 基因组。

用 *Lophopyrum elongatum*（**E^e**）基因组 DNA 作探针，以 *Psathyrostachys huashanica*（**Ns**）基因组 DNA 作封阻，以 1∶140 的比例与 *Hystrix komarovii* 根尖细胞中期染色体 DNA 进行原位杂交，*H. komarovii* 的 28 条染色体中，有 14 条染色体显示黄色荧光杂交信号，14 条染色体没有显示杂交信号（图 2-14D），表明 *Hystrix komarovii* 的另一组基因组与 *Lo. elongatum* 的 **E^e** 基因组同源性高，它们之间存在一些具有同源性关系的 DNA 重复片段。

5）GISH 与染色体组分析方法比较

单色 GISH 结果显示猬草属模式种 *Hystrix patula* 含 **St** 基因组，双色 GISH 结果显示 *Hystrix patula* 具有 **StH** 基因组，而不含 **Ns** 和 **E^e** 基因组。对于 *Hystrix duthiei* 和 *H. longearistata*，单色 GISH 结果显示它们具有 **Ns** 基因组，双色 GISH 结果显示它们的 **Ns** 基因组清楚显示，而 **E^e** 基因组几乎遍布 28 条染色体，呈点状分布。GISH 分析表明 *Hystrix komarovii* 含有 **Ns** 基因组和 **E^e** 基因组。以上 GISH 分析结果与细胞学染色体配对分析结果一致。

　　GISH 是 20 世纪 90 年代以来在染色体研究上发展起来的一种新方法,可以直接从 DNA 水平上检测染色体的构成和变化情况,具有直观、准确、快速等优点(于卓等,2004)。 Ørgaard 和 Heslop-Harrison(1994)利用 GISH 技术研究了 *Leymus*、*Psathyrostachys* 和 *Hordeum* 3 个属物种基因组的亲缘关系。结果表明 GISH 可以有效地评价亲缘关系较远的 两个物种之间的基因组关系,而不能很好地区别亲缘关系较近的物种之间的基因组关系。 Li 等(2001)利用多色基因组原位杂交成功鉴别出 3 个水稻属(*Oryza*)四倍体物种的基因 组成。本书的 GISH 分析可以清楚地鉴别出猬草属物种的基因组组成,且与染色体配对分 析结果一致,表明 GISH 是一种分析物种基因组组成的有效实验方法。GISH 可以作为染 色体组分析方法的一种有效补充方法,尤其是当属间或种间杂交不能够正常进行时。当然, 综合使用这两种方法,可以弥补各自的不足,分析结果更为可靠。

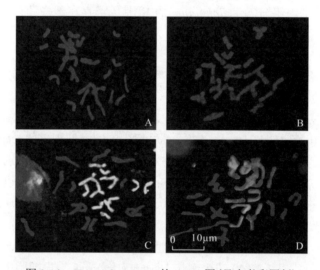

图 2-14　*Hystrix komarovii* 的 GISH 图(见本书彩图版)

A. *Pseudoroegneria spicata* 的 **St** 基因组 DNA 作探针,*Hordeum bogdanii* 的 **H** 基因组 DNA 作封阻,28 条染色体没有显示杂 交信号;B. *Hordeum bogdanii* 的 **H** 基因组 DNA 作探针,*Pseudoroegneria spicata* 的 **St** 基因组 DNA 作封阻,28 条染色体没有 显示杂交信号;C. *Psathyrostachys huashanica* 的 **Ns** 基因组 DNA 作探针,*Lophopyrum elongatum* 的 **E^e** 基因组 DNA 作封阻, 14 条染色体显示明亮的黄色荧光杂交信号;D. *Lophopyrum elongatum* 的 **E^e** 基因组 DNA 作探针,*Psathyrostachys huashanica* 的 **Ns** 基因组 DNA 作封阻,14 条染色体显示黄色荧光杂交信号。

2.5　分子标记研究

2.5.1　猬草属及近缘属物种染色体组特异的 RAPD 分子标记分析

　　随机扩增多态性 DNA(random amplified polymorphic DNA,RAPD)标记技术是 20 世 纪 90 年代初由美国杜邦公司农产品研究中心的 Williams 和加利福尼亚生物研究所的 Welsh 领导的两个研究小组几乎同时发展起来的一种分子标记技术。其核心技术是用随机 的寡脱氧核苷酸序列作为 PCR 反应的引物,对基因组 DNA 进行扩增而产生能显示多态性 的 DNA 指纹图谱。这一技术的特点:①不依赖于种属特异性和基因组结构,合成一套引物可以用于不同生物的基因组分析;②所需要 DNA 量极少;③分析程序简单,无放射性,周期短(贾继增,1996)。RAPD 分析通过多个不同的引物给出覆盖整个基因组的多态性信息,其效率是形态性状、细胞学特征和其他分子标记等方法所无法比拟的,目前已广泛用于遗传作图、亲缘关系研究、外源染色体追踪、目标基因标记等方面,为植物的系统发育、物种分类和遗传多样性评价等方面的研究提供了新的手段(Wei and Wang,1995)。

在小麦族多年生植物系统与进化研究中,Wei 和 Wang(1995)用 RAPD 方法对小麦族中 8 个基本染色体组(E、H、I、P、St、W、Ns、R)22 个物种之间的关系进行研究,研究结果与经典细胞遗传学方法的研究结果一致,并发现了 29 个这些染色体组特异的 RAPD 片段,将这些特异片段应用于多倍体物种染色体组组成分析。Zhang 等(1996)用 E^b 特异RAPD 片段 OPF−03_{1296} 和 St 特异 RAPD 片段 OPD−08_{525} 及 OPN−01_{817} 等标记证明:中间偃麦草(Thinopyrum intermedium)的确切染色体组组成应为 E^eE^bSt、E^eE^eSt、E^bE^bSt,用基因组原位杂交(GISH)无法区别 E^e 和 E^b,但 OPF−03_{1296} 能将这两个染色体组区别开来。Jensen 和 Wang(1997)通过细胞学和 RAPD 特异性标记分析证明 Elymus coreanus(Hystrix coreana)和 E. californicus(Hystrix californica)含有 NsXm 基因组。

本书选用 Wei 和 Wang(1995)的 St、H、Ns、E^e 和 E^b 5 个染色体组特异性的 RAPD 引物,对 Hystrix patula、H. duthiei 和 H. longearistata 3 个猬草属物种及其近缘属物种: Pseudoroegneria(St)、Hordeum(H)、Psathyrostachys(Ns)、Lophopyrum elongatum(E^e)、 Lophopyrum bessarabicum(E^b)、Elymus(StH)、Roegneria(StY)、Leymus(NsXm)共 16 个物种(表 2-21)进行 RAPD 分析,探讨猬草属 3 个物种的染色体组组成及其与近缘属物种之间的亲缘关系,评价 RAPD 特异性标记技术在植物系统学研究中的作用。

染色体组的特异 RAPD 分子标记结果见图 2-15。

OPC14_{450}:扩增的 450 bp 条带为 St 染色体组特异性的 RAPD 带纹(图 2-15A)。该带纹只在含 St 染色体组的物种中出现: Pseudoroegneria spicata(St)、Elymus sibiricus(StH)、 Hystrix patula(StH)、Roegneria caucasica(StY)和 Roegneria ciliaris(StY)。

表 2-21 RAPD 分析的供试材料

序号	物种	染色体数目/条	染色体组	编号	来源
1	Pseudoroegneria spicata	14	St	PI 232138	美国
2	Hordeum bogdanii	14	H	Y 0829	中国
3	Psathyrostachys juncea	14	Ns	PI 578854	加拿大
4	Psa. huashanica	14	Ns	ZY 3157	中国
5	Lophopyrum elongatum	14	E^e	PI 531719	法国
6	Lo. bessarabicum	14	E^b	PI 531711	乌克兰
7	Elymus sibiricus	28	StH	ZY 1005	中国
8	Hystrix patula	28	StH	PI 372546	加拿大
9	Roegneria caucasica	28	StY	PI 531753	亚美尼亚
10	R. ciliaris	28	StY	88-89-236	中国
11	Leymus arenarius	28	NsXm	PI 272126	哈萨克斯坦

序号	物种	染色体数目/条	染色体组	编号	来源
12	*L. ramosus*	28	**NsXm**	PI 499653	中国
13	*L. secalinus*	28	**NsXm**	PI 499535	中国
14	*L. multicaulis*	28	**NsXm**	PI 440325	哈萨克斯坦
15	*Hystrix duthiei*	28	—	ZY 2004	中国
16	*H. longearistata*	28	—	ZY 2005	日本

OPW5$_{700}$：扩增的 700bp 条带为 **H** 染色体组特异性的 RAPD 带纹（图 2-15B）。该带纹只出现在含 **H** 染色体组的物种中，如：*Hordeum bogbanii*（**H**）、*Elymus sibiricus*（**StH**）和 *Hystrix patula*（**StH**）。

OPC9$_{548}$：扩增的 548bp 条带为 **Ns** 染色体组特异的 RAPD 带纹（图 2-15C）。该带纹在 2 个新麦草属物种 *Psathyrostachys juncea*（**Ns**）和 *Psathyrostachys huashanica*（**Ns**）中得到强烈的扩增带，而在 *Hystrix duthiei*、*Hystrix longearistata* 以及 4 个 *Leymus* 物种中只有微弱的扩增带。

OPR5$_{700}$ 和 OPF3$_{1200}$：分别为 **E^e** 和 **E^b** 染色体组特异的 RAPD 带纹，分别只在 *Lophopyrum elongatum*（**E^e**）和 *Lophopyrum bessarabicum*（**E^b**）中有扩增特异性条带，其他物种中没有出现特异性带纹（图 2-15D、E）。

结果表明 *Hystrix patula* 具有 **St** 和 **H** 染色体组特异的 RAPD 标记；*Hystrix duthiei* 和 *Hystrix longearistata* 具有 **Ns** 染色体组特异的 RAPD 标记，没有 **St**、**H**、**E^e** 和 **E^b** 基因组特异的 RAPD 标记。结果支持细胞学染色体配对资料以及基因组原位杂交分析结果，猬草属模式种 *Hystrix patula* 含有 **StH** 染色体组，而 *Hystrix duthiei* 和 *Hystrix longearistata* 具有 **Ns** 染色体组，没有 **St** 和 **H** 染色体组，**E^e** 和 **E^b** 染色体组存在与否需进一步研究。

2.5.2 猬草属及近缘属物种的 ISSR 分子标记分析

Inter-简单重复序列（inter-simple sequence repeat，ISSR）标记技术由加拿大蒙特利尔大学的 Zietkiewicz 等提出，类似于 RAPD 标记，是一种利用包含微卫星重复序列并在 3' 或 5' 锚定的单寡聚核苷酸引物对微卫星之间的 DNA 序列进行 PCR 扩增的标记系统（Fang and Roose，1997；Jss et al.，2001）。引物包含一段一定长度的重复序列，与它结合的目标序列（多为微卫星）在 DNA 复制过程中存在滑动和不均等交换现象，使得它们在不同个体间的重复次数有着较大的差异，更易于导致引物结合位点和两结合位点间的片段长度产生变异。

ISSR 标记具有重复性和稳定性好、多态性高、操作技术简单、无须活体材料、快速高效、能实现全染色体组无偏取样和无组织器官特异性等优点，可以揭示整个基因组的部分特征，不受季节、环境等外在因素的影响，呈孟德尔式遗传。研究表明，ISSR 标记与形态学、生化及其他分子标记存在较高的一致性。与微卫星（microsatellite，又称为"简单重复序列"）分析相比，ISSR 不要求预知染色体序列信息，大大减少了多态性分析的

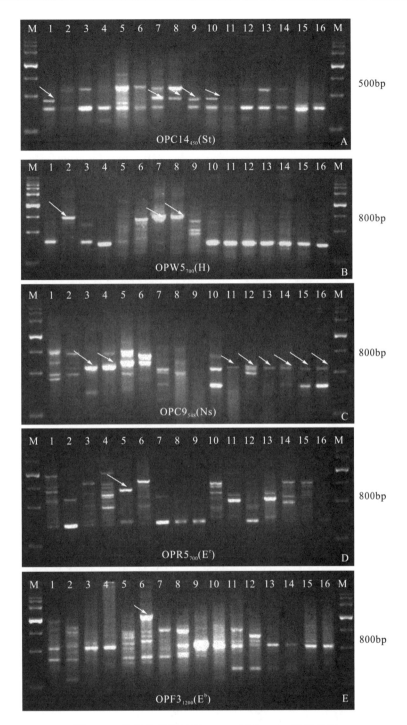

图 2-15　染色体组特异性 RAPD 引物 PCR 扩增结果

注：A. OPC14$_{450}$，**St** 染色体组（箭头所示）；B. OPW5$_{700}$，**H** 染色体组（箭头所示）；C. OPC9$_{548}$，**Ns** 染色体组（箭头所示）；D. OPR5$_{700}$，**E^e** 染色体组（箭头所示）；E. OPF3$_{1200}$，**E^b** 染色体组（箭头所示）。1～16 表示材料编号，见表 2-21。M 表示 DNA 分子量大小。

预备工作；与扩增片段长度多态性(amplified fragment length polymorphism，AFLP)相比，ISSR 具有模板 DNA 用量少、实验过程简单、费用低等优势(Fritsch and Rieseberg，1996)。与 RAPD 相比，ISSR 标记具有更多的扩增片段，能够产生丰富的多态位点，更容易捕捉到该品种特有的标记指纹片段；同时对 PCR 反应的敏感性低于 RAPD(钱韦等，2000；Yang et al.，1996；Gilbert et al.，1999)，即 ISSR 的稳定性好于 RAPD，这正好弥补了 RAPD 分析稳定性差，重复性不好的缺陷。因此，ISSR 标记已广泛用于植物资源的遗传多样性分析、指纹图谱绘制、系统进化研究和种质资源鉴定等领域(Wu and Tanksley，1993；Gupta et al.，1994；Zietkiewicz et al.，1994；Blair et al.，1999)。然而，ISSR 标记为显性标记，不能区分显性纯合型和杂和型基因型，妨碍了它在遗传多样性分析中的广泛应用。

本书利用 ISSR 分子标记技术，研究猬草属物种与其近缘属物种的系统学关系，为猬草属系统地位研究提供分子水平的证据。供试材料见表 2-22。

表 2-22　ISSR 分析的供试材料

序号	种名	染色体数/条	基因组	来源	编号
1	*Psathyrostachys fragilis*	14	**Ns**	伊朗	PI 343191
2	*Psa. juncea* 1	14	**Ns**	俄罗斯	PI 75737
3	*Psa. juncea* 2	14	**Ns**	阿富汗	PI 222050
4	*Psa. huashanica*	14	**Ns^h**	陕西华山	ZY 3157
5	*Hystrix duthiei*	28	**NsXm**	四川崇州	ZY 2004
6	*H. longearistata*	28	**NsXm**	日本京都	ZY 2005
7	*H. coreana*	28	**NsXm**	俄罗斯	PI 531578
8	*H. patula*	28	**StH**	美国	PI 531615
9	*Leymus cinereus*	28	**NsXm**	美国	PI 478831
10	*L. racemosus*	28	**NsXm**	爱沙尼亚	PI 531811
11	*L. multicaulis*	28	**NsXm**	新疆哈巴河	Y 094
12	*L. secalinus*	28	**NsXm**	新疆北屯	Y 040
13	*L. tianschanicus*	28	**NsXm**	新疆吉木乃	Y 2036

1. ISSR 标记的多态性

选用 35 个 ISSR 引物进行 PCR 扩增，12 个引物(占 34.29%)能扩增清晰条带并呈现多态性(表 2-23、图 2-16)。共产生 223 条谱带，其中 215 条带为多态性带，占总扩增带的 96.41%；平均每个引物扩增 17.92 条多态性带，变化范围为 9~29 条。表明 *Hystrix*、*Psathyrostachys* 及 *Leymus* 3 个属的物种之间存在较大的遗传变异。

2. 属间 ISSR 遗传变异

Jaccard 遗传相似系数变化较大，变化范围为 0.374~0.894(表 2-24)。*Psathyrostachys* 和 *Leymus* 的 Jaccard 遗传相似系数变化范围为 0.569~0.659；*Hystrix* 与 *Leymus* 的 Jaccard 遗传相似系数变化范围为 0.447~0.675；而 *Psathyrostachys* 与 *Hystrix* 的 Jaccard 遗传

相似系数变化范围为 0.374~0.659。在树状聚类图中（图 2-17），5 个 *Leymus* 物种归为一组；4 个 *Psathyrostachys* 物种与 *Hystrix coreana* 聚为一组；而 *Hystrix duthiei* 与 *H. longearistata* 聚为一组；*Hystrix patula* 单独聚为一支。表明 *Psathyrostachys* 与 *Leymus* 的亲缘关系近于它与 *Hystrix* 的关系。

表 2-23　ISSR 引物及其序列和扩增结果

引物	序列(5′→3′)	总扩增带/条	多态性带/条
ISSR6	HVH(CA)$_7$T	18	16
ISSR10	(CA)$_8$RG	11	11
ISSR13	(AC)$_8$YG	30	29
ISSR807	(AG)$_8$T	30	29
ISSR810	(GA)$_8$T	17	16
ISSR811	(GA)$_8$C	17	15
ISSR815	(CT)$_8$G	23	23
ISSR827	(AC)$_8$G	14	14
ISSR834	(AG)$_8$YT	22	22
ISSR841	(GA)$_8$YC	10	9
ISSR845	(CT)$_8$RG	19	19
ISSR855	(AC)$_8$YT	12	12
总数	12	223	215

注：R＝A/T；Y＝G/C；H＝A/T/C；V＝A/G/C。

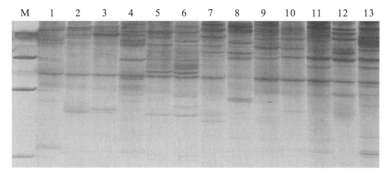

图 2-16　ISSR 引物 ISSR807 对猬草属及近缘属物种的 PCR 扩增图谱

注：1~13 为材料编号，同表 2-22；M 代表分子量。

3. 种间 ISSR 遗传变异

4 个 *Hystrix* 物种间的 Jaccard 遗传相似系数为 0.423~0.854，变化幅度非常大，这表示 *Hystrix* 物种间存在着很大的遗传多样性。*Hystrix duthiei* 与 *H. longearistata* 的相似系数最高（0.854），聚为一支；*Hystrix coreana* 与 2 个不同来源的 *Psathyrostachys juncea* 聚为另外一支；*Hystrix patula* 单独聚为一支（表 2-24、图 2-17）。

表 2-24   基于 ISSR 资料的不同材料的 Jaccard 遗传相似系数

序号	1	2	3	4	5	6	7	8	9	10	11	12	13
1	1.000												
2	0.634	1.000											
3	0.675	0.894	1.000										
4	0.715	0.593	0.667	1.000									
5	0.569	0.545	0.488	0.561	1.000								
6	0.553	0.463	0.472	0.545	0.854	1.000							
7	0.626	0.650	0.659	0.585	0.585	0.553	1.000						
8	0.480	0.374	0.382	0.407	0.439	0.423	0.463	1.000					
9	0.593	0.618	0.642	0.634	0.650	0.650	0.675	0.480	1.000				
10	0.610	0.634	0.675	0.650	0.585	0.585	0.642	0.463	0.724	1.000			
11	0.602	0.642	0.634	0.593	0.593	0.577	0.650	0.488	0.715	0.846	1.000		
12	0.593	0.618	0.659	0.650	0.553	0.602	0.610	0.447	0.659	0.707	0.748	1.000	
13	0.569	0.610	0.618	0.642	0.610	0.593	0.618	0.472	0.667	0.846	0.789	0.732	1.000

注：1～13 代表物种序号，同表 2-22。

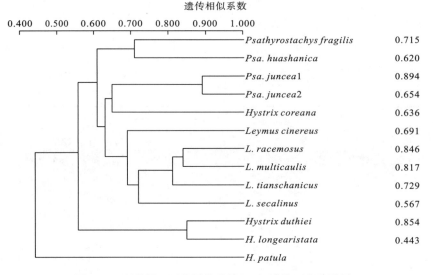

图 2-17   猬草属及近缘属物种的 ISSR 遗传距离聚类图

Leymus 5 个物种的 Jaccrad 遗传相似系数为 0.659～0.846，表明它们之间存在较大的遗传多样性。*Leymus racemosus* 与 *L. multicaulis* 和 *L. tianschanicus* 的相似系数最高，均为 0.846，而 *Leymus cinereus* 与 *L. secalinus* 的相似系数最低(0.659)。从聚类图中可以看出，5 个 *Leymus* 物种明显地聚为一支(表 2-24、图 2-17)。

在分析的 4 个 *Psathyrostachys* 物种中，2 个来自不同地方的 *Psathyrostachy juncea* 的 Jaccard 遗传相似系数最高(0.894)，聚为一支；*Psathyrostachys huashanica* 与 *Psa. fragilis* 的 Jaccard 遗传相似系数为 0.715，聚为另外一支(表 2-24、图 2-17)。表明 *Psa. huashanica* 与 *Psa. fragilis* 的亲缘关系近于它与 *Psa. juncea* 的亲缘关系。

2.5.3 猬草属及近缘属物种的细胞质基因组 PCR-RFLP 标记分析

植物细胞质基因组包括叶绿体基因组(chloroplast DNA，cpDNA)和线粒体基因组
(mitochondrial DNA，mtDNA)。cpDNA 和 mtDNA 均为大分子，大多数呈环状，在某些
低等真核生物中也有少量的 mtDNA 是线性分子。cpDNA 通常由两个反向重复序列将一个
大的单拷贝区和一个小的单拷贝区分开。目前许多物种的 cpDNA 全序列(如水稻、玉米、
地钱、烟草、黑松等)和许多重要的叶绿体基因，例如 *rbc*L、*Psb*A、*tran*K、*rp*O、*atp*B
等被测定、克隆和测序，因此已设计出许多特异引物和通用引物用于扩增 cpDNA 的编码
区和非编码区(Demesure et al.，1995)。mtDNA 基因序列非常保守，其碱基代换频率远比
cpDNA 的低，但重排现象十分普遍，设计出可扩增出非编码序列的通用引物相对较难，
但仍有一些内含子和小的间隔基因的区域与进化有关，非常有用，如 *rps14* 和 *cob* 基因
(Soltis et al.，1992；邹喻萍等，2001)。

限制性片段长度多态性聚合酶链反应(cleaved amplification polymorphism sequence-
tagged sites，CAPs 技术，又称 PCR-RFLP 技术)分析是对 PCR 扩增的 DNA 片段进行限制
酶切位点分析，在植物分子系统学研究方面存在以下优点：①无须提纯 cpDNA；②无须
使用同位素或其他标记物，不受同位素半衰期的限制，并减少实验室的污染；③省去了繁
杂的基因克隆步骤，节约大量时间，不需经过测序就能得到相似的结果；④需要的材料少，
从少于 50 mg 的植物材料中提取的总 DNA 即可满足 PCR 反应的需要量，经过 20~25 个
循环，理论上可以将靶序列扩增约 10^6 倍，即可检测出在总 DNA 中存在 $1/10^{13}$ 量的单拷
贝靶序列；⑤对于植物材料要求不严格，新鲜叶、快速干燥叶或保存较好的化石叶均可用
于总 DNA 提取；⑥由于扩增产物的特异性，使得分析结果更可靠。因此，PCR-RFLP 分
析广泛应用于植物系统发育、居群遗传和物种鉴定(Arnold et al.，1991；Rieseberg et al.，
1992；Soltis et al.，1992；Olmstread and Palmer，1994；Parani et al.，2000；邹喻萍等，
2001)

本书利用 3 个叶绿体和 3 个线粒体通用引物对猬草属及其近缘属披碱草属、鹅观草属、
仲彬草属 4 个属 23 个物种(表 2-25)进行 PCR-RFLP 分析，探讨猬草属与其近缘属之间的
亲缘关系。

表 2-25 用于 PCR-RFLP 分析的材料

序号	物种	染色体数/条	染色体组	编号	来源
1	*Roegneria caucasica*	28	**StY**	PI 531572	亚美尼亚
2	R. ciliaris	28	**StY**	88-89-238	黑龙江哈尔滨
3	R. japonensis	28	**StY**	Pr 87-88-332	四川宜宾
4	R. amurensis	28	**StY**	PI 547303	俄罗斯
5	R. grandis	28	**StY**	ZY 3158	陕西临潼
6	R. aristiglumis	28	**StY**	ZY 2011	西藏昌都
7	R. alashanica	28	**St-**	ZY 2003	宁夏银川
8	R. elytrigioides	28	**StSt**	ZY 2001	西藏昌都
9	R. magnicaespes	28	**St-**	Y 0756	新疆库车

续表

序号	物种	染色体数/条	染色体组	编号	来源
10	*R. kamoji*	42	**StYH**	88-89 281	四川雅安
11	*Elymus sibiricus*	28	**StH**	Y 2906	甘肃合作
12	*E. caninus*	28	**StH**	Y 2730	瑞典
13	*E. lanceolatus*	28	**StH**	D-3542	美国华盛顿
14	*E. nutans*	42	**StYH**	PI 499450	内蒙古
15	*E. tangutorum*	42	**StHH**	ZY 2008	西藏昌都
16	*Hystrix patula*	28	**StH**	Pr 80-81-398	加拿大渥太华
17	*H. duthiei*	28	**Ns-**	ZY 2004	四川崇州
18	*H. longearistata*	28	**Ns-**	ZY 2005	日本京都
19	*Kengyilia gobicola*	42	**StYP**	Y 9503	新疆塔什库尔干
20	*K. thoroldiana*	42	**StYP**	Y 2878	青海格尔木
21	*K. mutica*	42	**StYP**	Y 2873	青海格尔木
22	*K. melanthera*	42	**StYP**	Y 2708	四川红原
23	*K. rigidula*	42	**StYP**	W6 22130	甘肃夏河

1. PCR-RFLP 多态性

利用 3 个叶绿体和 3 个线粒体通用引物扩增猬草属、鹅观草属、披碱草属和仲彬草属共 23 份材料和 1 份外类群[普通小麦(*Triticum aestivum* L.)]cpDNA 上的相应区域。同一引物对 24 份材料的扩增片段长度相同。扩增片段用 *Ava* Ⅰ、*Bam*H Ⅰ、*Eco*R Ⅰ、*Eco*R Ⅴ、*Ecl*136 Ⅱ、*Hae*Ⅲ、*Hin*6 Ⅰ、*Hpa* Ⅱ、*Hin*f Ⅰ、*Kpn* Ⅰ、*Pst* Ⅰ、*Rsa* Ⅰ、*Taq* Ⅰ、*Xba* Ⅰ、*Xho* Ⅰ 共 15 种限制性内切酶进行酶切。

在 65 种引物/酶组合中，19 种组合无酶切产物，占 29%。在其余 46 种引物/组合中，共检测到 356 条 DNA 片段，其中 321 条具有多态性，占 90.2%(表 2-26)。引物 *trn*H-*trn*K 的 PCR 扩增产物图及经限制性内切酶 *Hae*Ⅲ消化后的电泳图谱见图 2-18。结果表明：猬草属、鹅观草属、披碱草属和仲彬草属物种的细胞质基因组间存在明显差异。

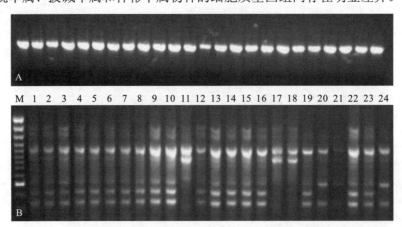

图 2-18　叶绿体基因 *trn*H-*trn*K 的 PCR 扩增产物图(A)和经限制性内切酶 *Hae*Ⅲ消化后的电泳图谱(B)

注：1~23 为材料编号，同表 2-25，24 为外类群(*Triticum aestivum* L.)；M 为分子量。

表 2-26　6 个细胞质基因组 PCR-RFLP 标记对猬草属近缘属种的检测结果

基因	Ava I		BamH I		EcoR I		EcoR V		Ecl136 II		HaeIII		Hin6 I		HpaII		Hinf I		Kpn I		Pst I		Rsa I		Taq I		Xba I		Xho I	
	总数	多态性	总数	多态性	总数	多态性	总数	多态性	总数	多态性	总数	多态性	总数	多态性	总数	多态性	总数	多态性	总数	多态性	总数	多态性	总数	多态性	总数	多态性	总数	多态性	总数	多态性
trnH-trnK	4	4	3	2	4	4	13	13	2	1	9	9	2	0	3	2	2	0	4	4	4	4	9	9	2	0	7	7	1	0
trnS-psC	—	—	1	0	—	—	—	—	—	—	10	10	7	7	2	1	8	7	—	—	4	4	5	4	7	7	—	—	2	0
rbcL	—	—	—	—	1	0	—	—	1	0	10	10	9	9	8	8	8	8	—	—	—	—	20	20	1	0	1	0	1	0
cox3	—	—	—	—	—	—	—	—	—	—	4	4	1	0	10	10	5	3	—	—	—	—	3	0	7	7	—	—	—	—
nad 4 ex1-nad 4 ex2	9	9	9	9	9	9	1	0	1	0	10	10	9	9	8	8	3	1	11	9	9	9	8	8	—	—	1	0	1	0
18S-5S rRNA	—	—	1	0	1	0	—	—	1	0	10	10	7	7	6	6	9	9	1	0	1	0	5	3	—	—	—	—	1	0

表 2-27　猬草属及近缘属物种的 PCR-RFLP 遗传相似系数

序号	1	2	3	4	5	6	7	8	9	10	11	12	13	14	15	16	17	18	19	20	21	22	23	24
1	1.000																							
2	0.779	1.000																						
3	0.786	0.868	1.000																					
4	0.768	0.758	0.804	1.000																				
5	0.670	0.746	0.761	0.716	1.000																			
6	0.702	0.756	0.758	0.772	0.795	1.000																		
7	0.696	0.765	0.742	0.744	0.807	0.832	1.000																	
8	0.676	0.723	0.723	0.737	0.784	0.793	0.850	1.000																
9	0.685	0.687	0.708	0.755	0.738	0.798	0.820	0.836	1.000															
10	0.688	0.737	0.697	0.700	0.764	0.820	0.837	0.810	0.792	1.000														
11	0.705	0.696	0.708	0.721	0.746	0.747	0.792	0.801	0.815	0.798	1.000													
12	0.629	0.680	0.656	0.686	0.700	0.751	0.806	0.763	0.772	0.856	0.812	1.000												
13	0.658	0.709	0.714	0.696	0.718	0.740	0.788	0.758	0.770	0.791	0.779	0.821	1.000											
14	0.661	0.690	0.688	0.672	0.726	0.744	0.812	0.790	0.784	0.795	0.784	0.832	0.826	1.000										
15	0.685	0.674	0.674	0.680	0.712	0.725	0.781	0.764	0.815	0.798	0.809	0.830	0.764	0.846	1.000									
16	0.634	0.649	0.674	0.628	0.741	0.719	0.736	0.741	0.725	0.792	0.764	0.809	0.758	0.789	0.832	1.000								
17	0.652	0.652	0.685	0.651	0.712	0.691	0.753	0.718	0.730	0.764	0.758	0.778	0.782	0.817	0.820	0.815	1.000							
18	0.655	0.643	0.658	0.634	0.697	0.675	0.705	0.700	0.716	0.740	0.719	0.729	0.739	0.784	0.825	0.792	0.904	1.000						
19	0.634	0.683	0.659	0.662	0.653	0.703	0.697	0.689	0.716	0.740	0.719	0.729	0.739	0.784	0.825	0.792	0.782	0.795	1.000					
20	0.665	0.637	0.638	0.599	0.649	0.661	0.649	0.664	0.672	0.713	0.701	0.686	0.674	0.704	0.747	0.759	0.753	0.767	0.827	1.000				
21	0.650	0.646	0.644	0.621	0.652	0.647	0.656	0.665	0.668	0.677	0.704	0.683	0.656	0.659	0.749	0.728	0.716	0.746	0.775	0.808	1.000			
22	0.667	0.661	0.691	0.663	0.680	0.646	0.669	0.657	0.697	0.685	0.680	0.668	0.640	0.660	0.736	0.730	0.697	0.705	0.797	0.782	0.804	1.000		
23	0.651	0.654	0.676	0.640	0.677	0.654	0.670	0.657	0.647	0.702	0.663	0.692	0.664	0.696	0.715	0.725	0.706	0.732	0.754	0.754	0.739	0.822	1.000	
24	0.601	0.609	0.625	0.619	0.640	0.637	0.605	0.649	0.629	0.641	0.645	0.617	0.641	0.617	0.669	0.629	0.625	0.641	0.681	0.658	0.686	0.686	0.687	1.000

注：1～23 为材料编号，同表 2-25，24 为外类群（*Triticum aestivum* L.）。

2. 遗传相似系数分析

利用 46 种引物/组合中检测到的 356 条 DNA 片段计算了材料间的遗传相似系数 (GS)(表 2-27)。

23 份供试材料的 GS 变化范围为 0.621~0.904, 平均值为 0.737。其中, 猬草属 *Hystrix duthiei* 和 *Hystrix longearistata* 之间的 GS 最大, 为 0.904, 亲缘关系很近; 鹅观草属 *Roegneria amurensis* 和猬草属 *Hystrix patula* 之间的 GS 最小, 为 0.628, 亲缘关系最远。23 份供试材料与外类群之间的 GS 变化范围为 0.601~0.687。

根据表 2-27 计算猬草属、鹅观草属、披碱草属和仲彬草属属内各种间以及 4 个属间的平均遗传相似系数和变化范围, 结果见表 2-28。鹅观草属和披碱草属属间 GS 变化范围为 0.705~0.815, 平均为 0.670; 鹅观草属和猬草属属间 GS 变化范围为 0.634~0.792, 平均为 0.631; 鹅观草属和仲彬草属属间 GS 变化范围为 0.634~0.740, 平均为 0.713。披碱草属与猬草属属间 GS 变化范围为 0.719~0.832, 平均为 0.766; 披碱草属与仲彬草属属间 GS 变化范围为 0.617~0.825, 平均为 0.704。猬草属与仲彬草属属间 GS 变化范围为 0.629~0.795, 平均为 0.743。在鹅观草属中, 种间平均相似系数为 0.720, 变化范围为 0.670~0.868; 披碱草属种间 GS 的平均值为 0.810, 变化范围为 0.764~0.846; 猬草属种间 GS 的平均值为 0.837, 变化范围为 0.792~0.904; 仲彬草属种间 GS 的平均值为 0.786, 变化范围为 0.739~0.827。属内种间的 GS 值大于属间的 GS 值。结果表明: 鹅观草属、披碱草属、猬草属和仲彬草属的属间及属内种间平均遗传相似系数较高, 变化范围较小。

表 2-28　猬草属与近缘属属间及属内种间的遗传相似系数

	Roegneria	*Elymus*	*Hystrix*	*Kengyilia*
Roegneria	0.720(0.670~0.868)			
Elymus	0.670(0.705~0.815)	0.810(0.764~0.846)		
Hystrix	0.631(0.634~0.792)	0.766(0.719~0.832)	0.837(0.792~0.904)	
Kengyilia	0.713(0.634~0.740)	0.704(0.617~0.825)	0.743(0.629~0.795)	0.786(0.739~0.827)

3. 聚类分析

根据细胞质基因组 PCR-RFLP 标记遗传相似系数矩阵, 采用 UPGMA 构建聚类图 (图 2-19), 结果显示: 供试的 24 份材料聚为 5 类, 仲彬草属 *Kengyilia gobicola*、*K. thoroldiana*、*K. mutica*、*K. melanthera* 和 *K. rigidula* 5 个材料聚为 I 类; 5 个披碱草属材料、3 个猬草属材料和 1 个鹅观草属物种 *Roegneria kamoji* 聚为 II 类, 其中 *Hystrix duthiei*、*Hystrix longearistata* 聚类在一起, 亲缘关系很近; 鹅观草属 *Roegneria grandis*、*R. aristiglumis*、*R. elytrigioides*、*R. alashanica*、*R. magnicaespes* 聚为 III 类; *Roegneria caucasica*、*R. ciliaris*、*R. amurensis*、*R. japonensis* 聚为 IV 类; 外类群普通小麦单独聚类一支。结果表明: 猬草属、鹅观草属、披碱草属和仲彬草属材料存在较高的属间多态性和种间多态性, 但遗传相似系数较高。

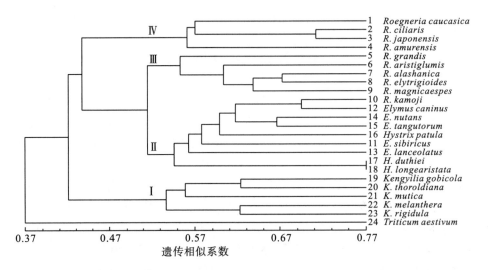

图 2-19　猬草属及近缘属细胞质基因组 PCR-RFLP 聚类图

2.6　ITS 系统发育研究

　　植物体中，核糖体(ribosome)广泛存在于细胞质、叶绿体和线粒体中，由大小两个亚基组成。植物细胞核中编码 rRNA 的基因是由一些高度重复序列组成的多基因家族，其中编码核糖体小亚基 rRNA 的 18S 基因与 5.8S、26S 基因共同构成一转录单位，又称顺反子(cistron)。顺反子高度重复(几百至几千次)，以串联的方式排列于核染色体上(Appels and Honeycutt，1986)。由于拷贝间足够快的致同进化(concerted evolution)，rRNA 顺反子拷贝表现出高度的均一性(Brown et al.，1972；Amheim et al.，1980)。在高等植物中，核rDNA(nuclear rDNA，nrDNA)的编码区序列高度保守，序列差异主要表现在内转录间隔区(ITS)、外转录间隔区(ETS)及基因间隔区(IGS)等非编码区上。因此，rDNA 的编码区(18S、5.8S 及 26S)序列一般用于高级阶元(如科及科以上)的系统发育研究，而非编码区(ITS、ETS 及 IGS)序列常用于较低分类阶元(如属间、种间)的系统学研究。

　　核糖体 DNA 内转录间隔区序列(nuclear rDNA internal transcribed spacer region，nrDNA ITS)是系统发育研究中广泛应用的核基因片段。典型的高等植物的 nrDNA 包括外转录间隔区(external transcribed spacer，ETS)、18S 基因、第一转录间隔区(internal transcribed spacer，ITS1)、5.8S 基因、第二转录间隔区(internal transcribed spacer，ITS2)、26S 基因以及重复单元之间属于非编码区(non-transcribed spacer，NTS)的基因间隔区(intergenic spacer，IGS)。这些不同片段的进化速率不一样，一般情况下，18S、5.8S 和26S 基因的碱基变异要慢于 ITS，而 ITS 的进化速率要慢于 ETS 和 IGS。ITS 区在核苷酸序列上具高度变异性，长度上具保守性，并且有着快速的协同进化(coevolution)，所以，被广泛应用于植物低分类阶元的系统发育研究(Baldwin et al.，1995；Hsiao et al.，1995；Wendel et al.，1995)。18S-26S nrDNA 的 ITS 被 5.8S 分为 ITS1 和 ITS2 两部分，其转录物在 nrRNA 加工过程中被切掉，只是部分地对 nrDNA 的成熟起作用，很可能在结构和序列上受到某些进化约束(Baldwin et al.，1995)。ITS 序列在裸子植物中变异很大，尤其是长度变异非常显著，因此一般认为 ITS 不适用于裸子植物系统发育研究(Karvonen，1995；汪小全和洪德元，1997)。但在被子植物中，ITS 区既具有核苷酸序列上的高度变异性又有长度上的保守性，说明这些间隔区的序列很容易在近缘类群间排序，而且丰富的变异可在较低的分类阶元上(如属间、种间)解决植物系统发育问题。通常，ITS 在研究属内种间和较近的族间、属间关系时都表现出较高的趋异率和信息位点百分率，为类群内部的系统重建提供了较好的支持(Hsiao et al.，1994；Baum et al.，1998；王建波等，1999；陈生云等，2005；刘艳玲等，2005；Liu et al.，2006)。目前，ITS 是植物分子系统学研究中应用最为广泛的基因之一。

　　Hsiao 等(1995)利用 nrDNA ITS 序列进行小麦族物种的系统发育分析。通过分析 30 个小麦族二倍体物种的 ITS 序列，结果表明：19 个基本基因组各自聚在一起，并且认为地中海类群(大多为一年生物种)可能起源于北极-温带类群(大多为多年生物种)，两者呈平行进化(parallel evolution)关系。Liu 等(2006)利用细胞核 rDNA ITS 序列以及叶绿体 DNA trnL-F 序列分析了 45 个含 StY、StH、StYH、StYP 染色体组的 Elymus 物种以及它们的二倍体供体种的系统发育关系，结果表明：ITS 序列和 trnL-F 序列可以揭示 Elymus 物种与其二倍体供体种的系统学关系，并且认为 St 和 Y 染色体组可能由同一个祖先分化而来，为解决小麦族中长期存在的关于 Y 染色体组供体种问题提供了十分有用的参考。

　　本书通过对 4 个狎草属及其 18 个近缘属物种的 nrDNA ITS 序列分析，构建 ITS 系统发育树，从分子水平探讨狎草属物种与其近缘属物种的亲缘关系，探究狎草属植物可能的系统演化关系。

2.6.1　狎草属及近缘属物种的 ITS 序列分析

　　本书共测定了 14 个狎草属及其近缘属物种的 ITS 序列，并从 GenBank 获得 8 个二倍体物种的 ITS 序列(表 2-29)。

表 2-29　ITS 序列分析的供试材料及 GenBank 注册号

序号	物种	2n	染色体组	材料编号	来源	注册号
1	*Pseudoroegneria spicata*	14	**St**	PI 547161	美国俄勒冈	AY740793
2	*Pse. libanotica*	14	**St**	PI 228389	伊朗	AY740794
3	*Hordeum bogdanii*	14	**H**	PI 531761	中国新疆	AY740876
4	*H. brevisubulatum*	14	**H**	Y 1604	中国新疆	AY740877
5	*Psathyrostachys huashanica*	14	**Ns**	PI 531823	中国陕西	L36499
6	*Psa. juncea*	14	**Ns**	PI 314521	俄罗斯	L36500
7	*Lophopyrum elongatum*	14	**E^e**	PI 547326	法国	L36495
8	*Lo. bessarabicum*	14	**E^b**	PI 531712	俄罗斯	L36506
9	*Elymus sibiricus*	28	**StH**	Y 2906	中国甘肃	—
10	*E. canadensis*	28	**StH**	PI 531567	加拿大亚伯达	—
11	*E. lanceolatus*	28	**StH**	PI 232116	美国	—
12	*E. wawawaiensis*	28	**StH**	PI 610984	美国华盛顿	—

序号	物种	2n	染色体组	材料编号	来源	注册号
13	*Leymus arenarius*	28	**NsXm**	PI 272126	哈萨克斯坦	—
14	*L. mollis*	28	**NsXm**	PI 567896	美国阿拉斯加	—
15	*L. pseudoracemosus*	28	**NsXm**	PI 531810	中国青海	—
16	*L. akmolinensis*	28	**NsXm**	PI 440306	俄罗斯	—
17	*L. triticoides*	28	**NsXm**	PI 531695	美国内华达	—
18	*L. hybrid*	28	**NsXm**	PI 537363	美国内华达	—
19	*Hystrix patula*	28	**StH**	PI 372546	加拿大安大略	—
20	*Hy. duthiei*	28	**Ns-**	ZY 2004	中国四川	—
21	*Hy. longearistata*	28	**Ns-**	ZY 2005	日本东京	—
22	*Hy. coreana*	28	**NsXm**	W6 14259	俄罗斯	—

　　22 个 ITS 序列包括三个区域：ITS1、5.8S rRNA 基因和 ITS2，其长度变化范围为597～602bp。其中：ITS1 区域长度变化范围为 222～224bp，ITS2 区域长度变化范围为 211～214bp。5.8S rRNA 基因长度在所有物种中都一致，为164bp。GC 百分含量平均为 62.49%。

　　在所测材料的 ITS 序列中，除去插入缺失位点，整个核糖体内间隔转录区共有 149个变异位点，其中 ITS1 的变异位点有 37 个，ITS2 变异位点为 105 个，5.8S nrRNA 仅有7 个变异位点。5.8S nrDNA 的序列在长度和组成上都非常保守，ITS2 在序列组成和序列长度方面都比 ITS1 的变异大。

2.6.2　猬草属及近缘属物种 ITS 序列的系统发育

　　ITS 总位点为 613 个，其中保守位点 455 个、变异位点 149 个、信息位点 58 个。通过邻接法分析得到 22 个物种的系统发育树，如图 2-20 所示。

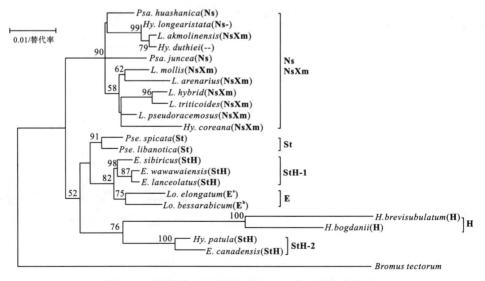

图 2-20　猬草属及近缘属物种的 ITS 序列系统发育树

本书研究的 22 个物种分别聚成 2 支。分支 I 以 90%的自展支持率将具 **Ns** 和 **NsXm** 染色体组的新麦草属和赖草属物种聚在一起，且 3 个猬草属物种：*Hystrix duthiei*、*Hy. longearistata* 和 *Hy. coreana* 也被包括在分支 I 中。含 **St**、**H**、**E** 和 **StH** 染色体组的物种聚成另一支，即分支 II，自展支持率为 52%。分支 II 包括 2 个亚支，其中 3 个披碱草属物种（**StH**）与 *Lophopyrum elongatum*（**E**e）、*Lo. bessarabicum*（**E**b）以及 2 个拟鹅观草属物种（**St**）聚为一个亚支；猬草属模式种 *Hystrix patula* 与 *Elymus canadensis*（**StH**）聚成一小支，再与 2 个大麦属物种（**H**）构成一个亚支。

简约性分析结果与邻接法分析结果类似，两者得到的系统发育树基本一致。

2.6.3　猬草属物种的系统关系

通过 ITS 序列分析得到的系统发育树表明 4 个猬草属物种被分为两支，其中 *Hystrix duthiei*、*Hy. longearistata* 和 *Hy. coreana* 与含 **Ns** 和 **NsXm** 染色体组的物种聚在一起，表明它们与新麦草属（*Psathyrostachys*）和赖草属（*Leymus*）物种具有较近的亲缘关系。研究结果与细胞学研究结果一致，表明 *Hystrix duthiei* 和 *Hy. longearistata* 具有赖草属物种的 **NsXm** 染色体组；结果也支持 Jensen 和 Wang（1997）的研究结果，*Hystrix coreana* 具有 **NsXm** 染色体组组成，从而将它归属于赖草属中。

猬草属模式种 *Hystrix patula* 与含 **StH** 染色体组的披碱草属物种聚在一起，并且以 100%的自展支持率与 *Elymus canadensis* 聚成一小支，表明 *Hystrix patula* 与 *Elymus canadensis* 具有很近的亲缘关系，支持 Church（1967）报道的 *Hystrix patula* 与加拿大披碱草复合群 *Elymus canadensis* complex 具有较近的亲缘关系。

2.7　猬草属的系统地位和物种分类处理

2.7.1　属的系统地位

小麦族中，以物种染色体组组成作为物种分类处理的依据得到广泛应用。颜济和杨俊良（1999，2004，2006，2011，2013）系统整理了近百年来学界对小麦族的研究，特别是自 1984 年以来 Dewey（1984）、Löve（1984）等对小麦族植物的细胞遗传学等生物系统学的研究结果，出版了专著《小麦族生物系统学》1~5 卷。

本书通过对 5 个猬草属物种的属（种）间杂交、形态学比较、染色体配对分析、基因组原位杂交（GISH）、Giemsa-C 带核型分析、分子标记和 DNA 序列分析，结果表明：猬草属不同物种具有不同的染色体组组成，模式种 *Hystrix patula* 具有 **StH** 染色体组，而 *Hystrix duthiei*、*H. longearistata*、*H. komarovii* 和 *H. coreana* 具有 **NsXm** 染色体组。

根据小麦族染色体组分类原则，猬草属模式种 *Hystrix patula* 具有与披碱草属一致的 **StH** 染色体组，应将其归于披碱草属中。猬草属其他物种 *Hystrix duthiei*、*H. longearistata*、*H. komarovii*、*H. coreana* 和 *H. californica* 具有与赖草属一致的 **NsXm** 染色体组，应将它们组合到赖草属中。

因此，猬草属作为一个独立的属将不再存在，建议撤销猬草属。

2.7.2　物种分类处理

猬草属模式种 *Hystrix patula* Moench 具有 **StH** 染色体组，根据染色体组分类原理，将其归于披碱草属(*Elymus*)中，作为 *Elymus hystrix* L.处理。

猬草属其他物种 *Hystrix duthiei*、*H. longearistata*、*H. komarovii*、*H. coreana* 和 *H. californica* 具有与赖草属(*Leymus*)一致的 **NsXm** 染色体组，应将它们组合到赖草属中。*Hystrix duthiei* 和 *H. longearistata* 为同一物种，建议将 *H. longearistata* 作为 *Hystrix duthiei* 的亚种处理。Jensen 和 Wang(1997)报道 *Hystrix coreana* 和 *Hystrix californica* 具有与赖草属相同的 **NsXm** 染色体组组成。因此，猬草属是一个无效的属，对原猬草属 6 个物种做如下分类修订。

1. 猬草

Elymus hystrix L., Sp. Pl. **1**:560. 1753.

1)原变种

var. **hystrix** L.

— *Asperella hystrix*（L.）Humb., in Roem. & Usteri, Mag. Bot. **7**: 5. 1790. — *Hystrix patula* Moench, Meth Pl.: 294. 1794. — *Asprella hystrix*（L.）Willd., Enum. Pl.:132. 1809. — *Asperella echidnea* Rafin., Amer. Monthly Mag. **4**: 100. 1819. — *Elymus pseudohystrix* Schult., Syst. Veg. 2, Mantissa:427. 1824. — *Asprella americana* Nutt., Trans. Amer. Phil. Soc., N. S. **5**: 151. 1837. — *Asprella angustifolia* Nutt., Trans. Amer. Phil. Soc., N. S. **5**: 151. 1837. — *Asprella major* Fresen., in Steud., Nom. Bot. 2, **1**: 152. 1840. — *Hystrix hystrix*（L.）Millspaugh, Fl. W. Virg.: 474. 1892. — *Hystrix elymoides* Mack. & Bush, Man. Fl. Jackson County:39. 1902. — *Hordeum hystrix*（L.）A. Shenk, Bot. Jahrb. Syst. **40**: 109. 1907.

2)猬草稃毛变种(新拟)

var. **bigelovianus**（Fern.）Muhlenbr., Illustr. Fl. Illinois, Grasses, Bromus to Paspalum: 206. 1972.

— *Asperella hystrix*（L.）Humb. var. *bigeloviana* Fern., Rhodora **24**: 229-231. 1922. — *Hystrix patula* Moench var. *bigeloviana* Fern. ex Deam, Ind. Dept. Conserv. Publ. **82**:117. 1929. — *Hystrix patula* Moench f. *bigeloviana*（Fern.）Gleason, Phytologia **4**: 21. 1952. — *Elymus hystrix* L. f. *bigelovianus*（Fern.）Dore, Nat. Canad. **103**:557. 1976.

2. 加利福尼亚赖草(小麦族生物系统学)

Leymus californicus（Bolander ex Thurb.）M. Barkworth in Barkworth et al., Fl. N. Amer. **24**:368-369. 2007.

— *Gymmostichum californicum* Bolander, in S. Wats., Bot. Cali. **2**: 327. 1880. — *Hystrix californica*（Bolander）Kuntze, Rev. Gen. Pl. **2**: 778. 1891. — *Asperella californica*（Bolander）Beal, Grasses N. Amer. **2**: 657. 1896. — *Elymus californicus*（Bolander）Gould,

Madrono **9**:127. 1947.

3. 朝鲜赖草(小麦族生物系统学)

Leymus coreanus (Honda) K. B. Jensen et R. R.-C. Wang, Int. J. Plant Sci. **158**: 877. 1997.

— *Elymus coreanus* Honda, J. Fac. Sci. Univ. Tokyo 3, **3**: 17. 1930. — *Asperella coreana* (Honda) Nevski, Fl. SSSR **2**: 693. 1934. — *Clinelymus coreanus* (Honda) Honda, Bot. Mag. Tokyo **50**: 571. 1936. — *Hystrix coreana* (Honda) Ohwi, J. Jap. Bot. **12**: 653. 1936. — *Elymus dasystachys* Trin. var. *maximowiczii* Kom., Tr. Peterb. Bot. Sada **20**: 320. 1901.

4. 杜氏赖草(小麦族生物系统学)

Leymus duthiei (Stapf) Y. H. Zhou et H. Q. Zhang, Biol. Plant. **53**: 45-52. 2009.

1)原亚种

ssp. **duthiei** Y. H. Zhou et H. Q. Zhang

— *Asperella duthiei* Stapf, in J. D. Hooker, Fl. Brit. Ind. **7**: 375. 1896. — *Hystrix duthiei* (Stapf) Keng, Sinensia **11**: 411. 1940. — *Hystrix duthiei* (Stapf) Bor, Indian Forester **66**: 544. 1940. — *Elymus duthiei* (Stapf) Á. Löve, Feddes Repert. **95**: 465. 1984. — *Hystrix duthiei* (Stapf) Bor ssp. *duthiei* Baden, Fred. & Serberg, Nord. J. Bot. **17**:461. 1997.

模式标本(TYPE):J. F. Duthiei 采自中国西藏西喜马拉雅山提合日-嘎瓦尔(Tihri-Ganwhal)(No.14564)。C. Baden 1997 年候选模式标本:**K！**；同候选模式标本:**BM！**。Y. H. Zhou & H. Q. Zhang 2006 年候选模式标本:中国四川汶川(Wenchuan, Sichuan, China),杨俊良和颜济(J. Y. Yang & J. Yen)83056 [**SAUTI**(四川农业大学小麦研究所标本室)]。

2)杜氏赖草长芒亚种(新拟)

ssp. **longearistatus** (Hackel) Y. H. Zhou et H. Q. Zhang, Biol. Plant. **53**: 45-52. 2009.

— *Asperella sibirica* Trautv. var. *longearistata* Hackel, Bull. Herb. Boiss. **7**: 715. 1899. — *Hystrix longearistata* (Hackel) Honda, J. Fac. Sci. Univ. Tokyo 3, **3**: 14. 1930. — *Hystrix longearistata* (Hackel) Ohwi, Act. Phytotax. Geobot. **10**: 103. 1941. — *Elymus asiaticus* Á. Löve ssp. *longearistatus* (Hackel) Á. Löve, Feddes Repert. **95**: 465. 1984. — *Hystrix duthiei* (Stapf) Bor ssp. *longearistata* (Hackel) Baden, Fred. & Serberg, Nord. J. Bot. **17**: 461. 1997.

模式标本(TYPE)：日本 Adsuma 山, 松村(Matsumura)13。C. Baden 1997 年候选模式标本:**WU！**；同候选模式标本:**US！** Y. H. Zhou & H. Q. Zhang 2006 年候选模式标本:日本京都(Kyoto, Japan.),板本宁男 [**SAUTI**(四川农业大学小麦研究所标本室)]。

3)杜氏赖草日本亚种(新组合)

ssp. **japonicus** (Hackel) Y. H. Zhou et H. Q. Zhang, nov. comb.

— *Asperella japonica* Hackel, Bull. Herb. Boissier **7**: 715. 1899. — *Hystrix hackeli* Honda, J. Fac. Sci. Univ. Tokyo 3, **3**: 14. 1930. — *Hystrix japonica* (Hackel) Ohwi, Act. Phytotax. Geobot. **5**: 185. 1936. — *Elymus japonicus* (Hackel) Á. Löve, Feddes Repert. **95**: 465. 1984. — *Hystrix duthiei* (Stapf) Bor ssp. *japonica* (Hackel) Baden, Fred. & Serberg,

Nord. J. Bot. 17: 461. 1997. — *Leymus duthiei* (Stapf) Y. H. Zhou et H. Q. Zhang ex C. Yen, J. L. Yang et B. R. Baum var. *japonicus* (Hackel) C. Yen, J. L. Yang et B. R. Baum, J. Syst. Evol. **47**: 83. 2009.

模式标本(TYPE)：日本 Buzen 省 Inugatake 山，松村(Matsumura)3，1882。C. Baden 1997 年候选模式标本:**G！**；同候选模式标本:**TI！**。

5. 柯马洛夫赖草(小麦族生物系统学)

Leymus komarovii (Roshev.) C. Yen, J. L. Yang et B. R. Baum, J. Syst. Evol. **47**: 84. 2009. — *Asperella komarovii* Roshev., Bot. Mat. (Leningrad) **5**: 152. 1924. — *Hystrix sachalinensis* Ohwi, Bot. Mag. Tokyo **45**: 378. 1931. — *Hystrix komarovii* (Roshev.) Ohwi, Acta Phytotax. Geobot. **2**: 31. 1933. — *Elymus komarovii* (Roshev.) Á. Löve, Feddes Repert. **95**: 465. 1984.

6. 西伯利亚赖草(小麦族生物系统学)

Leymus sibiricus (Trautv.) C. Yen, J. L. Yang et B. R. Baum, J. Syst. Evol. **47**: 82. 2009. — *Asperella sibirica* Trautv., Tr. Peterb. Bot. Sada **5**: 132. 1877. — *Hystrix sibirica* (Trautv.) Kuntze, Revis. Gen. Pl.: 778. 1891. — *Elymus asiaticus* Á. Löve ssp. *asiaticus* Á. Löve, Feddes Repert. **95**: 465. 1984.

参 考 文 献

蔡联炳, 2000. 鹅观草属部分种的叶表皮微形态特征及其分类学意义[J]. 植物研究, 20(4): 372-378.

蔡联炳, 郭本兆, 1988. 中国大麦属的演化与地理分布的探讨[J]. 西北植物学报, 8(2): 73-84.

蔡联炳, 郭延平, 1995. 禾本科植物叶片表皮结构细胞主要类型的演化与系统分类和发育途径的探讨[J]. 西北植物学报, 15(4): 323-335.

蔡联炳, 王世金, 1997. 从叶片表皮结构试论猬草属与披碱草属间的分合与演化[J]. 高原生物学集刊, 14(1): 1-6.

蔡联炳, 张梅妞, 2005. 国产赖草属的叶表皮特征与组群划分[J]. 植物研究, 25(4): 400-405.

蔡联炳, 苏旭, 2007. 国产赖草的分类修订[J]. 植物研究, 27(6): 651-660.

蔡联炳, 张树源, 李健华, 1991. 小麦属的分类研究[J]. 西北植物学报, 11(3): 212-224.

陈生云, 陈世龙, 夏涛, 等, 2005. 用 rDNA ITS 序列探讨狭蕊龙胆属及其近缘属(龙胆科)的系统发育[J]. 植物分类学报, 43(6): 491-502.

陈守良, 金岳杏, 吴竹君, 1987. 小麦族(Triticeae)叶片表皮微形态观察及其分类意义的探讨[A] //南京中山植物园研究论文集[C], 3-13.

陈守良, 金岳杏, 吴竹君, 1993. 禾本科叶片表皮微形态图谱[M]. 南京: 江苏科学技术出版社.

陈守良, 金岳杏, 吴竹君, 等, 1985. 叶表皮细胞结构在国产狗尾草属(*Setaria* Beauv.)分组水平上的应用[J]. 植物研究, 5(2): 105-112.

耿以礼, 1959. 中国主要植物图说 禾本科[M]. 北京: 科学出版社.

郭本兆, 1987. 中国植物志(第 9 卷第 3 分册)[M]. 北京: 科学出版社.

郭延平, 郭本兆, 1991. 小麦族植物的属间亲缘和系统发育的探讨[J]. 西北植物学报, 11(2): 159-169.

胡志昂, 王洪新, 1991. 蛋白质多样性和品种鉴定[J]. 植物学报, 33(7): 556-564.

贾继增, 1996. 分子标记与种质资源鉴定和分子标记育种[J]. 中国农业科学, 29(4): 1-10.

李艳, 秦海, 李法曾, 2006. 山东小麦族植物叶表皮微形态的研究[J]. 武汉植物学研究, 24(2): 163-166.

刘艳玲, 徐立铭, 倪学明, 等. 2005. 睡莲科的系统发育: 核糖体 DNA ITS 区序列证据[J]. 植物分类学报, 43(1): 22-30.

卢宝荣. 1994. *Elymus sibiricus*, *E. nutans*, *E. burchanbuddae* 的形态学鉴定及其染色体组亲缘关系的研究[J]. 植物分类学报, 32(6): 504-513.

卢宝荣, 刘继红, 1992. 染色体组分析及小麦族的系统学[J]. 植物学通报, 9(1): 26-31.

钱韦, 葛颂, 洪德元, 2000. 采用 RAPD 和 ISSR 标记探讨中国疣粒野生稻的遗传多样性[J]. 植物学报, 42(7): 741-750.

任正隆, 1991. 黑麦种质导入小麦及其在小麦育种中的利用方式[J]. 中国农业科学, 24(3): 18-25.

汪小全, 洪德元, 1997. 植物分子系统学近五年的研究进展概况[J]. 植物分类学报, 35(5): 465-480.

王建波, 张文驹, 陈家宽, 1999. 核 rDNA 的 ITS 序列在被子植物系统与进化研究中的应用[J]. 植物分类学报, 37(4): 407-416.

颜济, 杨俊良. 1999. 小麦族生物系统学(第 1 卷)[M]. 北京: 中国农业出版社.

颜济, 杨俊良. 2004. 小麦族生物系统学(第 2 卷)[M]. 北京: 中国农业出版社.

颜济, 杨俊良. 2011. 小麦族生物系统学(第 4 卷)[M]. 北京: 中国农业出版社.

颜济, 杨俊良. 2013. 小麦族生物系统学(第 5 卷)[M]. 北京: 中国农业出版社.

颜济, 杨俊良, Baum B R, 2006. 小麦族生物系统学(第 3 卷)[M]. 北京: 中国农业出版社.

于卓, 云锦凤, 马有志, 等, 2004. 加拿大披碱草×野大麦三倍体杂种染色体的分子原位杂交鉴定[J]. 遗传学报, 31(7): 735-739.

张改生, 赵惠燕, 1990. 谷类作物胚乳的遗传[J]. 生物学通报, (12): 17-19.

张海琴, 周永红, 郑有良, 等, 2002. 长芒猬草与华山新麦草属间杂种的形态学和细胞学研究[J]. 植物分类学报, 40(5): 421-427.

张志耘, 卢宝荣, 温洁, 1998. 稻属叶表皮结构特征及其系统学意义[J]. 植物分类学报, 36(1): 8-18.

周永红, 杨俊良, 颜济, 等, 1999. 小麦族下 *Hystrix longearistata* 和 *Hystrix duthiei* 的生物系统学研究[J]. 植物分类学报, 37(4): 386-393.

邹喻萍, 葛颂, 王晓东, 2001. 系统与进化植物学中的分子标记[M]. 北京: 科学出版社.

Anamthawat-Jónsson K, Heslop-Harrison J S, 1993. Isolation and characterization of genome-specific DNA sequences in Triticeae species[J]. Molecular & General Genetics, 240(2): 151-158.

Appels R, Honeycutt R L, 1986. rDNA: Evolution over a billion years[A]//Dutta S K. DNA Systematics Vol. II Plants[M]. Florida: CRC Press, 81-135.

Arnheim N, Krystal M, Schmickel R, et al., 1980. Molecular evidence for genetic exchanges among ribosomal genes on nonhomologous chromosomes in man and apes[J]. Proceedings of the National Academy of Sciences of the United States of America, 77(12): 7323-7327.

Arnold M L, Bucker C M, Robinson J J, 1991. Pollen mediated introgression and hybrid speciation in Louisiana irises[J]. Proceedings of the National Academy of Sciences of the United States of America, 88: 1398-1402.

Baden C, Frederiksen S, Seberg O, 1997. A taxonomic revision of the genus *Hystrix* (Triticeae, Poaceae)[J]. Nordic Journal of Botany, 17(5): 449-467.

Baldwin B G, Sanderson M J, Porter J M, et al., 1995. The ITS region of nuclear ribosomal DNA: A valuable source of evidence on angiosperm phylogeny[J]. Annals of the Missouri Botanical Garden, 82: 247-277.

Barkworth M E, 1993. *Elymus*[A]//Hickman J C. The Jepson Manual. Higher Plants of California[M]. Berkeley and Los Angeles:

University of California Press.

Baum D A, Small R L, Wendel J F, 1998. Biogeography and floral evolution of Baobabs (*Adansonia*, Bombacaceae) as inferred from multiple data sets[J]. Systematic Biology, 87 (2): 181-207.

Blair M W, Panaud O, McCouch S R, 1999. Inter-simple sequence repeat (ISSR) amplification for analysis of microsatellite motif frequency and fingerprinting in rice (*Oryza sativa* L.) [J]. Theoretical & Applied Genetics, 98 (5): 780-792.

Bor N L, 1960. The Grasses of Burma, Ceylon, India and Pakistan[M]. New York: Pergamon Press.

Brown D D, Wensink P C, Jorden E, 1972. A comparison of the ribosomal DNA' s evolution of tandem genes[J]. Journal of Molecular Biology, 63 (1): 57-73.

Brown W V, 1958. Leaf anatomy in grass systematics[J]. Botanical Gazette, 119 (3): 170-178.

Cai X W, Liu D J, 1989. Identification of a 1B/1R wheat-rye chromosome translocation [J]. Theoretical & Applied Genetics, 77 (1): 81-83.

Chen S L, Li D Z, Zhu G H, et al., 2006. Flora of China (Vol. 22) [M]. Beijing: Science Press.

Church G L, 1967. Taxonomic and genetic relationships of eastern North American species of *Elymus* with setaceous glumes[J]. Rhodora, 69 (778): 121-162.

Clifford H T, Waston L, 1977. Identifying Grasses: Data, Methods and Illustrations [M]. Queensland: University of Queensland Press.

Dávila P, Clark L G, 1990. Scanning electron microscopy survey of leaf epidermis of *Sorghastrum* (Poaceae: Andropogoneae) [J]. American Journal of Botany, 77 (4): 499-511.

Demesure B, Comps B, Petit R J, 1995. A set of universal primers for amplification of polymorphic non-coding regionas of mitochondrial and chloroplast DNA in plants[J]. Molecular Ecology, 4 (1): 129-134.

Dewey D R, 1982. Genomic and phylogenetic relationships among North American perennial Triticeae[A]//Estes J R, Tyrl R J, Brunken J N. Grasses and Grasslands: Systematics and Ecology [M]. Norman: University of Oklahoma Press, 51-88.

Dewey D R, 1984. The genomic system of classification as a guide to intergeneric hybridization with the perennial Triticeae[A]//Gustafson J P. Gene Manipulation in Plant Improvement[M]. New York: Plenum, 209-280.

Draper S R, 1987. ISTA variety committee report of the working group for biochemical tests for cultivar identification 1983-1986[J]. Seed Science & Technology, 15: 431-434.

Escalona F D, 1991. Leaf anatomy of fourteen species of *Calamagrostis* section Deyeuxia, subsection Stylagrostis (Poaceae: Pooideae) from the Andes of South America[J]. Phytologia, 71 (3): 187-204.

Fang D Q, Roose M L, 1997. Identification of closely related citrus cultivars with inter-simple sequence repeat markers[J]. Theoretical & Applied Genetics, 95 (3): 408-417.

Fritsch P, Rieseberg L H, 1996. The use of random amplified polymorphic DNA (RAPD) in Conservation Genetics [A]//Smith T B, Wayne R K. Molecular Genetic Approaches in Conservation [M]. New York: Oxford University Press, 54-73.

Gilbert J E, Lewis R V, Wilkinson M J, et al., 1999. Developing an appropriate strategy to assess genetic variability in plant germplasm collections[J]. Theoretical & Applied Genetics, 98 (6-7): 1125-1131.

Gupta M, Chyi Y S, Romero-Severson J, et al., 1994. Amplification of DNA markers from evolutionarily diverse genomes using single primers of simple-sequence repeats[J]. Theoretical & Applied Genetics, 89 (7-8): 998-1006.

Hitchcock A S, 1951. Manual of the Grasses of the United States (Vol. 1) (2nd editon revised by Chase A) [M]. New York: Dover Publications Inc.

Hsiao C, Chatterton N L, Asay K H, 1994. Phylogenetic relationship of 10 grass species: an assessment of phylogenetic utility of the internal transcribed spacer region in nuclear ribosomal DNA in monocots[J]. Genome, 37(1): 112-120.

Hsiao C, Chatterton N J, Asay K H, et al., 1995. Phylogenetic relationships of the monogenomic species of the wheat tribe, Triticeae(Poaceae), inferred from nuclear rDNA(internal transcribed spacer) sequences[J]. Genome, 38(2): 211-223.

Hsu C C, 1965. The classification of *Panicum*(Gramineae) and its allies, with special reference to the characters of lodicule, stylebase and lemma[J]. Journal of the Faculty of Science, The University of Tokyo, 9(3): 43-150.

Jensen K B, 1993. Phylogenetic and systematic evaluation of germplasm [A]. FRRL 1993 Progress Report[C]. Logan: Utah State University, 45-47.

Jensen K B, Wang R R-C, 1997. Cytological and molecular evidence for transferring *Elymus coreanus* from the genus *Elymus* to *Leymus* and molecular evidence for *Elymus californicus*(Poaceae: Triticeae)[J]. International Journal of Plant Sciences, 158(6): 872-877.

Jiang J M, Gill B S, 1994. Nonisotopic in situ hybridization and plant genome mapping: the first ten years [J]. Genome, 37: 717-725.

Jss A, Dholakia B B, Santra D K, et al., 2001. Identification of inter simple sequence repeat(ISSR) markers associated with seed size in wheat[J]. Theoretical & Applied Genetics, 102(5): 726-732.

Karvonen P, 1995. Genetic variation and structure of ribosomal DNA (rDNA) in *Scots pine* and *Norway spruce* [J]. Acta University Ovluensis Series A Scientiae Return Naturalium, 10: 1-68.

Kihara H, Nishiyama I, 1930. Genomeanalyse bei *Triticum* and *Aegilops*. I. Genomaffinitaten in tri-, tetra- und pentaploiden Weizenbastarden[J]. Cytologia, 1(3): 270-284.

Kimber C, 1983. Genome analysis in the genus *Triticum*[A]//Sakamoto S. Proceedings of the 6th International Wheat Genetic Symposium[M]. Kyoto: Kyoto University Press, 23-28.

Koyama T, 1987. Grasses of Japan and Its Neighboring Regions, An Identification Manual [M]. Tokyo: Kodansa, 53-57.

Li C B, Zhang D M, Lu B R, et al., 2001. Identification of genome constitution of *Oryza malapmpuzhaensis*, *O. minuta*, and *O. punnctata* by multicolor genomic in situ hybridization[J]. Theoretical & Applied Genetics, 103(2-3): 204-211.

Liu Q L, Ge S, Tang H B, et al., 2006. Phylogenetic relationships in *Elymus*(Poaceae: Triticeae) based on the nuclear ribosomal internal transcribed spacer and chloroplast trnL-F sequences[J]. New Phytologist, 170(1): 411-420.

Löve Å, 1984. Conspectus of the Triticeae[J]. Feddes Repertorium, 95(7-8): 425-521.

Ma H Y, Peng H, Wang Y H, 2006. Morphology of leaf epidermis of *Calamagrostis* s. l. (Poaceae: Pooideae) in China[J]. Acta Phytotaxonomica Sinica, 44(4): 371-392.

McIntdsh R A, Hart G E, Gale M D, 1993. Catalogue of gene symbols for wheat [A]// Li Z S, Xin Z Y. Proceedings of 8th International Wheat Genetics Symposium [C]. Beijing, China. 1333.

Metcalfe C R, 1960. Anatomy of the Monocotyledons Vol. 1 Gramineae[M]. Oxford: Clarendon Press.

Moench C, 1794. Methodus Plantas Horti Botanici et Agri Marburgensis a Staminum Situ Describendi[M]. Margburgi Cattorum.

Okamoto M, 1957. Asynaptic effect of chromosome V[J]. Wheat Information Service, 5: 6.

Olmstread R G, Palmer J D, 1994. Chloroplast DNA systematics: A review of methods and data analysis[J]. American Journal of Botany, 81(9): 1205-1224.

Ørgaard M, Heslop-Harrison J S, 1994. Investigation of genome relationships between *Leymus*, *Psathyrostachys* and *Hordeum* inferred from genomic DNA: DNA *in situ* hybridization[J]. Annals of Botany, 73(2): 195-203.

Osada T, 1989. Illustrated Grasses of Japan[M]. Tokyo: Heibonsha.

Parani M, Lakshmi M, Ziegenhagen B, et al., 2000. Molecular phylogeny of mangroves. VII. PCR-RFLP of *trnS-psbC* and *rbcL* gene regions in 24 mangrove and mangrove-associate species[J]. Theoretical & Applied Genetics, 100(3-4): 454-460.

Payne P I, Jackson E A, Holt L M, et al., 1984. Genetic linkage between endosperm storage protein genes on each of the short arms of chromosomes 1A and 1B in wheat[J]. Theoretical & Applied Genetics, 67(2-3): 235-243.

Pilger R, 1954. Das system der Gramineae[J]. Botanische Jahrbücher für Systematik, 76: 281-284.

Prat H, 1936. La Systematioue des Graminees [J]. Annales des Sciences Naturelles, Botanique, sér. 5, 18: 165-258.

Rieseberg L H, Hanson M A, Philbrick C T, 1992. Androdioecy is derived from Dioecy in Datiscaceae: Evidence from restriction site mapping of PCR-amplified chloroplast DNA fragments[J]. Systematic Botany, 17(2): 324-336.

Riley R, Chapman V, Johnson R, 1968. Introduction of yellow rust resistance of *Aegilops cionmosa* into wheat by genetically induced homoeologous combination[J]. Nature, 217(5126): 383-384.

Sakamoto S, 1973. Pattens of phylogenetic differentiation in the tribe Triticeae[J]. Seiken Ziho, 24: 11-31.

Sears E R, 1976. Genetic control of chromosome pairing in wheat[J]. Annual Review of Genetics, 10(1): 31-51.

Sears E R, Sakamoto M, 1956. Genetic and structural relationships of nonhomologous chromosmes in wheat[J]. Cytologia(Suppl): 332-335.

Soltis D E, Soltis P S, Milligan B G, 1992. Inteaspecific chloroplast DNA variation: Systematic and pholognetic implications[A] //Soltis P S, Sotis D E, Doyle J J. Molcular Systemaics of Plants[M]. New York: Chapman & Hall, 117-150.

Svitashev S, Bryngelsson T, Li X, et al., 1998. Genome-specific repetitive DNA and RAPD markers for genome identification in *Elymus* and *Hordelymus*[J]. Genome, 41(1): 120-128.

Tateoka T, 1958. Notes on some grasses. VIII. On leaf structure of *Arundinella* and *Garnotia*[J]. Botanical Gazette, 120: 101-109.

Teoh S B, Miller T E, Reader S M, 1983. Intraspecific variation in C-banded chromosome of *Aegilops* species[J]. Theoretical & Applied Genetics, 65(4): 343-348.

Türpe A M, 1962. Las especies del genéro *Deyeuxia* de la Provincia de Tucuman (Agentina) [J]. Lilloa, 31: 25-38.

Tzvelev N N, 1976. Tribe 3. Triticeae Dumort[A]//Fedorov A A. Poaceae URSS[M]. Leningrad: Navka Publishing House, 105-206.

Tzvelev N N, 1983. Tribe 1. Triticeae[A]//Federov A A. Grasses of the Soviet Union(Vol. 1)[M]. New Delhi: Oxonian Press, 147-298.

Watson L, Dallwitz M J, 1992. The Grass Genera of the World [M]. C. A. B. International.

Webb M E, Almeida M T. 1990. Micromophology of the leaf epidermis in the taxa of the *Agropyron-Elymus* complex(Poaceae)[J]. Botanical Journal of the Linnean Society, 103(2): 153-158.

Wei J Z, Wang R C, 1995. Genome- and species-specific markers and genome relationships of diploid perennial species in Triticeae based on RAPD analyses[J]. Genome, 38(6): 1230-1236.

Wendel J F, Schnabel A, Seelanan T, 1995. Bi-directional interlocus concerted evolution following allopolyploid speciation in cotton (*Gossypium*) [J]. Proceedings of the National Academy of Sciences of the United States of America, 92: 280–284.

Williams J G K, Kubelik A R, Livak K J, et al., 1990. DNA polymorphisms amplified by arbitary primers are useful as genetic markers[J]. Nucleic Acid Reserch, 18: 6531-6535.

Wu K S, Tanksley S D, 1993. Abundance, polymorphism and genetic mapping of microsatellites in rice [J]. Molecular & General Genetics, 241: 225-235.

Yang W P, Oliveria A C, Golwin I, et al., 1996. Comparison of DNA marker technologies in characterizing plant genome diversity: Variability in Chinese sorghums[J]. Crop Science, 36: 1669-1676.

Zhang X Y, Dong Y S, Wang R R, 1996. Characterization of genomes and chromosomes in partial amphiploids of hybrid *Triticum aestivum* × *Thinopyrum ponticum* by in situ hybridization, isozyme analysis and RAPD[J]. Genome, 39(6): 1062-1071.

Zhou Y H, Yen C, Yang J L, et al., 1999. Cytological and morphological studies of *Hystrix longearistata* of Japan, *Hystrix duthiei* of China and their artificial hybrids [J]. Genetic Resources & Crop Evolution, 46: 315-317.

Zhou Y H, Zheng Y L, Yang J L, et al., 2000. Relationships among species of *Elymus* and *Hystrix* assessed by RAPD [J]. Genetic Resources & Crop Evolution, 47: 191-196.

Zietkiewicz E, Rafalski A, Labuda D, 1994. Genome fingerprinting by simple sequence repeat(SSR)-anchored polymerase chain reaction amplification[J]. Genomics, 20(2): 176-183.

第3章　赖草属植物的系统分类

3.1　分类历史和研究内容

3.1.1　分类历史

1848 年，德国植物学家 Hochstetter 在 *Flora*（《植物区系》）第 31 卷上发表文章，认为 1753 年 Linneus 建立的 *Elymus arenarius* L.不应该放在披碱草属（*Elymus*）中，因为这种在欧洲海滨流动沙丘上常见的禾草具有强大的根茎，茎叶近于革质，穗状花序直立而健壮，颖片呈窄披针形，与其他披碱草属植物明显不同。于是他将 *E. arenarius* 从 *Elymus* 中分离出来，组合为沙生赖草[*Leymus arenarius*（L.）Hochst.]，并以它为模式种建立赖草属（*Leymus* Hochst.）。自赖草属建立以来，属的系统地位、属内等级划分、物种界限和数目、种间亲缘关系、起源和演化等问题一直处于争论之中。

Hochstetter（1848）建立的赖草属仅 *Leymus arenarius* 一个种。1905 年，瑞典植物学家 Rydberg 在 *Bull. Torr. Bot. Club*（《托瑞植物学俱乐部公报》）第 32 卷上发表了一个新种 *Leymus villiflorus* Rydb.。这个新种与 1893 年美国植物学家 Vasey 和 Scribner 发表在 *Contributions of U. S. National Herbarium*（《美国国家标本馆研究报告》）第 1 卷上的 *Elymus ambiguus* Vasey et Scribner 为同一个分类群。Vasey 和 Scribner 把它放在披碱草属中是当时学术观点的趋势，然而 Rydberg 却认为它与披碱草属植物不同，应将其归入赖草属中。

1933 年，Nevski 认为披碱草属是一大杂烩，应划分为不同的属。因此，他将原披碱草属划分为 5 属，即：*Elymus* L.、*Clinelymus*（Griseb.）Nevski、*Aneurolepidium* Nevski、*Asperella* Humb.（*Hystrix* Moench）和 *Malacurus* Nevski，把与赖草属相近的物种放在 *Aneurolepidium* 中，并在 1934 年进一步扩大了 *Aneurolepidium* 的范围，将其划分为 2 组 7 系 20 种。

1949 年，Pilger 在 *Bot. Jahr.*（《植物学杂志》）第 74 卷上发表的论文中，进一步扩大了赖草属，并根据颖片钻形、具短而硬的芒等特征，将 Nevski（1934）置于 *Aneurolepidium* 和 *Malacurus* 中的相应物种组合到赖草属中。按照 Pilger（1949）的观点，可以根据形态特征将赖草属和小麦族的其他众多物种区别开来。他把赖草属的形态特征描述为具根状茎的禾草；叶片较硬；穗轴节不明显；颖片狭窄，坚硬，偏离；外稃无芒或具短芒；花药较长。一些赖草属物种不具有上述全部特征，但具有上述大多数特征。

之后，许多学者都接受了 Pilger 关于赖草属的分类系统（耿以礼，1959；Tzvelev，1960，1976；Melderis，1980）。1960 年，Tzvelev 在 *Bot. Mater. Gerb. Bot. Inst. Komarova Akad. Nauk S.S.S.R.*（Leningrad）（《植物学研究》）第 20 卷发表了一系列的赖草属新组合，如 *Leymus aemulans*（Nevski）Tzvel.、*Leymus akomolinensis*（Drob.）Tzvel.、*Leymus alaicus*（Korsh.）Tzvel.等。1964～1973 年，他在《苏联北极植物志》《中亚植物》《苏联植物区系植物标

本名录》《新维管束植物系统学》等杂志和著作中发表了近 30 个赖草属新组合，如 *Leymus chinensis*（Trin.）Tzvel.、*Leymus secalinus*（Georgi）Tzvel.、*Leymus karelinii*（Tucz.）Tzvel. 等。1976 年，Tzvelev 在 *Poaceae URSS*（《苏联禾本科》）一书中，从 *Elymus*、*Aneurolepidium* 和 *Malacurus* 3 属中，将那些具有长花药、异花授粉习性和根状茎的物种组合到赖草属中，并根据颖片形状、颖脉数、外稃先端、外稃背部、每穗轴节小穗数、叶背特征、生活习性等特征，将赖草属划分为 Sect. *Leymus* Hochst.、Sect. *Anisopyrum*（Griseb.）Tzvel.、Sect. *Aphanoneuron*（Nevski）Tzvel.和 Sect. *Malacurus*（Nevski）Tzvel. 4 个组。

1980 年，Löve 在 *Taxon*（《分类群》）第 28 卷 1 期发表了一系列赖草属新组合，如 *Leymus cinereus*（Scribn. & Merr.）Á. Löve、*Leymus condensatus*（K. Presl）Á. Löve、*Leymus salinus*（M. E. Jones）Á. Löve 等。

1983 年，Dewey 在 *Brittonia*（《布瑞通利亚》）第 35 卷 1 期发表了 3 个赖草属新组合：*Leynus ambiguus*（Vasey & Scribn.）D. R. Dewey、*Leymus pacificus*（Gould）D. R. Dewey 和 *Leymus simplex*（Scribn. & Williams）D. R. Dewey。同年，四川农业大学颜济和杨俊良在《云南植物研究》第 5 卷 3 期发表了一个采自青海诺木洪的赖草属新种——柴达木赖草（*Leymus pseudoracemosus* C. Yen et J. L. Yang）。

1984 年，Barkworth 和 Atkinsz 在 *Amer. J. Bot.*（《美国植物学杂志》）第 71 卷 5 期发表题为"*Leymus Hochst.（Gramineae：Triticeae）in North America：Taxonomy and distribution*"的研究论文，系统整理了北美洲赖草属植物，发表了 1 个新亚种；详细描述了赖草属植物在北美洲的分布，指出它们有 2 组 10 种；认为北美赖草属植物不能区分 Sect. *Anisopyrum* 和 Sect. *Aphanoneuron*，应将这两组植物合为 Sect. *Anisopyrum*。同时，认为 *Leymus* 中还有许多种间类型和种下的分类问题需要进一步研究。

染色体组资料强有力地支持了 Pilger 关于赖草属界限的解释。赖草属物种为多倍体，包括两个基本染色体组，即 **J** 和 **N** 染色体组（Stebbins and Walters，1949；Dewey，1970，1972，1976，1982）。Pilger 对这类植物的处理与染色体组资料的高度一致，特别令人佩服，因为染色体组资料是在 Pilger 发表赖草属界限之后得到的。1984 年，美国植物学家 Löve 在 *Feddes Repertorium*（《费德斯汇编》）第 95 卷 7～8 期上，发表了题为 *Conspectus of the Triticeae*（《小麦族纲要》）的论文，对赖草属做了全面系统的研究和整理，描述了属的特征，记录了物种的染色体数目，认为大多数物种为异源四倍体，其染色体组组成为 **JN**。认定了 3 组［Sect. *Leymus*、Sect. *Aphanoneuron*（Nevski）Tzvel.、Sect. *Anisopyrum*（Griseb.）Tzvel.］31 个物种和 19 个亚种。

1984 年后，许多学者，特别是中国学者卢生莲、吴玉虎、杨锡麟、蔡联炳、崔乃然、崔大方等发表了 10～15 个新种和种下类群。

1997 年，美国犹他大学的 Jensen 和 Wang 在 *Int. J. Plant Sci.*（《国际植物科学杂志》）第 158 卷 6 期上发表文章，报道 *Hystrix coreana* 和 *Hystrix californica* 具有与赖草属相同的 **NsXm** 染色体组组成，并将 *Hystrix coreana* 组合到了赖草属中；2007 年，Barkworth 在 *Flora of North America North Mexico*（《北美北墨西哥植物志》）中，将 *Hystrix californica* 组合到了赖草属中。2006 年以来，我们研究发现猬草属模式种 *Hystrix patula* 具有与披碱草属一致的 **StH** 染色体组，将其放在披碱草属比较合理；而其他猬草属物种，如：*Hystrix* *duthiei*、*H. longearistata*、*H. komarovii* 具有与赖草属相同的 **NsXm** 染色体组组成，应将它们组合到赖草属中，详见第 2 章。

有限的生物化学资料也支持将赖草属从披碱草属中分离出来。1974 年，Jaaska 研究了赖草属与披碱草属和新麦草属的同工酶多样性以及它们的系统亲缘关系，结果表明 *Leymus arenarius*、*L. triticoides* 和 *L. cinereus* 具有与披碱草属物种不同的酯酶和磷酸酶同工酶，而与新麦草属植物具有类似的酯酶和磷酸酶同工酶。类似地，Gorham 等(1984)发现 *Elymus dahuricus* 的耐盐机理也明显地不同于 4 个被测试的赖草属物种。

多数北美禾草分类学家忽视了赖草属，而将赖草属的物种组合到披碱草属中。其中，Stebbins(1956)、Bowden(1965)、Gould(1968)、Estes 和 Tyrl(1982)明确拒绝将赖草属独立成为一个属，Dewey(1982)和 Löve(1982)限制性地接受赖草属，Baum(1982)接受较狭义的赖草属。多数拒绝接受赖草属的学者是基于以下两个原因：一是赖草属物种和小麦族其他多年生物种之间存在形态上的连续性；二是小麦族植物，尤其是多年生物种，因为众多的种间或属间杂种而联系起来，在遗传上具有相似性，这些种间或属间杂种常常被视为一个单独的进化单元。关于赖草属物种和小麦族其他多年生物种之间形态上的连续性，Bowden(1965)的研究是一个强有力的证明，他引用了 8 个非赖草属的分类群，都显示出赖草属的明显特征。他引用的 8 个分类群为 *Elymus piperi*(=*E. cinereus*)、*E. innovatus*、*E. vancouverensis*、*E. glaucus* var. *virescens*、*E. virginicus* var. *submuticus*、*E. virginicus* var. *jenkinsii*、*E. junceus* 和 *Agropyron smithii*(=*Pascopyrum smithii*)。事实上，这 8 个分类群中，前 3 个(*Elymus piperi*、*E. innovatus*、*E. vancouverensis*)属于赖草属物种，不清楚为什么 Bowden 会把它们包括进来。中间 3 个分类群(*E. glaucus* var. *virescens*、*E. virginicus* var. *submuticus*、*E. virginicus* var. *jenkinsii*)属于披碱草属，尽管它们具有外稃仅具短芒这一赖草属的特征，但它们也有外稃具长芒的变异类型。另外，在簇生、叶片松散、颖片明显具脉(*Elymus virginicus* 具 1 硬化主脉)和花药较短等其他特征方面，这 3 个分类群也类似于披碱草属而不是赖草属。最后 2 个分类群和赖草属也非常相似。但 *Elymus junceus*(即 *Psathyrostachys juncea*)和其他新麦草属植物一样，不形成根状茎，在成熟期具有一不太明显的花序轴，而赖草属植物具有根状茎，即使是簇生的种类有时也会形成短的根状茎，没有一个赖草属物种具有花序轴。在其他方面，新麦草属与赖草属非常相似。*Pascopyrum smithii*(Rydb.) Löve 是一个八倍体，具有赖草属的 **JN** 染色体组和披碱草属的 **StH** 染色体组，与赖草属的形态区别仅仅在于它具有披针形、狭长的颖片而不是赖草属植物钻形或平直、短尖的颖片。

Stebbins 和 Walters(1949)以及 Baum(1977，1978)采用了有别于 Bowden 的方法来检测代表植物的一些形态学特征的变化。Stebbins 和 Walters(1949)研究了 4 个代表植物的 20 个形态学特征的变化，4 个物种中，2 个是赖草属植物(*Leymus triticoides*、*Leymus condensatus*，但被处理为披碱草属物种)，另外 2 个是披碱草属植物[*Elymus glaucus*、*E. stebbinsii*(=*Agropyron parishii*)]，被测的 20 个性状包括 6 个与颖片大小和形状有关的性状和 2 个生理性状，结果表明只有 5 个性状的变化支持将赖草属从披碱草属中分离出来。Stebbins 认为在自然的小麦族分类系统中，一个小麦族属的大小应该介于 Krause(1898)和 Gould(1945)所界定的大小之间，在进化过程中分离出来的一些种类较少的属应该作为一个组，组合到相应的属中。

Baum（1977，1978）运用数理形态的分类方法分析了 101 份小麦族植物标本的 35 个形态学特征。虽然他有时将一个物种的不同标本置于不同的属中（例如，将 *Leymus secalinus* 的 1 份标本置于 *Aneurolepidium* 中，而将它的另外 2 份标本置于狭义的 *Leymus* 中）而导致其研究结果的利用价值降低，但其形态学的资料和小麦族植物之间可杂交性方面的资料相吻合。Baum 发现披碱草属和赖草属的物种非常相似，主张将其合并为一个属。之后，Baum（1979）又认为赖草属和 *Aneurolepidium* 是不同的属，赖草属的物种是具有根状茎的种类，而簇生的物种应该归入 *Aneurolepidium*。

同 Stebbins 的观点一样，Estes 和 Tyrl（1982）也认为应该将赖草属组合到广义的披碱草属中。其理由包括：①Stebbins 和 Walters（1949）以及 Baum（1982）已经证明赖草属和披碱草属物种的形态学相似性；②存在一个含有赖草属和披碱草属染色体组的八倍体物种 *Pascopyrum smithii*。Stebbins（1956）观察到 *P. smithii* 和 *Leymus triticoides* 形成的杂种，染色体能够完全配对，具有较高的育性。显然，Stebbins（1956）的观察存在问题，因为 *P. smithii* 是一个公认的八倍体，而 *L. triticoides* 没有发现有八倍体的类型。所以，*P. smithii* 和 *L. triticoides* 形成的杂种的染色体不可能完全配对。Estes 和 Tyrl（1982）对披碱草属属界限的解释是除 Hitchcock（1969）所界定的大麦属之外的所有小麦族多年生物种，并认为这样的披碱草属是容易接受的。

我国植物分类学家在《中国种子植物科属辞典》（1958 年）、《中国主要植物图说 禾本科》（1959 年）、《东北植物检索表》（1959 年）、《中国高等植物图鉴》（1976 年）、《内蒙古植物志》第 7 卷（1983 年）中，曾一度采用赖草属（*Aneurolepidium*），仅包括 4 个种。从《中国种子植物科属辞典》修订版（1982 年）和《中国植物志》第 9 卷 3 分册（1987 年）开始，赖草属学名才为 *Leymus*，一直到现在。

耿以礼先生是我国最早进行赖草属研究的著名禾草学者，他在《中国主要植物图说 禾本科》中，沿袭 Nevski（1934）的分类体系，报道了 5 个种。1987 年，郭本兆在《中国植物志》第 9 卷第 3 分册中记载我国赖草属植物有 9 种。近年来，一批学者根据形态资料，相继报道了赖草属植物近 20 个新分类群（颜济和杨俊良，1983；吴玉虎，1992；蔡联炳，1995，1997，2001；崔大方，1998；Cai，2000）。2006 年，Chen 等在 *Flora of China*（vol. 22）中记载中国赖草属植物有 24 种和 4 变种。2005 年，智丽和藤中华对国产赖草属进行了修订，将 20 种 2 变种划分为 3 组，即多穗组（Sect. *Racemosus*）、少穗组（Sect. *Leymus*）和单穗组（Sect. *Anisopyrum*）。2007 年，蔡联炳和苏旭根据形态，系统整理了国产赖草属植物，确认了赖草属植物在我国分布有 3 组 33 种 7 变种，其中多穗组包含 4 种，少穗组包含 24 种、7 变种，单穗组包含 5 种。2011 年，颜济和杨俊良在《小麦族生物系统学》第四卷中记载了全球赖草属植物有 65 个种（其中 4 个为存疑种），并分为 3 个生态组：沙生赖草组（Sect. *Arenarius*）、草原草甸赖草组（Sect. *Pratensisus*）和林下赖草组（Sect. *Silvicolus*）。

3.1.2   存在的学术和技术问题

赖草属植物生长环境多样、形态特征变异和染色体数目变异较大，使赖草属成为一个多型、多变异的属，造成了属的系统地位、属内等级划分、物种界限和数目、种间（内）亲缘关系、起源演化和地理分布格局等一系列待解决的学术问题，也是小麦族系统与演化研究的热点和难点问题之一。

1. 赖草属的系统地位

研究表明猬草属 *Hystrix duthiei*、*H. longearistata*、*H. komarovii*、*H. californica* 和 *H. coreana* 具有与赖草属一致的 **NsXm** 染色体组，应组合到赖草属中。通过分析赖草属与近缘属新麦草属和披碱草属等的属间关系，需要重新界定赖草属的地位、属的范围以及属的形态特征描述。

2. 赖草属物种界定和数目确认

近年来，不断有赖草属的新物种报道，这些新的物种主要来自西西伯利亚和中国。这些新的物种主要是依据形态学的资料而被划入赖草属，缺乏细胞学、繁育学和分子系统学等方面的研究。基于赖草属在形态上是一个高度分化的属，所以，对赖草属已有或新发表的物种进行系统的物种生物学研究非常必要，从而确定赖草属物种界限和物种数量。

3. 赖草属的 **Ns** 染色体组

现在广泛接受赖草属的染色体组组成是 **NsXm**，**Ns** 染色体组来自新麦草属已成定论，但是，具体是新麦草属的哪一个或哪几个植物充当了赖草属植物物种形成时的二倍体供体种仍不清楚。新麦草属是小麦族中的一个小属，由 8 个种组成，为异花授粉，形态差异较大，遗传分化较大。这就促使人们思考一个问题，赖草属物种间染色体组的分化是在物种形成前新麦草属物种 **Ns** 染色体组已有的分化？还是在物种形成后在进化过程中形成的分化？这涉及赖草属物种的起源与进化过程。因此，对不同分布的新麦草属植物和赖草属植物进行广泛的研究，有利于探讨赖草属的物种形成、染色体组供体、染色体倍性变异、形态变异等一系列问题。

4. 赖草属的 **Xm** 染色体组

目前赖草属存在一系列的学术问题和争议焦点，与它 **Xm** 染色体组的来源不清楚有必然联系。所以，深入探讨赖草属与小麦族二倍体物种的属间关系，能够了解赖草属植物的物种形成事件及相关问题，为深入研究赖草属植物染色体组的进化式样、多倍化过程等奠定基础。

5. 赖草属植物的地理分布式样

赖草属为北温带分布型，广泛分布于欧亚大陆和北美，南美仅有少量分布。而赖草属中的一个供体属——新麦草属，却主要分布在中亚干旱荒漠、干草原及草原地区，从土耳其东部到中国陕西华山都有分布,那么美洲分布的赖草属植物是如何形成和扩散的? 赖草属植物在中国的分布区类型为泛北极植物区,那么中国赖草属植物的来源和分化如何? 为什么赖草属植物间存在很大的形态差异? 因此,系统研究全世界范围内和中国的赖草属植物,对于了解赖草属的进化历史、地理分布格局的形成及适应机制等具有重要意义。

6. 赖草属的母本来源

赖草属的染色体组来源并不完全清楚,造成对赖草属物种形成过程的母本供体研究很少,几乎没有文献报道。赖草属染色体组的复杂性极大地限制了对该类群的分子进化研究,很有必要对赖草属植物的母本来源进行研究,探讨在杂交物种形成中由谁作为母本? 对赖草属植物产生了怎样的影响? 因此,选用小麦族的二倍体物种与赖草属进行分子系统学研究,将为探讨这些学术问题提供线索和依据。

3.1.3 研究思路和研究内容

自赖草属建立以来,基于形态学、染色体组分析和分子生物学的研究,人们对赖草属有了广泛认识。但是,目前对于赖草属的研究还存在不少需要解决的问题,涉及赖草属的系统学、生物地理学等各个研究领域。如形态学方面,赖草属属内形态变异极大,同一种的不同类群间变异也较大;细胞学方面,赖草属属内染色体倍性变异大,从四倍体到十二倍体均有,种内也同样存在较丰富的倍性变化;系统学方面,赖草属的系统地位、部分物种的有效性、**Xm** 染色体组来源、母本来源等;生物地理学方面,赖草属是一个广泛分布的类群,其地理分布式样、物种迁移和扩散的方式等一系列问题都值得进一步研究和探讨。

本书针对赖草属研究存在的学术问题,综合运用形态学、细胞学、生化标记、分子标记及分子系统学对赖草属植物的系统分类、起源与演化和地理分化等进行系统研究,旨在:①探讨赖草属植物分类的形态学依据;②研究赖草属植物的细胞学核型特征,探讨种内和种间染色体倍性变异;③探讨赖草属与近缘属属间以及属内种间(内)的系统亲缘关系,确立赖草属的系统地位,进行物种及种下等级的分类处理;④探讨赖草属植物的染色体组来源以及多倍化过程中的母本供体;⑤探讨赖草属植物多倍化过程中新麦草属植物的作用和形成方式;⑥探讨赖草属植物在地理分化上的分子基础以及赖草属散布和现代分布格局的成因。

3.2 形态学研究

3.2.1 赖草属物种的形态学比较分析

形态学特征一直是植物分类的主要依据。从形态学或表现型性状来检测植物分类群的遗传变异是最直接和最简便易行的方法。植物形态学(plant morphology)是研究植物体内外形态和结构,器官的形成和发育,细胞、组织、器官在不同环境中以及个体发育和系统发育过程中的变化规律的科学，它是植物学的基础学科之一。按照研究方向可分为：用比较的观点说明植物形态同异的比较形态学；通过实验发现植物形态变化规律的实验形态学；以及阐明内、外因素影响植物体形成的形态发生学。传统的形态学主要分为描记形态学和功能形态学。描记形态学是用尽可能精确的方式客观地描绘、测定、记载植物体的各种形态特征，确定植物种类之间的表现型异同程度，以区分或合并分类群，评价植物分类群之间的系统亲缘关系。功能形态学是研究古生物的形态结构及其与功能的关系的科学。生物的形态结构必须与其生活习性、功能要求及生活环境相适应。现代生物的形态分析是通过直接观察现存生物进行的，而对于古生物，特别是已经绝灭的门类则需运用与现存生物同源比较、同功类比、范例法等方法进行形态分析。目前，功能形态学已广泛用于研究各种古生物门类的生活方式，越来越受到古生物学家的重视。

　　形态学研究在禾本科小麦族系统分类中起着重要的作用。在小麦族系统学研究中，不同的研究者通过不同的形态学特征先后研究了小麦族的属间、种间系统学关系。郭本兆和王世金(1981)根据花序形态探讨了小麦族的属间亲缘关系。郭延平和郭本兆(1991)以花序形态演化为基础，结合叶表皮及成熟胚的解剖结构，论述了小麦族 17 个属的亲缘关系，并提出了小麦族植物的系统演化树系图。蔡联炳(1998)认为鹅观草属植物小穗柄、颖片、芒(颖片芒和外稃芒)的演化趋势，不仅可以作为判断属下类群演化的依据，而且可以作为推证属间类群渊源的旁证，他在分析形态学特征演化趋势的基础上，论述了鹅观草属属内次分类群间的亲缘关系和与该属进化相关的起源以及衍生类群。

　　本书比较了小麦族赖草属 11 个物种的形态特征差异。用于形态学比较的赖草属植物标本共 106 份，每个物种 3～19 份。观测的标本主要来源于四川农业大学小麦研究所植物标本室(SAUTI)和中国科学院西北高原生物研究所植物标本室(HNWP)。各分类群的标本份数、产地、采集人、采集号见表 3-1。

表 3-1　供形态学比较的赖草属标本名录

物种	产地	采集号	采集人	标本份数/份
Leymus aemulans (Nevski) Tzvel.	新疆赛里木湖	—	杨俊良等	2
	新疆	—	杨俊良等	5
	新疆阿勒泰	860265	杨俊良等	3
L. angustus (Trin.) Pilger	新疆哈巴河	890916	杨俊良等	2
	新疆哈密	870544	陆峻崏	3
	新疆哈密	901079	杨俊良等	4
	青海香日德	333	—	2
L. arenarius (L.) Hochst.	丹麦哥本哈根	870001	杨俊良等	3
	黑龙江	83014	杨俊良等	2
	内蒙古	84087	杨俊良等	3
L. chinensis (Trin.) Tzvel.	四川若尔盖	900980	杨俊良等	5
	甘肃	901064	杨俊良等	4
	新疆乌鲁木齐	—	颜济	5
L. karelinii (Turcz.) Tzvel.	新疆	860334	杨俊良等	4

物种	产地	采集号	采集人	标本份数/份
L. multicaulis (Kar. et Kir.) Tzvel.	新疆哈巴河	860283	杨俊良等	4
	新疆阿勒泰	890807	杨俊良等	2
	新疆阿勒泰	890798	杨俊良等	3
L. ovatus (Trin.) Tzvel.	新疆哈密	870546	陆峻崐	3
	新疆伊吾	870578	陆峻崐	4
L. paboanus (Claus) Pilger	新疆伊吾	870571	陆峻崐	3
	新疆额尔齐斯河	820550	崔乃然	2
	新疆吉木乃	890923	杨俊良等	3
	新疆布尔津	860309	杨俊良等	2
	新疆吉木乃	890938	杨俊良等	4
L. racemosus (Lam.) Tzvel.	新疆布尔津	860278	杨俊良等	3
L. secalinus (Georgi) Tzvel.	甘肃夏河	901005	杨俊良等	2
	宁夏贺兰山	84043	杨俊良等	2
	四川若尔盖	860101	杨俊良等	5
	青海乌兰	860063	杨俊良等	4
	新疆哈密	870545	陆峻崐	3
L. tianschanicus (Drob.) Tzvel.	新疆阿勒泰	890794	杨俊良等	4
	新疆伊吾	870584	陆峻崐	3
	青海	9202009	杨俊良等	1
	新疆哈密	860413	杨俊良等	2

　　考察供试标本的 23 个性状有：株高、顶节长、叶片长、叶片宽、旗叶长、旗叶宽、穗长、穗宽、每穗轴节小穗数、每穗小穗数、穗轴节间长、小穗长、小穗宽、每小穗小花数、颖片(包括第一颖和第二颖)长、颖片脉数、颖片形状、颖片毛、外稃长、内稃长、外稃毛、内稃先端形状。每个物种尽可能选择较多的标本数量。计算各个物种的性状平均值和标准差，比较物种间的形态特征差异。供试的赖草属 11 个分类群的 23 个形态特征见表 3-2。

　　在株高方面，*Leymus arenarius* 和 *L. racemosus* 比较高大，株高都在 100cm 以上；而 *L. aemulans* 相对矮小，株高不足 50cm；其余 8 个物种的平均株高为 60～90cm。在同种不同标本之间也存在明显的株高差异，差异最大的是 *L. chinensis*，采自甘肃的高可达 135cm，而采自新疆的还不到 40cm 高。一般植株高大的物种具有较长的顶节长，但 *L. ovatus* 和 *L. secalinus* 具有相对较长的顶节长，采自四川若尔盖的 *L. secalinus*，顶节长与株高相差不到 10cm。从整个穗形看，植株高大的 *Leymus arenarius* 和 *L. racemosus* 具有粗大的穗状花序，*L. ovatus* 的花序也相对较宽，而 *L. aemulans* 和 *L. multicaulis* 具有细小的穗状花序。赖草属物种的穗长和穗宽在种内具有相对的稳定性。赖草属植物的小穗常以 1～6 枚簇生于穗轴的每一节，不同物种每一穗轴节上着生的小穗数具有较大的差异。

表 3-2　赖草属 11 个分类群的形态特征比较

形态特征	Leymus aemulans	L. angustus	L. arenarius	L. chinensis	L. karelinii	L. multicaulis	L. ovatus	L. paboanus	L. racemosus	L. secalinus	L. tianschanicus
株高/cm	48.25±10.78	75.80±25.45	135.67±18.61	80.10±37.97	89.00±2.83	60.67±7.57	66.00±9.90	63.10±11.29	110.67±36.90	75.20±21.44	78.63±28.50
顶节长/cm	24.50±7.19	48.40±15.76	72.00±3.61	44.20±17.66	64.00±1.41	31.83±2.36	45.50±10.61	39.18±15.85	59.67±16.44	53.80±8.89	53.63±21.82
叶片长/cm	16.13±3.79	22.00±9.67	39.33±10.21	17.80±7.40	16.00±1.41	13.33±3.21	13.25±2.47	17.84±6.57	44.33±11.50	21.30±7.17	21.75±9.21
叶片宽/mm	2.38±0.48	5.94±0.75	13.67±1.53	5.40±0.65	6.10±0.14	6.43±0.93	5.50±0.71	4.60±0.89	16.33±3.51	5.80±1.52	6.13±0.58
旗叶长/cm	3.88±1.03	7.20±1.52	15.83±1.76	10.90±1.34	11.75±3.89	4.00±1.73	9.25±2.47	19.83±5.01	10.35±2.46	10.20±3.62	5.00±1.58
旗叶宽/mm	2.13±0.25	3.24±0.25	7.50±0.50	5.06±0.26	5.25±0.35	2.50±0.50	4.75±0.35	4.33±1.53	8.03±0.81	4.36±0.86	4.50±1.29
穗长/cm	7.50±0.58	12.00±2.00	23.50±2.29	9.80±2.97	16.00±0.28	7.00±2.18	8.25±1.06	9.20±1.64	28.67±9.29	13.60±3.70	15.38±3.59
穗宽/mm	4.58±0.57	11.40±2.79	21.00±1.00	8.50±1.00	7.50±0.71	7.33±2.52	16.50±2.12	8.00±1.58	25.00±5.00	10.40±1.14	12.75±2.63
每穗轴节小穗数/枚	1	2	3	1.98±0.15	2	2.10±0.17	3.75±0.35	2.05±0.13	4.43±0.40	2.14±0.17	2.84±0.23
每穗小穗数/枚	10.50±0.58	31.20±5.40	49.33±4.16	24.80±7.69	37.00±1.41	26.00±5.29	28.00±5.66	32.40±4.56	182.33±58.86	31.00±10.49	33.50±7.55
穗轴节间长/mm	6.25±0.96	6.00±0.71	11.00±1.00	7.60±1.52	7.25±0.35	5.73±1.10	5.50±0.71	5.40±2.07	5.50±0.50	7.00±1.58	7.25±0.96
小穗长/mm	11.00±0.82	11.80±0.84	28.33±1.15	13.60±1.52	—	9.33±2.31	14.50±2.12	9.60±2.97	22.67±2.52	13.30±1.20	14.50±1.29
小穗宽/mm	2.25±0.50	3.50±0.50	8.83±0.76	4.50±1.00	—	2.67±1.15	4.50±0.71	3.30±0.45	6.24±0.63	4.86±0.49	4.88±1.03
每小穗小花数/朵	3.50±0.58	3.80±0.84	5.67±1.15	6.40±1.14	—	3.67±2.08	7.00±1.06	3.80±1.10	6.18±0.24	6.00±1.00	6.50±2.08
第一颖长/mm	5.63±0.75	10.80±2.02	22.33±2.08	8.30±2.49	12.50±0.71	6.57±0.40	9.00±1.41	10.60±3.29	20.33±4.51	9.50±0.35	11.65±0.82
第二颖长/mm	7.50±1.29	11.60±2.19	22.33±2.08	7.50±2.55	11.5±0.71	6.17±0.29	9.00±1.41	10.60±3.29	20.33±4.51	10.10±0.55	11.65±0.82
颖片脉数	1	1	3	3	1	1	3	1	3	3	3
颖片形状	锥刺形	线状披针形	披针形	锥刺形	线状披针形	锥刺形	线状披针形	锥刺形	披针形	线状披针形	线状披针形
颖片毛	无毛	稀疏毛	显著毛	边缘微纤毛	无毛	细刺毛	有毛	小刺毛	无毛	边缘具纤毛	稀疏毛
外稃长/mm	10.25±0.96	10.40±2.51	17.67±2.08	8.80±1.79	—	7.33±0.58	9.80±1.41	8.70±2.59	13.15±0.62	9.07±1.09	12.25±1.26
内稃长/mm	9.75±0.29	9.15±1.87	15.83±1.04	8.60±1.64	—	5.83±0.58	9.30±0.71	8.54±2.17	11.33±0.58	9.07±1.09	10.88±1.73
外稃毛	无毛	密被柔毛	显著毛	无毛	—	无毛	有毛	显著毛	背部被毛	背部边缘被毛	有毛
内稃先端形状	2 齿裂	尖	2 裂	微 2 裂	—	尖	撕裂	尖	小尖头	微 2 裂	尖

综合赖草属植物的形态特征比较分析，结果表明 11 个赖草属分类群之间在所考察的形态特征上存在不同程度的差异。赖草属植物在进化过程中适应不同的生长环境造成了该属植物丰富的形态学特性。在属内组的划分上，*Leymus racemosus*、*L. ovatus*、*L. arenarius* 和 *L. tianschanicus* 应归于 Sect. *Leymus*；*Leymus chinensis* 和 *L. aemulans* 应归于 Sect. *Anisopyrum*；*Leymus secalinus*、*L. multicaulis*、*L. paboanus*、*L. angustus* 和 *L. karelinii* 应归于 Sect. *Aphanoneuron*。结合生境，形态学特征也体现出了组间差异。

3.2.2　赖草属物种的表型分支系统学分析

分支系统学是由 Henning(1950，1966)创立，它以近裔共性为基本原则进行生物的系统分析。随着分支系统学理论的相对成熟与完善，尤其是近 10 年来相关计算机分析软件(如 WinClada、MacClade 和 PAUP 等)的快速发展和更新，用分支分析的方法不但使分类群系统发育的重建更为准确可信，而且通过分析各性状状态对系统重建的贡献及其在分类群间的变化，可以更好地解释重建的系统发育图谱。

根据野外观察以及对标本和文献的广泛比较，本书选择了传统上认为赖草属组间及种间具有较大分类价值的颖片、外稃、每一穗轴节上着生小穗数等 21 个形态特征，对 34 个赖草属植物(包括 32 种、1 亚种和 1 变种)进行表型分支分析。用于形态学观察的赖草属标本来源于四川农业大学小麦研究所标本室(SAUTI)和中国科学院西北高原所植物标本室(HNWP)。各分类群标本的产地、采集号和采集人见表 3-3。外类群选用 *Hordeum bogdanii* Wilensky。

表 3-3　赖草属表型分支分析的标本名录

种名	产地	采集号	采集人
Leymus akmolinensis	—	—	—
L. alaicus	—	—	—
L. alaicus ssp. *karataviensis*	—	—	—
L. ambiguus	—	—	—
L. angustus	新疆阿勒泰	860265	杨俊良等
	新疆哈巴河	890916	杨俊良等
	新疆哈密	901079	杨俊良等
	新疆哈密	870544	陆峻崞
L. arenarius	丹麦哥本哈根	870001	杨俊良等
L. chinensis	内蒙古	84087	杨俊良等
	黑龙江	83014	杨俊良等
	四川若尔盖	900980	杨俊良等
	甘肃	901064	杨俊良等
	新疆乌鲁木齐	—	颜济
L. cinereus	—	—	—
L. condensatus	—	—	—
L. coreanus	俄罗斯	W6 14259	周永红等
L. crassiusculus	青海兴海	51	何廷农
	山西太原	94	李华赐
	青海马海	156	植被地理组
	山西偏关	15635	刘心源
	山西五寨	11	杨小寅

种名	产地	采集号	采集人
L. duthiei	四川天全	ZY 2004	周永红等
L. duthiei ssp. *longearistatus*	日本东京	ZY 2005	Tsujimoto
L. erianthus	—	—	—
L. flexus	青海西宁	2185	吴玉虎
	青海西宁	2959	张志和等
	青海囊谦	1186	杨永昌
	青海格尔木	45	王生新
	青海海北	69	杨福囤等
L. innovatus	—	—	—
L. karelinii	新疆	860334	杨俊良等
L. komarovii	黑龙江伊春	ZY 3161	周永红等
L. leptostachyus	—	—	—
L. mollis	—	—	—
L. multicaulis	新疆阿勒泰	890807	杨俊良等
	新疆哈巴河	860283	杨俊良等
	新疆阿勒泰	890798	杨俊良等
L. ovatus	甘肃固原	17209	王作宾
	新疆哈密	870546	陆峻崐
	新疆伊吾	870578	陆峻崐
	新疆叶城	871407	吴玉虎
	西藏阿里	3759	西藏队
L. paboanus	新疆吉木乃	890923	杨俊良等
	新疆伊吾	870571	陆峻崐
	新疆额尔齐斯河	820550	崔乃然
	新疆布尔津	860309	杨俊良等
	新疆吉木乃	890938	杨俊良等
L. pendulus	—	—	—
L. pseudoracemosus	青海都兰	81001	杨俊良等
L. qinghaicus	青海西宁	06001	周永红等
L. racemosus	新疆布尔津	860278	杨俊良等
L. ramosus	—	—	—
L. salinus	—	—	—
L. secalinus	甘肃夏河	901005	杨俊良等
	宁夏贺兰山	84043	杨俊良等
	四川若尔盖	860101	杨俊良等
	青海乌兰	860063	杨俊良等
	新疆哈密	870545	陆峻崐
L. shanxiensis	青海兴海	06002	周永红等
L. tianschanicus	新疆伊吾	870584	陆峻崐
	青海	860413	杨俊良等
	新疆哈密	890794	杨俊良等
	新疆阿勒泰	9202009	杨俊良等
L. triticoides	—	—	—
L. yiwuensis	—	—	—

性状的选择以选取尽可能多的相对稳定的状态性状和有明显间断性变异的数量性状为原则（桑涛和徐炳声，1996）。性状状态主要根据野外观察、对标本和文献（Barkworth and

Atkins，1984；颜济和杨俊良，2011；蔡联炳和苏旭，2007)以及 *Flora of China* 第 22 卷(Chen et al.，2006)的广泛比较和研究来确定。用于分支分类的性状及状态编码见表 3-4。

表 3-4　赖草属表型分支分析的形态性状与编码

序号	性状	性状状态
1	生长习性	0：根状茎 1：丛生 2：疏丛
2	茎秆节数	0：≤3 节 1：>3 节
3	叶鞘被毛	0：无毛－粗糙 1：柔毛 2：无毛－柔毛
4	叶片	0：平展，或边缘内卷 1：内卷
5	叶片被毛	0：无毛－粗糙 1：柔毛
6	穗长	0：≤15cm 1：>15cm
7	每穗轴节着生小穗数	0：≤2 枚 1：>2 枚
8	穗轴被毛	0：无毛－粗糙 1：柔毛 2：粗糙或柔毛
9	每小穗小花数	0：≤5 朵 1：>5 朵
10	小穗轴被毛	0：无毛－粗糙 1：柔毛
11	颖片	0：无颖或退化 1：有颖
12	颖片形状	0：钻形 1：披针形
13	颖片长	0：≤小穗长度 1：>小穗长度
14	颖片被毛	0：无毛－粗糙 1：柔毛
15	颖片芒	0：无芒 1：有芒或具短芒尖
16	颖片脉	0：≤1 脉 1：>1 脉
17	外稃形状	0：披针形 1：宽披针形 2：广披针形
18	外稃被毛	0：无毛－粗糙 1：柔毛
19	外稃芒	0：无芒或具芒尖 1：有芒或具芒尖 2：无芒或有芒
20	内稃长度	0：≤外稃长度 1：>外稃长度
21	花药长度	0：≤4mm 1：>4mm

　　所有的性状均为无序、等权。在多态性状中，任何两个性状状态间的距离相等，如 0～1 和 0～2 的距离均为 1。代表性状状态的数字没有进化意义，即 0 并不比 1 原始（桑涛和徐炳声，1996）。不详或未知的状态用"？"表示，不存在的性状则用"–"表示（表 3-5）。

表 3-5　赖草属表型分支分析的形态数据矩阵

种名	矩阵				
Leymus akmolinensis（Drob.）Tzvel.	0?000	01101	1000?	0001?	?
L. alaicus（Korsh.）Tzvel.	1??00	0100?	10001	0011?	?
L. alaicus ssp. *karataviensis*（Roshev.）Tzvel.	1??00	00?0?	1000?	0101?	?
L. ambiguus（Vasey & Scribn.）D. R. Dewey	1?000	10?1?	1000?	00110	1
L. angustus（Trin.）Pilger	11010	11101	11001	00110	1
L. arenarius（L.）Hochst.	0?000	1000?	11011	1011?	1
L. chinensis（Trin. ex Bunge）Tzvel.	01000	00111	1000?	10010	0
L. cinereus（Scribn. et Merr.）Á. Löve	1?211	11111	1000?	?0210	1
L. condensatus（Presl）Á. Löve	1?000	11?1?	10001	0021?	1
L. coreanus（Honda）K.B.Jensen et R. R.–C Wang	21202	00110	1000?	00010	1
L. crassiusculus L. B. Cai	00010	11111	11000	00110	1
L. duthiei（Stapf）Y. H. Zhou et H. Q. Zhang	21001	10100	0----	-0010	1
L. duthiei ssp. *longearistatus*（Hack.）Y. H. Zhou et H. Q. Zhang	21101	00100	1000?	10010	1
L. erianthus（Phil.）Dub.	11011	00100	10000	10110	1
L. flexus L. B. Cai	01010	11?1?	11001	10110	0
L. innovatus（Beal）Pilger	0?010	11?1?	1000?	??110	1
L. karelinii（Turcz.）Tzvel.	1?000	1010?	11001	0011?	1
L. komarovii（Roshev.）J. L.Yang, C. Yen et B. R. Baum	21201	00101	0----	-0110	0
L. leptostachyus L. B. Cai et X. Su	11010	00101	11001	10110	1
L. mollis（Trin.）Hara	0?010	11101	11011	10110	1
L. multicaulis（Kar. et Kir.）Tzvel.	01020	00211	1001?	00010	1
L. ovatus（Trin.）Tzvel.	00021	01111	11001	10110	1
L. paboanus（Claus）Pilger	01020	11101	1001?	00110	0
L. pendulus L. B. Cai	01020	11111	11011	00111	0
L. pseudoracemosus C. Yen et J. L. Yang	00021	11111	11001	10110	1
L. qinghaicus L. B. Cai	00011	01111	11001	00110	1
L. racemosus（Lam.）Tzvel.	0??00	1100?	11101	10100	1
L. ramosus（Trin.）Tzvel.	0?000	00110	11001	0100?	?
L. salinus（M.E.Jones）Á. Löve	1?011	00?11	1000?	00020	1
L. secalinus（Georgi）Tzvel.	01022	11111	11001	00110	0
L. shanxiensis（L. B. Cai）G. Zhu & S. L. Chen	01022	00111	11011	12110	1
L. tianschanicus（Drob.）Tzvel.	01020	11101	11101	02110	1
L. triticoides（Buck.）Pilger	01022	10?1?	100?1	00210	1
L. yiunensis N. R. Cui et D. F. Cui	00010	00111	11011	00110	0
Hordeum bogdanii Wilensky	110?0	0101?	100??	?021?	0

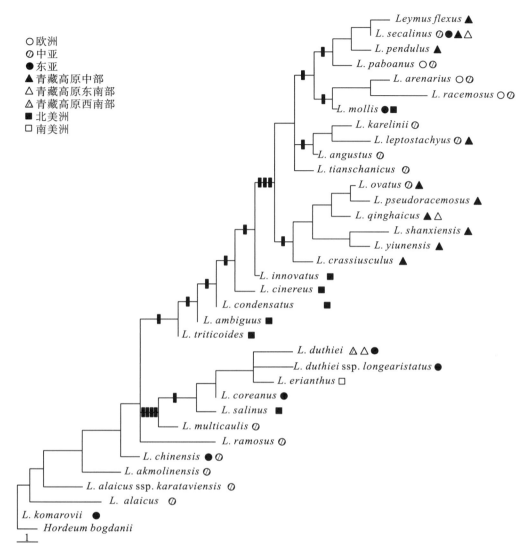

图 3-1 基于形态数据的赖草属植物的 MP 系统发育树

注：树长=70 步，CI=0.4703，RI=0.6423；"▌"代表具有主要的同源性性状。

数据矩阵的分支分析使用软件 PAUP ver. 4.0b10（Swofford，2001），分析采用最大简约法（maximum parsimony，MP），启发式（heuristic）搜索，数据随机添加（add random），重复次数（nreps）为 100 次，树等分与重连分支交换法（TBR）获取系统树。系统发育树拓扑结构的可靠性用 1000 次重复抽样（replicates）的自展分析（bootstrap，BS）来检验。系统发育信息量由一致性指数（consistency index，CI）和保持性指数（retention index，RI）构建显示。

对基于形态的数据矩阵进行简约性分析，得到 70 棵同等简约的分支树（树长=70 步，CI＝0.4703，RI＝0.6423）。基于 70 棵同等简约树的严格一致树如图 3-1 所示。研究结果表明：①赖草属在形态上为高水平的分化，在组间及种间均存在着广泛的变异，不支持现有的赖草属分组；②北美赖草属植物 Leymus innovatus、L. cinereus、L.condensatus、L. ambiguus 和 L. triticoides 与欧亚大陆赖草属植物的亲缘关系较远；③青藏高原的 Leymus *ovatus*、*L. pseudoracemosus*、*L. qinghaicus*、*L. shanxiensis*、*L. yiunensis* 和 *L. crassiusculus* 种间亲缘关系较近，与其他欧亚大陆分布物种的形态相比，它们具有更多同源性性状，如叶鞘表面无毛、穗轴被毛、小穗轴被毛和颖片的长度短于小穗长度；④林下生态类型的 *Leymus duthiei*、*L. duthiei* ssp. *longearistatus*、*L. coreanus* 与 *L. erianthus*、*L. salinus* 和 *L. multicaulis* 为姐妹群关系，具有较多的同源性性状，支持将 *Leymus duthiei*、*L. duthiei* ssp. *longearistatus*、*L. coreanus* 从猬草属组合到赖草属中。

3.2.3　赖草属物种的叶表皮微形态学特征

小麦族叶表皮微形态具有一定的分类学意义，为属的划分、物种识别和亲缘关系辨别提供了参考依据（陈守良等，1987；Webb and Almeida，1990；郭延平和郭本兆，1991； Ma et al.，2006）。本书对 14 种赖草属和 1 种披碱草属植物的叶片下表皮进行光镜观察。供试材料见表 3-6，包括了原猬草属植物，如 *Elymus hystrix*、*Leymus coreanus*、*L. duthiei* 和 *L. duthiei* ssp. *longearistatus*。所有材料均取自四川农业大学小麦研究所多年生种植圃。

赖草属植物叶片下表皮微形态见图 3-2。结果表明，赖草属植物的叶片下表皮具有以下共同特征：长细胞通常为筒形，纵向相接成行，各行平行排于脉上、脉间，细胞壁平直或波状弯曲；短细胞马鞍形或新月形，单生或孪生于长细胞之间；刺毛有或缺失，基部呈圆状或椭圆状，镶嵌于长细胞之间，单生或与短细胞孪生；气孔器呈带状镶嵌于脉间的长细胞间，保卫细胞哑铃形，副卫细胞圆顶形、低圆顶形至平顶形。除在 *Leymus coreanus* 中发现稀疏大毛外，其余赖草属植物均明显缺乏大毛、微毛和乳突。赖草属植物叶片下表皮为典型的禾本科狐茅型中的小麦族型叶表皮特征；叶表皮长细胞形态、短细胞的形态及分布、刺毛的分布、气孔器的形态与分布等性状呈现丰富的多样性。同一物种的叶表皮微形态具有相对稳定性，但反映不出不同组之间的差异。

表 3-6　叶表皮微形态分析的供试材料

序号	物种	编号	来源	分组			
				Tzvlev (1976)	Löve (1984)	蔡联炳和苏旭(2007)	颜济和杨俊良(2011)
1	*Leymus coreanus*	W6 14259	俄罗斯	—	—	—	*Silvicolus*
2	*L.duthiei* ssp. *longearistatus*	ZY 2005	日本东京	—	—	—	*Silvicolus*
3	*L. duthiei*	ZY 2004	中国四川	—	—	—	*Silvicolus*
4	*Elymus hystrix*	PI 372546	加拿大	—	—	—	—
5	*Leymus secalinus*	Y 040	中国新疆	*Aphanoneuron*	—	*Leymus*	*Pratensus*
6	*L. chinensis*	PI 499515	中国内蒙古	*Anisopyrum*	*Anisopyrum*	*Leymus*	*Pratensus*
7	*L. multicaulis*	PI 440326	哈萨克斯坦	*Anisopyrum*	*Anisopyrum*	*Leymus*	*Pratensus*
8	*L. karelinii*	PI 598534	中国新疆	*Aphanoneuron*	*Aphanoneuron*	*Leymus*	*Pratensus*
9	*L. angustus*	PI 440308	哈萨克斯坦	*Aphanoneuron*	*Aphanoneuron*	*Leymus*	*Pratensus*
10	*L. angustus*	PI 531797	中国新疆	*Aphanoneuron*	*Aphanoneuron*	*Leymus*	*Pratensus*
11	*L. ramosus*	PI 502404	俄罗斯	*Anisopyrum*	*Anisopyrum*	*Anisopyrum*	*Pratensus*
12	*L. condensatus*	PI 442483	比利时	—	*Anisopyrum*	—	*Pratensus*

序号	物种	编号	来源	分组			
				Tzvlev (1976)	Löve (1984)	蔡联炳和苏旭 (2007)	颜济和杨俊良 (2011)
13	*L. mollis*	PI 567896	美国	—	*Leymus*	*Leymus*	*Arenicolus*
14	*L. arenarius*	PI 272126	哈萨克斯坦	—	*Leymus*	—	*Arenicolus*
15	*L. racemosus*	PI 598806	俄罗斯	*Leymus*	*Leymus*	*Racemosus*	*Arenicolus*
16	*L. paboanus*	PI 531808	爱沙尼亚	*Aphanoneuron*	*Aphanoneuron*	*Leymus*	*Pratensus*
17	*L. pseudoracemosus*	PI 531810	中国青海	—	—	*Racemosus*	*Arenicolus*

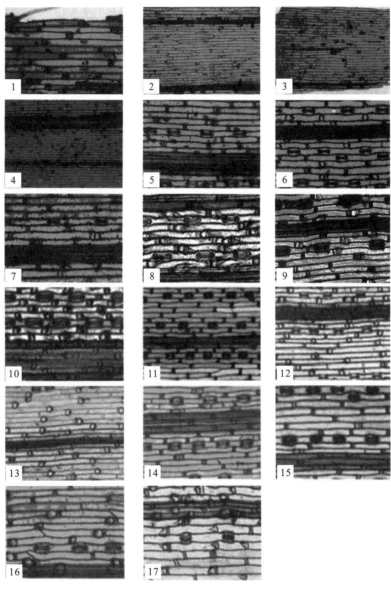

图 3-2 赖草属物种的叶片下表皮微形态(×100)

注：1~17 为材料编号，同表 3-6。

结果表明：原猬草属植物 *Leymus duthiei*、*L. duthiei* ssp. *longearistatus*、*L. coreanus* 叶片下表皮特征高度相似：长细胞较狭长、壁平直，壁薄，气孔稀少；分布在寒冷地带的 *Leymus secalinus*、*L. paboanus*、*L. chinensis*、*L. pseudoracemosus*、*L. multicaulis*、*L. karelinii*、*L. angustus* 具厚的波状或深波状细胞壁、短细胞多、普遍具刺毛，这些特征可能有利于适应寒冷及干燥气候。

3.2.4　赖草属物种的种子胚乳细胞特性

种子胚乳细胞的大小、形状、数量以及反映丰厚程度的长宽比不仅具有类群鉴分的价值，而且可以作为推证类群演化关系的旁证(蔡联炳和郭本兆，1988；蔡联炳，2000)。本书观察了赖草属 21 个物种的种子胚乳细胞特征，供试材料见表 3-7。

表 3-7　种子胚乳细胞多样性分析供试的赖草属植物

序号	种名	编号	来源
1	*Leymus akmolinensis*	PI 440306	俄罗斯
2	*L.alaicus*	PI 499505	中国新疆
3	*L. ambiguus*	PI 531795	美国科罗拉多
4	*L. angustus*	PI 531797	中国新疆
5	*L. arenarius*	PI 272126	哈萨克斯坦阿拉木图
6	*L. chinensis*	PI 499514	中国内蒙古
7	*L. cinereus*	PI 478831	美国蒙大拿
8	*L. condensatus*	PI 442483	比利时安特卫普
9	*L. erianthus*	W6 13826	阿根廷
10	*L. innovatus*	PI 236818	加拿大
11	*L. karelinii*	PI 598525	中国新疆
12	*L. hybrid*	PI 537363	美国内华达
13	*L. mollis*	PI 567896	美国阿拉斯加
14	*L. multicaulis*	PI 499520	中国新疆
15	*L. paboanus*	PI 531808	爱沙尼亚
16	*L. pseudoracemosus*	PI 531810	中国青海
17	*L. racemosus*	PI 598806	俄罗斯
18	*L. ramosus*	PI 499653	中国新疆
19	*L. salinus*	PI 531815	美国怀俄明
20	*L. secalinus*	PI 499535	中国新疆
21	*L. triticoides*	PI 516195	美国内华达

表 3-8　赖草属 21 个物种的种子胚乳细胞大小比较

序号	种名	长度范围/μm	平均长/μm	宽度范围/μm	平均宽/μm	长宽比范围	平均长宽比
1	*Leymus akmolinensis*	65.77～167.26	114.25	38.08～157.43	68.05	1.00～3.00	1.68
2	*L. alaicus*	48.51～178.64	100.76	45.22～83.39	63.78	1.00～3.42	1.58
3	*L. ambiguus*	107.65～217.01	161.73	55.23～132.02	97.74	1.12～3.58	1.65
4	*L. angustus*	102.10～275.50	168.07	61.19～160.95	96.67	1.10～4.50	1.74
5	*L. arenarius*	100.18～265.07	170.17	61.11～149.27	103.57	1.10～2.34	1.64
6	*L. chinensis*	69.60～174.20	120.72	44.90～122.00	75.62	1.00～2.45	1.60
7	*L. cinereus*	66.53～142.84	92.75	35.34～93.06	57.95	1.16～2.97	1.60
8	*L. condensatus*	72.47～177.30	118.47	48.55～91.08	64.61	1.04～2.98	1.83
9	*L. erianthus*	86.20～188.60	133.06	45.10～141.82	85.59	1.05～2.27	1.55
10	*L. innovatus*	81.03～189.28	121.24	47.63～98.35	70.17	1.17～2.88	1.73
11	*L. karelinii*	109.88～263.97	167.00	46.01～139.79	93.03	1.06～5.10	1.80
12	*L. hybrid*	82.22～212.20	130.53	59.08～131.86	86.18	1.07～2.33	1.51
13	*L. mollis*	132.77～290.00	186.63	57.04～140.58	99.85	1.10～2.99	1.87
14	*L. multicaulis*	77.20～144.00	97.82	46.86～104.81	71.43	1.00～2.11	1.37
15	*L. paboanus*	108.37～207.99	150.26	44.39～135.28	96.71	1.10～4.05	1.55
16	*L. pseudoracemosus*	62.39～172.65	106.03	46.10～105.48	71.15	1.00～2.38	1.49
17	*L. racemosus*	117.00～318.50	180.90	61.00～171.50	102.93	1.07～3.14	1.76
18	*L. ramosus*	85.71～157.00	129.13	55.90～125.88	90.29	1.06～2.15	1.43
19	*L. salinus*	75.20～181.80	124.31	46.60～105.10	71.11	1.09～3.13	1.75
20	*L. secalinus*	62.60～209.30	132.35	48.80～124.00	85.24	1.06～2.54	1.55
21	*L. triticoides*	74.60～172.30	117.58	43.10～109.60	73.01	1.00～2.56	1.61

所观察的 21 个赖草属物种的种子胚乳细胞特征见图 3-3 和表 3-8。

结果表明，赖草属植物的种子胚乳细胞存在丰富的多样性，不同物种的种子胚乳细胞在大小、形状和数量上表现出明显的差异。细胞数量上，赖草属有的物种的种子胚乳细胞密布于整个液滴面，数量较多，有的物种的种子胚乳细胞数量较少，在液滴面的分布比较稀疏，但多数物种的种子胚乳细胞数量界限不是十分明显。从细胞性状看，赖草属种子胚乳细胞形状通常呈椭球形、圆球形、角粒形（轮廓近于方形，但周边多角、多面）、长体形（轮廓呈狭窄形、条状，端部并非截平）、三角状和不规则形。也有少量种子胚乳细胞呈梭形、方形、棒状等形状。圆球形种子胚乳细胞的长宽比可为 1，而长棒状种子胚乳细胞的长宽比超过 5。细胞大小上，差异较大，大的细胞可长达 300μm 以上，宽可逾 170μm，小的细胞长不及 50μm，宽不到 40μm。

赖草属植物种子胚乳细胞的特征具有共属分种的意义，较原始的 Sect. *Leymus* Hochst. 的物种具有相对较大的种子胚乳细胞，其细胞长宽比也较大；较进化的 Sect. *Anisopyrum* (Griseb.) Tzvel. 的物种具有相对较小的种子胚乳细胞，其细胞长宽比也较小。

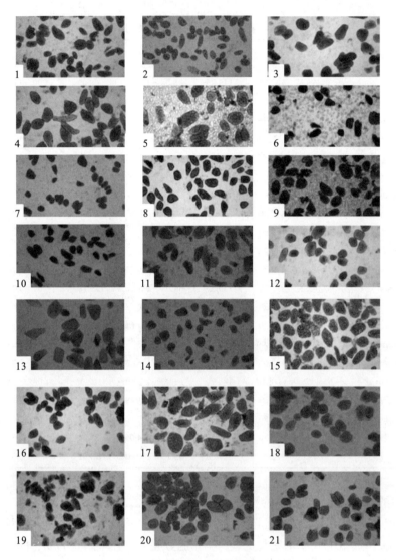

图 3-3 赖草属物种的胚乳细胞图（×50）

注：1～21 为材料编号，同表 3-7。

3.3 生理生化研究

3.3.1 赖草属物种的醇溶蛋白分析

醇溶蛋白是麦类植物种子胚乳中的主要贮藏蛋白。与同工酶和其他蛋白质相比，醇溶蛋白的组成不受发育时期生理条件及外界环境因子的影响。因此，醇溶蛋白结构上的差异能真实地反映出基因表达上的差异（鲍晓明和黄百渠，1993）。醇溶蛋白电泳图谱不仅能表现植物种间的差异，而且能表现种内不同类型的差异，可以作为种及种内不同类型的"指纹图谱"（门中华等，1999）。

醇溶蛋白在小麦族植物的属间、种间、种内不同居群间存在明显的差异。张学勇等(1995)利用酸性聚丙烯酰胺凝胶电泳对 38 份收集地不同的节节麦(*Aegilops tauschii*)进行了醇溶蛋白遗传分析,认为麦醇溶蛋白酸性聚丙烯酰胺凝胶电泳技术作为资源鉴定的有效手段,有可能用于解决收集资源材料的重复问题,提高麦类作物种质资源保存和利用的效率;同时,可以用于研究某些小麦近缘属物种的起源和演化。兰秀锦等(1999)用同样的方法分析比较了中国节节麦与中东节节麦的醇溶蛋白遗传多样性,支持了中东为节节麦的起源中心学说。周荣华等(1996)研究了新麦草(*Psathyrostachys juncea*)不同粒数种子的醇溶蛋白(Gli-1),表明 1~4 粒种子的醇溶蛋白谱带较少,分辨率较好,5~14 粒种子的醇溶蛋白谱带具有很强的多态性。畅志坚(1999)通过对中间偃麦草(*Thinopyrum intermedium*)和八倍体小偃麦的醇溶蛋白电泳分析,认为偃麦草染色体醇溶蛋白特征带的存在和发现,为特定的偃麦草染色体或其片段导入小麦后的鉴定提供了方便。

1. 赖草属植物醇溶蛋白多态性分析

本书对赖草属植物的醇溶蛋白遗传多态性进行了分析。按 Tzvelev(1976)的分类系统,分别选取 Sect. *Leymus* Hochst. 4 种(6 份)、Sect. *Aphanoneuron*(Nevski)Tzvel. 6 种(或亚种)(17 份)、Sect. *Anisopyrum*(Griseb.)Tzvel. 11 种(22 份)作为供试材料。供试材料的种名、编号及来源见表 3-9。

1)多态性分析

以中国春小麦作为对照,赖草属 21 种 45 份材料的醇溶蛋白图谱如图 3-4 所示。

表 3-9　醇溶蛋白分析的供试赖草属植物

序号	种名	组名	来源	编号
1	*Leymus akmolinensis*	*Aphanoneuron*	俄罗斯	PI 440306
2	*L. alaicus* ssp. *karataviensis*	*Aphanoneuron*	哈萨克斯坦阿拉木图	PI 314667
3	*L. ambiguus*	*Anisopyrum*	美国科罗拉多	PI 531795
4	*L. angustus*	*Aphanoneuron*	哈萨克斯坦	PI 440307
5			哈萨克斯坦	PI 440308
6			俄罗斯	PI 440317
7			俄罗斯	PI 440318
8			中国新疆	PI 531797
9			中国内蒙古	PI 547357
10	*L. arenarius*	*Leymus*	哈萨克斯坦阿拉木图	PI 272126
11	*L. chinensis*	*Anisopyrum*	中国内蒙古	PI 499514
12	*L. cinereus*	*Anisopyrum*	加拿大萨斯克其万	PI 469229
13			美国蒙大拿	PI 478831
14			美国爱达荷	PI 537353
15			加拿大不列颠哥伦比亚	PI 598954
16	*L. condensatus*	*Anisopyrum*	比利时安特卫普	PI 442483
17	*L. erianthus*	*Anisopyrum*	阿根廷	W6 13826

序号	种名	组名	来源	编号
18	*L. innovatus*	*Anisopyrum*	加拿大	PI 236818
19	*L. karelinii*	*Aphanoneuron*	中国新疆	PI 598525
20			中国新疆	PI 598529
21			中国新疆	PI 598534
22			中国新疆	PI 598541
23	*L. hybrid*	*Anisopyrum*	美国内华达	PI 537362
24			美国内华达	PI 537363
25	*L. mollis*	*Leymus*	美国阿拉斯加	PI 567896
26	*L. multicaulis*	*Anisopyrum*	哈萨克斯坦	PI 440324
27			哈萨克斯坦	PI 440325
28			哈萨克斯坦	PI 440326
29			哈萨克斯坦	PI 440327
30			中国新疆	PI 499520
31	*L. paboanus*	*Aphanoneuron*	哈萨克斯坦	PI 272135
32			俄罗斯	PI 316234
33			爱沙尼亚	PI 531808
34	*L. pseudoracemosus*	*Leymus*	中国青海	PI 531810
35	*L. racemosus*	*Leymus*	哈萨克斯坦	PI 272134
36			俄罗斯	PI 315079
37			美国蒙大拿	PI 478832
38	*L. ramosus*	*Anisopyrum*	哈萨克斯坦	PI 440329
39			中国新疆	PI 499653
40	*L. salinus*	*Anisopyrum*	美国怀俄明	PI 531815
41			美国犹他	PI 531816
42	*L. secalinus*	*Aphanoneuron*	中国甘肃	PI 499527
43			中国新疆	PI 499535
44	*L. triticoides*	*Anisopyrum*	美国俄勒冈	PI 516194
45			美国内华达	PI 531821

供试的 45 份赖草属植物的醇溶蛋白电泳图谱表现出了很大的变异，呈现出醇溶蛋白丰富的遗传多样性，反映在各材料间的电泳图谱带型上具有数量和染色深浅不同的带纹，这是编码醇溶蛋白基因位点上多态性的表现。

45 份材料共分离出 38 条迁移率不同的醇溶蛋白带纹，每份材料可分离出 7～21 条带纹。赖草属植物的醇溶蛋白带纹主要分布于 ω 区和 α 区，β 区也存在较多的带纹，而 γ 区的带纹相对较少。在 38 条迁移率不同的带纹中，找不到 1 条带纹是 45 份材料所共有的，即 45 份材料的醇溶蛋白带纹多态性为 100%，表明赖草属植物的醇溶蛋白多态性极高，其醇溶蛋白遗传差异较大。

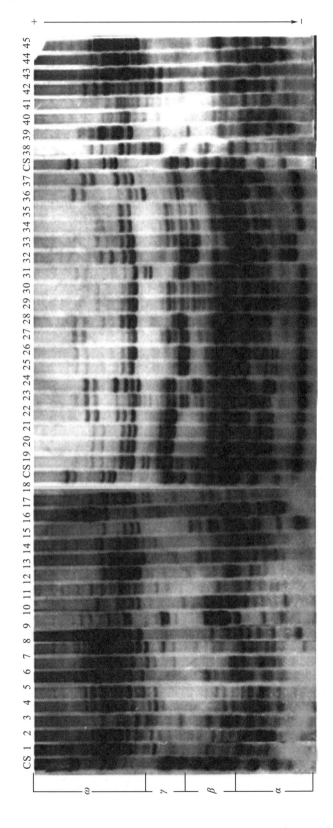

图3-4　赖草属物种的醇溶蛋白APAGE电泳图谱

注：CS为中国春小麦；1～45为材料序号，同表3-9。

表 3-10　赖草属植物醇溶蛋白遗传相似性系数

序号	1	2	3	4	5	6	7	8	9	10	11	12	13	14	15	16	17	18	19	20	21	22	23	24	25	26	27	28	29	30	31	32	33	34	35	36	37	38	39	40	41	42	43	44	45
1	1.00																																												
2	0.38	1.00																																											
3	0.25	0.21	1.00																																										
4	0.41	0.60	0.25	1.00																																									
5	0.28	0.48	0.20	0.74	1.00																																								
6	0.50	0.37	0.27	0.47	0.42	1.00																																							
7	0.36	0.42	0.25	0.53	0.40	0.53	1.00																																						
8	0.28	0.55	0.26	0.43	0.39	0.42	0.47	1.00																																					
9	0.35	0.48	0.26	0.43	0.33	0.42	0.40	0.60	1.00																																				
10	0.27	0.23	0.25	0.38	0.33	0.35	0.26	0.27	0.27	1.00																																			
11	0.25	0.28	0.23	0.32	0.26	0.27	0.18	0.26	0.33	0.25	1.00																																		
12	0.27	0.22	0.15	0.26	0.21	0.38	0.27	0.21	0.21	0.27	0.15	1.00																																	
13	0.15	0.35	0.23	0.32	0.26	0.27	0.18	0.33	0.33	0.11	0.23	0.25	1.00																															
14	0.13	0.38	0.29	0.24	0.31	0.22	0.37	0.43	0.26	0.20	0.18	0.14	0.50	1.00																															
15	0.15	0.28	0.07	0.30	0.16	0.20	0.18	0.14	0.50	0.33	0.38	0.33	0.30	0.38	1.00																														
16	0.12	0.29	0.18	0.21	0.12	0.15	0.14	0.17	0.40	0.14	0.14	0.17	0.16	0.11	0.18	1.00																													
17	0.23	0.26	0.31	0.30	0.25	0.40	0.32	0.32	0.24	0.13	0.07	0.13	0.12	0.13	0.17	0.17	1.00																												
18	0.55	0.32	0.29	0.18	0.31	0.29	0.30	0.37	0.22	0.38	0.31	0.29	0.29	0.19	0.33	0.29	0.19	1.00																											
19	0.13	0.25	0.22	0.28	0.24	0.29	0.33	0.24	0.29	0.33	0.17	0.25	0.27	0.33	0.12	0.15	0.14	0.12	1.00																										
20	0.17	0.32	0.22	0.35	0.25	0.32	0.37	0.25	0.36	0.44	0.22	0.31	0.22	0.26	0.29	0.30	0.15	0.14	0.70	1.00																									
21	0.17	0.32	0.22	0.35	0.26	0.25	0.32	0.37	0.36	0.44	0.22	0.31	0.22	0.26	0.29	0.30	0.15	0.14	0.70	1.00	1.00																								
22	0.28	0.41	0.20	0.38	0.28	0.28	0.40	0.39	0.39	0.56	0.14	0.28	0.20	0.24	0.27	0.25	0.24	0.50	0.67	0.67	1.00																								
23	0.15	0.24	0.14	0.32	0.33	0.17	0.17	0.23	0.33	0.40	0.14	0.15	0.14	0.13	0.19	0.18	0.30	0.27	0.24	0.50	0.67	1.00																							
24	0.22	0.30	0.21	0.28	0.24	0.24	0.23	0.29	0.35	0.50	0.28	0.16	0.15	0.15	0.42	0.26	0.32	0.40	0.38	0.55	0.63	1.00																						
25	0.06	0.24	0.06	0.12	0.13	0.10	0.10	0.17	0.23	0.10	0.12	0.13	0.19	0.17	0.12	0.35	0.05	0.11	0.35	0.32	0.32	0.35	0.29	0.24	1.00																				
26	0.18	0.27	0.24	0.21	0.14	0.19	0.21	0.32	0.25	0.24	0.11	0.17	0.15	0.11	0.32	0.22	0.21	0.43	0.42	0.42	0.43	0.45	0.45	0.40	0.60	1.00																			
27	0.11	0.12	0.22	0.24	0.20	0.19	0.13	0.15	0.25	0.44	0.16	0.11	0.16	0.20	0.10	0.24	0.14	0.28	0.14	0.42	0.40	0.40	0.43	0.58	0.45	0.32	1.00																		
28	0.14	0.28	0.25	0.36	0.27	0.33	0.26	0.27	0.32	0.38	0.25	0.20	0.25	0.29	0.19	0.26	0.24	0.17	0.48	0.48	0.50	0.50	0.45	0.40	0.58	0.72	1.00																		
29	0.13	0.26	0.17	0.24	0.21	0.15	0.19	0.21	0.35	0.35	0.29	0.23	0.08	0.17	0.16	0.13	0.35	0.17	0.16	0.63	0.50	0.50	0.46	0.59	0.55	0.68	0.50	0.57	1.00																
30	0.13	0.21	0.29	0.24	0.29	0.25	0.35	0.19	0.29	0.23	0.18	0.31	0.29	0.23	0.22	0.38	0.31	0.29	0.33	0.22	0.36	0.36	0.32	0.47	0.59	0.56	0.63	0.43	0.43	1.00															
31	0.11	0.21	0.29	0.24	0.20	0.25	0.18	0.20	0.25	0.24	0.16	0.17	0.22	0.33	0.22	0.30	0.15	0.20	0.35	0.35	0.26	0.26	0.29	0.29	0.30	0.30	0.40	0.32	0.45	0.45	1.00														
32	0.16	0.25	0.15	0.28	0.19	0.24	0.17	0.19	0.19	0.35	0.14	0.29	0.15	0.19	0.21	0.09	0.19	0.18	0.04	0.26	0.29	0.20	0.28	0.30	0.28	0.41	0.29	0.36	0.36	0.45	1.00														
33	0.15	0.19	0.14	0.27	0.19	0.21	0.28	0.33	0.15	0.14	0.05	0.14	0.14	0.17	0.08	0.13	0.06	0.13	0.12	0.30	0.30	0.14	0.27	0.25	0.24	0.50	0.36	0.59	0.59	0.36	0.55	1.00													
34	0.09	0.22	0.24	0.21	0.17	0.16	0.20	0.21	0.14	0.28	0.21	0.09	0.13	0.17	0.30	0.13	0.21	0.22	0.16	0.18	0.28	0.05	0.24	0.48	0.50	0.43	0.52	0.48	0.85	0.45	0.38	0.55	1.00												
35	0.10	0.24	0.26	0.22	0.19	0.17	0.22	0.23	0.20	0.33	0.30	0.14	0.18	0.09	0.27	0.11	0.29	0.38	0.09	0.27	0.27	0.25	0.43	0.55	0.50	0.58	0.65	0.61	0.75	0.75	0.50	0.41	0.52	0.89	1.00											
36	0.05	0.25	0.21	0.19	0.15	0.30	0.23	0.24	0.17	0.15	0.10	0.21	0.22	0.21	0.26	0.29	0.26	0.19	0.46	0.38	0.41	0.19	0.25	0.48	0.40	0.52	0.36	0.36	0.36	0.45	0.25	0.24	0.43	0.41	1.00											
37	0.16	0.36	0.28	0.19	0.37	0.35	0.35	0.35	0.29	0.21	0.22	0.22	0.21	0.16	0.25	0.26	0.21	0.13	0.45	0.45	0.55	0.29	0.42	0.45	0.44	0.47	0.32	0.52	0.42	0.36	0.30	0.29	0.50	0.48	0.76	1.00										
38	0.27	0.29	0.25	0.38	0.33	0.28	0.33	0.22	0.17	0.20	0.25	0.19	0.11	0.16	0.25	0.14	0.11	0.29	0.30	0.30	0.20	0.17	0.23	0.10	0.19	0.08	0.16	0.24	0.42	0.38	0.29	0.38	0.30	0.29	0.23	0.29	1.00									
39	0.12	0.13	0.18	0.26	0.33	0.33	0.15	0.14	0.22	0.17	0.20	0.25	0.12	0.05	0.14	0.11	0.06	0.23	0.18	0.12	0.13	0.22	0.10	0.19	0.08	0.13	0.21	0.32	0.13	0.21	0.32	0.20	0.22	0.17	0.23	0.23	0.33	1.00							
40	0.07	0.07	0.23	0.19	0.20	0.30	0.19	0.26	0.33	0.18	0.26	0.33	0.23	0.14	0.20	0.07	0.11	0.12	0.16	0.16	0.14	0.14	0.15	0.12	0.24	0.16	0.32	0.22	0.26	0.30	0.33	0.26	0.30	0.33	0.15	0.21	0.11	0.25	1.00						
41	0.15	0.15	0.33	0.25	0.26	0.20	0.19	0.11	0.23	0.15	0.14	0.14	0.15	0.20	0.07	0.11	0.21	0.16	0.16	0.16	0.05	0.06	0.24	0.21	0.23	0.22	0.21	0.26	0.30	0.22	0.21	0.20	0.30	0.23	0.22	0.21	0.18	0.33	0.45	1.00					
42	0.29	0.43	0.28	0.45	0.48	0.44	0.42	0.48	0.35	0.29	0.20	0.11	0.29	0.25	0.18	0.16	0.04	0.28	0.21	0.21	0.21	0.21	0.29	0.19	0.25	0.04	0.17	0.28	0.17	0.15	0.15	0.22	0.29	0.25	0.24	0.25	0.30	0.29	0.29	0.35	1.00				
43	0.27	0.35	0.25	0.45	0.40	0.35	0.33	0.40	0.40	0.20	0.11	0.19	0.33	0.29	0.18	0.09	0.11	0.16	0.28	0.30	0.30	0.17	0.14	0.13	0.10	0.14	0.13	0.21	0.19	0.18	0.08	0.22	0.20	0.27	0.24	0.20	0.25	0.42	0.35	0.25	0.50	1.00			
44	0.29	0.30	0.21	0.33	0.35	0.37	0.29	0.48	0.41	0.23	0.35	0.22	0.28	0.32	0.28	0.17	0.14	0.47	0.25	0.21	0.21	0.29	0.19	0.25	0.18	0.33	0.16	0.28	0.31	0.31	0.32	0.30	0.29	0.27	0.24	0.20	0.24	0.35	0.42	0.28	0.36	0.29	1.00		
45	0.35	0.41	0.33	0.38	0.33	0.35	0.37	0.60	0.52	0.22	0.41	0.15	0.26	0.30	0.20	0.17	0.25	0.44	0.24	0.24	0.20	0.28	0.19	0.29	0.17	0.32	0.15	0.27	0.30	0.30	0.30	0.24	0.29	0.40	0.40	0.33	0.26	0.48	0.33	0.26	0.48	0.33	0.82	1.00

注：1～45 为材料序号，同表 3-9。

2）种间和种内图谱差异比较

45 份供试材料共出现了 43 种不同的电泳图谱，除 *Leymus karelinii*（PI 598529、PI 598534）和 *L. multicaulis*（PI 440327、PI 499520）各有两个不同编号的材料具有相同的醇溶蛋白电泳图谱外，其余 41 份材料都具有独自的醇溶蛋白电泳图谱。不同物种或同种不同来源材料的醇溶蛋白电泳图谱差异明显，易于区分，说明醇溶蛋白电泳图谱可以作为鉴定赖草属植物的指纹图谱，用于区分和鉴定赖草属植物种间及种内不同来源的材料。

从不同材料的电泳图谱看，赖草属植物的醇溶蛋白差异和形态差异一样，也是种间差异大于种内差异。不同物种的醇溶蛋白电泳图谱差异较大，同一物种不同来源的材料具有基本相似的醇溶蛋白电泳图谱。有的物种在种内也存在明显的醇溶蛋白带型差异，如 *Leymus multicaulis*、*L. racemosus* 和 *L. ramosus*；其他物种种内不同材料间大多数都存在带纹多少的差异（图 3-4）。结果表明赖草属植物的醇溶蛋白多态性与材料收集地有一定的关系。

43 种不同的电泳图谱可以明显地分为 3 种类型：①*Leymus chinensis*、*L. cinereus*、*L. condensatus*、*L. erianthus*、*L. innovatus*、*L. salinus* 和 *L. triticoides* 的醇溶蛋白带纹主要分布于 ω 区，β 区和 α 区有一定数量的带纹，而 γ 区几乎没有带纹出现；②*Leymus akmolinensis*、*L. alaicus* ssp. *karataviensis*、*L. ambiguus*、*L. angustus*、*L. ramosus* 和 *L. secalinus* 的醇溶蛋白带纹主要分布于 ω 区和 α 区，β 区和 γ 区有少量的带纹；③*Leymus karelinii*、*L. multicaulis*、*L. arenarius*、*L. hybrid*、*L. mollis*、*L. paboanus*、*L. pseudoracemosus* 和 *L. racemosus* 的醇溶蛋白带纹在 α 区、β 区和 γ 区分布较多，而在 ω 区的高分子量醇溶蛋白却相对较少。

3）遗传相似性系数分析

45 份供试赖草属材料之间的醇溶蛋白遗传相似性系数（Jaccard 系数）见表 3-10。供试材料的遗传相似性系数变化范围为 0.04～1.00，平均值为 0.28，进一步说明赖草属植物具有丰富的醇溶蛋白遗传多样性。编号为 PI 598529 和 PI 598534 的两份 *Leymus karelinii* 具有相同的醇溶蛋白图谱，它们的醇溶蛋白遗传相似性系数为 1.00，可以将它们视为同一材料。类似地，编号为 PI 440327 和 PI 499520 的两份 *L. multicaulis* 也可视为同一材料。

在 21 个不同种间，来源于我国甘肃的 *Leymus secalinus* 与 *L. condensatus*、*L. mollis* 之间的醇溶蛋白遗传相似性系数均只有 0.04，*Leymus condensatus* 与来源于我国新疆的 *L. ramosus* 之间的醇溶蛋白遗传相似性系数也只有 0.04，表明 *L. condensatus* 与 *L. secalinus*、*L. ramosus* 的醇溶蛋白遗传差异较大，*Leymus secalinus* 与 *L. mollis* 之间的醇溶蛋白遗传差异也较大。同样，*Leymus salinus* 与 *L. condensatus*、*L. mollis* 之间的醇溶蛋白遗传差异也相对较大，来源于美国犹他州的 *L. salinus* 与 *L. condensatus*、*L. mollis* 之间的醇溶蛋白遗传相似性系数分别为 0.05、0.06。*Leymus mollis* 与 *L. akmolinensis*、*L. erianthus* 之间的醇溶蛋白遗传差异也较大。*Leymus pseudoracemosus* 与来源于哈萨克斯坦的 *L. racemosus* 之间的醇溶蛋白遗传相似性系数最大，达 0.89，与 3 份 *L. racemosus* 的醇溶蛋白遗传相似性系数平均值为 0.61，说明 *L. pseudoracemosus* 与 *L. racemosus* 的醇溶蛋白遗传差异较小。*Leymus pseudoracemosus* 与 *L. multicaulis* 的醇溶蛋白遗传差异也较小，它与 5 份 *L. multicaulis* 的醇溶蛋白遗传相似性系数平均值为 0.69，高可达 0.85。

供试的 4 份 *Leymus karelinii* 都来自我国新疆，它们的醇溶蛋白遗传相似性系数平均值为 0.71，变化范围为 0.50～1.00。可见，这 4 份 *L. karelinii* 的醇溶蛋白变异较小。5 份 *L. multicaulis* 的醇溶蛋白变异也较小，它们的醇溶蛋白遗传相似性系数平均值为 0.63，变化范围也为 0.50～1.00。在 6 份 *L. angustus* 材料中，醇溶蛋白遗传相似性系数平均值为 0.47，变化范围为 0.33～0.74，来源于我国内蒙古的 *L. angustus* 与另外 5 份材料的醇溶蛋白遗传差异相对较大。供试的 4 份 *L. cinereus* 的醇溶蛋白遗传相似性系数为 0.25～0.80，平均值为 0.43，说明它们的醇溶蛋白遗传差异也较大。

4）聚类分析

对 45 份赖草属材料之间的醇溶蛋白遗传相似性系数按 UPGMA 法进行聚类分析，从图 3-5 的聚类结果可以看出，45 份材料聚为三大类：第一大类（Ⅰ）包括 *Leymus akmolinensis*、*L. innovatus*、*L. alaicus* ssp. *karataviensis*、*L. angustus*、*L. secalinus*、*L. triticoides*、*L. chinensis*、*L. ramosus*、*L. cinereus*、*L. ambiguus* 和 *L. erianthus*；第二类（Ⅱ）包括 *L. arenarius*、*L. karelinii*、*L. hybrid*、*L. multicaulis*、*L. paboanus*、*L. pseudoracemosus*、*L. racemosus*、*L. mollis* 和 *L. condensatus*；*Leymus salinus* 单独聚为第三类（Ⅲ）。第一类又可分为 5 个亚类：第一亚类（Ⅰa）包括 *L. akmolinensis*、*L. innovatus*、*L. alaicus* ssp. *karataviensis*、*L. angustus*、*L. secalinus* 和 *L. triticoides*；*Leymus chinensis*、*L. ramosus*、*L. cinereus* 分别为第二（Ⅰb）、三（Ⅰc）、四（Ⅰd）亚类；*Leymus ambiguus* 和 *L. erianthus* 为第五亚类（Ⅰe）。在第二类中，*Leymus karelinii*、*L. hybrid*、*L. multicaulis*、*L. mollis*、*L. paboanus*、*L. pseudoracemosus*、*L. racemosus* 先聚在一起，再与 *L. arenarius* 聚类，最后与 *L. condensatus* 聚类。

一般来说，同一物种的不同居群聚类在一起，形态相似、地理分布一致或邻近区域的物种聚类在一起，反映出较近的亲缘关系。

2. 赖草属与近缘属二倍体物种的醇溶蛋白分析

本书利用酸性聚丙烯酰胺凝胶电泳对赖草属及其近缘属植物的醇溶蛋白进行了检测分析，探讨了赖草属与近缘属的亲缘关系。供试材料包括赖草属 12 种、冠麦草属 1 种、南麦属 1 种、冰草属 1 种、拟鹅观草属 3 种、新麦草属 2 种和大麦属 2 种，共 7 个属 22 个物种。其中除赖草属物种外，其他 10 个物种均为小麦族多年生二倍体物种。所有材料由四川农业大学小麦研究所种质库和美国国家植物种质资源库（National Germplasm Repositories，USA）提供。凭证标本藏于四川农业大学小麦研究所种质资源库和植物标本室（SAUTI）。供试材料的名称、染色体组组成、编号、来源见表 3-11。

1）多态性分析

以中国春小麦作为对照，赖草属及其近缘属植物的醇溶蛋白图谱如图 3-6 所示。

22 份供试材料共出现了 22 种不同的电泳图谱，每份材料都具有易于区分的醇溶蛋白电泳图谱，电泳图谱表现出了很大的变异，即呈现出醇溶蛋白丰富的遗传多样性，反映在各材料间的电泳图谱带型上具有数量和染色深浅不同的带纹。

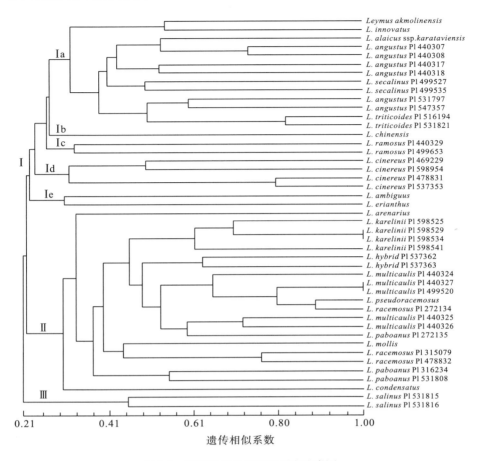

图 3-5　赖草属物种的醇溶蛋白聚类图

表 3-11　醇溶蛋白分析供试的赖草属和近缘属植物

序号	种名	编号	染色体组	染色体数目/条	来源
1	*Leymus triticoides*	PI 516195	**NsXm**	28	美国
2	*L. ramosus*	PI 499653	**NsXm**	28	中国
3	*L. angustus*	PI 440308	**NsXm**	84	俄罗斯
4	*L. arenarius*	PI 272126	**NsXm**	28	哈萨克斯坦
5	*L. multicaulis*	PI 440325	**NsXm**	28	哈萨克斯坦
6	*L. karelinii*	PI 598534	**NsXm**	84	中国
7	*L. paboanus*	PI 272135	**NsXm**	56	爱沙尼亚
8	*L. cinereus*	PI 598954	**NsXm**	28	加拿大
9	*L. chinensis*	PI 619486	**NsXm**	28	中国
10	*L. pseudoracemosus*	PI 531810	**NsXm**	28	中国
11	*L. hybrid*	PI 537362	**NsXm**	28	美国
12	*L. racemosus*	PI 598806	**NsXm**	56	俄罗斯
13	*Lophopyrum elongatum*	PI 574516	**E^e**	14	阿根廷
14	*Australopyrum retrofractum*	PI 531553	**W**	14	澳大利亚
15	*Agropyron cristatum*	PI 598645	**P**	14	哈萨克斯坦

续表

序号	种名	编号	染色体组	染色体数目/条	来源
16	*Pseudoroegneria stipifolia*	PI 314058	**St**	14	俄罗斯
17	*Pse. strigosa*	PI 531752	**St**	14	爱沙尼亚
18	*Pse. libanotica*	PI 228391	**St**	14	伊朗
19	*Psathyrostachys huashanica*	ZY 3157	**Ns**	14	中国
20	*Psa. juncea*	PI 430871	**Ns**	14	俄罗斯
21	*Hordeum chilense*	PI 531781	**H**	14	阿根廷
22	*H. bogdanii*	Y 2019	**H**	14	中国

22 份材料共分离出 52 条迁移率不同的醇溶蛋白带纹，每份材料可分离出 9～24 条带纹，22 份材料共分离出 370 条带纹，平均为 16.8 条。赖草属 12 份材料分离出 13～23 条带纹，平均为 18.3 条，其中 *Leymus pseudoracemosus* 分离出的带纹最少，仅有 13 条，*L. multicaulis* 分离出的带纹最多，共有 23 条；冠麦草属 *Lophopyrum elongatum* 分离出的带纹为 12 条；南麦属 *Australopyrum retrofractum* 分离出的带纹为 9 条；冰草属 *Agropyron cristatum* 分离出的带纹为 12 条；拟鹅观草属 3 个材料均分离出 20～21 条带纹，平均为 20.3 条；新麦草属 2 个材料分离出 11～24 条带纹，平均为 17.5 条；大麦属 2 个材料分离出 9～12 条带纹，平均为 10.5 条。*Hordeum chilense* 和 *H. bogdanii* 的醇溶蛋白带纹主要分布于 γ 区和 β 区，而 ω 区和 α 区几乎没有分布。

赖草属、冠麦草属、南麦属、冰草属、拟鹅观草属、新麦草属和大麦属的醇溶蛋白图谱在带纹的分布、粗细及着色深浅上均表现出差异，表明这 7 个属物种的遗传差异较大。22 份材料分离出的 52 条迁移率不同的带纹中，没有 22 份材料共有的带纹，即 22 份材料的多态性达 100%，表明这 7 个属属间及种间的醇溶蛋白多态性极高，醇溶蛋白差异大。

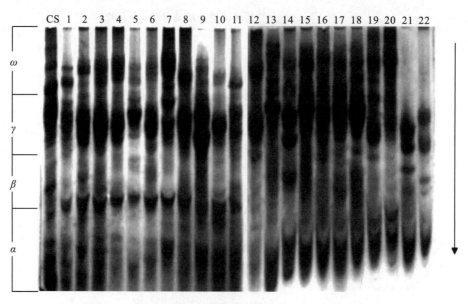

图 3-6　赖草属和近缘属物种的醇溶蛋白 APAGE 电泳图谱

注：1～22 为材料序号，同表 3-11；CS 为中国春小麦。

2) 遗传相似系数和聚类分析

22 份供试材料间的醇溶蛋白遗传相似性系数（Jaccard 系数）变化范围为 0.000～0.930（表 3-12）。根据相似系数资料用 UPGMA 法聚类，聚类结果见图 3-7。结果表明具有相似染色体组的物种能很好地聚在一起。在遗传相似系数为 0.44 时，供试的 22 份材料分为 4 支。第 I 支：仅包含具有 **H** 染色体组的 *Hordeum chilense* 和 *H. bogdanii* 2 个物种，表明大麦属与赖草属的亲缘关系最远。第 II 支：*Psathyrostachys huashanica* 单独聚类。供试材料中新麦草属有 *Psa. huashanica* 和 *Psa. juncea* 2 个物种，而 *Psa. juncea* 却与 *Psa. huashanica* 聚类较远，反而与 *Leymus* 其他物种聚为一支。虽然两者都具有相似的 **Ns** 染色体组，但地理分布和生境不同，*Psa. huashanica* 为分布于中国秦岭山脉华山段的特有种，而 *Psa. juncea* 来源于俄罗斯和土耳其，使得它们在遗传上表现出很大的变异。第 III 支：比较复杂，包括 *Pseudoroegneria stipifolia*、*Pse. strigosa*、*Pse. libanotica* 和 *Australopyrum retrofractum*、*Agropyron cristatum* 及 *Lophopyrum elongatum*。明显分为 3 个亚支，*Pseudoroegneria* 的 3 个物种聚为IIIa 类，*Australopyrum retrofractum* 单独聚为IIIb 类，*Agropyron cristatum* 和 *Lophopyrum elongatum* 聚为IIIc 类。具有 **St** 染色体组的 *Pseudoroegneria stipifolia*、*Pse. strigosa*、*Pse. libanotica* 能先聚在一起，说明这三个物种具有较高的遗传相似性。第 IV 支：包括 *Leymus* 的 12 个物种和 *Psathyrostachys juncea*。明显分为 3 个亚支，*L. triticoides*、*L. angustus* 和 *L. arenarius* 先聚在一起，再与 *L. ramosus*、*Psa. juncea* 一起聚为IVa 类；*L. multicaulis*、*L. hybrid*、*L. chinensis* 先聚在一起，再与 *L. karelinii*、*L. paboanus* 和 *L. cinereas* 一起聚为IVb 类；*L. pseudoracemosus* 单独聚为IVc 类。

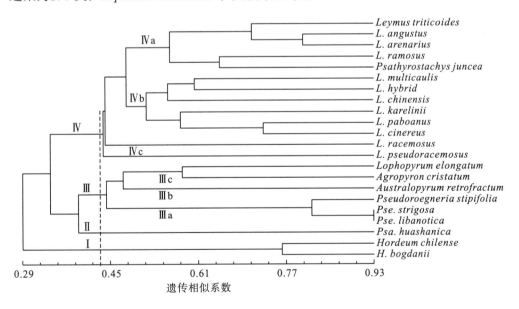

图 3-7　赖草属和近缘属物种的醇溶蛋白聚类图

表 3-12　赖草属和近缘属属种醇溶蛋白遗传相似系数

序号	1	2	3	4	5	6	7	8	9	10	11	12	13	14	15	16	17	18	19	20	21	22
1	1.000																					
2	0.600	1.000																				
3	0.714	0.700	1.000																			
4	0.700	0.579	0.800	1.000																		
5	0.500	0.429	0.545	0.571	1.000																	
6	0.359	0.541	0.410	0.432	0.537	1.000																
7	0.421	0.611	0.474	0.444	0.550	0.629	1.000															
8	0.541	0.629	0.432	0.457	0.513	0.529	0.727	1.000														
9	0.564	0.486	0.410	0.432	0.537	0.444	0.514	0.588	1.000													
10	0.353	0.500	0.471	0.313	0.333	0.516	0.467	0.552	0.452	1.000												
11	0.439	0.462	0.439	0.462	0.605	0.526	0.432	0.556	0.579	0.485	1.000											
12	0.444	0.471	0.500	0.412	0.421	0.364	0.438	0.323	0.485	0.429	0.514	1.000										
13	0.364	0.387	0.424	0.452	0.400	0.400	0.414	0.357	0.333	0.320	0.313	0.296	1.000									
14	0.200	0.286	0.200	0.143	0.188	0.296	0.154	0.240	0.296	0.267	0.273	0.069	0.000	1.000								
15	0.303	0.194	0.303	0.387	0.343	0.267	0.207	0.214	0.444	0.421	0.240	0.313	0.222	0.476	1.000							
16	0.537	0.462	0.488	0.410	0.512	0.421	0.324	0.444	0.324	0.308	0.364	0.450	0.583	0.345	0.438	1.000						
17	0.476	0.400	0.429	0.400	0.500	0.359	0.211	0.324	0.308	0.294	0.341	0.424	0.500	0.467	0.424	0.829	1.000					
18	0.488	0.462	0.439	0.462	0.465	0.421	0.270	0.211	0.333	0.368	0.303	0.300	0.229	0.500	0.483	0.800	0.927	1.000				
19	0.313	0.333	0.500	0.333	0.353	0.276	0.286	0.270	0.296	0.207	0.417	0.194	0.231	0.348	0.400	0.323	0.500	0.452	1.000			
20	0.489	0.651	0.578	0.419	0.553	0.571	0.537	0.537	0.450	0.429	0.432	0.455	0.513	0.444	0.364	0.545	0.533	0.545	0.629	1.000		
21	0.200	0.286	0.400	0.286	0.313	0.296	0.308	0.308	0.240	0.222	0.273	0.345	0.250	0.286	0.381	0.276	0.200	0.207	0.400	0.424	1.000	
22	0.242	0.323	0.424	0.258	0.286	0.333	0.207	0.207	0.143	0.200	0.320	0.375	0.167	0.286	0.417	0.375	0.303	0.313	0.348	0.444	0.762	1.000

注：1～22 为材料序号，同表 3-11。

3.3.2　赖草属与近缘属植物的 EST 和 SOD 同工酶分析

同工酶是指具有相同功能而结构与性质不同的酶分子，是基因表达的直接产物。因为脱氧核糖核酸的核苷酸顺序和蛋白质的氨基酸顺序有共线形关系，进化中形成不同生物的不同基因组成会反映在同工酶谱上，从而构成了同工酶谱的种属专一性。即由生化表现型反映基因型，将宏观的遗传现象结合到微观的分子水平，利用同工酶电泳分析方法，可鉴别许多从外部形态特征上难以鉴别的遗传变异，是研究物种起源、演化、物种亲缘关系及变异程度比较有效的手段之一（周光宇，1983；吴文瑜，1990）。酯酶（Estevase，EST）同工酶和超氧化物歧化酶（superoxide dismutase，SOD）同工酶因其组织特异性和遗传多样性而被广泛应用于小麦族植物系统发生、物种亲缘关系及生物多样性研究（李继耕，1980；刘芳和孙根楼，1997）。

表 3-13　同工酶分析供试的赖草属和近缘属植物

序号	种名	编号	染色体组	染色体数目/条	来源
1	*Leymus triticoides*	PI 516195	**NsXm**	28	美国
2	*L. ramosus*	PI 499653	**NsXm**	28	中国
3	*L. angustus*	PI 440308	**NsXm**	84	俄罗斯
4	*L. arenarius*	PI 272126	**NsXm**	28	哈萨克斯坦
5	*L. multicaulis*	PI 440325	**NsXm**	28	哈萨克斯坦
6	*L. karelinii*	PI 598534	**NsXm**	84	中国
7	*L. secalinus*	Y 040	**NsXm**	28	中国
8	*L. tianschanicus*	Y 2036	**NsXm**	84	中国
9	*L. paboanus*	PI 272135	**NsXm**	56	爱沙尼亚
10	*L. cinereus*	PI 598954	**NsXm**	28	加拿大
11	*L. chinensis*	PI 619486	**NsXm**	28	中国
12	*L. pseudoracemosus*	PI 531810	**NsXm**	28	中国
13	*L. hybrid*	PI 537362	**NsXm**	28	美国
14	*L. racemosus*	PI 598806	**NsXm**	56	俄罗斯
15	*Lophopyrum elongatum*	PI 574516	**E**^{e}	14	阿根廷
16	*Australopyrum retrofractum*	PI 531553	**W**	14	澳大利亚
17	*Agropyron cristatum*	PI 598645	**P**	14	哈萨克斯坦
18	*Pseudoroegneria stipifolia*	PI 314058	**St**	14	俄罗斯
19	*Pse. strigosa*	PI 531752	**St**	14	爱沙尼亚
20	*Pse. libanotica*	PI 228391	**St**	14	伊朗
21	*Psathyrostachys huashanica*	ZY 3157	**Ns**	14	中国
22	*Psa. juncea*	PI 430871	**Ns**	14	俄罗斯
23	*Hordeum chilense*	PI 531781	**H**	14	阿根廷
24	*H. bogdanii*	Y 2019	**H**	14	中国

本书利用 EST 和 SOD 同工酶分析了赖草属及其近缘属二倍体物种的亲缘关系。供试材料包括 14 个赖草属物种和 10 个小麦族多年生二倍体物种，共 24 份材料。所有材料均由四川农业大学小麦研究所种质库和美国国家植物种质资源库提供。供试材料的名称、染色体组组成、编号、来源见表 3-13。

1. EST 同工酶分析

24 份供试材料分离出 24 份不同的 EST 同工酶图谱，共迁移出 29 条不同 Rf 值(retention factor value)的酶带，且酶带在数量、组合和染色深浅上均表现出很大的差异(图 3-8)。每份材料的酶带数为 4～15 条，最少的是 *Australopyrum retrofractum* 仅有 4 条，最多的为 *Pseudoroegneria stipifolia* 有 15 条，这 2 份材料均为小麦族多年生二倍体物种。

在赖草属 14 份材料中，每份材料的酶带数为 4～12 条，平均酶带数为 8.57 条，最少的是四倍体的 *Leymus arenarius* 和 *L. hybrid* 均仅有 4 条，最多的是十二倍体的 *L. karelinii* 有 12 条。在供试的 14 份赖草属材料中，没有出现它们的共有酶带，E23 带在赖草属材料中的分布频率最高，为 92.9%。拟鹅观草属的 3 份材料出现了 6 条共有酶带，分别为 E6 带、E12 带、E15 带、E17 带、E19 带和 E23 带，平均酶带数为 13.7 条。新麦草属 2 份材料的共有酶带是 E23 带，平均酶带数为 7.5 条。大麦属的 2 份材料有 4 条共有酶带，分别为 E4 带、E9(弱)带、E10(弱)带和 E29(弱)带，平均酶带数为 8.5 条。在 29 条不同 Rf 值的酶带中，没有 1 条酶带为 24 份材料所共有，即 24 份材料的多态性高达 100%。在所有材料中，E23 带的分布频率最高，为 79.16%，E1 带、E8 带、E24～E27 带的分布频率最低，均为 3.85%，表明这 24 个物种的酯酶同工酶遗传差异较大。

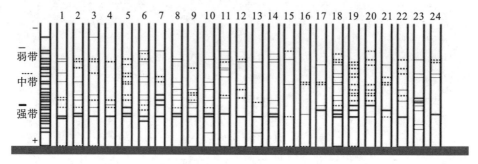

图 3-8　赖草属和近缘属材料的 EST 同工酶模式图

注：1～24 为材料序号，同表 3-13。

2. SOD 同工酶分析

24 份供试材料的 SOD 同工酶模式图如图 3-9 所示。24 份材料共分离出 16 条不同 Rf 值的酶带，每份材料的酶带数为 3～11 条。最少的是 *Hordeum chilense* 和 *H. bogdanii*，均仅有 3 条；最多的是四倍体的 *Leymus cinereus*，有 11 条。

在供试的 14 份赖草属材料中，每份材料的酶带数为 5～11 条，平均酶带数为 7.79 条。最少的是四倍体的 *Leymus paboanus*，仅有 5 条；最多的是 *L. cinereus*，有 11 条。它们具有 2 条共有酶带，为 S15(强)带和 S16 带。拟鹅观草属的 3 份材料出现了 5 条共有酶带，分别为 S8(中)带、S9(中)带、S10 带、S15(强)带和 S16 带，平均酶带数为 6 条。新麦草

属的 2 份材料出现了 6 条共有酶带，分别为 S4(中)带、S8(中)带、S9 带、S10(弱)带、
S15(强)带和 S16 带，平均酶带数为 7.5 条。大麦属 2 份材料的 SOD 同工酶带高度一致，
有 3 条共有酶带，分别为 S4(中)带、S15(强)带和 S16(强)带。在 16 条不同 Rf 值的酶带
中，出现了一条酶带(S16 带)为 24 份材料所共有，而 S3 带、S12 带在所有材料中的分布
频率最低，均为 3.85%。通过 SOD 同工酶谱，特别是各属间的特征酶谱，可以将拟鹅观
草属、新麦草属和大麦属很好地区分开来。

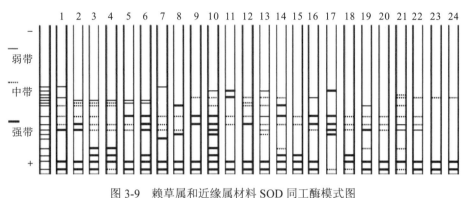

图 3-9　赖草属和近缘属材料 SOD 同工酶模式图

注：1~24 为材料序号，同表 3-13。

3. 赖草属与近缘属的同工酶聚类分析

把 24 份材料所分离的 EST 和 SOD 同工酶谱带结合起来进行聚类分析，有酶带的记
为 1，无酶带的记为 0，逐一转化成二项数据表，然后用 NTSYSpc2.1 聚类软件进行分析，
聚类结果见图 3-10。物种间遗传相似系数变化范围为 0.42~0.81，表明各物种的亲缘关系

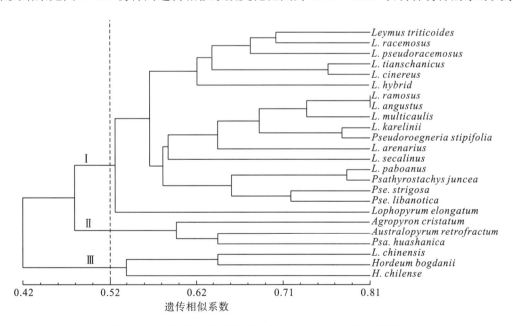

图 3-10　赖草属与近缘属材料 EST 和 SOD 同工酶的聚类图

有较大的差异。在遗传相似系数为 0.52 时，供试的 24 份材料分为三大类：除 *Leymus chinensis* 之外的赖草属物种与 *Pseudoroegneria* 的 3 份材料和 *Psathyrostachys juncea* 及 *Lophopyrum elongatum* 聚为 I 类；*Australopyrum retrofractum* 先与 *Psathyrostachys huashanica* 聚在一起，再和 *Agropyron cristatum* 一起聚为 II 类；*Hordeum bogdanii* 先与 *Leymus chinensis* 聚在一起，再和 *Hordeum chilense* 一起聚为 III 类。

3.4　分子标记研究

3.4.1　赖草属植物的 RAPD 标记分析

　　RAPD 技术所提供的信息能够很好地反映小麦族植物的遗传多样性及其属间、种间、种内不同居群间或不同基因组间的亲缘关系。Wei 等(1997)利用 RAPD 技术分析了来自不同地域的新麦草，并对 RAPD 的反应条件进行了优化。孔令让等(1998)用 RAPD 技术对 29 份原产地不同、分属于两个亚种的粗山羊草(节节麦)进行了分析，结果表明原产于中国的粗山羊草的基因组 DNA 多态性低于伊朗和俄罗斯的材料。张继益等(1999)利用 RAPD 技术对旱麦草属(*Eremopyrum*)进行了多样性分析和部分材料的物种鉴别，认为中东和我国新疆的旱麦草属具有较丰富的遗传多样性，为该属种质资源的收集、保存和利用提供了理论依据。周永红等(1999a，1999b，2000)运用 RAPD 技术对披碱草属(狭义)、鹅观草属和仲彬草属的部分物种进行了种间关系探讨，其研究结果基本上同形态学、细胞学和同工酶等分析结果相吻合。Wei 和 Wang(1995)用 RAPD 技术分析了小麦族中 22 个多年生的二倍体物种，描述了小麦族中 8 个基本基因组(E、H、I、P、St、W、Ns、R)之间的亲缘关系。结果表明具有多种 Ns 基因组的 4 个新麦草属物种的亲缘关系最近；E^e 和 E^b 基因组具有类似的密切亲缘关系，并且与其他所有被分析的基因组不同；P、R 和 St 基因组归为一组，H 和 I 基因组归为另一组，W 基因组与所有被分析的基因组的关系明显较远。其研究结果与经典细胞遗传学方法所得结果相吻合。周永红(1998)分析了 StY、StH、St、H、StP、PP、StYP 和 StHY 基因组的关系，结果表明所分析的基因组(或组合)存在较大差异，StY 和 StHY 基因组的关系最近，H 和 StYP 基因组的关系最远，St 和 P 基因组的关系比它们与 H 基因组的关系更近，含 St 基因组的不同组合 StP、StY、StH(*Hystrix*)、StH(*Elymus*)和 StYP、StHY 与 St 基因组有一定的关系，但是 St 与 StP 基因组的遗传关系最近，从而支持形态学和染色体组分析资料把 St、StP 基因组放在拟鹅观草属(*Pseudoroegneria*)中。孔秀英等(1999)利用 RAPD 技术对山羊草属的 5 个基本基因组及普通小麦"中国春"的 ABD 基因组进行分析，表明普通小麦的 ABD 基因组与 S 基因组亲缘关系最近，C 与 U 基因组具有比较近的亲缘关系，D 基因组与其他基因组的亲缘关系比较远。

　　1. 赖草属植物的 RAPD 遗传多样性分析

　　本书利用 RAPD 标记技术探讨了赖草属植物的遗传变异和系统亲缘关系。按照 Tzvelev(1976)的赖草属分类系统，分别选取 Sect. *Leymus* Hochst. 4 种(6 份)、Sect.

Aphanoneuron（Nevski）Tzvel. 6 种（或亚种）（14 份）、Sect. *Anisopyrum*（Griseb.）Tzvel. 10 种（20 份）作为供试材料。40 份材料的序号、物种名称、组名、来源及编号见表 3-14。所有材料均由美国国家植物种质资源库提供。

1）多态性分析

共选用 51 个随机引物进行 PCR 扩增，从中筛选出谱带清晰并呈现多态的引物 34 个（66.67%），并对这 34 个引物的扩增结果进行统计，结果见表 3-15。

34 个引物共产生 352 条扩增带，不同引物的扩增带数变化范围为 5～15 条，平均每个引物可扩增 10.35 条谱带。图 3-11 为引物 OPA-07 的扩增结果。352 条扩增带中有 15 条谱带在 40 份材料之间无多态性，337 条谱带为多态性扩增带，占总扩增带的 95.74%，每个引物可扩增出 5～14 条多态性带，平均为 9.91 条。结果表明赖草属植物具有丰富的遗传多样性，其种间和种内不同材料间的 RAPD 变异大，多态性较高。

表 3-14　RAPD 和 RAMP 分析供试的赖草属植物

序号	物种	组名	来源地	编号
1	*Leymus akmolinensis*	*Aphanoneuron*	俄罗斯	PI 440306
2	*L. alaicus* ssp. *karataviensis*	*Aphanoneuron*	哈萨克斯坦阿拉木图	PI 314667
3	*L. ambiguus*	*Anisopyrum*	美国科罗拉多	PI 531795
4	*L. angustus*	*Aphanoneuron*	哈萨克斯坦	PI 440307
5			哈萨克斯坦	PI 440308
6			俄罗斯	PI 440317
7			俄罗斯	PI 440318
8			中国新疆	PI 531797
9			中国内蒙古	PI 547357
10	*L. arenarius*	*Leymus*	哈萨克斯坦阿拉木图	PI 272126
11	*L. cinereus*	*Anisopyrum*	加拿大萨斯其万	PI 469229
12			美国蒙大拿	PI 478831
13			美国爱达荷	PI 537353
14	*L. condensatus*	*Anisopyrum*	比利时安特卫普	PI 442483
15	*L. erianthus*	*Anisopyrum*	阿根廷	W6 13826
16	*L. hybrid*	*Anisopyrum*	美国内华达	PI 537362
17			美国内华达	PI 537363
18	*L. innovatus*	*Anisopyrum*	加拿大	PI 236818
19	*L. karelinii*	*Aphanoneuron*	中国新疆	PI 598529
20			中国新疆	PI 598534
21	*L. mollis*	*Leymus*	美国阿拉斯加	PI 567896
22	*L. multicaulis*	*Anisopyrum*	哈萨克斯坦	PI 440324
23			哈萨克斯坦	PI 440325
24			哈萨克斯坦	PI 440326
25			哈萨克斯坦	PI 440327

序号	物种	组名	来源地	编号
26			中国新疆	PI 499520
27	*L. paboanus*	*Aphanoneuron*	哈萨克斯坦	PI 272135
28			爱沙尼亚	PI 531808
29	*L. pseudoracemosus*	*Leymus*	中国青海	PI 531810
30	*L. racemosus*	*Leymus*	俄罗斯	PI 315079
31			美国蒙大拿	PI 478832
32			爱沙尼亚	PI 531811
33	*L. ramosus*	*Anisopyrum*	中国新疆	PI 499653
34			俄罗斯	PI 502404
35	*L. salinus*	*Anisopyrum*	美国犹他	PI 531816
36	*L. secalinus*	*Aphanoneuron*	中国甘肃	PI 499527
37			中国新疆	PI 499535
38	*L. triticoides*	*Anisopyrum*	美国俄勒冈	PI 516194
39			美国内华达	PI 531821
40			美国内华达	PI 537357

表 3-15　赖草属植物 RAPD 引物及其序列和扩增结果

引物	序列(5'→3')	总扩增带数/条	多态性扩增带/条
OPA-06	GGTCCCTGAC	13	13
OPA-07	GAAACGGGTG	13	13
OPA-08	GTGACGTAGG	8	7
OPA-09	GGGTAACGCC	6	6
OPA-10	GTGATCGCAG	7	6
OPA-11	CAATCGCCGT	12	12
OPA-12	TCGGCGATAG	14	14
OPA-16	AGCCAGCGAA	13	13
OPA-19	CAAACGTCGG	14	13
OPA-20	GTTGCGATCC	6	7
OPB-01	GTTTCGCTCC	12	12
OPB-06	TGCTCTGCCC	11	10
OPB-07	GGTGACGCAG	7	7
OPB-10	CTGCTGGGAC	9	9
OPB-17	AGGGAACGAG	5	5
OPB-18	CCACAGCAGT	11	11
OPB-19	ACCCCCGAAG	9	8
OPB-20	GGACCCTTAC	12	12
OPH-03	AGACGTCCAC	11	11
OPH-05	AGTCGTCCCC	8	8
OPH-06	ACGCATCGCA	11	10

续表

引物	序列(5'→3')	总扩增带数/条	多态性扩增带/条
OPH-07	CTGCATCGTG	12	12
OPH-08	GAAACACCCC	10	10
OPH-11	CTTCCGCAGT	14	14
OPH-12	ACGCGCATGT	8	6
OPH-13	GACGCCACAC	11	11
OPH-14	ACCAGGTTGG	10	10
OPH-16	TCTCAGCTGG	10	9
OPH-17	CACTCTCCTC	15	14
OPH-19	CTGACCAGCC	9	7
OPR-02	TCGGCACGCA	13	13
OPR-05	CCCCGGTAAC	8	7
OPR-12	AAGGGCGAGT	11	10
OPR-17	TGACCCGCCT	7	7
总计	34	352	337

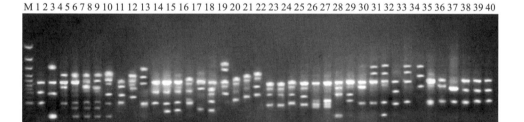

图 3-11 RAPD 引物 OPA-07 的 PCR 扩增图谱

注：1~40 为材料序号，同表 3-14；M 代表分子量。

2) 遗传相似性系数分析

在 NTSYS-pc 软件中计算 40 份材料间的 Jaccard 遗传相似性系数(GS)，结果见表 3-16。供试材料间的 GS 值变化范围为 0.15~0.68，平均值为 0.30。20 个分类群之间的 GS 值变化范围为 0.15~0.47，*Leymus innovatus* 与两份 *L. karelinii* 的平均 GS 值最大，为 0.47，遗传关系相对较近；*Leymus arenarius* 与 *L. pseudoracemosus* 之间的 GS 值最小，仅为 0.15，遗传关系相对较远；*Leymus mollis* 与来源于俄罗斯的 *L. angustus*(PI 440317)之间的遗传关系较远，其 GS 值只有 0.15。两份 *L. multicaulis*(PI 440327、PI 499520)之间的 GS 值最大，达 0.68，同种不同材料间 GS 值最小的也在多枝赖草种内，编号为 PI 440324 与 PI 440326 的两份多枝赖草之间的 GS 值为 0.30。表明在多枝赖草种内的不同材料间也存在较大的 RAPD 遗传变异。

3) 聚类分析

根据遗传相似性系数，按 UPGMA 法进行聚类，得到供试材料的聚类图(图 3-12)。

表 3-16　赖草属 RAPD 遗传相似性系数

序号	1	2	3	4	5	6	7	8	9	10	11	12	13	14	15	16	17	18	19	20	21	22	23	24	25	26	27	28	29	30	31	32	33	34	35	36	37	38	39	40
1	1.00																																							
2	0.42	1.00																																						
3	0.32	0.35	1.00																																					
4	0.45	0.39	0.36	1.00																																				
5	0.37	0.35	0.38	0.53	1.00																																			
6	0.33	0.38	0.33	0.40	0.48	1.00																																		
7	0.38	0.43	0.34	0.40	0.49	0.57	1.00																																	
8	0.29	0.29	0.34	0.38	0.38	0.33	0.38	1.00																																
9	0.34	0.38	0.25	0.42	0.37	0.34	0.41	0.42	1.00																															
10	0.19	0.25	0.20	0.23	0.22	0.22	0.21	0.26	0.26	1.00																														
11	0.26	0.27	0.37	0.27	0.24	0.29	0.31	0.26	0.17	0.31	1.00																													
12	0.31	0.29	0.37	0.39	0.30	0.30	0.33	0.34	0.37	0.24	0.41	1.00																												
13	0.28	0.29	0.35	0.34	0.32	0.27	0.29	0.33	0.32	0.21	0.44	0.51	1.00																											
14	0.29	0.20	0.19	0.30	0.22	0.17	0.21	0.25	0.21	0.16	0.26	0.27	0.27	1.00																										
15	0.26	0.24	0.19	0.28	0.26	0.31	0.28	0.23	0.25	0.30	0.33	0.26	0.33	0.26	1.00																									
16	0.27	0.31	0.31	0.32	0.32	0.29	0.27	0.28	0.30	0.18	0.36	0.38	0.37	0.23	0.32	1.00																								
17	0.29	0.29	0.38	0.30	0.32	0.33	0.31	0.36	0.31	0.16	0.42	0.45	0.41	0.20	0.25	0.43	1.00																							
18	0.30	0.29	0.34	0.35	0.35	0.33	0.34	0.30	0.34	0.16	0.36	0.36	0.39	0.21	0.28	0.44	0.40	1.00																						
19	0.30	0.25	0.33	0.36	0.38	0.34	0.30	0.35	0.30	0.20	0.24	0.29	0.30	0.19	0.33	0.34	0.35	0.51	1.00																					
20	0.32	0.33	0.32	0.37	0.35	0.33	0.37	0.35	0.31	0.20	0.34	0.37	0.31	0.33	0.20	0.37	0.35	0.43	0.56	1.00																				
21	0.27	0.19	0.20	0.27	0.19	0.15	0.18	0.24	0.21	0.17	0.20	0.25	0.24	0.39	0.22	0.21	0.28	0.19	0.20	0.23	1.00																			
22	0.24	0.26	0.27	0.34	0.30	0.31	0.29	0.24	0.26	0.19	0.28	0.28	0.25	0.22	0.26	0.30	0.31	0.33	0.25	0.29	0.30	1.00																		
23	0.31	0.27	0.30	0.32	0.29	0.30	0.30	0.29	0.37	0.21	0.31	0.35	0.31	0.25	0.30	0.39	0.34	0.42	0.35	0.41	0.25	0.44	1.00																	
24	0.26	0.26	0.32	0.27	0.32	0.22	0.23	0.28	0.26	0.24	0.25	0.31	0.28	0.24	0.17	0.35	0.30	0.36	0.33	0.34	0.21	0.30	0.38	1.00																
25	0.35	0.33	0.28	0.25	0.26	0.29	0.26	0.29	0.35	0.24	0.30	0.30	0.26	0.19	0.32	0.33	0.30	0.28	0.31	0.32	0.28	0.37	0.46	0.47	1.00															
26	0.38	0.32	0.30	0.39	0.31	0.32	0.29	0.27	0.30	0.19	0.30	0.31	0.28	0.30	0.33	0.29	0.29	0.32	0.37	0.22	0.37	0.48	0.40	0.68	0.39	1.00														
27	0.31	0.34	0.26	0.37	0.34	0.30	0.32	0.36	0.31	0.17	0.25	0.29	0.30	0.36	0.17	0.25	0.29	0.34	0.26	0.33	0.33	0.35	0.40	0.35	0.40	0.39	1.00													
28	0.29	0.24	0.28	0.23	0.25	0.32	0.25	0.31	0.28	0.20	0.21	0.24	0.25	0.26	0.21	0.28	0.33	0.31	0.33	0.38	0.33	0.31	0.33	0.35	0.33	0.39	0.36	1.00												
29	0.29	0.27	0.28	0.34	0.32	0.26	0.28	0.28	0.29	0.15	0.25	0.27	0.27	0.23	0.22	0.29	0.28	0.33	0.24	0.35	0.38	0.38	0.37	0.42	0.37	0.46	0.32	0.39	1.00											
30	0.31	0.23	0.29	0.31	0.29	0.27	0.27	0.27	0.27	0.21	0.21	0.33	0.25	0.25	0.29	0.28	0.26	0.26	0.37	0.39	0.34	0.30	0.35	0.37	0.30	0.38	0.43	0.46	0.66	1.00										
31	0.29	0.24	0.28	0.32	0.35	0.30	0.30	0.31	0.30	0.24	0.22	0.29	0.24	0.27	0.26	0.25	0.31	0.36	0.36	0.32	0.20	0.27	0.24	0.28	0.32	0.29	0.34	0.43	0.50	0.47	1.00									
32	0.32	0.23	0.22	0.35	0.33	0.31	0.31	0.30	0.37	0.22	0.29	0.37	0.34	0.20	0.19	0.36	0.36	0.35	0.35	0.29	0.21	0.24	0.30	0.28	0.32	0.29	0.34	0.32	0.30	0.32	0.47	1.00								
33	0.26	0.25	0.25	0.33	0.29	0.29	0.30	0.24	0.26	0.20	0.23	0.34	0.27	0.28	0.28	0.27	0.32	0.27	0.30	0.28	0.38	0.31	0.32	0.26	0.24	0.31	0.30	0.29	0.29	0.27	0.44	0.30	1.00							
34	0.24	0.30	0.27	0.26	0.31	0.29	0.24	0.28	0.28	0.23	0.21	0.30	0.30	0.19	0.28	0.28	0.34	0.30	0.28	0.15	0.28	0.33	0.32	0.24	0.26	0.30	0.23	0.22	0.29	0.27	0.28	0.33	0.44	1.00						
35	0.30	0.30	0.26	0.31	0.23	0.24	0.28	0.29	0.34	0.21	0.25	0.28	0.28	0.28	0.29	0.24	0.28	0.28	0.26	0.22	0.18	0.28	0.32	0.32	0.30	0.28	0.23	0.18	0.35	0.28	0.32	0.32	0.34	0.34	1.00					
36	0.24	0.20	0.24	0.23	0.21	0.23	0.24	0.23	0.26	0.20	0.24	0.29	0.27	0.29	0.25	0.24	0.28	0.24	0.25	0.26	0.21	0.22	0.30	0.30	0.30	0.26	0.24	0.26	0.33	0.27	0.36	0.30	0.28	0.20	0.29	1.00				
37	0.24	0.23	0.24	0.25	0.25	0.29	0.21	0.23	0.23	0.19	0.27	0.29	0.29	0.31	0.24	0.27	0.29	0.27	0.24	0.29	0.25	0.26	0.31	0.30	0.30	0.29	0.27	0.30	0.32	0.36	0.29	0.36	0.28	0.28	0.27	0.40	1.00			
38	0.25	0.26	0.27	0.31	0.26	0.25	0.26	0.28	0.27	0.28	0.19	0.28	0.40	0.34	0.22	0.39	0.37	0.32	0.29	0.21	0.25	0.29	0.32	0.28	0.30	0.26	0.25	0.30	0.26	0.32	0.31	0.34	0.28	0.33	0.28	0.30	0.29	1.00		
39	0.24	0.28	0.28	0.29	0.28	0.28	0.28	0.30	0.34	0.31	0.28	0.30	0.34	0.34	0.20	0.34	0.34	0.31	0.31	0.25	0.19	0.32	0.28	0.30	0.30	0.27	0.28	0.27	0.31	0.34	0.34	0.33	0.33	0.30	0.34	0.30	0.34	0.47	1.00	
40	0.25	0.29	0.30	0.30	0.30	0.32	0.29	0.31	0.35	0.24	0.28	0.38	0.31	0.31	0.25	0.39	0.36	0.31	0.36	0.25	0.28	0.31	0.30	0.29	0.30	0.27	0.28	0.32	0.32	0.36	0.36	0.31	0.36	0.31	0.37	0.31	0.29	0.52	0.65	1.00

注：1～40 为材料编号，同表 3-14。

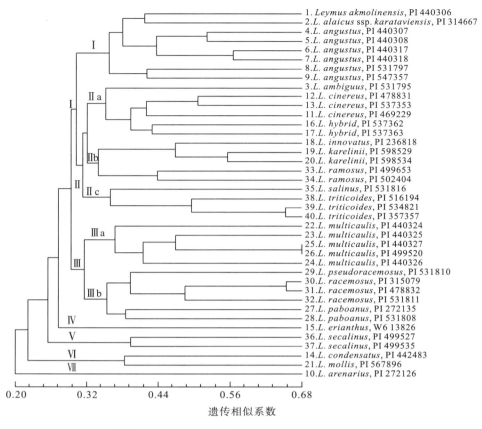

图 3-12　赖草属 RAPD 遗传相似性系数的聚类图

由图 3-12 可以看出，40 份材料在 GS 值 0.20 水平上全部聚为一类。以所有材料间的遗传相似性系数 0.32 为阈值，40 份材料聚为七大类。*Leymus akmolinensis*、*L. alaicus* ssp. *karataviensis* 和 *L. angustus* 聚为第一大类（Ⅰ）；*Leymus ambiguus*、*L. cinereus*、*L. hybrid*、*L. innovatus*、*L. karelinii*、*L. ramosus*、*L. salinus* 和 *L. triticoides* 共 8 种 15 份材料聚为第二大类（Ⅱ）；*Leymus multicaulis*、*L. pseudoracemosus*、*L. racemosus* 和 *L. paboanus* 聚为第三类（Ⅲ）；*Leymus condensatus* 和 *L. mollis* 聚为第六类（Ⅵ）；*Leymus erianthus*、*L. secalinus*、*L. arenarius* 分别单独成为第四（Ⅳ）、五（Ⅴ）和七（Ⅶ）类。

第一大类的 3 个种（亚种）均属于 Sect. *Aphanoneuron* (Nevski) Tzvel.，*Leymus akmolinensis* 与 *L. alaicus* ssp. *karataviensis* 先聚类，然后与 2 份来源于哈萨克斯坦和 2 份来源于俄罗斯的 *L. angustus* 聚类，最后与来源于我国新疆和内蒙古的 2 份 *L. angustus* 聚类。第二大类中，15 份材料又可划分为 3 个亚类：*L. ambiguus*、*L. cinereus* 和 *L. hybrid* 聚为第一亚类（Ⅱa），它们来源于美国和加拿大，属于 Sect. *Anisopyrum* (Griseb.) Tzvel.；*L. innovatus*、*L. karelinii* 和 *L. ramosus* 聚成第二亚类（Ⅱb）；来源于美国，同属 Sect. *Anisopyrum* (Griseb.) Tzvel. 的 *L. salinus* 和 *L. triticoides* 聚成第三亚类（Ⅱc）。第三大类可划分为两个亚类：5 份 *L. multicaulis* 聚为第一亚类（Ⅲa）；*L. pseudoracemosus*、*L. racemosus* 和 *L. paboanus* 聚为第二亚类（Ⅲb），其中，*L. pseudoracemosus* 和 *L. racemosus* 的形态学特征相近，二者先聚类，再与形态学特征差异较大的 *L. paboanus* 聚类。

4) 种间和种内 RAPD 遗传变异分析

利用 RAPD 标记可以将 40 份材料全部区分开，表明赖草属植物的种间和种内不同居群材料间在分子水平上均存在一定的分化，具有一定的遗传差异。在聚类时，先是同种不同材料聚在一起，再与其他物种聚类。表明赖草属植物的 RAPD 遗传变异与形态学、醇溶蛋白变异一样，也是种间变异大于种内变异。

在第一大类中，*Leymus akmolinensis* 与 *L. alaicus* ssp. *karataviensis* 的遗传关系较近；来源于哈萨克斯坦和俄罗斯与来源于我国新疆和内蒙古的 *L. angustus* 存在较大的 RAPD 遗传变异。第二大类中，*L. innovatus* 与 *L. karelinii* 的遗传关系较近；*L. karelinii* 来源于我国新疆，与来源于美国和加拿大的 *L. ambiguus*、*L. cinereus*、*L. hybrid*、*L. salinus* 和 *L. triticoides* 之间的遗传关系相对较远。*L. pseudoracemosus* 与 *L. racemosus* 在第三类中首先聚在一起，二者的亲缘关系较近。颜济等（1983）报道 *L. pseudoracemosus* 与 *L. racemosus* 在形态上很相近，仅穗轴密被灰白色短柔毛，外稃被白色长柔毛，内稃脊上部具稀疏短纤毛，而区别于 *L. racemosus*。醇溶蛋白资料也表明二者具有较近的亲缘关系。*Leymus condensatus* 和 *L. mollis* 之间的遗传关系也相对较近。

2. 赖草属及其近缘属植物的 **RAPD** 分析

本书利用 RAPD 标记分析了赖草属及其近缘属植物的系统关系。实验材料包括 13 份赖草属植物和 14 份近缘属植物：3 份 *Psathyrostachys*（**Ns**）、4 份 *Pseudoroegneria*（**St**）、2 份 *Agropyron*（**P**）、2 份 *Hordeum*（**H**）及 *Australopyrum retrofractum*（**W**）、*Hystrix patula*（**StH**）和 *Lophopyrum elongatum*（**E^e**）（表 3-17）。所有材料均由四川农业大学小麦研究所提供。

1) 多态性分析

共选用 100 个随机引物进行 PCR 扩增，从中筛选出谱带清晰并呈现多态的引物 23 个，并对这 23 个引物的扩增结果进行统计，分析结果见表 3-18。

23 个引物共产生 156 条扩增带，不同引物的扩增带数变化范围为 2～10 条，平均每个引物可扩增 6.78 条谱带。图 3-13 为引物 B14 的扩增结果。156 条扩增带中仅有 2 条谱带在 27 份材料之间无多态性，154 条谱带为多态性扩增带，占总扩增带的 98.72%，每个引物可扩增出 1～10 条多态性带，平均均为 6.70 条。表明赖草属及其近缘属植物具有丰富的 RAPD 遗传多样性，多态性较高。

表 3-17 供试的赖草属及其近缘属植物

序号	物种	染色体数/条	染色体组	编号	来源
1	*Psathyrostachys huashanica*	14	**Ns**	ZY 3257	中国陕西
2	*Pseudoroegneria strigosa*	14	**St**	PI 531752	爱沙尼亚
3	*Pse. libanotica*	14	**St**	PI 228390	伊朗
4	*Pse. stipifolia*	14	**St**	PI 313960	俄罗斯
5	*Pse. spicata*	14	**St**	PI 232123	美国华盛顿
6	*Hordeum bogdanii*	14	**H**	Y 1488	中国
7	*H. chilense*	14	**H**	PI 531781	阿根廷

续表

序号	物种	染色体数/条	染色体组	编号	来源
8	*Psathyrostachys juncea*	14	**Ns**	PI 430871	俄罗斯
9	*Psa. fragilis*	14	**Ns**	PI 347191	伊朗
10	*Agropyron cristatum*	14	**P**	PI 277352	蒙古国
11	*Ag. mongolicum*	14	**P**	PI 511543	阿根廷
12	*Australopyrum retrofractum*	14	**W**	PI 531553	阿根廷
13	*Lophopyrum elongatum*	14	**Eᵉ**	PI 574517	俄罗斯
14	*Leymus akmolinensis*	28	**NsXm**	PI 440306	俄罗斯
15	*L. angustus*	84	**NsXm**	PI 271893	哈萨克斯坦
16	*L. arenarius*	28	**NsXm**	PI 272126	哈萨克斯坦
17	*L. chinensis*	28	**NsXm**	PI 499515	中国内蒙古
18	*L. karelinii*	84	**NsXm**	PI 598529	中国新疆
19	*L. mollis*	28	**NsXm**	PI 567896	美国阿拉斯加
20	*L. multicaulis*	28	**NsXm**	PI 440324	哈萨克斯坦
21	*L. paboanus*	56	**NsXm**	PI 531808	爱沙尼亚
22	*L. pseudoracemosus*	28	**NsXm**	PI 531810	中国青海
23	*L. racemosus*	56	**NsXm**	PI 598806	俄罗斯
24	*L. salinus*	28	**NsXm**	PI 636574	美国
25	*L. tianschanicus*	84	**NsXm**	Y 2036	中国新疆
26	*L. triticoides*	28	**NsXm**	PI 531821	美国内华达
27	*Hystrix patula*	28	**StH**	PI 531616	加拿大

2）遗传相似性系数分析

156 条扩增带用于在 NTSYS-pc 软件中计算 27 份材料间的 Jaccard 遗传相似性系数（GS），结果见表 3-19。

供试材料间的 GS 值变化范围为 0.620～0.932，平均值为 0.854。*Leymus angustus* 与 *L. akmolinensis* 的 GS 值最大，为 0.932，其遗传关系相对较近；*Pseudoroegneria libanotica* 与 *Agropyron cristatum* 之间的 GS 值最小，为 0.620，其遗传关系相对较远。

表 3-18　赖草属及近缘属植物的 RAPD 引物及其扩增结果

引物	序列 (5'-3')	总扩增带数/条	多态性扩增带/条
A02	CCTGGGCTTG	8	8
A04	CCTGGGCTGG	8	8
A06	CCTGGGCCTA	9	8
A07	CCTGGGGGTT	2	2
A08	CCTGGGGGTA	5	5

续表

引物	序列(5'-3')	总扩增带数/条	多态性扩增带/条
A12	CCTGGGTCCA	7	7
A13	CCTGGGTGGA	2	2
A19	GCCCGGTTTA	3	3
A25	ACAGGGCTCA	8	8
A26	TTTGGGCCCA	2	2
A29	CCGGCCTTAC	9	9
A30	CCGGCCTTCC	9	9
A32	GGGGCCTTAA	6	6
A34	CCGGCCCCAA	5	5
B13	TTCCCCGCCC	9	9
B14	GAGGGCGGGA	10	10
B15	AGGGGCGGGA	9	9
B16	GAGGGCGTGA	8	8
B21	GAGGGCGAGG	2	1
B23	GGGCACGCGA	7	7
B24	GAGCACCTGA	7	7
B25	GAGGTCCAGA	6	6
B30	GTGCTCTAGA	9	9
总数	23	156	154

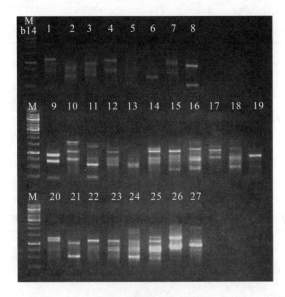

图 3-13 赖草属及近缘属植物 RAPD 引物 B14 的 PCR 扩增图谱

注：1~27 为材料序号，同表 3-17；M 代表分子量。

3) 聚类分析

RAPD 的聚类图(图 3-14)显示,赖草属及其近缘属植物明显分为两大类。第一大类 (I)分为 3 小类,*Hordeum bogdanii* 单独聚为 I a 类;来源于伊朗的 *Psathyrostachys fragilis* 单独聚为 I b 类;4 份 *Pseudoroegneria* 植物聚为 I c 类,其中,*Pse. strigosa* 与 *Pse. spicata* 首先聚在一起,而 *Pse. libanotica* 与 *Pse. stipifolia* 先聚在一起。第二大类包括 21 个物种, 除来源于加拿大的 *Hystrix patula* 单独聚为 II a 类外,其余的 20 个物种聚为 II b 类。在 II b 类中,除 *Leymus mollis* 外,大多数 *Leymus* 物种聚类较近,来源于美国阿拉斯加的 *L. mollis* 与 *H. chilense* 和 *Psa. juncea* 首先聚类在一起。*Agropyron cristatum* 与 *Ag. mongolicum* 首先 聚类在一起,然后和 *Psa. huashanica* 聚类,表明 *Psa. huashanica* 与含 P 染色体组的冰草 属物种亲缘关系较近。

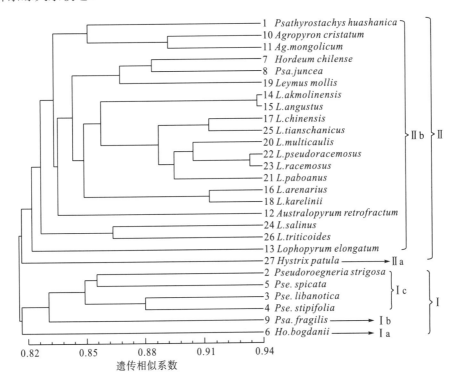

图 3-14　赖草属及近缘属植物基于 RAPD 遗传相似性系数的聚类图

具有 **Ns** 染色体组的新麦草属物种 *Psathyrostachys huashanica* 和 *Psa. juncea* 以及两个 具有 **P** 染色体组的冰草属物种都与赖草属植物聚类在一起,进一步证明了新麦草属的 **Ns** 染色体组和冰草属的 **P** 染色体组与赖草属植物有较近的亲缘关系。*Hordeum chilense*、 *Lophopyrum elongatum* 和 *Australopyrum retrofractum* 可能参与了部分赖草属物种的形成。 **St** 染色体组没有参与 *Leymus* 植物 **Ns** 或 **Xm** 染色体组的形成。

表 3-19　赖草属及近缘属植物的 RAPD 遗传相似性系数

序号	1	2	3	4	5	6	7	8	9	10	11	12	13	14	15	16	17	18	19	20	21	22	23	24	25	26	27
1	1.000																										
2	0.826	1.000																									
3	0.818	0.858	1.000																								
4	0.822	0.830	0.877	1.000																							
5	0.838	0.854	0.854	0.849	1.000																						
6	0.810	0.826	0.818	0.814	0.830	1.000																					
7	0.806	0.802	0.794	0.814	0.822	0.846	1.00																				
8	0.858	0.794	0.806	0.834	0.810	0.838	0.881	1.000																			
9	0.818	0.818	0.834	0.830	0.838	0.794	0.818	0.794	1.000																		
10	0.862	0.814	0.620	0.849	0.850	0.814	0.814	0.826	0.830	1.000																	
11	0.838	0.806	0.838	0.810	0.824	0.814	0.806	0.818	0.830	0.889	1.000																
12	0.842	0.822	0.798	0.814	0.850	0.830	0.826	0.826	0.790	0.830	0.818	1.000															
13	0.838	0.806	0.798	0.810	0.850	0.798	0.798	0.810	0.798	0.826	0.818	0.834	1.000														
14	0.838	0.826	0.810	0.798	0.830	0.810	0.830	0.858	0.798	0.842	0.826	0.830	0.837	1.000													
15	0.838	0.830	0.814	0.810	0.842	0.830	0.845	0.866	0.775	0.826	0.818	0.802	0.818	0.932	1.000												
16	0.846	0.830	0.838	0.826	0.826	0.806	0.814	0.842	0.783	0.842	0.818	0.822	0.810	0.854	0.858	1.000											
17	0.858	0.818	0.818	0.822	0.846	0.818	0.834	0.834	0.818	0.846	0.822	0.850	0.814	0.866	0.838	0.862	1.000										
18	0.850	0.834	0.818	0.806	0.830	0.818	0.834	0.838	0.795	0.830	0.814	0.849	0.822	0.850	0.854	0.909	0.850	1.000									
19	0.850	0.842	0.818	0.830	0.846	0.834	0.870	0.862	0.826	0.826	0.830	0.861	0.838	0.846	0.846	0.830	0.874	0.874	1.000								
20	0.846	0.791	0.806	0.810	0.810	0.790	0.814	0.873	0.790	0.849	0.818	0.822	0.826	0.854	0.850	0.866	0.885	0.854	0.854	1.000							
21	0.838	0.814	0.783	0.825	0.842	0.806	0.814	0.818	0.798	0.802	0.826	0.822	0.810	0.830	0.842	0.818	0.846	0.822	0.853	0.881	1.000						
22	0.854	0.798	0.822	0.818	0.849	0.814	0.846	0.818	0.798	0.842	0.826	0.854	0.845	0.866	0.850	0.842	0.877	0.846	0.869	0.889	0.897	1.000					
23	0.862	0.814	0.822	0.826	0.834	0.822	0.846	0.857	0.791	0.842	0.818	0.835	0.849	0.869	0.862	0.857	0.893	0.869	0.854	0.913	0.897	0.929	1.000				
24	0.842	0.842	0.802	0.822	0.854	0.818	0.826	0.858	0.810	0.822	0.814	0.857	0.830	0.842	0.846	0.846	0.842	0.842	0.866	0.846	0.885	0.853	0.869	1.000			
25	0.846	0.814	0.814	0.802	0.826	0.814	0.806	0.830	0.790	0.841	0.826	0.830	0.802	0.877	0.865	0.849	0.909	0.830	0.857	0.885	0.881	0.873	0.913	0.861	1.000		
26	0.790	0.790	0.743	0.786	0.802	0.782	0.783	0.790	0.735	0.802	0.786	0.806	0.778	0.822	0.818	0.778	0.814	0.790	0.806	0.818	0.810	0.802	0.826	0.826	0.842	1.000	
27	0.841	0.810	0.794	0.830	0.814	0.802	0.786	0.798	0.802	0.830	0.822	0.810	0.806	0.810	0.806	0.798	0.841	0.818	0.830	0.830	0.798	0.822	0.818	0.814	0.806	0.806	1.000

注：1～27 为材料编号，同表 3-17。

3.4.2　赖草属植物的 RAMP 标记分析

随机扩增微卫星多态性 DNA(random amplified microsatellite polymorphic DNA，RAMP)是 Wu 等在 1994 年提出的一种分子标记技术，它利用一条 5'端锚定 2～4 个寡核苷酸与微卫星(SSR)序列互补的引物和一条 RAPD 的引物组合对基因组 DNA 中的微卫星进行随机扩增。该技术操作程序简单，不需要通过克隆、测序来设计特殊双引物，因而避免了 SSR 技术的烦琐；部分 RAMP 扩增片段呈现共显性，符合孟德尔分离规律，从而也弥补了 RAPD 技术的缺憾，且比 RAPD 更能揭示物种间的亲缘关系，适合遗传背景尚不太清楚物种的遗传多样性研究(Davila et al.，1998，1999)。

本书利用 RAMP 标记从分子水平探讨了赖草属物种的遗传变异和亲缘关系。实验所用材料见表 3-14。

表 3-20　赖草属植物 RAMP 引物组合和扩增结果

引物组合	总扩增带数/条	多态性扩增带/条
$GT(CA)_4 + OPA1$	12	12
$GT(CA)_4 + OPA2$	8	8
$GT(CA)_4 + OPA10$	8	8
$GT(CA)_4 + OPA13$	8	7
$GC(CA)_4 + OPB6$	6	4
$GT(CA)_4 + OPB6$	9	9
$GC(CA)_4 + OPB8$	7	6
$GT(CA)_4 + OPB8$	8	7
$GT(CA)_4 + OPB15$	6	6
$GC(CA)_4 + OPB17$	7	6
$GT(CA)_4 + OPB18$	8	8
$GT(CA)_4 + OPB19$	8	7
$GC(CA)_4 + OPH3$	8	8
$GT(CA)_4 + OPH4$	9	9
$GT(CA)_4 + OPH6$	12	11
$GC(CA)_4 + OPH8$	10	9
$GC(CA)_4 + OPH9$	8	8
$GC(CA)_4 + OPH10$	7	6
$GT(CA)_4 + OPH13$	10	10
$GT(CA)_4 + OPH19$	6	6
$GT(CA)_4 + OPR2$	5	4
$GT(CA)_4 + OPR8$	5	4
$GT(CA)_4 + OPR11$	4	3
$GT(CA)_4 + OPR16$	13	13
总计　　24	192	179

1. 多态性分析

随机选择两个材料对 160 个引物组合进行扩增筛选，其中 40 个引物组合能产生条带。利用 40 个引物组合对所有材料进行多态性检测，从中筛选出谱带清晰并呈现多态的引物组合 24 个，用于扩增结果统计分析（表 3-20）。24 个引物组合的扩增产物均具有多态性。图 3-15 是引物组合 GT(CA)₄+OPB19 的扩增结果。

24 个引物组合共扩增出 192 条带，不同引物组合的扩增带数变化范围为 4～13 条，平均每个引物组合扩增 8 条带。192 条扩增带中有 13 条在 40 份材料之间无多态性，179 条带具有多态性，占 93.23%，每个引物组合可扩增出 3～13 条多态性带，平均为 7.46 条。表明赖草属植物具有丰富的遗传多样性，其种间和种内不同材料间的 RAMP 变异大，多态性较高。

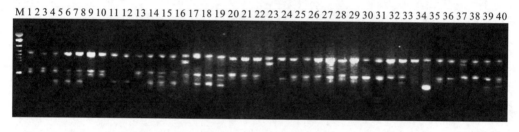

图 3-15　赖草属植物引物组合 GT(CA)₄+OPB19 的 PCR 扩增图谱

注：1～40 为材料序号，同表 3-14，M 代表分子量。

2. 遗传相似性系数分析

利用 24 个 RAMP 引物组合产生的 192 条扩增带计算了材料间的遗传相似系数（GS）（表 3-21）。结果表明，40 份赖草属植物间 GS 值变化范围为 0.10～0.73，平均值为 0.35。其中，编号为 PI 440307 的 *Leymus angustus* 和编号为 PI 440308、PI 440317 的 *L. angustus* 的 GS 值最大，均为 0.73，遗传距离最小，它们来源于哈萨克斯坦和俄罗斯，具有较近的亲缘关系。从种间的 GS 值变化看，*L. akmolinensis* 与 *L. alaicus* ssp. *karataviensis* 的 GS 值最大（0.60），它们均属于 Sect. *Aphanoneuron* (Nevski) Tzvel.，来源于哈萨克斯坦和俄罗斯，二者的亲缘关系较近。*L. pseudoracemosus* 与 3 份 *L. racemosus* 具有较近的亲缘关系，平均 GS 值为 0.59。*L. salinus* 与 3 份 *L. triticoides* 的平均 GS 值为 0.55，说明它们的亲缘关系较近。来源于俄罗斯的 *L. ramosus* 与来源于哈萨克斯坦的 *L. arenarius* 间的 GS 值最小（0.10），亲缘关系较远。

3. 聚类分析

根据表 3-21 的遗传相似性系数，按 UPGMA 法进行聚类，得到供试材料的聚类图（图 3-16）。

40 份材料在 GS 值 0.21 水平上全部聚为一类。以所有材料间的遗传相似性系数 0.39 为阈值，40 份材料聚为七大类。*Leymus akmolinensis*、*L. alaicus* ssp. *karataviensis*、*L. angustus*、*L. innovatus*、*L. karelinii* 和 *L. ramosus* 共 6 种 13 份材料聚为第一大类（Ⅰ）；*L. multicaulis*、*L. paboanus*、*L. pseudoracemosus* 和 *L. racemosus* 共 4 种 11 份材料聚为第二

表 3-21　赖草属 RAMP 遗传相似性系数

序号	1	2	3	4	5	6	7	8	9	10	11	12	13	14	15	16	17	18	19	20	21	22	23	24	25	26	27	28	29	30	31	32	33	34	35	36	37	38	39	40
1	1.00																																							
2	0.60	1.00																																						
3	0.39	0.36	1.00																																					
4	0.54	0.53	0.47	1.00																																				
5	0.46	0.45	0.45	0.73	1.00																																			
6	0.55	0.51	0.57	0.73	0.59	1.00																																		
7	0.48	0.42	0.45	0.69	0.57	0.67	1.00																																	
8	0.38	0.38	0.35	0.54	0.60	0.52	0.53	1.00																																
9	0.34	0.32	0.34	0.45	0.46	0.46	0.55	0.62	1.00																															
10	0.17	0.18	0.21	0.18	0.21	0.16	0.15	0.22	0.18	1.00																														
11	0.39	0.34	0.43	0.43	0.42	0.38	0.37	0.40	0.28	0.28	1.00																													
12	0.35	0.26	0.43	0.39	0.33	0.40	0.36	0.35	0.35	0.21	0.50	1.00																												
13	0.34	0.29	0.53	0.41	0.37	0.42	0.35	0.32	0.34	0.20	0.48	0.64	1.00																											
14	0.23	0.16	0.23	0.20	0.21	0.19	0.18	0.16	0.21	0.35	0.25	0.25	0.31	1.00																										
15	0.30	0.27	0.33	0.36	0.35	0.36	0.32	0.30	0.27	0.22	0.45	0.43	0.47	0.24	1.00																									
16	0.31	0.30	0.41	0.39	0.36	0.38	0.34	0.38	0.29	0.28	0.44	0.33	0.42	0.25	0.43	1.00																								
17	0.29	0.31	0.37	0.43	0.38	0.39	0.37	0.41	0.33	0.27	0.46	0.42	0.46	0.23	0.48	0.64	1.00																							
18	0.31	0.32	0.34	0.42	0.40	0.38	0.42	0.42	0.42	0.20	0.48	0.37	0.42	0.24	0.46	0.39	0.49	1.00																						
19	0.43	0.38	0.40	0.50	0.46	0.48	0.52	0.48	0.54	0.21	0.44	0.36	0.36	0.25	0.36	0.40	0.43	0.58	1.00																					
20	0.40	0.39	0.37	0.47	0.41	0.43	0.45	0.34	0.45	0.21	0.42	0.36	0.38	0.26	0.31	0.37	0.38	0.48	0.62	1.00																				
21	0.18	0.16	0.20	0.20	0.19	0.19	0.18	0.16	0.19	0.25	0.27	0.26	0.20	0.19	0.25	0.30	0.26	0.28	0.26	0.24	1.00																			
22	0.26	0.28	0.29	0.36	0.41	0.37	0.37	0.39	0.39	0.16	0.31	0.32	0.29	0.19	0.30	0.26	0.28	0.32	0.40	0.36	0.21	1.00																		
23	0.38	0.37	0.33	0.35	0.35	0.35	0.43	0.39	0.41	0.14	0.34	0.34	0.30	0.18	0.33	0.30	0.30	0.36	0.42	0.36	0.36	0.39	1.00																	
24	0.30	0.26	0.28	0.34	0.42	0.46	0.44	0.44	0.38	0.15	0.42	0.35	0.21	0.33	0.28	0.31	0.44	0.30	0.34	0.34	0.30	0.34	0.34	1.00																
25	0.39	0.36	0.34	0.41	0.42	0.44	0.48	0.48	0.40	0.16	0.34	0.27	0.27	0.18	0.31	0.37	0.39	0.40	0.51	0.48	0.24	0.34	0.41	0.39	1.00															
26	0.39	0.41	0.29	0.42	0.41	0.48	0.48	0.45	0.45	0.16	0.34	0.27	0.27	0.31	0.30	0.41	0.40	0.51	0.48	0.47	0.26	0.47	0.39	0.41	0.64	1.00														
27	0.31	0.31	0.27	0.37	0.36	0.42	0.42	0.36	0.42	0.11	0.30	0.26	0.18	0.27	0.18	0.31	0.37	0.30	0.40	0.35	0.23	0.33	0.33	0.39	0.39	0.51	1.00													
28	0.37	0.35	0.33	0.44	0.45	0.49	0.38	0.38	0.40	0.15	0.32	0.26	0.18	0.33	0.27	0.26	0.44	0.37	0.39	0.44	0.19	0.33	0.31	0.46	0.47	0.46	0.70	1.00												
29	0.34	0.32	0.35	0.37	0.41	0.39	0.39	0.37	0.40	0.17	0.38	0.32	0.26	0.31	0.40	0.26	0.29	0.42	0.41	0.41	0.38	0.28	0.24	0.35	0.32	0.40	0.50	0.52	1.00											
30	0.29	0.30	0.33	0.30	0.35	0.36	0.36	0.36	0.36	0.17	0.28	0.25	0.29	0.24	0.36	0.26	0.26	0.37	0.37	0.36	0.25	0.37	0.32	0.40	0.36	0.52	0.49	0.52	0.57	1.00										
31	0.33	0.32	0.36	0.40	0.44	0.41	0.41	0.42	0.42	0.16	0.39	0.34	0.33	0.24	0.32	0.30	0.31	0.43	0.45	0.48	0.27	0.38	0.46	0.37	0.52	0.49	0.58	0.64	0.65	0.66	1.00									
32	0.35	0.33	0.35	0.47	0.45	0.45	0.43	0.38	0.39	0.14	0.35	0.29	0.34	0.22	0.35	0.25	0.26	0.43	0.42	0.40	0.36	0.40	0.35	0.45	0.40	0.54	0.63	0.64	0.65	0.66	0.66	1.00								
33	0.38	0.37	0.33	0.42	0.38	0.38	0.39	0.29	0.33	0.10	0.37	0.35	0.31	0.21	0.35	0.36	0.40	0.50	0.45	0.39	0.33	0.35	0.45	0.48	0.48	0.41	0.47	0.41	0.40	0.41	0.50	0.65	1.00							
34	0.30	0.26	0.26	0.41	0.32	0.37	0.37	0.29	0.33	0.27	0.33	0.34	0.30	0.18	0.34	0.36	0.35	0.45	0.44	0.33	0.24	0.34	0.34	0.30	0.39	0.44	0.37	0.33	0.38	0.34	0.35	0.28	0.41	1.00						
35	0.25	0.28	0.32	0.33	0.34	0.34	0.31	0.42	0.31	0.33	0.30	0.27	0.27	0.24	0.29	0.25	0.26	0.30	0.33	0.35	0.25	0.34	0.34	0.41	0.39	0.26	0.42	0.37	0.39	0.38	0.44	0.39	0.36	0.28	1.00					
36	0.23	0.25	0.21	0.25	0.26	0.23	0.24	0.21	0.23	0.24	0.28	0.23	0.27	0.26	0.29	0.25	0.26	0.30	0.27	0.29	0.20	0.21	0.27	0.28	0.25	0.30	0.31	0.28	0.27	0.29	0.28	0.30	0.36	0.28	0.26	1.00				
37	0.22	0.23	0.21	0.22	0.19	0.23	0.24	0.21	0.22	0.20	0.24	0.20	0.19	0.28	0.24	0.22	0.23	0.27	0.26	0.30	0.21	0.21	0.27	0.28	0.29	0.31	0.42	0.37	0.33	0.34	0.33	0.30	0.52	0.24	0.29	0.42	1.00			
38	0.22	0.21	0.28	0.25	0.27	0.26	0.28	0.25	0.33	0.16	0.35	0.24	0.28	0.19	0.43	0.27	0.32	0.34	0.31	0.29	0.28	0.32	0.25	0.33	0.33	0.41	0.37	0.34	0.34	0.31	0.30	0.34	0.31	0.45	0.24	0.38	0.38	1.00		
39	0.23	0.24	0.24	0.24	0.27	0.24	0.27	0.28	0.25	0.33	0.17	0.32	0.32	0.17	0.32	0.29	0.37	0.31	0.31	0.32	0.25	0.33	0.37	0.26	0.34	0.36	0.34	0.34	0.31	0.32	0.56	0.30	0.32	0.38	0.34	0.30	0.61	1.00		
40	0.27	0.28	0.32	0.30	0.31	0.31	0.32	0.28	0.34	0.16	0.38	0.31	0.31	0.26	0.28	0.31	0.39	0.31	0.31	0.48	0.20	0.28	0.31	0.38	0.34	0.35	0.37	0.32	0.36	0.34	0.34	0.35	0.36	0.36	0.58	0.30	0.29	0.30	0.67	1.00

注：1～40 为材料编号，同表 3-14。

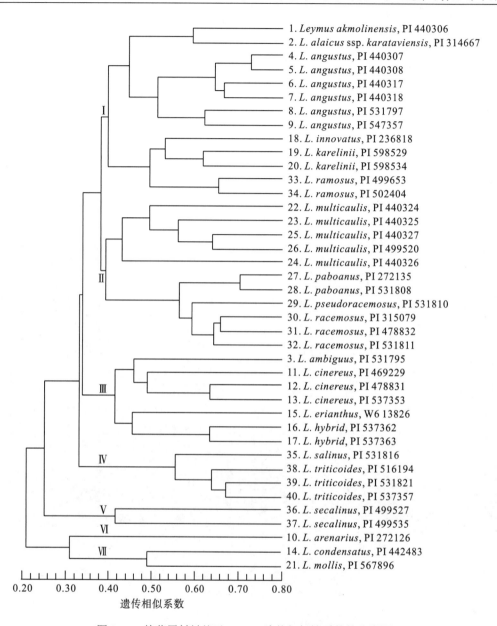

图 3-16　赖草属材料基于 RAMP 遗传相似性系数的聚类图

大类（Ⅱ）；*L. ambiguus*、*L. cinereus*、*L. erianthus* 和 *L. hybrid* 共 4 种 7 份材料聚为第三大类（Ⅲ）；*L. salinus* 和 3 份 *L. triticoides* 聚为第四大类（Ⅳ），亲缘关系较近；2 份 *L. secalinus* 聚为第五大类（Ⅴ）；*L. arenarius* 单独成为第六大类（Ⅵ）；*L. condensatus* 和 *L. mollis* 聚为第七大类（Ⅶ），遗传关系相对较近。

　　第一、二、三大类均可划分为两个亚类。*Leymus akmolinensis*、*L. alaicus* ssp. *karataviensis* 和 6 份 *L. angustus* 为第一大类的第一亚类（Ⅰa），属于 Sect. *Aphanoneuron*（Nevski）Tzvel.，来源于中国、俄罗斯和哈萨克斯坦，表明 *L. akmolinensis* 与 *L. angustus*、*L. alaicus* ssp. *karataviensis* 的遗传关系较近。6 份 *L. angustus* 能够聚在一起，但来源于俄

罗斯和哈萨克斯坦与来源于我国新疆和内蒙古的材料存在一定的 RAMP 遗传变异。*Leymus innovatus*、2 份 *L. karelinii* 和 2 份 *L. ramosus* 为第一大类的第二亚类（Ⅰb），它们不在同一组，除 *L. innovatus* 外其余 4 份材料来源于中国及俄罗斯，表明 *L. innovatus* 与 *L. karelinii* 有较近的亲缘关系。5 份 *Leymus multicaulis* 聚成第二大类的第一亚类（Ⅱa），具有较近的亲缘关系；2 份 *Leymus paboanus*、*L. pseudoracemosus* 和 3 份 *L. racemosus* 聚成第二大类的第二亚类（Ⅱb），同属 Sect. *Leymus* Hochst.的 *L. pseudoracemosus* 和 *L. racemosus* 先聚类，它们的形态学特征很相近，具有较近的亲缘关系；然后与属于 Sect. *Aphanoneuron* 的 *L. paboanus* 聚类。第三大类的 7 份材料均属于 Sect. *Anisopyrum*，都来源于美洲；*Leymus ambiguus* 和 *L. cinereus* 聚类在一起，为第三大类的第一亚类（Ⅲa），具有较近的亲缘关系；*Leymus erianthus* 和 *L. hybrid* 聚为第三大类的第二亚类（Ⅲb），具有相对较近的亲缘关系。

利用 RAMP 标记可以将 40 份赖草属材料全部区分开，表明 RAMP 标记能够很好地区分赖草属植物种间和种内不同居群的材料。在聚类时，同一物种的不同居群材料首先聚在一起，它们之间的遗传相似系数较大，亲缘关系很近，再与其他物种聚类。表明赖草属植物的 RAMP 遗传变异仍与形态学、醇溶蛋白、RAPD 变异一样，也是种间变异大于种内变异。

3.4.3　赖草属及近缘属植物的 ISSR 标记分析

ISSR 标记已广泛应用于植物资源的遗传多样性分析、指纹图谱绘制、系统进化研究和种质资源鉴定等领域。本书利用 ISSR 标记对赖草属植物和近缘二倍体物种进行遗传多样性和分子系统进化分析。供试材料包括 22 种和 2 亚种的 41 份 *Leymus* 植物、*Psathyrostachys fragilis*（**Ns**）、*Pseudoroegneria stipifolia*（**St**）、*Australopyrum retrofractum*（**W**）、*Hordeum bogdanii*（**H**）、*H. chilense*（**H**）和 *Lophopyrum elongatum*（**E^e**）共 47 份材料。所用材料的编号、来源见表 3-22。所有材料均由四川农业大学小麦研究所提供。

表 3-22　ISSR 分析的供试赖草属及近缘属植物

序号	种名	倍性	染色体组	编号	来源
1	*Leymus racemosus*	56	**NsXm**	PI 502402	俄罗斯
2	*L. racemosus*	56	**NsXm**	PI 478832	美国蒙大拿
3	*L. angustus*	84	**NsXm**	PI 440308	哈萨克斯坦
4	*L. angustus*	84	**NsXm**	PI 499650	中国新疆
5	*L. karelinii*	84	**NsXm**	PI 598534	中国新疆
6	*L. karelinii*	84	**NsXm**	PI 636651	哈萨克斯坦
7	*L. multicaulis*	28	**NsXm**	PI 440324	哈萨克斯坦
8	*L. multicaulis*	28	**NsXm**	PI 440325	哈萨克斯坦
9	*L. secalinus*	28	**NsXm**	ZY 09131	中国青海
10	*L. secalinus*	28	**NsXm**	PI 598757	哈萨克斯坦
11	*L. secalinus*	28	**NsXm**	PI 499535	中国新疆
12	*L. pseudoracemosus*	28	**NsXm**	PI 531810	中国青海

序号	种名	倍性	染色体组	编号	来源
13	*L. pseudoracemosus*	28	**NsXm**	ZY 09148	中国青海
14	*L. mollis*	28	**NsXm**	PI 567896	美国阿拉斯加
15	*L. triticoides*	28	**NsXm**	PI 578750	美国华盛顿
16	*L. triticoides*	28	**NsXm**	PI 531822	美国内华达
17	*L. tianschanicus*	84	**NsXm**	Y 2036	中国新疆
18	*L. condensatus*	28	**NsXm**	PI 442483	比利时安特卫普
19	*L. secalinus*	28	**NsXm**	PI 639770	蒙古国
20	*L. ambiguus*	56	**NsXm**	PI 565019	美国科罗拉多
21	*L. arenarius*	28	**NsXm**	PI 294584	瑞典
22	*L. arenarius*	28	**NsXm**	PI 494699	哈萨克斯坦
23	*L. ramosus*	28	**NsXm**	PI 440330	哈萨克斯坦
24	*L. ramosus*	28	**NsXm**	PI 499653	中国新疆
25	*L. salinus*	28	**NsXm**	PI 565038	美国犹他
26	*L. salinus*	28	**NsXm**	PI 636574	蒙古国
27	*L. innovatus*	28	**NsXm**	PI 236818	加拿大
28	*L. paboanus*	56	**NsXm**	PI 531808	爱沙尼亚
29	*L. racemosus* ssp. *sabulosus*	28	**NsXm**	PI 531814	爱沙尼亚
30	*L. chinensis*	28	**NsXm**	PI 619486	蒙古国
31	*L. chinensis*	28	**NsXm**	PI 499519	中国内蒙古
32	*L. chinensis*	28	**NsXm**	PI 499515	中国内蒙古
33	*L. cinereus*	56	**NsXm**	PI 619543	美国华盛顿
34	*L. cinereus*	56	**NsXm**	PI 469229	加拿大萨斯喀彻温
35	*L. duthiei*	28	**NsXm**	ZY 2004	中国四川
36	*L. hybrid*	28	**NsXm**	PI 537363	美国内华达
37	*L. akmolinensis*	28	**NsXm**	PI 440306	俄罗斯
38	*L. alaicus* ssp. *karataviensis*	28	**NsXm**	PI 314677	哈萨克斯坦阿拉木图
39	*L. alaicus* ssp. *karataviensis*	28	**NsXm**	PI 314667	哈萨克斯坦阿拉木图
40	*L. qinghaicus*	28	**NsXm**	HY 0717	中国青海
41	*L. qinghaicus*	28	**NsXm**	HY 0716	中国青海
42	*Pseudoroegneria stipifolia*	14	**St**	PI 313960	俄罗斯
43	*Psathyrostachys fragilis*	14	**Ns**	PI 343191	伊朗
44	*Australopyrum retrofractum*	14	**W**	PI 531553	美国犹他
45	*Hordeum bogdanii*	14	**H**	Y 1488	中国新疆
46	*Hordeum chilense*	14	**H**	PI 531781	阿根廷
47	*Lophopyrum elongatum*	14	**E^{e}**	PI 574517	阿根廷

1. ISSR 多态性

利用 60 条 ISSR 引物进行 PCR 扩增筛选和检测，最终确定了 29 条清晰、多态性明显、稳定性高的引物用于扩增结果统计分析。29 条引物共扩增出 376 条清晰度高、稳定性好的带，其中 368 条带呈多态性，多态性位点比率达 97.87%。每个引物扩增出 8～18 条带，平均每个引物扩增出 12.97 条带，其中多态性带为 12.69 条（表 3-23）。扩增条带数量最多的引物是 UBC880，共检测到 18 个位点，多态性比率为 100%；扩增条带数量较少的是引物 UBC815、UBC824 和 UBC828。扩增片段位点的分子量大小为 200～2000bp。图 3-17 是引物 UBC873 对 47 个供试材料的 PCR 扩增结果。29 条引物扩增的多态性图谱显示，ISSR 标记在赖草属种间以及赖草属和近缘二倍体属植物间具有较高的位点多态性，表明赖草属物种之间存在较大的遗传分化和多样性变异。

2. 遗传相似性系数分析

利用 NTSYS-2pc 软件的 Simqul 程序进行多变量分析，对扩增结果采用 Nei-Li 遗传相似系数（GS）的计算方法，得到 47 份供试材料的 GS（表 3-24）。赖草属和近缘属物种间的 GS 值变化范围为 0.460～0.864，平均 GS 值为 0.662。其中，*Leymus racemosus*（PI 502402）和 *L. racemosus*（PI 478832）的遗传相似系数（0.864）最大，表明它们之间的亲缘关系最近。而 *Leymus paboanus* 和 *Hordeum chilense* 的遗传相似系数（0.460）最小，表明它们的亲缘关系最远。遗传相似系数矩阵分析表明，赖草属和近缘属物种间的遗传变异较大，遗传多样性较为丰富。

表 3-23　赖草属及近缘属 ISSR 引物和扩增结果

引物	序列(5'→3')	退火温度/℃	扩增条带数/条	多态性条带数/条	多态性条带比例/%
UBC807	(AG)8T	48	12	12	100
UBC808	(AG)8C	56.5	17	16	94.11
UBC809	(AG)8G	55	12	12	100
UBC810	(GA)8T	48	11	11	100
UBC815	(CT)8G	49.5	8	8	100
UBC823	(TC)8C	51.8	11	11	100
UBC824	(TC)8G	49.6	8	8	100
UBC825	(AC)8T	52.4	12	12	100
UBC826	(AC)8C	55	11	10	90.90
UBC827	(AC)8G	54.5	13	13	100
UBC828	(TG)8A	53.5	8	8	100
UBC829	(TG)8C	52	11	10	90.90
UBC834	(AG)8YT	55.5	13	13	100
UBC835	(AG)8YC	55.5	13	12	92.31
UBC836	(AG)8YA	50.5	14	12	85.71
UBC841	(GA)8YC	56.5	13	11	84.62

续表

引物	序列(5′→3′)	退火温度/℃	扩增条带数/条	多态性条带数/条	多态性条带比例/%
UBC844	(CT)8RC	50	14	14	100
UBC845	(CT)8RG	50	14	14	100
UBC847	(CA)8RC	52.8	15	15	100
UBC853	(TC)8RT	50.8	12	12	100
UBC855	(AC)8YT	52.5	11	11	100
UBC857	(AC)8YG	51.5	11	11	100
UBC873	(GACA)4	48.5	15	15	100
UBC880	(GGAGA)3	48	18	18	100
UBC881	(GGGTG)3	55	17	17	100
UBC888	BDB(CA)7	53	15	15	100
UBC889	DBD(AC)7	55.5	15	15	100
UBC890	VHV(GT)7	56	16	16	100
UBC895	(AG)2TTGGTAG(CT)2TGATC	51	16	16	100
总数	29	—	376	368	—
平均	—	52.4	12.97	12.69	97.87

注：Y=(C, T)，R=(A, G)，B=(non A)，D=(non C)，V=(non T)，H=(non G)。

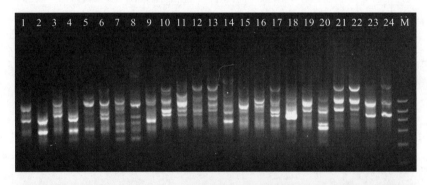

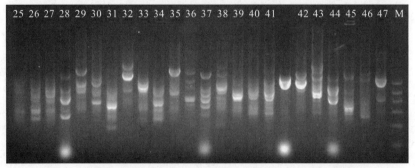

图 3-17　引物 UBC873 对赖草属及近缘属植物扩增的多态性图谱

注：1～47 为材料编号，同表 3-22；M 代表分子量。

表 3-24　赖草属和近缘属物种的 ISSR 标记遗传相似性系数

序号	1	2	3	4	5	6	7	8	9	10	11	12	13	14	15	16	17	18	19	20	21	22	23	24	25	26	27	28	29	30	31	32	33	34	35	36	37	38	39	40	41	42	43	44	45	46	47
1	1.000																																														
2	0.864	1.000																																													
3	0.683	0.654	1.000																																												
4	0.654	0.662	0.715	1.000																																											
5	0.614	0.638	0.643	0.758	1.000																																										
6	0.670	0.625	0.710	0.723	0.726	1.000																																									
7	0.611	0.614	0.609	0.595	0.609	0.680	1.000																																								
8	0.625	0.537	0.595	0.545	0.526	0.598	0.651	1.000																																							
9	0.579	0.571	0.609	0.601	0.625	0.633	0.648	0.656	1.000																																						
10	0.630	0.617	0.686	0.646	0.611	0.694	0.619	0.648	0.678	1.000																																				
11	0.571	0.553	0.611	0.598	0.606	0.646	0.646	0.640	0.638	0.707	1.000																																			
12	0.593	0.601	0.606	0.574	0.635	0.598	0.611	0.646	0.643	0.765	0.765	1.000																																		
13	0.598	0.611	0.595	0.587	0.558	0.587	0.571	0.590	0.630	0.638	0.577	0.734	1.000																																	
14	0.545	0.523	0.550	0.577	0.555	0.582	0.515	0.507	0.563	0.577	0.559	0.561	0.625	1.000																																
15	0.558	0.545	0.577	0.585	0.550	0.590	0.569	0.600	0.593	0.617	0.627	0.606	0.619	0.671	1.000																															
16	0.614	0.590	0.606	0.603	0.606	0.641	0.598	0.574	0.593	0.617	0.627	0.606	0.603	0.603	0.710	1.000																														
17	0.640	0.632	0.648	0.667	0.638	0.651	0.582	0.579	0.598	0.638	0.611	0.617	0.627	0.587	0.640	0.675	1.000																													
18	0.577	0.553	0.537	0.539	0.547	0.555	0.550	0.537	0.571	0.569	0.547	0.574	0.521	0.574	0.518	0.574	0.617	1.000																												
19	0.625	0.590	0.590	0.574	0.635	0.606	0.582	0.553	0.611	0.625	0.582	0.582	0.593	0.582	0.579	0.603	0.609	0.595	1.000																										
20	0.553	0.555	0.593	0.595	0.614	0.606	0.574	0.606	0.611	0.625	0.582	0.587	0.598	0.555	0.590	0.587	0.625	0.571	0.656	1.000																										
21	0.627	0.625	0.598	0.643	0.619	0.601	0.558	0.507	0.569	0.614	0.593	0.619	0.603	0.598	0.590	0.590	0.587	0.619	0.659	0.718	1.000																									
22	0.595	0.598	0.590	0.617	0.630	0.622	0.569	0.566	0.566	0.672	0.582	0.587	0.598	0.566	0.563	0.595	0.627	0.569	0.627	0.640	0.609	1.000																								
23	0.582	0.590	0.638	0.571	0.595	0.587	0.550	0.507	0.553	0.609	0.582	0.603	0.614	0.569	0.587	0.587	0.625	0.587	0.640	0.609	0.630	0.630	1.000																							
24	0.617	0.587	0.598	0.569	0.606	0.606	0.553	0.507	0.553	0.609	0.582	0.603	0.614	0.569	0.563	0.625	0.646	0.593	0.627	0.611	0.617	0.672	0.672	1.000																						
25	0.595	0.593	0.603	0.680	0.625	0.582	0.585	0.579	0.585	0.571	0.555	0.550	0.539	0.563	0.587	0.609	0.635	0.561	0.630	0.579	0.611	0.617	0.558	0.523	1.000																					
26	0.571	0.553	0.595	0.603	0.601	0.603	0.577	0.571	0.611	0.614	0.566	0.598	0.603	0.571	0.593	0.561	0.635	0.558	0.632	0.601	0.561	0.563	0.523	0.558	0.739	1.000																				
27	0.571	0.553	0.595	0.603	0.619	0.582	0.545	0.579	0.582	0.619	0.601	0.593	0.601	0.550	0.555	0.569	0.627	0.569	0.625	0.617	0.625	0.563	0.563	0.577	0.662	0.611	1.000																				
28	0.539	0.563	0.585	0.603	0.526	0.577	0.571	0.571	0.606	0.603	0.590	0.582	0.577	0.521	0.558	0.585	0.606	0.561	0.582	0.601	0.513	0.569	0.569	0.523	0.675	0.662	0.611	1.000																			
29	0.603	0.595	0.638	0.598	0.585	0.619	0.619	0.582	0.553	0.555	0.563	0.555	0.542	0.574	0.505	0.539	0.558	0.582	0.553	0.558	0.614	0.587	0.587	0.539	0.656	0.675	0.606	0.574	1.000																		
30	0.534	0.547	0.563	0.545	0.582	0.526	0.553	0.529	0.563	0.542	0.574	0.521	0.574	0.505	0.577	0.497	0.526	0.526	0.582	0.648	0.601	0.550	0.518	0.460	0.555	0.529	0.529	0.547	0.627	1.000																	
31	0.558	0.523	0.603	0.606	0.625	0.638	0.590	0.598	0.638	0.630	0.598	0.582	0.550	0.537	0.587	0.587	0.593	0.598	0.614	0.601	0.603	0.606	0.617	0.587	0.656	0.651	0.694	0.707	0.635	0.579	1.000																
32	0.579	0.566	0.614	0.537	0.571	0.643	0.574	0.704	0.611	0.646	0.656	0.630	0.603	0.587	0.603	0.601	0.558	0.542	0.601	0.614	0.550	0.529	0.558	0.507	0.617	0.625	0.603	0.635	0.640	0.625	0.718	1.000															
33	0.539	0.526	0.601	0.555	0.579	0.603	0.587	0.632	0.603	0.569	0.617	0.595	0.579	0.547	0.601	0.601	0.558	0.563	0.632	0.654	0.542	0.558	0.563	0.510	0.672	0.686	0.651	0.664	0.686	0.651	0.694	0.720	1.000														
34	0.555	0.553	0.558	0.566	0.601	0.595	0.558	0.622	0.598	0.569	0.595	0.603	0.577	0.531	0.534	0.561	0.587	0.555	0.587	0.625	0.595	0.553	0.558	0.513	0.539	0.548	0.630	0.648	0.757	0.651	0.683	0.635	0.771	1.000													
35	0.579	0.571	0.593	0.601	0.603	0.656	0.587	0.765	0.595	0.571	0.587	0.590	0.577	0.510	0.547	0.561	0.558	0.563	0.611	0.603	0.582	0.579	0.566	0.606	0.590	0.593	0.632	0.648	0.675	0.672	0.614	0.587	0.625	0.688	1.000												
36	0.523	0.515	0.574	0.555	0.537	0.582	0.550	0.622	0.590	0.603	0.577	0.595	0.545	0.571	0.558	0.563	0.558	0.563	0.622	0.590	0.577	0.566	0.531	0.558	0.547	0.614	0.539	0.630	0.648	0.757	0.651	0.664	0.648	0.646	0.611	0.696	1.000										
37	0.526	0.492	0.587	0.537	0.507	0.606	0.537	0.731	0.601	0.627	0.601	0.617	0.595	0.545	0.571	0.574	0.590	0.569	0.545	0.587	0.710	0.563	0.579	0.595	0.517	0.571	0.577	0.595	0.617	0.606	0.672	0.601	0.651	1.000												
38	0.582	0.563	0.585	0.582	0.590	0.625	0.577	0.765	0.603	0.622	0.601	0.617	0.595	0.550	0.515	0.521	0.550	0.515	0.521	0.634	0.510	0.566	0.531	0.537	0.537	0.569	0.571	0.582	0.595	0.593	0.550	0.574	0.563	0.553	0.678	0.707	1.000									
39	0.614	0.617	0.606	0.598	0.595	0.656	0.587	0.622	0.603	0.601	0.601	0.640	0.614	0.566	0.571	0.574	0.545	0.569	0.521	0.534	0.526	0.582	0.534	0.510	0.566	0.574	0.563	0.574	0.563	0.582	0.590	0.590	0.582	0.590	0.619	0.617	0.734	1.000								
40	0.619	0.601	0.611	0.587	0.617	0.635	0.617	0.537	0.547	0.614	0.630	0.622	0.601	0.579	0.611	0.579	0.545	0.521	0.569	0.534	0.531	0.505	0.523	0.505	0.510	0.561	0.529	0.510	0.500	0.537	0.537	0.526	0.505	0.507	0.583	0.630	0.688	0.672	0.603	1.000							
41	0.619	0.601	0.611	0.587	0.617	0.635	0.566	0.582	0.590	0.590	0.614	0.640	0.550	0.537	0.558	0.587	0.545	0.545	0.582	0.601	0.547	0.539	0.542	0.523	0.523	0.518	0.518	0.574	0.542	0.497	0.542	0.523	0.529	0.529	0.585	0.590	0.590	0.569	0.523	0.523	1.000						
42	0.553	0.561	0.585	0.590	0.577	0.606	0.547	0.582	0.566	0.614	0.630	0.614	0.579	0.534	0.539	0.500	0.558	0.569	0.521	0.534	0.492	0.539	0.542	0.558	0.523	0.518	0.510	0.500	0.507	0.542	0.505	0.526	0.486	0.507	0.561	0.582	0.569	0.598	0.598	0.589	0.603	1.000					
43	0.566	0.563	0.526	0.577	0.563	0.566	0.537	0.563	0.539	0.553	0.555	0.531	0.515	0.531	0.531	0.534	0.515	0.545	0.537	0.510	0.526	0.545	0.534	0.531	0.505	0.510	0.518	0.518	0.500	0.542	0.497	0.526	0.507	0.534	0.561	0.574	0.529	0.510	0.571	0.582	0.590	0.582	1.000				
44	0.566	0.563	0.558	0.534	0.526	0.555	0.553	0.577	0.555	0.539	0.500	0.537	0.534	0.518	0.534	0.518	0.534	0.518	0.545	0.518	0.510	0.510	0.518	0.534	0.531	0.510	0.518	0.460	0.507	0.507	0.542	0.526	0.534	0.507	0.534	0.547	0.534	0.523	0.523	0.387	0.590	0.598	0.630	1.000			
45	0.585	0.593	0.577	0.521	0.550	0.583	0.550	0.585	0.545	0.513	0.518	0.518	0.518	0.515	0.534	0.531	0.534	0.545	0.510	0.526	0.526	0.510	0.534	0.558	0.531	0.510	0.518	0.460	0.500	0.497	0.542	0.526	0.534	0.507	0.570	0.577	0.529	0.510	0.571	0.523	0.582	0.569	0.582	0.598	1.000		
46	0.585	0.593	0.377	0.577	0.563	0.557	0.558	0.550	0.550	0.550	0.571	0.593	0.566	0.542	0.545	0.561	0.561	0.587	0.574	0.574	0.569	0.574	0.577	0.553	0.579	0.579	0.534	0.555	0.529	0.529	0.547	0.531	0.518	0.555	0.590	0.515	0.566	0.515	0.577	0.587	0.523	0.587	0.537	0.555	0.611	1.000	
47	0.585	0.593	0.377	0.577	0.563	0.557	0.558	0.550	0.550	0.550	0.571	0.593	0.566	0.542	0.545	0.561	0.561	0.587	0.574	0.574	0.569	0.574	0.577	0.553	0.579	0.579	0.534	0.555	0.529	0.529	0.547	0.531	0.518	0.555	0.590	0.529	0.515	0.515	0.577	0.587	0.531	0.587	0.531	0.555	0.587	0.611	1.000

注：1-47 为材料编号，同表 3-22。

3. 聚类分析

基于遗传相似系数，利用 UPGMA 法对供试材料进行聚类分析，构建系统发育树状图（图 3-18）。在遗传相似系数 0.58 处，将 41 份赖草属植物和 6 份近缘二倍体植物划分成 3 个主要类群。除 *Leymus condensatus* 外，其余赖草属植物和 *Psathyrostachys fragilis* 以及 *Australopyrum retrofractum* 聚在类群Ⅰ，类群Ⅰ明显分成 4 个亚类。10 个赖草属物种聚在Ⅰa，*Leymus racemosus*、*L. angustus* 和 *L. karelinii* 聚在一起，然后与 *L. multicaulis*（PI 440324）聚在一起，再与 3 份 *L. secalinus* 和 2 份 *L. pseudoracemosus* 植物形成姊妹群。*Leymus tianschanicus*、*L. secalinus*（PI 639770）、*L. ambiguus* 和 *L. arenarius* 聚在一起，然后与 2 份 *L. ramosus* 聚在一起。Ⅰa 中多数赖草植物来自中国新疆或邻近地区，其余来自北欧和中亚。Ⅰb 由两个北美赖草属物种组成，2 份 *L. triticoides* 聚在一起，然后与 *L. mollis* 聚成一簇。Ⅰc 由 *Psathyrostachys fragilis*、*Australopyrum retrofractum* 和 12 个赖草属物种（亚种）[包括 *Leymus multicaulis*（PI 440325）、*L. akmolinensis*、*L. hybrid*、*L. chinensis*（PI 499515，PI 499519）、*L. cinereus*、*L. duthiei*、*L. innovatus*、*L. paboanus*、*L. salinus*、*L. alaicus* ssp. *karataviensis*、*L. racemosus* ssp. *sabulosus* 和 *L. qinghaicus*] 组成。*Leymus chinensis*（PI 619486）与其他 2 份 *L. chinensis* 植物距离较远，单独聚成Ⅰd。

类群Ⅱ由西欧比利时的 *Leymus condensatus* 单独聚为一支。类群Ⅲ分成 2 个亚类（Ⅲa 和Ⅲb），包含 4 个近缘二倍体物种：Ⅲa 由 *Pseudoroegneria stipifolia* 单独聚为一支，Ⅲb 由 *Hordeum bogdanii*、*H. chilense* 和 *Lophopyrum elongatum* 组成。

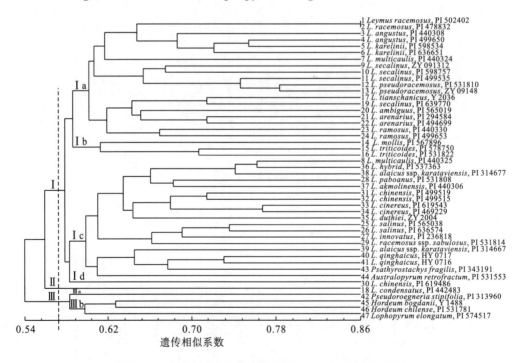

图 3-18　赖草属及近缘属植物基于 ISSR 标记的聚类图

4. 主成分分析

主成分分析(principal component analysis，PCA)，是一种关于主群体间距离的多元变量分析方法。基于遗传相似系数，通过 NTSYS-pc 软件的程序和 3D-plot 模型，对 47 份供试材料的 ISSR 标记原始矩阵进行主成分分析。前 3 个主成分所能解释的遗传变异分别为7.5086%、5.4250%和5.1540%，并根据第 1 主成分、第 2 主成分、第 3 主成分做出 47 份种源的 3D 散点图(图 3-19)。位置靠近者表示物种间较低水平的遗传变异，亲缘关系较密切；位置远离者表示遗传变异水平较高，亲缘关系较远。从 3D 散点图可以看出，PCA 分析结果与 UPGMA 聚类分析结果基本一致，并可从不同方向、不同层面更直观地显示不同种源间的遗传关系，是对聚类分析的直观解释和佐证。

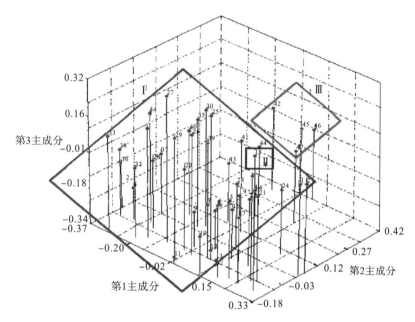

图 3-19　赖草属及近缘属 ISSR 标记主成分分析 3D 散点图

注：1~47 为材料编号，同表 3-22。

3.4.4　赖草属及近缘属植物的基因组特异 RAPD 标记分析

基因组特异性标记，可用来进行外源遗传物质检测、物种基因组组成和基因组进化方面的研究。本书采用 Wei 和 Wang(1995)发现的 6 个基本基因组(**E**、**H**、**P**、**St**、**W**、**Ns**)特异 RAPD 引物，分析赖草属植物的基因组组成。试验材料选用 14 个赖草属物种以及 10 个近缘二倍体物种：*Lophopyrum elongatum*(**E^e**)、*Agropyron cristatum*(**P**)、*Australopyrum retrofractum*(**W**)、*Pseudoroegneria stipifolia*(**St**)、*Pse. strigosa*(**St**)、*Pse. libanotica*(**St**)、*Psathyrostachys huashanica*(**Ns**)、*Psa. juncea*(**Ns**)、*Hordeum chilense*(**H**)和 *H. bogdanii*(**H**)(表 3-25)。所有材料均由四川农业大学小麦研究所种质库和美国国家植物种质资源库提供。材料种植于四川农业大学小麦研究所多年生种质圃，腊叶标本保存于四川农业大学小麦研究所植物标本室(SAUTI)。

表 3-25　RAPD 特异性标记的供试材料

序号	种名	编号	染色体组	染色体数目/条	来源
1	*Leymus triticoides*	PI 516195	**NsXm**	28	美国
2	*L. ramosus*	PI 499653	**NsXm**	28	中国
3	*L. angustus*	PI 440308	**NsXm**	84	俄罗斯
4	*L. arenarius*	PI 272126	**NsXm**	28	哈萨克斯坦
5	*L. multicaulis*	PI 440325	**NsXm**	28	哈萨克斯坦
6	*L. karelinii*	PI 598534	**NsXm**	84	中国
7	*L. secalinus*	Y 040	**NsXm**	28	中国
8	*L. tianschanicus*	Y 2036	**NsXm**	84	中国
9	*L. paboanus*	PI 272135	**NsXm**	56	爱沙尼亚
10	*L. cinereus*	PI 598954	**NsXm**	28	加拿大
11	*L. chinensis*	PI 619486	**NsXm**	28	蒙古国
12	*L. pseudoracemosus*	PI 531810	**NsXm**	28	中国
13	*L. hybrid*	PI 537362	**NsXm**	28	美国
14	*L. racemosus*	PI 598806	**NsXm**	56	俄罗斯
15	*Lophopyrum elongatum*	PI 574516	**E^e**	14	阿根廷
16	*Australopyrum retrofractum*	PI 531553	**W**	14	澳大利亚
17	*Agropyron cristatum*	PI 598645	**P**	14	哈萨克斯坦
18	*Pseudoroegneria stipifolia*	PI 314058	**St**	14	俄罗斯
19	*Pse. strigosa*	PI 531752	**St**	14	爱沙尼亚
20	*Pse. libanotica*	PI 228391	**St**	14	伊朗
21	*Psathyrostachys huashanica*	ZY 3157	**Ns**	14	中国
22	*Psa. juncea*	PI 430871	**Ns**	14	俄罗斯
23	*Hordeum chilense*	PI 531781	**H**	14	阿根廷
24	*H. bogdanii*	Y 2019	**H**	14	中国

　　选用 5 个特异 RAPD 引物，即 OPC-15（E^e 特异）、OPR-16（W 特异）、OPC-08（P 特异）、OPB-08（St 特异）、OPW-05（338bp 为 Ns 特异，700bp 为 H 特异），对供试材料进行 PCR 扩增，扩增结果见表 3-26。

　　从表 3-26 可以看出，OPW-05$_{338}$（Ns 特异）在 1～14 号、21 号、22 号材料中都有特异性条带，而在其他材料中则没有（图 3-20），说明 *Leymus* 14 个多倍体物种中至少含有一个来源于 *Psathyrostachys* 的 Ns 基因组或经修饰的 Ns 基因组，用 OPW-05$_{338}$（Ns 特异）可以很明显地将赖草属同其他几个属区分开来。OPC-15$_{290}$（E^e 特异）、OPC-08$_{584}$（P 特异）在供试的 *Leymus* 材料中都没有出现相应的特异性条带，只是分别在含有 E^e 基因组的 *Lophopyrum elongatum*、含有 P 基因组的 *Agropyron cristatum* 中有相应的特异性条带出现（图 3-21、图 3-22），说明 *Leymus* 不含有 E^e、P 基因组，与 *Lophopyrum*、*Agropyron* 之间的亲缘关系远。OPR-16$_{570}$（W 特异）除了在含有 W 基因组的 *Australopyrum retrofractum* 中出现相应的特异性条带外,还在 *L. ramosus* 和 *Lophopyrum elongatum* 中出现了特异性条带(图 3-23),表明 **W** 基因组参与了物种的形成。OPB-08$_{500}$(**St** 特异)除了在含有 **St** 基因组的 *Pseudoroegneria stipifolia*、*Pse. strigosa*、*Pse. libanotica* 中出现相应的特异性条带外,还在 *Leymus* 的 *Leymus triticoides*、*L. ramosus*、*L. paboanus*、*L. chinensis* 和 *L. pseudoracemosus* 中出现了特异性条带(图 3-24),表明 **St** 基因组可能参与了这 5 个四倍体物种的形成。OPW-05$_{700}$(**H** 特异)除了在含有 **H** 基因组的 *Hordeum chilense* 和 *H. bogdanii* 中出现相应的特异性条带外,还在 3～6 号、8～11 号和 14 号材料中出现了相应的特异性条带(图 3-20),表明 **H** 基因组可能参与了这 9 个四倍体赖草属物种的形成。

表 3-26　基因组特异性 RAPD 标记的结果

序号	种名	染色体组	基因组特异性 RAPD 标记					
			OPW-05$_{338}$(**Ns**)	OPC-15$_{290}$(**E^e**)	OPR-16$_{570}$(**W**)	OPC-08$_{584}$(**P**)	OPB-08$_{500}$(**St**)	OPW-05$_{700}$(**H**)
1	*Leymus triticoides*	**NsXm**	+	−	−	−	+	−
2	*L. ramosus*	**NsXm**	+	−	+	−	+	−
3	*L. angustus*	**NsXm**	+	−	−	−	−	+
4	*L. arenarius*	**NsXm**	+	−	−	−	−	+
5	*L. multicaulis*	**NsXm**	+	−	−	−	−	+
6	*L. karelinii*	**NsXm**	+	−	−	−	−	+
7	*L. secalinus*	**NsXm**	+	−	−	−	−	−
8	*L. tianschanicus*	**NsXm**	+	−	−	−	−	+
9	*L. paboanus*	**NsXm**	+	−	−	−	+	+
10	*L. cinereus*	**NsXm**	+	−	−	−	−	+
11	*L. chinensis*	**NsXm**	+	−	−	−	+	+
12	*L. pseudoracemosus*	**NsXm**	+	−	−	−	+	−
13	*L. hybrid*	**NsXm**	+	−	−	−	−	−
14	*L. racemosus*	**NsXm**	+	−	−	−	−	+
15	*Lophopyrum elongatum*	**E^e**	−	+	+	−	−	−
16	*Australopyrum retrofractum*	**W**	−	−	+	−	−	−
17	*Agropyron cristatum*	**P**	−	−	−	+	−	−
18	*Pseudoroegneria stipifolia*	**St**	−	−	−	−	+	−
19	*Pse. strigosa*	**St**	−	−	−	−	+	−
20	*Pse. libanotica*	**St**	−	−	−	−	+	−
21	*Psathyrostachys huashanica*	**Ns**	+	−	−	−	−	−
22	*Psa. juncea*	**Ns**	+	−	−	−	−	−
23	*Hordeum chilense*	**H**	−	−	−	−	−	+
24	*H. bogdanii*	**H**	−	−	−	−	−	+

注:"+"表示有特异性带;"−"表示无特异性带。

24 23 22 21 20 19 18 17 16 15 M 14 13 12 11 10 9 8 7 6 5 4 3 2 1

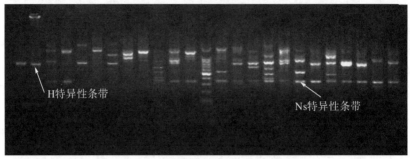

H特异性条带　　　　　　　　　　　　　　　　　Ns特异性条带

图 3-20　引物 OPW-05 扩增的图谱

注：1～24 为材料编号，同表 3-25；M 代表 DNA 分子量。

24 23 22 21 20 19 18 17 16 15 M 14 13 12 11 10 9 8 7 6 5 4 3 2 1

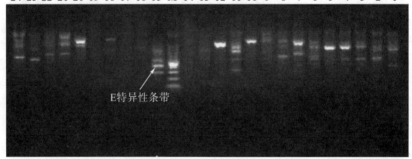

E特异性条带

图 3-21　引物 OPC-15 扩增的图谱

注：1～24 为材料编号，同表 3-25；M 代表 DNA 分子量。

24 23 22 21 20 19 18 17 16 15 M 14 13 12 11 10 9 8 7 6 5 4 3 2 1

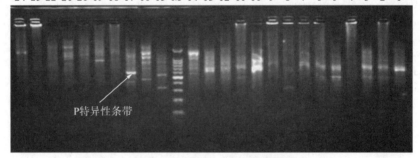

P特异性条带

图 3-22　引物 OPC-08 扩增的图谱

注：1～24 为材料编号，同表 3-25；M 代表 DNA 分子量。

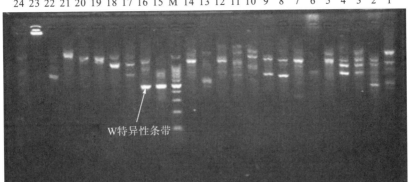

图 3-23　引物 OPR-16 扩增的图谱

注：1～24 为材料编号，同表 3-25。M 代表 DNA 分子量。

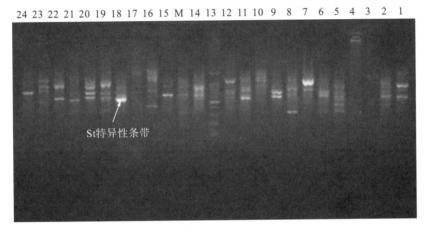

图 3-24　引物 OPB-08 扩增的图谱

注：1～24 为材料编号，同表 3-25。M 代表 DNA 分子量。

3.5　基因序列与系统发育研究

3.5.1　核基因组

1. 赖草属植物的 ITS 序列分析与系统发育研究

核糖体 DNA 内转录间隔区（ITS）序列是系统发育研究中广泛应用的核基因片段，主要应用于植物低分类阶元的系统发育研究（Baldwin et al.，1995；Hsiao et al.，1995；Wendel et al.，1995）。本书利用 ITS 序列分析了赖草属植物的系统亲缘关系。用于 ITS 序列分析的赖草属植物包括 34 份材料（25 种和 2 亚种），近缘属植物包括新麦草属 3 种、拟鹅观草属 2 种、*Lophopyrum elongatum* 和 *Thinopyrum bessarabicum*，共 41 份材料。外类群选用 *Bromus catharticus* L.。所用材料编号、来源和 GenBank 登录号见表 3-27。种子由美国国家植物种质库和四川农业大学小麦研究所标本室提供。

1)序列分析

赖草属植物的 ITS 序列全长为 596～603bp，其中，ITS1 区长度为 212～221bp，ITS2 区长度为 215～217bp。所有类群 ITS 序列的 5.8S 区长度为 164bp。在 ITS 的数据矩阵中，有 151 个变异位点，其中 74 个为简约信息位点。大部分的序列变异发生在间隔区，发生在 5.8S 区域的序列变异很少。ITS1+ITS2 的 GC 含量为 62.4%～65.1%，5.8S 区域的 GC 含量为 58.6%～60.4%，平均 GC 含量为 62.3%。*Leymus chinensis*（A 和 B）、*L. paboanus*（PI 531808，A 和 B）、*L. condensatus*（A 和 B）和 *L. secalinus*（A 和 B）具有两种不同类型的 ITS 序列。在 *Leymus alaicus*、*L. angustus*（PI 440308）、*L. chinensis*、*L. condensatus*、*L. paboanus*（PI 531808）、*L. racemosus*（PI 598806）、*Lophopyrum elongatum*、*Pseudoroegneria stipifolia*、*Pse. strigosa* 和 *Thinopyrum bessarabicum* 的 ITS1 区存在"TGGG"插入（图 3-25）。

2)系统发育分析

最大似然法分析与贝叶斯推断得到的系统发育树的拓扑结构一致，只是各节点的支持率存在差异。ML 系统发育树（似然值＝-2284.39145，伽马分布参数＝0.801291）如图 3-26 所示。

表 3-27 ITS 分析的供试赖草属及近缘属植物

种名	编号	来源	登录号
Leymus Hochst.			
L. akmolinensis（Drobow）Tzvel.	PI 440306	俄罗斯	EF601997
L.alaicus（Korsh.）Tzvel.	PI 499505	中国新疆	EF601998
L. alaicus ssp. *karataviensis*（Roshev.）Tzvel.	PI 314667	哈萨克斯坦阿拉木图	EF601988
L. ambiguus（Vasey & Scribn.）D. R. Dewey	PI 531795	美国科罗拉多	EF601987
L. angustus（Trin.）Pilger	PI 440308	哈萨克斯坦	EF610999
	PI 547357	中国内蒙古	EF602001
L. arenarius（L.）Hochst.	PI 272126	哈萨克斯坦阿拉木图	EF601989
L. chinensis（Trin. et Bunge）Tzvel.	PI 619486	蒙古国	EF601990/EF601991
L. cinereus（Scribn. et merr.）Á. Löve	PI 469229	加拿大萨斯喀彻温	EF602002
	PI 478831	美国蒙大拿	EF602003
L. condensatus（J. Presl）Á. Löve	PI 442483	比利时安特卫普	EF602005/EF661982
L. coreanus（Honda）K. B. Jensen et R. R. –C Wang	W6 14259	俄罗斯	EF602006
L. duthiei（Stapf）Y.H.Zhou et H.Q.Zhang	ZY 2004	中国四川	EF602008
L. duthiei ssp. *longearistatus*（Hack.）Y. H. Zhou et H. Q. Zhang	ZY 2005	日本东京	EF602007
L. erianthus（Phil.）Dub.	W6 13826	阿根廷	EF601993
L. hybrid	PI 537362	美国内华达	EF602009
L. innovatus（Beal）Pilger	PI 236818	加拿大	EF601994
L. karelinii（Turcz.）Tzvel.	PI 598529	中国新疆	EF601995
L. komarovii（Roshev.）J. L. Yang, C. Yen et B. R. Baum	ZY 3161	中国黑龙江	EF602010
L. mollis（Trin.）Hara	PI 567896	美国阿拉斯加	EF601996
L. multicaulis（Kar. et Kir.）Tzvel.	PI 440325	哈萨克斯坦	EF602011

续表

种名	编号	来源	登录号
	PI 499520	中国新疆	EF602012
L. paboanus (Claus) Pilger	PI 272135	哈萨克斯坦	EF602013
	PI 531808	爱沙尼亚	EF602014/EF661983
L. pseudoracemosus C. Yen et J. L. Yang	PI 531810	中国青海	EF602015
L. racemosus (Lam.) Tzvel.	PI 315079	俄罗斯	EF602017
	PI 478832	美国蒙大拿	EF602018
	PI 531811	爱沙尼亚	EF602019
	PI 598806	俄罗斯	EF602021
L. ramosus (Trin.) Tzvel.	PI 499653	中国新疆	EF602022
L. salinus (M.E.Jones) Á. Löve	PI 531816	美国犹他	EF602023
L. secalinus (Georgi) Tzvel.	PI 499535	中国新疆	EF602024/EF661984
L. tianschanicus (Drob.) Tzvel.	Y 2036	中国新疆	EF602025
L. triticoides (Buck.) Pilger	PI 516194	美国俄勒冈	EF602026
Lophopyrum Á. Löve			
Lo. elongatum (Host) Á. Löve	PI 547326	法国	L36495*
Psathyrostachys Nevski			
Psa. fragilis (Boiss.) Nevski	PI 243190	伊朗	L36498*
Psa. huashanica Keng f. ex P. C. kuo	PI 531823	中国陕西	L36499*
Psa. juncea (Fisch.) Nevski	PI 314521	俄罗斯	L36500*
Pseudoroegneria (Nevski) Á. Löve			
Pse. stipifolia (Czern. ex Nevski) Á. Löve	PI 325181	俄罗斯	EF014240
Pse. strigosa (M. Bieb.) Á. Löve	PI 531752	爱沙尼亚	EF014241
Thinopyrum Á. Löve			
Th. bessarabicum (Savul. & Rayss) Á. Löve	PI 531712	俄罗斯	L36506*
Bromus L.			
B. catharticus L.	S20004	中国云南	AF521898*

注：带有"*"的 GenBank 登录号为已出版的序列，引自 NCBI 网站。

　　在 ML 系统发育树中，41 份供试材料分为两支：第一支（Clade Ⅰ）包括 26 个赖草属类群和 3 个新麦草植物。其中，5 个来自北美的赖草属 Leymus hybrid、L. triticoides、L. ambiguus、L. salinus 和 L. cinereus 形成一个亚支。Leymus coreanus、L. duthiei、L. duthiei ssp. longearistatus 和 L. komarovii 位于该支。第二支（Clade Ⅱ）包括 Leymus alaicus ssp. karataviensis、L. condensatus（B）、L. racemosus（PI 598806）、L. alaicus、L. angustus（PI 547357）、L. karelinii、L. tianschanicus、L. chinensis（B）、L. angustus（PI 440308）、L. paboanus（PI 531808，B）、Pseudoroegneria strigosa、Pse. stipifolia、Lophopyrum elongatum 和 Thinopyrum bessarabicum。

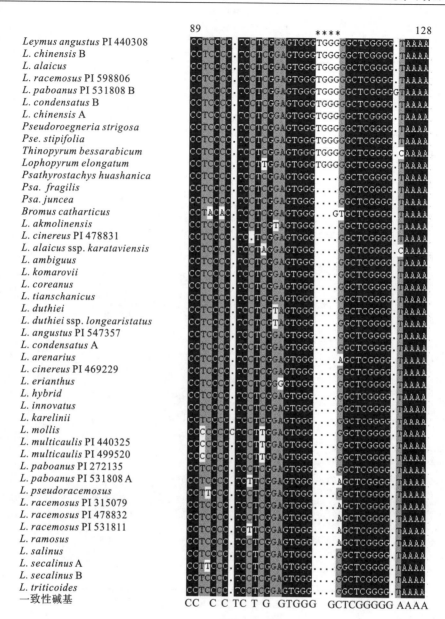

图 3-25　赖草属及近缘属物种部分 ITS 序列的比对图

注：“TGGG”插入/缺失用"*"表示，物种名后为材料编号和不同的 ITS 序列类型。

　　系统发育分析表明：①欧亚赖草属与北美赖草属植物存在明显的序列分化，两者的亲缘关系可能较远；②*Leymus arenarius* 与 *L. racemosus* 的亲缘关系较近；③新分类群林下组的 *Leymus coreanus*、*L. duthiei*、*L. duthiei* ssp. *longearistatus* 和 *L. komarovii* 分别与不同赖草属物种聚在不同分支；④同一个物种的不同居群、同一地区或相近区域和具有相似形态特征的赖草属植物并不总是聚在一起，暗示赖草属植物的 ITS 序列存在较大的遗传分化。

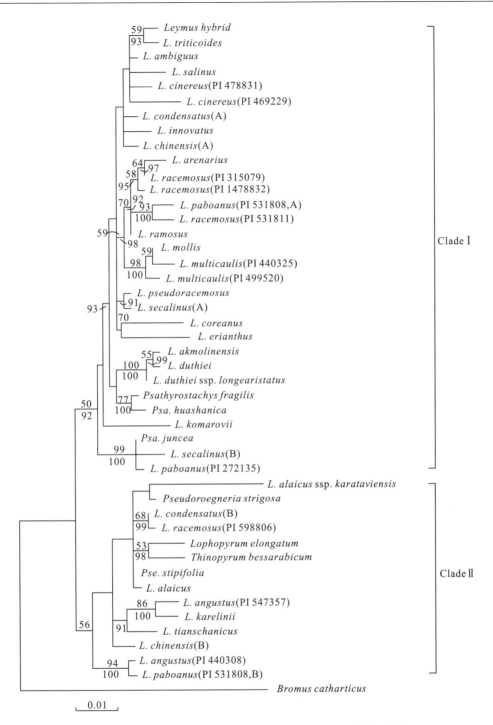

图 3-26　赖草属及近缘属植物基于 ITS 序列的 ML 系统发育树

注：分支上为自展值(>50%)，分支下为后验概率(>50%)，物种名后为材料编号和不同 ITS 序列类型。

3) 二级结构推测

7 个小麦族二倍体植物 ITS 序列的 RNA 二级结构具有 6 种类型(图 3-27A)。

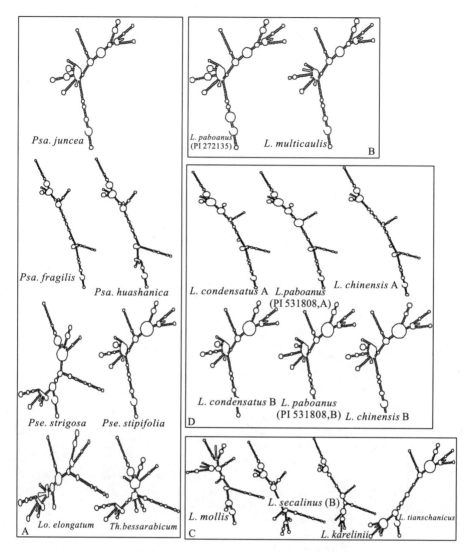

图 3-27　部分赖草属植物和 7 个二倍体植物 ITS 序列的 RNA 二级结构图

注：物种名后为材料编号和不同的 ITS 序列类型。

在 ML 系统发育树 Clade I 中，多数赖草属植物的 ITS-RNA 二级结构与 *Psathyrostachys fragilis* 和 *Psa. huashanica* 的相似，仅 *Leymus paboanus*（PI 272135）和 *L. multicaulis* 的 ITS-RNA 二级结构与 *Psa. juncea* 的相似（图 3-27B）。在 Clade II 中，除 *Leymus karelinii* 和 *L. tianschanicus* 外，其他赖草属植物的 ITS-RNA 二级结构与 *Pseudoroegneria stipifolia* 的具有很高的同源性（图 3-27C）。*Leymus karelinii*、*L. tianschanicus*、*L. mollis* 和 *L. secalinus*（B）的 ITS-RNA 二级结构不同于任何一个供试二倍体物种的 ITS-RNA 二级结构。*Leymus chinensis*（A 和 B）、*L. paboanus*（PI 531808，A 和 B）和 *L. condensatus*（A 和 B）具有两种不同类型的 ITS-RNA 二级结构（图 3-27D），一种类型与 *Psathyrostachys fragilis* 和 *Psa. huashanica* 的相似，另一种类型与 *Pseudoroegneria stipifolia* 的相似。

2. 赖草属物种中 ITS 序列的进化分析

为了澄清 ITS 序列在赖草属物种中的进化，增加了 ITS 序列分离数量，本书选取 28 份地理来源的赖草属植物（包括 25 种、1 亚种）和 11 份代表 **St**、**Ns**、**E**、**P** 和 **F** 基因组的小麦族二倍体植物，其中每份多倍体植物获得 11～15 个 ITS 序列克隆，每份二倍体植物获得 5 个 ITS 序列克隆。*Bromus inermis* 和代表其他 19 个小麦族单基因组的 24 份二倍体植物的 ITS 序列从已发表的数据库中获得。所用材料的编号、基因组、来源和 GenBank 登录号见表 3-28。PI 和 W6 编号的赖草属植物由美国国家植物种质库提供，ZY 和 Y 编号的赖草属植物由四川农业大学小麦研究所提供。

1）ITS 序列分析

克隆测序共获得 441 条 ITS 序列，分析 5.8S 区的 3 个保守结构域，鉴定出 386 条赖草属植物 ITS 序列中含 47 条假基因，55 条二倍体植物的 ITS 序列含 3 条假基因。ITS 假基因的存在会影响系统发育的推断，因此将在系统重建中被排除。余下的 391 条 ITS 序列比对分析表明 ITS1 区长度为 212～225bp，ITS2 区长度为 215～218bp，5.8S rDNA 的长度为 164bp。ITS1 区、5.8S 区和 ITS2 区的 GC 含量分别为 59.3%～64.4%、53.6%～61.0% 和 60.3%～66.6%。

2）ITS 序列的祖先基因组起源

网状支系分析（phylogenetic network analysis）（图 3-28）显示赖草属植物的 ITS 序列分为 **Ns** 基因组类型（Ns-copy）和非 **Ns** 基因组类型（non-Ns-copy），具 Ns-copy 的赖草属植物与新麦草属植物聚为一支，显示赖草属植物 **Ns** 基因组类型的 ITS 序列来源于新麦草属植物。除了 *Leymus tianschanicus*，其他 24 种赖草属物种的 ITS 序列中 Ns-copy 远多于 **Xm** 基因组类型，绝大多数赖草属物种只含有 Ns-copy 的 ITS 序列，表明赖草属物种的 ITS 序列是以 **Ns** 基因组类型占主导，这与赖草属植物部分异源多倍体起源、核仁显性和快速物种辐射有关。

表 3-28　ITS 分析的供试赖草属和近缘属植物

种名	缩写	编号	基因组(倍性)	地理来源	登录号
Aegilops L.	—				
Ae. bicornis	—	—	S^b (2x)	中东	AF149192
Ae. comosa	—	K 2272	M (2x)	俄罗斯	AY775266
Ae. markgrafii	—	551099	C (2x)	叙利亚	AY775262
Ae. mutica	—	K 1581	T (2x)	土耳其	AY775268
Ae. searsii	—	K 04-6	S^s (2x)	中东	AF149194
Ae. sharonensis	—	ICGR Ae39	S^{sh} (2x)	中东	AF149195
Ae. speltoides	—	—	S (2x)	中东	AY450267
Ae. tauschii	—	K 249	D (2x)	土库曼斯坦	AY775280
Ae. uniaristata	—	PI 554420	N (2x)	土耳其	AY775274
Agropyron Gaertn.					
Ag. cristatum	ACR	PI 499381	P (2x)	中国内蒙古	JQ360157-

续表

种名	缩写	编号	基因组（倍性）	地理来源	登录号
					JQ360160
Ag. cristatum	ACR	ZY 06080	**P** (2x)	中国青海	JQ360161- JQ360165
Australopyrum (Tzvel.) Á. Löve					
Au. pectinatum	—	D 3438	**W** (2x)	澳大利亚 新南威尔士	L36483
Crithopsis Jaub. et Spach					
C. delileana	—	H 556S	**K** (2x)	伊朗	L36487
Dasypyrum (Cosson et Durieu) T. Durand					
D. villosum	—	D-2990	**V** (2x)	中东	L36489
Eremopyrum (Ledeb.) Jaub. et Spach					
Er. distans	EDI	TA 2229	**F** (2x)	阿富汗	JQ360120- JQ360122
Er. triticeum	ETR	Y 206	**F** (2x)	中国新疆	JQ360123- JQ360125
Henrardia C. E. Hubb.					
Hen. persica	—	—	**O** (2x)	伊朗	L36491
Heteranthelium Hochst.					
Het. piliferum	—	PI 402352	**Q** (2x)	伊朗	L36492
Hordeum L.					
H. brevisubulatum	—	Y 1604	**H** (2x)	中国新疆	AY740877
H. bogdanii	—	PI 531761	**H** (2x)	中国青海	AY740876
H. marinum	—	BCC 2012	**Xa** (2x)	保加利亚	AJ607966
H. murinum	—	BCC 2002	**Xu** (2x)	突尼斯	AJ607997
H. muticum	—	BCC 2042	**H** (2x)	阿根廷	AJ608024
Lophopyrum Á. Löve					
Lo. elongatum	LEL	PI 531719	**E**^{e} (2x)	法国	JQ360140- JQ360144
Peridictyon O. Seberg，S. Frederiksen et C. Baden					
Per. sanctum	—	H 5556	**Xp** (2x)	希腊	L36497
Psathyrostachys Nevski					
Psa. fragilis	PFR	Y 882	**Ns** (2x)	伊朗	JQ360154- JQ360156
Psa. huashanica	PHU	ZY 3157	**Ns** (2x)	中国陕西	JQ360145- JQ360149
Psa. juncea	PJU	PI 222050	**Ns** (2x)	阿富汗	JQ360150- JQ360153
Pseudoroegneria (Nevski) Á. Löve					
Pse. spicata	PSP	PI 232123	**St** (2x)	美国华盛顿	JQ360126- JQ360130
Pse. strigosa	PST	PI 499637	**St** (2x)	中国新疆	JQ360131- JQ360135

续表

种名	缩写	编号	基因组（倍性）	地理来源	登录号
Pse. tauri	PTA	PI 401323	**St**（2x）	伊朗	JQ360136-JQ360139
Secale L.					
S. cereale	—	—	**R**（2x）	中东	L36504
Taeniatherum Nevski					
Ta. caput-medusae	—	PI 208075	**Ta**（2x）	土耳其	L36505
Thinopyrum Á. Löve					
Th. bessarabicum	TBE	PI 531711	**E**^b（2x）	乌克兰	JQ360117-JQ360119
Triticum L.					
T. urartu	—	MVGB 110	**A**（2x）	匈牙利	AJ301803
Leymus Hochst.					
L. ambiguus	LAM	PI 531795	（8x）	美国科罗拉多	JQ360103-JQ360116
L. angustus	LAN	PI 531797	（12x）	中国新疆	JQ360090-JQ360102
L. arenarius	LAR	PI 294582	（8x）	瑞典	KC514563-KC514577
L. chinensis	LCH	PI 499515	（4x）	中国内蒙古	JQ360061-JQ360074
L. cinereus	LCI	PI 469229	（8x）	加拿大萨斯喀彻温	JQ360049-JQ360060
L. coreanus	LCO	W6 14259	（4x）	俄罗斯	JQ360035-JQ360048
L. crassiusculus	LCR	ZY 06059	（4x）	中国青海	JQ360021-JQ360034
L. duthiei	LDU	ZY 2004	（4x）	中国四川	JQ360008-JQ360020
L. duthiei ssp. *longearistatus*	LLO	ZY 2005	（4x）	日本东京	JQ359944-JQ359957
L. leptostachyus	LLE	ZY 06053	（4x）	中国青海	JQ359958-JQ359970
L. flexus	LFL	ZY 06044	（4x）	中国青海	JQ359995-JQ360007
L. innovatus	LIN	PI 236818	（4x）	加拿大	JQ359982-JQ359994
L. komarovii	LKO	ZY 06001	（4x）	中国黑龙江	JQ359971-JQ359981
L. komarovii	LKO	ZY 11126	（4x）	中国黑龙江	KC514578-KC514589
L. komarovii	LKO	ZY 11127	（4x）	中国黑龙江	KC514590-KC514599
L. mundus	LMU	ZY 09157	（4x）	中国青海	JQ359785-JQ359795
L. ovatus	LOV	ZY 06039	（4x）	中国青海	JQ359932-JQ359943
L. pendulus	LPE	ZY 05003	（4x）	中国四川	JQ359920-JQ359931

种名	缩写	编号	基因组(倍性)	地理来源	登录号
L. pseudoracemosus	LPS	PI 531810	(4x)	中国青海	JQ359907- JQ359919
L. qinghaicus	LQI	ZY 07008	(4x)	中国四川	JQ359892- JQ359906
L. racemosus	LRA	—	(4x)	中国新疆	JQ359877- JQ359891
L. ramosus	LRAM	PI 499653	(4x)	中国新疆	JQ359770- JQ359784
L. salinus	LSA	PI 531816	(8x)	美国犹他	JQ359864- JQ359876
L. secalinus	LSE	ZY 06063	(4x)	中国青海	JQ359851- JQ359863
L. shanxiensis	LSH	ZY 06054	(4x)	中国青海	JQ359837- JQ359850
L. tianschanicus	LTI	Y 2036	(4x)	中国新疆	JQ359822- JQ359836
L. triticoides	LTR	PI 516194	(4x)	美国俄勒冈	JQ359807- JQ359821
L. yiunensis	LYI	ZY 06089	(4x)	中国青海	JQ359796- JQ359806
Bromus L.					
B. inermis		—	ND	—	L36485

注：带有下划线的 GenBank 登录号为已出版的序列，引自 NCBI 网站。

　　非 **Ns** 基因组类型的 ITS 序列被分散在网状支系的不同支中。为了了解非 **Ns** 基因组类型 ITS 序列的起源，将所有赖草属植物的 non-Ns-copy 序列与代表 23 个基本基因组的 32 个小麦族二倍体植物的 ITS 序列进行最大似然分析，形成的 ML 系统发育树如图 3-29 所示。

　　系统发育树显示 non-Ns-copy 序列分为 Clade Ⅰ 和 Clade Ⅱ 两支，Clade Ⅰ 包括 9 条 *Leymus tianschanicus* 的 non-Ns-copy 序列、2 条 *L. angustus* 的 non-Ns-copy 序列以及 *Agropyron cristatum*(**P** 基因组)、*Ag. mongolicum*(**P** 基因组)和 *Eremopyrum distans*(**F** 基因组)的 ITS 序列，结合 *Acc1* 数据和叶绿体 DNA 数据，**P/F** 基因组可能参与了赖草属植物 **Xm** 基因组的起源，这 11 条赖草属的非 **Ns** 基因组类型 ITS 序列起源于 *Agropyron/Eremopyrum* 植物。8 条 *Leymus angustus* 的 non-Ns-copy 序列、2 条 *L. chinensis* 的 non-Ns-copy 序列与 *Pseudoroegneria strigosa* 形成 Clade Ⅱ，这些 non-Ns-copy 序列含有一个长度为 4bp 的 TGGG 插入片断，而 **Ns** 基因组类型和 **P/F** 基因组类型的 ITS 序列没有此插入片段。

　　赖草属植物由多倍化物种杂交形成，在多倍化过程中由于基因组重组事件导致嵌合的 ITS 序列产生，系统网状支系分析显示了 3 个重组事件(图 3-28A)，重组 Ⅰ：包括序列 LQI222；重组 Ⅱ：包括序列 LTI549、LTI550 和 LTI552；重组Ⅲ：包括序列 LAN301、LAN307、LAN317、LQI228、LTI555 和 LRAM382。这 10 条 ITS 序列在 ML 系统发育树(图 3-29) 中被分散在亲缘关系较远的分支中，没有和任何二倍体植物的 ITS 序列聚在一起。

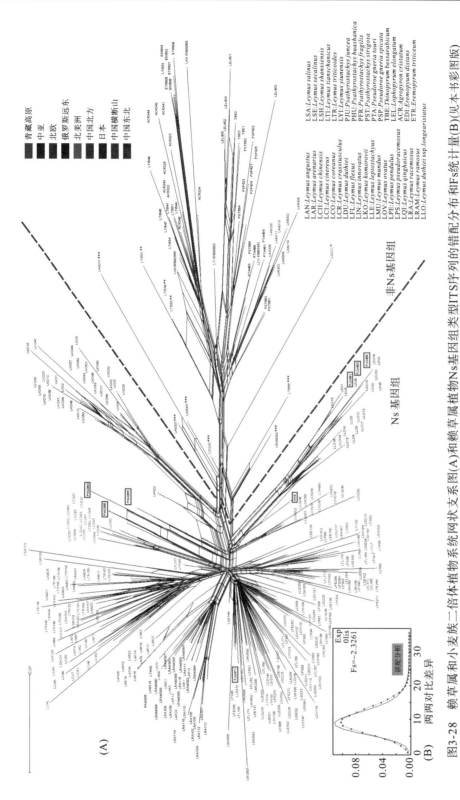

图3-28 赖草属和小麦族二倍体植物系统网状关系图(A)和赖草属植物Ns基因组类型ITS序列的错配分布和Fs统计量(B)(见本书彩图版)

注：序列分为两个主要的分支，其中虚线左侧是Ns基因组组ITS序列，右侧是非Ns基因组组ITS序列。物种名称后面的数字是指克隆数。来自Psathyrostachys植物的序列用红色框突出显示。由星号标记的序列表示三种类型的潜在嵌合ITS序列。物种名称的缩写列于下图的右下角。不同的颜色标记了赖草属植物的地理信息。

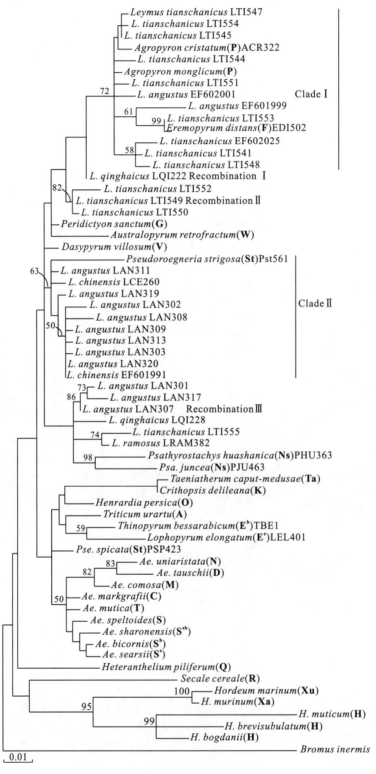

图 3-29 基于赖草属植物的非 Ns 基因组 ITS 序列和小麦族二倍体植物构建的最大似然树

注：分支上为自展值(>50%)。括号中的大写字母表示二倍体小麦族植物的基因组类型。

3）ITS 序列双亲类型的维持

在植物中，致同进化（concerted evolution）、不等交换（unequal crossing-over）或基因转换（gene convertion）导致异源多倍体中不同双亲基因组的均质化，致使杂种中只保留了双亲中的一个基因组类型（Sang et al.，1995）。21 个赖草属物种只含有 **Ns** 基因组类型 ITS 序列，揭示致同进化是维持赖草属植物多拷贝 ITS 序列向 **Ns** 基因组单一方向进化的主要机制。同时，在 3 个赖草属植物中发现其 ITS 序列具有 2 个或多个双亲类型，*Leymus angustus* 具 Ns-、P-、St-类型，*L. tianschanicus* 具 Ns-、P-类型，*L. chinensis* 具 Ns-、St-类型，这可能与营养繁殖、rDNA 在染色体上的不同数量和位置及近代杂交事件有关。

3. 赖草属植物的 *Acc1* 基因序列分析与系统发育研究

质体乙酰-CoA 羧化酶（plastid acetyl-CoA carboxylase，ACCase）是三羧酸循环的关键酶，催化长链脂肪酸的合成。质体 ACCase 主要有 4 个亚基：生物素羧化酶（BC）、生物素羧基载体蛋白（BCCP）以及羧基转移酶的 α-亚基和 β-亚基（CT），这 4 个亚基形成一个大的异源多聚复合物。上述 4 个亚基整合至单个多肽的结构域中。Southern 印迹分析表明六倍体小麦质体 ACCase 基因（*Acc1*）为单拷贝核基因，被定位在染色体短臂普通小麦第二同源群上（Gornicki et al.，1997）。序列分析显示 *Acc1* 基因约 15kb，编码 2260 个氨基酸，包括 30 个左右的内含子区域。在 *Acc1* 基因中，编码 ACCase 的 BC 亚基部分序列（包括外显子和内含子序列约 1440 个碱基，共编码 230 个氨基酸）被成功用于一年生小麦族植物、柳枝稷（*Panicum virgatum* L.）的系统与进化研究（Huang et al.，2002，2003；Kilian et al.，2007）。

为了实现系统发育时的直系同源比较，本书设计了分别扩增 **Ns** 和 **Xm** 基因组上 *Acc1* 序列的特异 PCR 引物，从 29 个赖草属植物中成功获得了代表 **Ns** 和 **Xm** 基因组拷贝类型的 *Acc1* 基因等位变异序列，与 36 份代表小麦族 18 个基本基因组的二倍体植物的 *Acc1* 序列进行直系同源比较，从而分析赖草属的进化历史。所用材料的编号、基因组、来源和 GenBank 登录号见表 3-29。PI 和 W6 编号的材料由美国国家植物种质库提供，ZY 和 Y 编号的材料由四川农业大学小麦研究所标本室提供。

表 3-29　*Acc1* 分析的供试赖草属和近缘属植物

物种	缩写	编号	基因组（倍性）	地理来源	登录号
***Aegilops* L.**					
Ae. bicornis	AEBI	ND	S^b (2x)	中东	**AF343521**
Ae. longissima	AELO	ND	S^l (2x)	中东	**AF343531**
Ae. searsii	AESE	ND	S^s (2x)	中东	**AF343529**
Ae. sharonensis	AESH	ND	S^{sh} (2x)	中东	**AF343525**
Ae. speltoides ssp. *ligustica*	AESL	ND	S (2x)	中东	**AF343535**
Ae. speltoides	AESP	ND	S (2x)	中东	**AF343527**
Ae. tauschii	AETA	ND	D (2x)	中东	**AF343496**
***Agropyron* Gaertn.**					

物种	缩写	编号	基因组（倍性）	地理来源	登录号
Ag. cristatum	ACRIa	PI 277352	**P** $(2x)$	俄罗斯	DQ453692
Ag. cristatum	ACRIb	PI 499388	**P** $(2x)$	中国新疆	
Ag. mongolicum	AMON	PI 499392	**P** $(2x)$	中国内蒙古	DQ456970
Australopyrum（Tzvel.）Á. Löve					
Au. retrofractum	AURE	PI 533013	**W** $(2x)$	澳大利亚新南威尔士	DQ497807
Crithopsis Jaub. et Spach					
C. delileana	CDEL	ND	**K** $(2x)$	希腊	DQ497804
Dasypyrum（Cosson et Durieu）T. Durand					
D. villosum	DVIL	PI 251478	**V** $(2x)$	土耳其	DQ456971
D. hordeaceum	DHOR	PI 516547	**V** $(2x)$	摩洛哥	DQ497802
Eremopyrum（Ledeb.）Jaub. et Spach					
Er. distans	EDIS	TA 2229	**F** $(2x)$	阿富汗	DQ453691
Er. triticeum	ETRI	Y 206	**F** $(2x)$	中国新疆	DQ453690
Henrardia C. E. Hubb.					
Hen. persica	HEPE	PI 401349	**O** $(2x)$	土耳其	GQ228396
Heteranthelium Hochst.					
Het. piliferum	HEPI	PI 401351	**Q** $(2x)$	伊朗	DQ497808
Hordeum L.					
H. bogdanii	HBOG	PI 531761	**H** $(2x)$	中国新疆	DQ319185
H. chilense	HCHI	PI 531781	**H** $(2x)$	智利	DQ497805
H. vulgare	HVUL	Betzes	**I** $(2x)$	不详	**AF343509**
Lophopyrum Á. Löve					
Lo. elongatum	LOEL	PI 531719	**E^e** $(2x)$	法国	DQ355219
Peridictyon O. Seberg，S. Frederiksen et C. Baden					
Per. sanctum	PESA	H 3841	**Xp** $(2x)$	希腊	GQ228397
Psathyrostachys Nevski					
Psa. fragilis	PSAF	Y 882	**Ns** $(2x)$	伊朗	FJ449595
Psa. huashanica	PSAH	ZY 3157	**Ns** $(2x)$	中国陕西	DQ335577
Psa. juncea	PSAJ	PI 222050	**Ns** $(2x)$	阿富汗	DQ335578
Psa. lanuginosa	PSAL	Y 1567	**Ns** $(2x)$	中国新疆	GQ228398
Pseudoroegneria（Nevski）Á. Löve					
Pse. libanotica	PSEL	PI 228392	**St** $(2x)$	伊朗	DQ335574
Pse. spicata	PSES	PI 232123	**St** $(2x)$	美国华盛顿	DQ306262
Pse. stipiforlia	PSESTI	PI 440095	**St** $(2x)$	俄罗斯	DQ335576
Pse. strigosa	PSEST	PI 499637	**St** $(2x)$	中国新疆	DQ335575
Secale L.					
S. cereale	SECE	Imperial	**R** $(2x)$	不详	**AF343516**
Taeniatherum Nevski					
Ta. caput-medusae	TACA	PI 220591	**Ta** $(2x)$	阿富汗	DQ497803
Thinopyrum Á. Löve					
Th. bessarabicum	TBES	PI 531711	**E^b** $(2x)$	乌克兰	DQ355220
Triticum L.					
T. monococcum	TRMO	TA 2025	**A^m** $(2x)$	中东	**AF343517**

续表

物种	缩写	编号	基因组(倍性)	地理来源	登录号
T. urartu	TRUR	TA 763	**A** (2x)	黎巴嫩	**AF343518**
Leymus Hochst.			**NsXm**		
L. akmolinensis	LAKM	PI 440306	(4x)	俄罗斯	EU301812
L. ambiguus	LAMB	PI 531795	(8x)	美国科罗拉多	FJ449626，DQ319178
L. angustus	LANG	PI 531797	(12x)	中国新疆	DQ319179，FJ449613
L. arenarius	LARE	PI 272126	(4x)	哈萨克斯坦阿拉木图	FJ449625，DQ319177
L. chinensis	LCHI	PI 499515	(4x)	中国内蒙古	FJ449609，FJ449612
L. cinereus	LCIN	PI 469229	(8x)	加拿大萨斯喀彻温	EU301817，EU301818
L. coreanus	LCOR	W6 14259	(4x)	俄罗斯	DQ319184
L. crassiusculus	LCRA	ZY 06059	(4x)	中国青海	FJ449596，FJ449624
L. duthiei	LDUT	ZY 2004	(4x)	中国四川	DQ335570，EU301816
L. duthiei ssp. *longearistatus*	LLON	ZY 2005	(4x)	日本东京	DQ335571
L. flexus	LFLE	ZY 06044	(4x)	中国青海	FJ449614，FJ449597
L. innovatus	LINN	PI 236818	(4x)	加拿大	EU301820，EU301821
L. karelinii	LKAR	PI 598525	(12x)	中国新疆	FJ449607，FJ449629
L. komarovii	LKOM	ZY 06001	(4x)	中国黑龙江	EU301810，EU301811
L. leptostachys	LLEP	ZY 06053	(4x)	中国青海	FJ449602，FJ449620
L. multicaulis	LMUL	PI 440326	(4x)	哈萨克斯坦	FJ449608
L. ovatus	LOVA	ZY 06039	(4x)	中国青海	FJ449615，FJ449599
L. paboanus	LPAB	PI 531808	(8x)	爱沙尼亚	FJ449611，DQ319181
L. pendulus	LPEN	ZY 05003	(4x)	中国四川	FJ449605，FJ449623
L. pseudoracemosus	LPSE	PI 531810	(4x)	中国青海	EU366386，EU366387
L. qinghaicus	LQIN	ZY 07008	(4x)	中国四川	FJ449604，FJ449622
L. racemosus	LRAC	PI 478832	(4x)	美国蒙大拿	EU366388，EU366389
L. ramosus	LRAM	PI 499653	(4x)	中国新疆	FJ449616
L. salinus	LSAL	PI 531816	(8x)	美国犹他	EU366390，EU366391
L. secalinus	LSEC	ZY 06063	(4x)	中国青海	FJ449618，FJ449600
L. shanxiensis	LSHA	ZY 06045	(4x)	中国青海	FJ449601，FJ449619
L. tianschanicus	LTIA	Y 2036	(4x)	中国新疆	FJ449606，FJ449628
L. triticoides	LTRI	PI 516194	(4x)	美国俄勒冈	EU301813，EU301814
L. yiunensis	LYIW	ZY 06089	(4x)	中国青海	FJ449598，FJ449617
Bromus L.					
B. inermis	BINE	PI 618974		中国新疆	EU366392

注：加粗的 GenBank 登录号为已出版的序列，引自 NCBI 网站。ND 表示不确定。

1) *Acc1* 序列分析

Acc1 序列包括 8 个外显子和 7 个内含子，长度为 1392～1470bp，大部分序列长度约为 1440bp。赖草属植物 **Xm** 基因组拷贝类型的 *Acc1* 序列（Xm-copy）、2 个 *Agropyron* 物种和 *Eremopyrum triticeum* 的 *Acc1* 序列含有一个 4bp 的 TATA 插入，而 11 个来自青藏高原的赖草属物种 *Acc1* 序列的 **Ns** 基因组拷贝类型（Ns-copy）含有 33bp 的插入（图 3-30）。外显子+内含子、外显子和内含子数据矩阵的变异位点、保守位点、简约信息位点、碱基序列转换数（si），碱基序列颠换数（sv）见表 3-30。

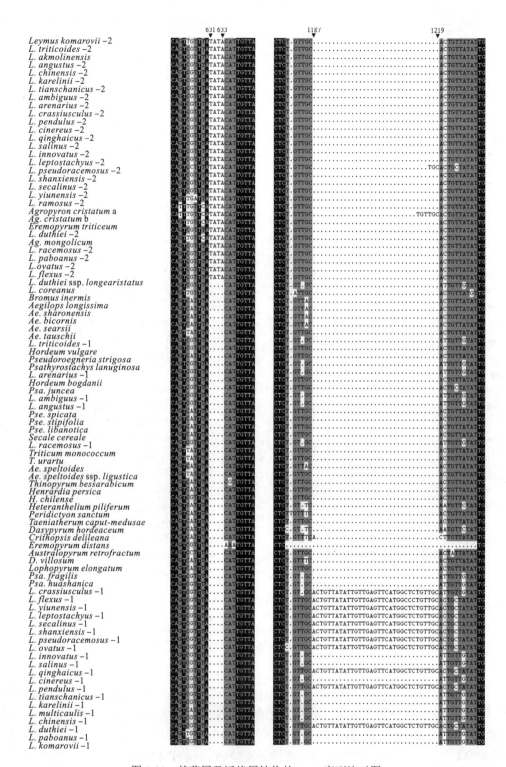

图 3-30　赖草属及近缘属植物的 *Acc1* 序列比对图

表 3-30 三个数据矩阵的特征

类别	变异位点/个	保守位点/个	信息位点/个	ii	si	sv
外显子	150	546	64	684	9	3
内含子	407	410	212	690	25	19
外显子+内含子	560	953	278	1374	34	22

注：ii 为碱基序列一致数，si 为碱基序列转换数，sv 为碱基序列颠换数。

2）系统发育分析

采用最大似然法和贝叶斯推断分别对 3 个数据矩阵(外显子+内含子、外显子和内含子)进行系统发育重建。系统发育树(图 3-31)显示赖草属植物分成 Clade I 和 Clade II 两支，Clade I 包括含 Xm-copy 的赖草属植物、*Agropyron cristatum*、*Ag. mongolicum* 和 *Eremopyrum triticeum*。所有来自北美和青藏高原的赖草属植物、3 个来自中亚和 1 个来自东亚的赖草属植物聚成亚支 A，亚支 B 由 4 个来自中国新疆和 1 个来自哈萨克斯坦的赖草属物种组成，亚支 C 包括了 3 个 *Agropyron* 物种和 *Er. triticeum*，*Leymus komarovii* 处于亚支 A、B、C 之外的分支上。Clade II 包括含 Ns-copy 的赖草属植物和新麦草属植物，由亚支 D、E 组成，4 个新麦草属植物和除了青藏高原的所有赖草属植物组成亚支 D，亚支 E 包括了来自青藏高原的赖草属植物，它们在 1187～1219bp 处都有一个 33bp 的插入。

MJ 网状进化分析(median-joining network) (图 3-32)显示来自赖草属植物的 89 条 *Acc1* 序列产生了 83 个单倍体，表明赖草属植物的 *Acc1* 序列在外显子区域具有高水平的单倍体多样性。与 ML 树一致，赖草属植物的单倍体也分成两支(**Ns** 基因组拷贝类型和 **Xm** 基因组拷贝类型)，在 Ns-copy 这一支中，*Psathyrostachys juncea* 和 *Leymus paboanus* 处于分支中心，而来自青藏高原的单倍体形成单独的一支。在 Xm-copy 支中，所有赖草属植物的单倍体形成一个星状的辐射式样，*Leymus crassiusculus*(LCRA2)、*L. leptostachys*(LLEP2)、*L. innovatus*(LINN2) 和 *L. ambiguus*(LAMB2)位于分支的中心。

以上分析结果表明：①北美的赖草属植物与中亚和东亚的赖草属植物具有较近的亲缘关系；②*Leymus racemosus*、*L. arenarius*、*L. angustus*、*L. tianschanicus* 和 *L. ramosus* 的亲缘关系较近；③相对于中亚、东亚和北美的赖草属植物，来自青藏高原的赖草属植物具有独立进化的潜能；④赖草属植物与 *Psathyrostachys*、*Agropyron*、*Eremopyrum* 植物的亲缘关系较近。

4. 赖草属植物的 *PGK* 基因序列分析与系统发育研究

磷酸甘油酸激酶(phosphoglycerate kinase，PGK)是糖酵解的关键酶，也是每种生物得以生存的必须酶，它以 Mg-ATP 或 Mg-ADP 为底物催化 1,3-二磷酸甘油酸转变成 3-磷酸甘油酸。PGK 在结构上由 N 端和 C 端结构域组成，N 端和 C 端结构域由一个狭窄的铰链区连接，而且被一个大的裂隙分开。3-磷酸甘油酸结合到 N 端，而核苷底物 Mg-ATP 或 Mg-ADP 则结合到这个酶的 C 端结构域。每个结构域的核心是由被 α 螺旋包绕的 6 股平行折叠的 β 片层构成。小麦 *Pgk1* 基因序列分析显示该基因约 3kb，编码 480 个氨基酸，拥有 5 个内含子区域。*Pgk1* 基因为单拷贝核基因，其中 5 个外显子和 4 个内含子区域被用作系统发育研究(Huang et al.，2002；Kilian et al.，2007)。

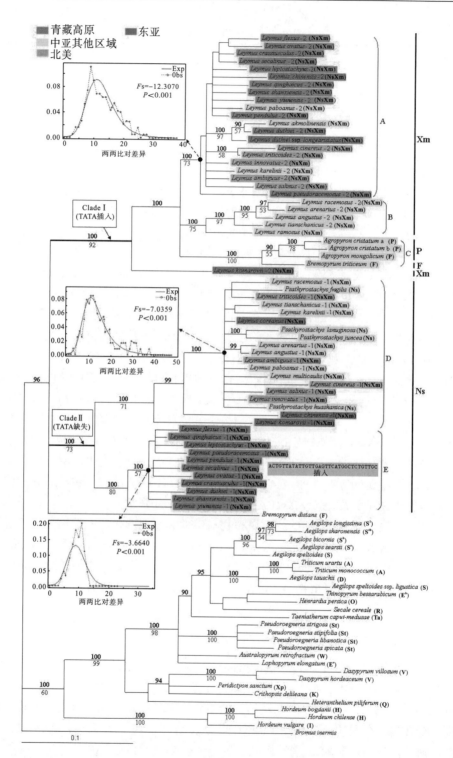

图 3-31　基于赖草属及近缘属植物树 *Acc1* 序列的外显子+内含子序列构建的 ML 树（见本书彩图版）

注：分支上加粗的数字是后验概率值≥90%，分支下是自展值≥50%。物种名称后面的数字是 *Acc1* 序列克隆类型。括号中的大写字母表示物种的基因组。不同的颜色标记了赖草属植物的地理信息。方框内为误配分析和 Fs 统计量。字母 a 和 b 代表两种不同地理来源的 *Agropyron cristatum*。

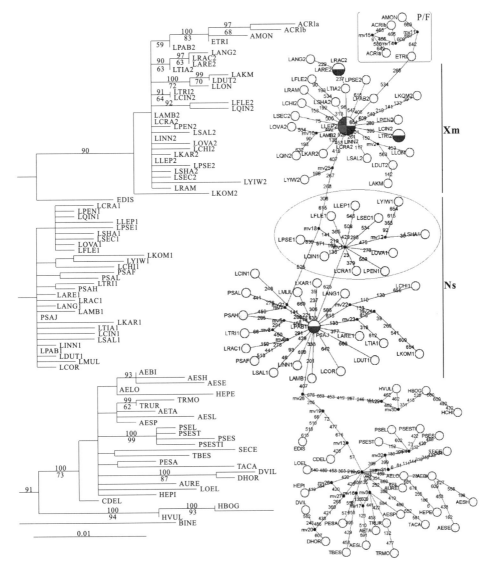

图 3-32　基于赖草属及近缘属植物 *Acc1* 的外显子单倍型的 ML 树(左)和 MJ 图(右)

注：分支上的数字是后验概率值≥90%，分支下是自展值≥50%。单倍体由圆圈表示，各节点间的数字表示突变发生的位置，物种名称的缩写见表 3-29，物种名称后面的数字是 *Acc1* 序列克隆类型。字母 a 和 b 代表两种不同地理来源的 *Agropyron cristatum*。

本书对全球 31 种和 1 亚种的赖草属植物 *Pgk1* 基因进行了系统重建。所用赖草属植物及 35 份代表小麦族单基因的二倍体植物的基因组、倍性和登录号见表 3-31。PI 和 W6 编号的材料由美国国家植物种质库提供，ZY 和 Y 编号的材料由四川农业大学小麦研究所标本室提供。

1)*Pgk1* 序列分析

获得的 53 条 *Pgk1* 序列包括 3 种类型：**Ns-**、**St/Eᵉ/W-**和 **Xm-**基因组类型。*Pgk1* 编码区不含有 PTCs(premature terminal codons)，RPD4(recombination detection program)分析

显示只有 *Leymus chinensis Pgk1* 序列的 **Ns** 基因组拷贝类型具有一个重组事件。BS-REL (branch-site random effects likelihood) 方法分析显示 LAMBI1 序列 [60% 中性位点数 (neutral sites) /40% 正选择位点数 (positively selected sites)]、LAREN 序列 (52%/48%)、LCINE2A 序列 (67%/33%)、LERIA1 序列 (72%/28%)、LFLEX1 序列 (86%/14%)、LQING1 序列 (92%/8%)、LSALI 序列 (76%/24%)、LTRIT 序列 (63%/37%)、LYIWU1 序列 (57%/43%) 具有较高的中性位点数 (>50%)，可能是潜在的假基因。

2) 系统发育重建

Pgk1 数据的位点总数为 1560 个，其中 532 个位点为变异位点，250 个位点为简约信息位点，转换和颠换突变值分别为 35 和 22，si/sv 平均值为 1.6。BI 推断得到一棵高后验概率支持的系统发育树，MP 法获得 86 棵简约树，严格一致树和 BI 树的拓扑结构高度相似 (图 3-33A)。赖草属植物在系统发育树中被分成 3 支 (Clade A、Clade B 和 Clade C)，Clade A 由新麦草属和赖草属物种组成，Clade B 只包括赖草属物种，Clade C 包含拟鹅观草属 (**St**)、冠麦草属 (**E^e**)、南麦属 (**W**) 和赖草属物种。

通过 BS-REL 分析去除 7 条 *Pgk1* 假基因后的 NeighborNet 分析 (图 3-33B) 显示，赖草属物种聚成 3 支，与 BI 推断和 MP 法的分析结果一致：①含 Xm-copy 的赖草属物种；②含 Ns-copy 的赖草属和新麦草属物种；③拟鹅观草属 (**St**)、冠麦草属 (**E^e**)、南麦属 (**W**) 和 *Leymus mollis*。结果表明赖草属物种与新麦草属、拟鹅观草属、冠麦草属、南麦属物种具有较近的亲缘关系。

表 3-31　PGK 分析的供试赖草属和近缘属植物

物种	缩写	基因组	倍性	登录号	
				GBSSI	*Pgk1*
Aegilops L.					
Ae. bicornis	AEBIC	**S^b**	2*x*	AF079265	AF343485
Ae. longissima	AELON	**S^l**	2*x*	AF079266	AF343487
Ae. searsii	AESEA	**S^s**	2*x*	AF079264	AF343489
Ae. sharonensis	AESHA	**S^{sh}**	2*x*	—	AF343486
Ae. speltoides	AESPE	**S**	2*x*	AF079267	—
Ae. speltoides ssp. *ligustica*	AELIG	**S**	2*x*	—	AF343484
Ae. tauschii	AETAU	**D**	2*x*	AF079268	AF343479
Agropyron Gaertn.					
Ag. cristatum	AGCRI	**P**	2*x*	AY011002	FJ711023 JF965619
Ag. mongolicum	AGMON	**P**	2*x*	AY011003	FJ711024
Australopyrum (Tzvel.) Á. Löve					
Au. Retrofractum	AURET	**W**	2*x*	AF079272	FJ711025
Crithopsis Jaub. et Spach					
C. delileana	CRDEL	**K**	2*x*	GQ847707	FJ711026
Dasypyrum (Cosson et Durieu) T. Durand					
D. villosum	DAVIL	**V**	2*x*	AF079274	FJ711027

物种	缩写	基因组	倍性	登录号	
				GBSSI	Pgk1
Eremopyrum (Ledeb.) Jaub. et Spach					
Er. distans	ERDIS	**F**	2*x*	**KX220003**	FJ711018
Er. triticeum	ERTRI	**Xe**	2*x*	—	FJ711028
Henrardia C. E. Hubb.					
Hen. persica	HEPER	**O**	2*x*	AF079276	FJ711029
Heteranthelium Hochst.					
Het. piliferum	HEPIL	**Q**	2*x*	AF079277	FJ711030
Hordeum L.					
H. bogdanii	HOBOG	**H**	2*x*	EU282316	FJ711020
H. brevisubulatum	HOBRE	**H**	2*x*	—	FJ711019
H. chilense	HOCHI	**H**	2*x*	EU282318	FJ711017
H. vulgare	HOVUL	**I**	2*x*	AB089162	AF343494
Lophopyrum Á. Löve					
Lo. elongatum	LOELO	**E**^e	2*x*	AF079284	FJ711035
Peridictyon O. Seberg，S. Frederiksen et C. Baden					
Per. sanctum	PESAN	**Xp**	2*x*	AF079278	FJ711037
Psathyrostachys Nevski					
Psa. fragilis	PSAFR	**Ns**	2*x*	AF079279	KX223299
Psa. huashanica	PSAHU	**Ns**	2*x*	KX220004	KC131145
Psa. juncea	PSAJU	**Ns**	2*x*	AF079280	KX223300
Psa. lanuginosa	PSALA	**Ns**	2*x*	KX220005	KX223301
Pseudoroegneria (Nevski) Á. Löve *Pse. libanotica*	PSELI	**St**	2*x*	EU282324	FJ711032
Pse. spicata	PSESPI	**St**	2*x*	AF079281	FJ711015
Pse. stipifolia	PSESI	**St**	2*x*	—	FJ711033
Pse. strigosa	PSESR	**St**	2*x*	EU282323	FJ711034
Secale L.					
S. cereale	SECER	**R**	2*x*	AY011009	AF343493
Taeniatherum (L.) Nevski					
Ta. caput-medusae	TACAP	**Ta**	2*x*	AY360847	FJ711021
Thinopyrum Á. Löve					
Th. bessarabicum	THBES	**E**^b	2*x*	AF079283	**FJ71036**
Triticum L.					
T. monococcum	TRMON	**A**	2*x*	AF079286	FJ711022
T. urartu	TRURA	**A**	2*x*	AF079287	AF343474
Leymus Hochst.					
L. akmolinensis	LAKMO	**NsXm**	4*x*	KX220006 KX220007	KX223302
L. alaicus	LALAI	**NsXm**	4*x*	KX220008	KX223303

物种	缩写	基因组	倍性	登录号	
				GBSSI	*Pgk1*
				KX220009 KX220010 KX220011	
L. ambiguus	LAMBI	**NsXm**	8*x*	KX220014 KX220015	KX223304
L. angustus	LANGU	**NsXm**	12*x*	KX220016 KX220017	KX223305
L. arenarius	LAREN	**NsXm**	8*x*	KX220018 KX220019 KX220020 KX220021	KX223306
L. chinensis	LCHIN	**NsXm**	4*x*	KX220022 KX220023	KX223307
L. cinereus	LCINE	**NsXm**	8*x*	KX220024	KX223308 KX223309 KX223310
L. coreanus	LCORE	**NsXm**	4*x*	KX220025 KX220026 KX220027 KX220028	FJ711047
L. crassiusculus	LCRAS	**NsXm**	4*x*	KX220029 KX220030	KX223311 KX223312
L. duthiei	LDUTH	**NsXm**	4*x*	KX220031 KX220032	FJ711043
L. duthiei ssp. *longearistatus*	LLONG	**NsXm**	4*x*	KX220033 KX220034	FJ711044
L. erianthus	LERI	**NsXm**	6*x*	KX220035 KX220036	KX223313
L. flexus	LFLEX	**NsXm**	4*x*	KX220037 KX220038 KX220039	KX223314 KX223315
L. innovatus	LINNO	**NsXm**	4*x*	KX220040	KX223316 KX223317
L. karelinii	LKARE	**NsXm**	12*x*	KX220041 KX220042 KX220043 KX220044 KX220045	KX223318 KX223319
L. komarovii	LKOMA	**NsXm**	4*x*	KX220046 KX220047	KX223320
L. leptostachyus	LLEPT	**NsXm**	4*x*	KX220048 KX220049	KX223321
L. mollis	LMOLL	**NsXm**	4*x*	KX220050	KX223322 KX223323
L. multicaulis	LMULT	**NsXm**	4*x*	KX220051 KX220052	KX223324
L. ovatus	LOVAT	**NsXm**	4*x*	KX220053 KX220054 KX220055	KX223325 KX223326 KX223327
L. paboanus	LPABO	**NsXm**	8*x*	KX220056 KX220057 KX220058	KX223328 KX223329 KX223330

续表

物种	缩写	基因组	倍性	登录号	
				GBSSI	*Pgk1*
L. pendulus	LPEND	**NsXm**	*4x*	KX220059 KX220060 KX220061	KX223331
L. pseudoracemosus	LPSEU	**NsXm**	*4x*	KX220062 KX220063	FJ711040
L. qinghaicus	LQING	**NsXm**	*4x*	KX220064 KX220065 KX220066	KX223332 KX223333
L. racemosus	LRACE	**NsXm**	*4x*	KX220067 KX220068 KX220069	KX223334 KX223335
L. ramosus	LRAMO	**NsXm**	*4x*	KX220070 KX220071 KX220072	KX223336
L. salinus	LSALI	**NsXm**	*4x*	KX220073	KX223337 KX223338 KX223339
L. secalinus	LSECA	**NsXm**	*4x*	KX220074 KX220075	FJ711041 KX223340
L. shanxiensis	LSHAN	**NsXm**	*4x*	KX220076 KX220077	KX223341 KX223342
L. tianschanicus	LTIAN	**NsXm**	*4x*	KX220078 KX220079	KX223343 KX223344
L. triticoides	LTRIT	**NsXm**	*4x*	KX220080 KX220081	FJ711042 KX223345 KX223346
L. yiunensis	LYIWU	**NsXm**	*4x*	KX220082 KX220083	KX223347 KX223348
***Bromus* L.**					
B. catharticus		—	—	**DQ157055**	—
B. inermis		—	—	—	**FJ711014**

注：加粗的 GenBank 登录号为已出版的序列，引自 NCBI 网站。

5. 赖草属植物的 *GBSSI* 基因序列分析与系统发育研究

淀粉是小麦籽粒的重要组成部分，分为直链淀粉和支链淀粉。胚乳淀粉一般由 20%～30% 的直链淀粉和 70%～80% 的支链淀粉组成（Preiss，1991）。在胚乳等储藏器官中，合成直链淀粉的关键酶是颗粒结合型淀粉合成酶（granule-bound starch synthase，GBSS），也叫糯蛋白。编码 GBSS 的基因也叫 Waxy 基因，这些基因位点的缺失或突变，会使胚乳中直链淀粉合成减少，支链淀粉含量上升，小麦胚乳表现为糯性（时岩玲和田纪春，2003）。GBSSI 是被最早发现的 GBSS 同工型，其分子量约为 60KD，其编码基因为单拷贝核基因，目前已从玉米、马铃薯、大麦、水稻和豌豆中成功克隆（Wang et al.，1992）。比较水稻与玉米、大麦的 *GBSSI* 基因序列，发现它们全长 4800bp 左右，均含有 13 个内含子和 14 个外显子，外显子大小极其相近，它们之间的核苷酸序列存在高度的同源性，序列变异表现在其内含子大小变化不等、序列同源性较低（Wang et al.，1992）。在六倍体小麦中，*GBSSI*

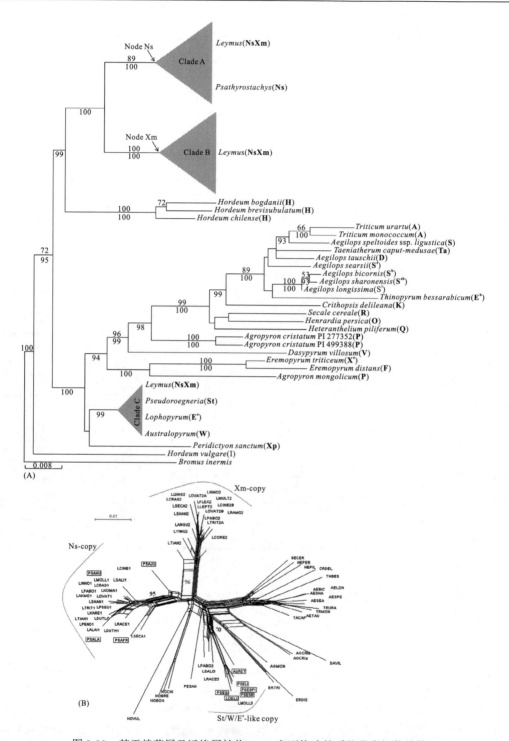

图 3-33　基于赖草属及近缘属植物 *Pgk1* 序列构建的系统发育拓扑结构

注：（A）BI 推断的 50% 严格一致树。分支上的数字是自展值≥50%，分支下是后验概率值≥90%。物种名称后面的数字是 *Pgk1* 序列克隆类型。括号中的字母表示物种的基因组，赖草属植物及可能的二倍体祖先植物用坍塌分支表示。（B）NeighborNet 分析图。二倍体物种的序列用方框突出显示，物种名称的缩写见表 3-31，物种名称后面的数字是 *Pgk1* 序列克隆类型。

基因定位于第 7 同源群染色体上，由 615 个氨基酸组成，它的蛋白质前体包括 1 个分子量为 7KD 的转运肽，有 75 个氨基酸，与其他作物不同的是 N 端有 1 个 11 个氨基酸的插入序列 (Kiribuchi-Otobe et al., 1997)。在 *GBSSI* 基因中，从第 9 外显子到第 14 外显子的序列 (包括外显子和内含子序列约 1200 个碱基) 被成功用到小麦族 (Triticeae)、蔷薇科 (Rosaceae)、荚蒾属 (*Viburnum*) 等植物的系统与进化研究 (Mason-Gamer et al., 1998; Winkworth and Donoghue, 2004; Potter et al., 2007)。

本书对全球 31 种和 1 亚种赖草属植物的 *GBSSI* 基因进行了系统重建。所用赖草属植物及 36 份代表小麦族单基因组的二倍体植物的基因组、倍性和登录号见表 3-31。PI 和 W6 编号的材料由美国国家植物种质库提供，ZY 和 Y 编号的材料由四川农业大学小麦研究所标本室提供。

1) *GBSSI* 序列分析

获得的 74 条 *GBSSI* 序列包括 3 种类型，**Ns**-、**St** 和 **Xm**-基因组类型。4 条 *GBSSI* 序列 (LFLEX1B、LKARE2D、LRAMO2B 和 LRACE2C) 含有 PTCs。基于 *GBSSI* 序列外显子的 RPD4 分析发现 4 个重组事件，分别是 *Leymus coreanus* (LCORE2A 和 LCORE2B)、*L. leptostachyus* (LLEPT1C) 和 *L. arenarius* (LAREN3B)。BS-REL 方法分析显示 11 条 *GBSSI* 序列 [ALAI2A (84%/16%)、LAMBI2A (81%/19%)、LANGU1B (55%/45%)、LAREN2A (56%/44%)、LCORE1A (67%/33%)、LQING2A (76%/24%)、LOVAT2B (99%/1%)、LRACE1B (84%/16%)、LRACE2A (82%/18%)、LSALT1A (78%/22%)、LTIAN1A (60%/40%)] 具有较高的中性位点数和较低的正选择位点数，表明这些序列具有放松的选择压。

2) 系统发育重建

GBSSI 序列数据的位点总数为 1342 个，其中 727 个位点为变异位点，488 个位点为简约信息位点，大多数 *GBSSI* 序列碱基替换沉默，转换和颠换突变值分别为 49 和 38，si/sv 平均值为 1.6。MP 分析获得 20 棵简约树，其严格一致树与 BI 树的拓扑结构高度相似 (图 3-34A)，系统发育树显示赖草属植物形成 4 支 (Clade Ⅰ～Ⅳ)，Clade Ⅰ 包括新麦草属 (**Ns**) 和赖草属植物，Clade Ⅱ 只包括赖草属植物，Clade Ⅲ 由拟鹅观草属 (**St**)、南麦属 (**W**) 和赖草属植物组成，拟鹅观草属和赖草属植物组成 Clade Ⅳ。

在去除 4 条含 PTCs 的假基因和 11 条由 BS-REL 方法检测出的潜在假基因后，对剩余的 *GBSSI* 序列进行了 NeighborNet 分析 (图 3-34B)。分析结果与 BI 树和 MP 树的分析结果一致，赖草属植物被分成 3 支 (Ns-copy 支、Xm-copy 支和 St-/W-like copy 支)，Ns-copy 支由 Group 1 和 Group 2 构成，Group 1 包括赖草属植物和 *Psathyrostachys lanuginosa*，Group 2 包括其他 3 个新麦草属 (*Psathyrostachys juncea*、*Psa. fragilis* 和 *Psa. huashanica*) 和赖草属植物。Xm-copy 支只含有赖草属植物，可划分成 3 个 Group (Group 3～5)。拟鹅观草属 (**St**)、南麦属 (**W**) 和赖草属植物组成了 St-/W-like copy 支。

不同系统发育重建的方法都揭示了赖草属与新麦草属、拟鹅观草属和南麦属植物具有较近的亲缘关系，部分赖草属植物与新麦草属植物具有比与其他赖草属植物更近的亲缘关系。

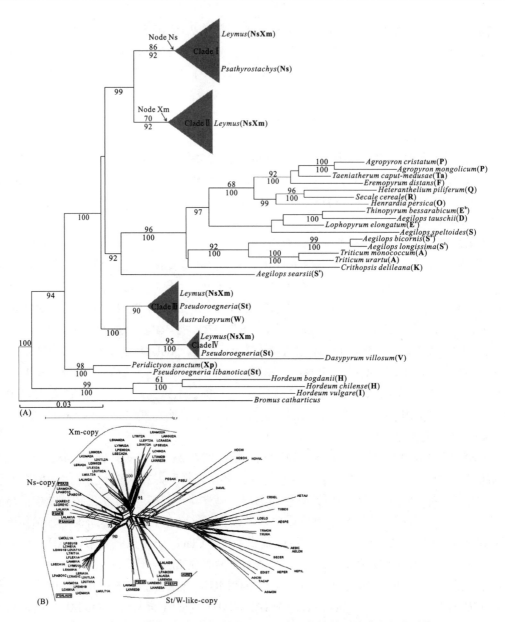

图 3-34　基于赖草属及近缘属植物 GBSSI 序列构建的系统发育拓扑结构

注：（A）BI 推断的 50%严格一致树。分支上的数字是自展值≥50%，分支下是后验概率值≥90%。物种名称后面的数字是 GBSSI 序列克隆类型。括号中的字母表示物种的基因组，赖草属植物及可能的二倍体祖先植物用坍塌分支表示。（B）Neighbor Net 分析图。二倍体物种的序列用方框突出显示，物种名称的缩写见表 3-31，物种名称后面的数字是 GBSSI 序列克隆类型。

6. 赖草属植物的 *DMC1* 基因序列分析与系统发育研究

DMC1（disrupted meiotic cDNA）蛋白是在真核生物中发现的大肠杆菌（*Escherichia coli*）RecA 蛋白的同源蛋白，并且 *DMC1* 基因是减数分裂所特有的基因，仅在减数分裂中表达，是减数分裂重组和联会复合体的关键组分（Petersen and Seberg，2002）。*DMC1* 基因在大麦中被定位于第三染色体上（Petersen and Seberg，2003）。该基因为单拷贝核基因，在多倍体物种中独立遗传，因此，受到极小的基因组间致同进化（concerted evolution）（Cronn et al.，1999）。在高等植物中，*DMC1* 只有少部分序列，完整的序列存在于 *Arabidopsis* Schur.（Klimyuk and Jones，1997）和 *Hordeum* L.（GenBank 登录号 AF 234170）中。在拟南芥中，*DMC1* 基因由 15 个外显子组成，总长 2790bp，编码 344 氨基酸。从水稻中获得的部分 *DMC1* 序列为内含子 9 个到外显子 13 个（Metkar et al.，2002，GenBank 登录号 AF 234170）。Petersen 和 Seberg（2002）从小麦族二倍体植物中，分离到 *DMC1* 序列的外显子 10 个到外显子 15 个作为系统发育分析。

　　本书分析了 *DMC1* 在多倍体赖草属中的系统发育和分子进化。选取 33 份世界范围内的赖草属植物（包括 31 种和 2 亚种）和 30 份代表小麦族 18 个单基因组的二倍体植物。所用材料的基因组、编号、地理来源和登录号见表 3-32。PI 和 W6 编号的材料由美国国家植物种质库提供，ZY 和 Y 编号的材料由四川农业大学小麦研究所标本室提供。

　　1）*DMC1* 序列分析

　　33 份赖草属植物中获得 3 种类型的 *DMC1* 序列：**Ns-**、**St-** 和 **Xm-**基因组拷贝类型，其中 9 份赖草属植物的 *DMC1* 序列含 2 种类型（表 3-33）。所得 *DMC1* 序列包括 5 个外显子和 4 个内含子，长度 903～978bp，大部分序列长约 960bp，*DMC1* 序列比对中存在很多由插入/缺失引起的空格。大多数 *DMC1* 序列碱基替换沉默，转换和颠换突变值分别为 19 和 14，si/sv 平均值为 1.36。F84 模型下碱基替代的饱和性检测显示呈线性相关，表明 *DMC1* 序列突变未达到饱和。

　　2）系统发育分析

　　DMC1 序列矩阵的位点总数为 1085 个，其中 432 个位点为变异位点，193 个位点为简约信息位点。运用 ML 法对外显子+内含子数据进行系统发育分析，得到 1 棵 ML 系统发育树（似然值＝−6383.0239），BI 树与 ML 树的拓扑结构一致，图 3-35 为 ML 树。

　　系统发育分析显示赖草属植物被分成 3 支，Clade Ns、Clade St 和 Clade Xm。Clade Ns 包括 6 个新麦草属和所有含 Ns-copy 的赖草属植物（*Leymus alaicus*、*L. alaicus* ssp. *karataviensis* 和 *L. condensatus*）。该支由 Ns1、Ns2 和 Ns3 3 个亚支构成，Ns1 包括 5 个新麦草属物种、3 个美洲赖草属物种、东亚的 *Leymus coreanus*、3 个中亚赖草属物种、6 个青藏高原的赖草属物种和日本的 *Leymus duthiei* ssp. *longearistatus*；Ns2 包括 *Psathyrostachys fragilis*、6 个中亚赖草属物种、2 个美洲赖草属物种、东亚的 *Leymus chinensis*；Ns3 包括 7 个青藏高原的赖草属物种、东亚的 *Leymus komarovii*、北欧的 *Leymus arenarius*、2 个美洲赖草属物种和 2 个中亚赖草属物种。Clade St 由 4 个拟鹅观草属物种、*Psathyrostachys fragilis* 和 6 个赖草属物种组成。Clade Xm 包括 8 个中亚赖草属和 2 个美洲赖草属物种，在这支中的所有赖草属物种与 *Peridictyon sanctum* 形成一个支持率低的分支。

　　DMC1 序列数据表明赖草属植物与新麦草属、拟鹅观草属植物具有较近的亲缘关系，部分赖草属植物与新麦草属植物具有比与其他赖草属植物更近的亲缘关系。

表 3-32　*DMCI* 分析的供试赖草属和近缘属植物

物种	基因组	编号	地理来源	登录号
Aegilops L.				
Ae. bicornis	S[b]	H 6602	不详	DQ247822*
Ae. speltoides	S	H 6797	不详	DQ247833*
Ae. tauschii	D	H 6668	不详	AF277235*
Agropyron Gaertn.				
Ag. cristatum	P	H 4349	不详	AF277241*
Australopyrum (Tzvel.) Á. Löve				
Au. retrofractum	W	H 6723	不详	AF277251*
Crithopsis Jaub. et Spach				
C. delileana	K	H 5558	不详	AF277240*
Dasypyrum (Cosson et Durieu) T. Durand				
D. villosum	V	H 5561	不详	AF277238*
Eremopyrum (Ledeb.) Jaub. et Spach				
Er. distans	F	H 5552	不详	AF277236*
Er. triticeum	Xe	H 5553	不详	AF277237*
Henrardia C. E. Hubb.				
Hen. persica	O	H 5556	不详	AF277255*
Hordeum L.				
H. bogdanii	H	H 4014	巴基斯坦吉尔吉特	AY137412*
H. chilense	H	H 1819	智利科金博	AY137408*
H. vulgare ssp. *spontaneum*	I	H 3139	不详	AF277262*
Lophopyrum Á. Löve				
Lo. elongatum	E[e]	H 6692	不详	AF277246*
Peridictyon O. Seberg，S. Frederiksen et C. Baden				
Per. sanctum	Xp	H 5575	不详	AF277244*
Psathyrostachys Nevski				
Psa. fragilis	Ns	Y 882	伊朗	KM974686 EU366426
Psa. huashanica	Ns	ZY 3157	中国陕西	KM974707
Psa. juncea	Ns	PI 222050	阿富汗	EU366427
Psa. kroneuburgii	Ns	Y 068	中国新疆	KM974690
Psa. lanuginosa	Ns	Y 1567	中国新疆	KM974687
Psa. stoloniformis	Ns	H 9182	中国甘肃	AF277264*
Pseudoroegneria (Nevski) Á. Löve				
Pse. libanotica	St	PI 228389	伊朗	FJ695174
Pse. spicata	St	H 9082	不详	AF277245*
Pse. stipifolia	St	PI 325181	俄罗斯	FJ695176

续表

物种	基因组	编号	地理来源	登录号
Pse. strigosa	**St**	PI 499637	中国新疆	FJ695177
***Secale* L.**				
S. strictum	**R**	H 4342	不详	AF277248*
***Taeniatherum* Nevski**				
Ta. caput-medusae	**Ta**	H 10254	不详	AF277249*
***Thinopyrum* Á. Löve**				
Th. bessarabicum	**E^b**	H 6725	不详	AF277254*
***Triticum* L.**				
T. monococcum	**A^m**	H 4547	不详	AF277250*
T. urartu	**A**	H 6665	不详	DQ247827*
***Leymus* Hochst.**				
L. akmolinensis	**NsXm**	PI 440306	俄罗斯	EU366417
L. alaicus	**NsXm**	PI 499505	中国新疆	KM974671 KM974672 KM974676
L. alaicus ssp. *karataviensis*	**NsXm**	PI 314667	哈萨克斯坦阿拉木图	KM974701
L. ambiguus	**NsXm**	PI 531795	美国科罗拉多	KM974679 KM974702
L. angustus	**NsXm**	PI 440308	哈萨克斯坦切利诺格勒	KM974703
		PI 547357	中国内蒙古	KM974688
L. arenarius	**NsXm**	PI 272126	哈萨克斯坦阿拉木图	EU846102 EU366418
		PI 316233	俄罗斯	KM974700
L. chinensis	**NsXm**	PI 499515	中国内蒙古	KM974697
L. cinereus	**NsXm**	PI 469229	加拿大萨斯喀彻温	EU366419
L. condensatus	**NsXm**	PI 442483	比利时安特卫普	KM974678
L. coreanus	**NsXm**	W6 14259	俄罗斯	KM974712
L. crassiusculus	**NsXm**	ZY 06059	中国青海	KM974691
L. duthiei	**NsXm**	ZY 2004	中国四川	KM974710
L. duthiei ssp. *longearistatus*	**NsXm**	ZY 2005	日本东京	KM974713
L. erianthus	**NsXm**	W6 13826	阿根廷	EU366420
L. flexus	**NsXm**	ZY 06044	中国青海	KM974682
L. innovatus	**NsXm**	PI 236818	加拿大	EU366421
L. karelinii	**NsXm**	PI 598525	中国新疆	KM974673
L. komarovii	**NsXm**	ZY 06001	中国黑龙江	KM974714
L. leptostachyus	**NsXm**	ZY 06053	中国青海	KM974695 KM974683
L. multicaulis		PI 440326	哈萨克斯坦江布尔	KM974709
	NsXm	PI 499520	中国新疆	KM974668 KM974669 KM974670

物种	基因组	编号	地理来源	登录号
L. ovatus	**NsXm**	ZY 06039	中国青海	KM974681
L. paboanus	**NsXm**	PI 531808	爱沙尼亚	KM974677
L. pendulus	**NsXm**	ZY 05003	中国四川	KM974698
L. pseudoracemosus	**NsXm**	PI 531810	中国青海	EU366422
L. qinghaicus	**NsXm**	ZY 07008	中国四川	KM974684
L. racemosus		ZY 07023	中国新疆	KM974674 KM974675
	NsXm	PI 598806	俄罗斯	KM974689 KM974704
		PI 478832	美国蒙大拿	EU846103 EU366423
L. ramosus	**NsXm**	PI 499653	中国新疆	KM974680 KM974705
L. salinus	**NsXm**	PI 531816	美国犹他	EU846104 EU366424
L. secalinus		ZY 06063	中国青海	KM974693
	NsXm	PI 499535	中国新疆	KM974708
		Y 040	中国新疆	KM974699 KM974685
L. shanxiensis		ZY 06045	中国青海	KM974694
	NsXm	ZY 06034	中国青海	KM974696
L. tianschanicus	**NsXm**	Y 2036	中国新疆	KM974706
L. triticoides	**NsXm**	PI 516194	美国俄勒冈	EU366425 KM974711
L. yiunensis	**NsXm**	ZY 06089	中国青海	KM974692
Bromus L.				
B. sterilis		OSA420	不详	AF277234*

注：带星号的 GenBank 登录号为已出版的序列，引自 NCBI 网站。

表 3-33　赖草属植物不同类型的 *DMC1* 序列

物种	编号	倍性	Ns1-copy	Ns2-copy	Ns3-copy	St-copy	Xm-copy
L. akmolinensis	PI 440306	4*x*	—	—	EU366417	—	—
L. alaicus	PI 499505	4*x*	—	—	—	KM974671 KM974672	KM974676
L. alaicus ssp. *karataviensis*	PI 314667	4*x*	—	—	—	KM974701	—
L. ambiguus	PI 531795	8*x*	—	KM974679	—	—	KM974702
L. angustus	PI 440308	12*x*	—	—	—	—	KM974703
	PI 547357		—	KM974688	—	—	—
L. arenarius	PI 272126	8*x*	—	EU846102	—	—	EU366418
	PI 316233		—	—	KM974700	—	—

物种	编号	倍性	Ns1-copy	Ns2-copy	Ns3-copy	St-copy	Xm-copy
L. chinensis	PI 499515	4x	—	KM974697	—	—	—
L. cinereus	PI 469229	8x	EU366419	—	—	—	—
L. condensatus	PI 442483	4x	—	—	—	KM974678	—
L. coreanus	W6 14259	4x	KM974712	—	—	—	—
L. crassiusculus	ZY 06059	4x	KM974691	—	—	—	—
L. duthiei	ZY 2004	4x	KM974710	—	—	—	—
L. duthiei ssp. *longearistatus*	ZY 2005	4x	KM974713	—	—	—	—
L. erianthus	W6 13826	6x	EU366420	—	—	—	—
L. flexus	ZY 06044	4x	—	—	KM974682	—	—
L. innovatus	PI 236818	4x	—	—	EU366421	—	—
L. karelinii	PI 598525	12x	—	—	KM974673	—	—
L. komarovii	ZY 06001	4x	—	—	KM974714	—	—
L. leptostachyus	ZY 06053	4x	KM974695	—	—	KM974683	—
L. multicaulis	PI 440326	4x	KM974709	—	—	—	—
	PI 499520		—	—	—	KM974668 KM974669	KM974670
L. ovatus	ZY 06039	4x	—	—	KM974681	—	—
L. paboanus	PI 531808	8x	—	KM974677	—	—	—
L. pendulus	ZY 05003	4x	KM974698	—	—	—	—
L. pseudoracemosus	PI 531810	4x	EU366422	—	—	—	—
L. qinghaicus	ZY 07008	4x	KM974684	—	—	—	—
L. racemosus	ZY 07023	4x	—	KM974674	—	—	KM974675
	PI 598806		—	KM974689	—	—	KM974704
	PI 478832		—	EU846103	—	—	EU366423
L. ramosus	PI 499653	4x	KM974680	—	—	—	KM974705
L. salinus	PI 531816	8x	—	EU846104	—	—	EU366424
L. secalinus	ZY 06063	4x	—	—	KM974693	—	—
	PI 499535		KM974708	—	—	—	—
	Y 040		—	—	KM974699	KM974685	—
L. shanxiensis	ZY 06045	4x	—	—	KM974694	—	—
	ZY 06034		—	—	KM974696	—	—
L. tianschanicus	Y 2036	4x	—	—	KM974706	—	—
L. triticoides	PI 516194	4x	EU366425	—	KM974711	—	—
L. yiunensis	ZY 06089	4x	—	—	KM974692	—	—

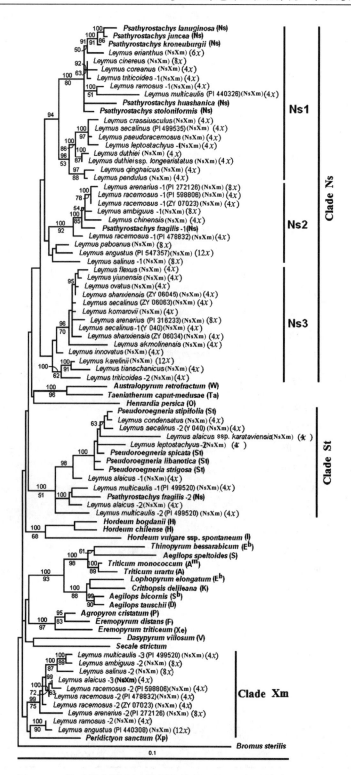

图 3-35　基于赖草属及近缘属植物的 *DMC1* 序列构建的 ML 树

注：分支上为后验概率值≥90%，分支下为自展值≥50%。物种名称后面的数字是 *DMC1* 序列克隆类型。括号中依次表示植物的编号、基因组组成和倍性。

3.5.2　叶绿体基因组

1. 赖草属植物的 *trn*L-F 序列分析与系统发育研究

叶绿体 *trn*T(UGU)-*trn*L(UAA)-*trn*F(GAA)基因片段最早是 Taberlet 等(1991)引入植物系统学的。根据基因的编码区,他们设计的 4 对引物适用于不同水平的类群(Demesure et al.,1995)。在藻类、苔藓、蕨类、裸子植物和被子植物中均能成功扩增出目的片段(Soltis et al.,1992;Olmstread and Palmer,1994)。基因片段包括两个基因间隔区和一个内含子(Taberlet et al.,1991)。基因间隔区片段在不同类群中会有变化,具有较多的插入缺失和较高比例的置换突变,可用于种间或种上等高级分类等级的系统学研究。但是,在不同植物类群中,这个基因片段的变异量会有所变化(Arnold et al.,1991;Rieseberg et al.,1992;邹喻萍等,2001)。

为了确定这个基因片段在赖草属植物中的变异量及确定哪些区段可用于解决种间的系统学问题,本书最初选取了 6 个物种进行 PCR 和测序,测序结果表明 *trn*T(UGU)-*trn*L(UAA)基因间隔区的序列在赖草属物种间完全一致,而 *trn*L 内含子和 *trn*L-*trn*F 间隔区有少量的碱基变异和插入缺失。因此,本书选用世界范围内的 31 个赖草属植物以及小麦族二倍体植物的 *trn*L 内含子和 *trn*L-*trn*F 间隔区进行 PCR、测序和系统发育分析,以此探讨赖草属植物与近缘属的亲缘关系。材料的编号、来源、基因组组成和倍性见表 3-34。PI 和 W6 编号的材料由美国国家植物种质库提供,ZY 和 Y 编号的材料由四川农业大学小麦研究所标本室提供。

1) *trn*L-F 序列分析

*trn*L-F 序列的核苷酸多态性估计包括位点总数(n)、分离位点数(s)、比对多态性平均数(π)、分离位点多态性平均数(θ_w)以及序列中性突变检测,结果见表 3-35。

*trn*L-F 序列的碱基转换(si)为 5,颠换(sv)为 6;*trn*L-F 序列的碱基频率 A=0.341,T=0.361,C=0.158,G=0.139,转换与颠换偏向比 R=0.6;用最大似然法估计的碱基替代率见表 3-36,其中颠换率明显高于转换率。*trn*L-F 序列的变异基本上均匀地分布于整个序列。*trn*L-F 序列的转换和颠换与遗传距离呈线性相关,表示 *trn*L-F 序列突变未达到饱和。

表 3-34　*trn*L-*trn*F 分析的供试赖草属和近缘属植物

物种	缩写	基因组	倍性	登录号
Aegilops L.				
Ae. speltoides	AESPE	**S**	2x	**AF519112**
Ae. tauschii	AETAU	**D**	2x	**AF519113**
Agropyron Gaertn.				
Ag. cristatum	AGCRI	**P**	2x	**AF519116**
Ag. mongolicum	AGMON	**P**	2x	**AF519117**
Australopyrum (Tzvel.) Á. Löve				
Au. retrofractum	AURET	**W**	2x	**AF519118**

续表

物种	缩写	基因组	倍性	登录号
Au. velutinum	AUVEL	**W**	2*x*	**AF519119**
Dasypyrum (Cosson et Durieu) T. Durand				
D. villosum	DAVIL	**V**	2*x*	**AF519128**
Eremopyrum (Ledeb.) Jaub. et Spach				
Er. distans	ERDIS	**F**	2*x*	**AF519150**
Henrardia C. E. Hubb.				
Hen. persica	HENPE	**O**	2*x*	**AF519152**
Heteranthelium Hochst.				
Het. piliferum	HETPI	**Q**	2*x*	**AF519153**
Hordeum L.				
H. bogdanii	HBOGD	**H**	2*x*	**KX213141**
H. bulbosum	HBULB	**I**	2*x*	**AF519122**
H. chilense	HCHIL	**H**	2*x*	**AJ969351**
Lophopyrum Á. Löve				
Lo. elongatum	LOELO	**E^e**	2*x*	**AF519166**
Peridictyon O. Seberg, S. Frederiksen et C. Baden				
Per. sanctum	PESAN	**Xp**	2*x*	**AF519154**
Psathyrostachys Nevski				
Psa. fragilis	PSAFR	**Ns**	2*x*	**KX213102**
Psa. huashanica	PSAHU	**Ns**	2*x*	**KX213103**
Psa. juncea	PSAJU	**Ns**	2*x*	**AF519170**
Psa. kroneuburgii	PSAKR	**Ns**	2*x*	DH1
Pseudoroegneria (Nevski) Á. Löve *Pse. libanotica*	PSELI	**St**	2*x*	**AF519156**
Pse. spicata	PSESP	**St**	2*x*	**AF519158**
Pse. strigosa	PSEST	**St**	2*x*	**AF519155**
Secale L.				
S. cereale	SCERE	**R**	2*x*	**AF519162**
Taeniatherum Nevski				
Ta. caput-medusae	TACAP	**Ta**	2*x*	**AF519164**
Thinopyrum Á. Löve				
Th. bessarabicum	THBES	**E^b**	2*x*	**AF519165**
Triticum L.				
T. monococcum	TMONO	**A**	2*x*	**AF519168**
Leymus Hochst.				
L. akmolinensis	LAKMO	**NsXm**	4*x*	KX213105 KX213106
L. alaicus	LALAC	**NsXm**	4*x*	KX213107

物种	缩写	基因组	倍性	登录号
L. alaicus ssp. *karataviensis*	LALAC	**NsXm**	4*x*	KX213108
L. angustus	LANGU	**NsXm**	12*x*	KX213109
L. arenarius	LAREN	**NsXm**	8*x*	KX213110
L. chinensis	LCHIN	**NsXm**	4*x*	KX213111
L. cinereus	LCINE	**NsXm**	8*x*	EU366402
L. condensatus	LCOND	**NsXm**	4*x*	KX213112
L. coreanus	LCORE	**NsXm**	4*x*	KX213113
L. crassiusculus	LCRAS	**NsXm**	4*x*	KX213114
L. duthiei	LDUTH	**NsXm**	4*x*	KX213115
L. duthiei ssp. *longearistatus*	LLONG	**NsXm**	4*x*	KX213116
L. erianthus	LERIA	**NsXm**	6*x*	KX213117
L. flexus	LFLEX	**NsXm**	4*x*	KX213118
L. innovatus	LINNO	**NsXm**	4*x*	KX213119
L. karelinii	LKARE	**NsXm**	12*x*	KX213120
L. komarovii	LKOMA	**NsXm**	4*x*	KX213121
L. leptostachyus	LLEPT	**NsXm**	4*x*	KX213122
L. multicaulis	LMULT	**NsXm**	4*x*	KX213123
L. ovatus	LOVAT	**NsXm**	4*x*	KX213124
L. paboanus	LPABO	**NsXm**	8*x*	KX213125
L. pseudoracemosus	LPSEU	**NsXm**	4*x*	KX213126
L. qinghaicus	LQIN	**NsXm**	4*x*	KX213127 KX213128
L. racemosus	LRAC	**NsXm**	4*x*	KX213129 KX213130
L. ramosus	LRAMO	**NsXm**	4*x*	KX213131
L. salinus	LSAL	**NsXm**	4*x*	KX213132 KX213133
L. secalinus	LSEC	**NsXm**	4*x*	KX213134 KX213135
L. shanxiensis	LSHAN	**NsXm**	4*x*	KX213136
L. tianschanicus	LTIAN	**NsXm**	4*x*	KX213137
L. triticoides	LTRI	**NsXm**	4*x*	KX213138 KX213139
L. yiunensis	LYIWU	**NsXm**	4*x*	KX213140
Bromus L.				
B. inermis	—	—	**KF600709**

注：加粗的 GenBank 登录号为已出版的序列，引自 NCBI 网站。

表 3-35　trnL-F 序列的核苷酸多态性估计和基因序列的中性突变检测

序列	n/个	s/个	π	θ_w	Fu 和 Li's D	Tajima's D
trnL-F	512	30	0.01236	0.1780	−1.46265 (P>0.10)	−0.80285 (P>0.10)

注：n 为位点总数；s 为分离位点数；π 为比对多态性平均数；θ_w 为分离位点多态性平均数。

表 3-36　最大似然法估计的碱基替代率

	A	T	C	G
A	—	9.08	3.99	7.19
T	8.59	—	7.59	3.5
C	8.59	17.28	—	3.5
G	17.63	9.08	3.99	—

2）系统发育分析

赖草属植物、小麦族二倍体植物和外类群的 trnL-F 序列排序后，位点总数为 976 个，其中 133 个位点为变异位点（占位点总数的 13.63%），56 个位点为信息位点（占位点总数的 5.74%），761 个位点为保守位点（占位点总数的 77.97%）。最大简约分析得到 166 棵简约树，一致性指数（consistency indenx，CI）=0.8000，保持性指数（retention index，RI）=0.9137，树长（tree length）=180，50%严格一致树如图 3-36 所示。

简约分析将 trnL-F 序列分为两大支：Clade Ⅰ 和 Clade Ⅱ。Clade Ⅰ 包括小麦族 15 个单基因组属的二倍体植物和来自美洲的 6 个赖草属物种（Leymus condensatus、L. erianthus、L. cinereus、L. triticoides、L. salinus、L. innovatus）、东亚的 Leymus coreanus 和 L. komarovii 以及中亚的 Leymus alaicus 和 L. alaicus ssp. karataviensis，自展支持率为 53%。Clade Ⅱ 由 4 个新麦草属物种（Psathyrostachys fragilis、Psa. huashanica、Psa. kroneuburgii、Psa. juncea）和绝大部分欧亚大陆赖草属物种构成，自展支持率为 100%。

3）网状进化分析

基于 trnL-F 序列构建的 MJ 网状结构图（图 3-37），显示了高水平的单体模本多态性，68 个类群形成 65 个单体模本。trnL-F 序列将赖草属植物分为 Clade Ns、Clade Xm 和 Clade St 三支。Clade Ns 包括 28 个赖草属和 4 个新麦草属物种，4 个新麦草属物种没有形成一个单系组，Psathyrostachys juncea（PSAJU）处于 1 个单体节点 Leymus leptostachyus（LLEPT）的端部，Psathyrostchys kroneuburgii（PSAKR）处于由 4 个单体模本（LQIN2、LPSEU、LSHAN、LANGU）构成的节点端部，Psathyrostachys fragilis（PSAFR）和 Psa. huashanica（PSAHU）处于节点分支的基部。Clade Xm 包括 7 个赖草属物种类群，分别为来自东亚的 Leymus coreanus 和 L. komarovii，来自北美的 Leymus cinereus、L. triticoides、L. salinus、L. innovatus 以及来自南美的 Leymus erianthus。Clade St 包括 Leymus condensatus、L. alaicus、L. alaicus ssp. karataviensis、Pseudoroegneria libanotica、Pse. spicata 和 Pse. strigosa。

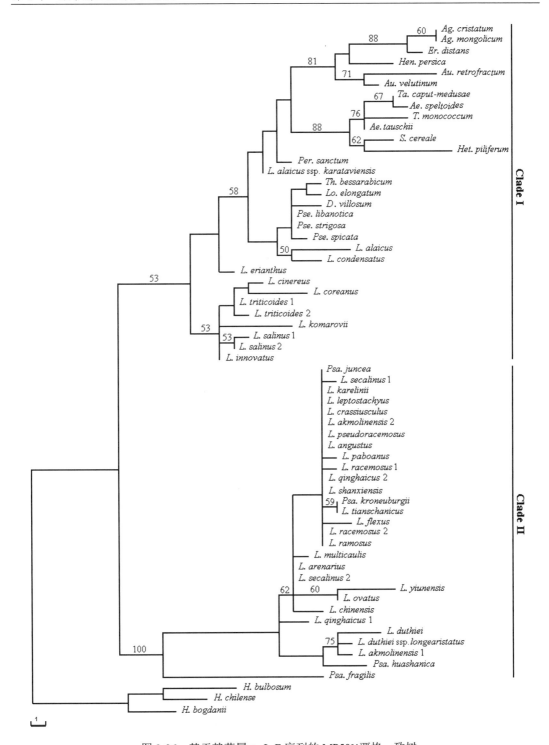

图 3-36　基于赖草属 *trn*L-F 序列的 MP50%严格一致树

注：分支上为自展值（>50%），物种后面的数字代表不同的类群，小写字母表示不同序列类型。

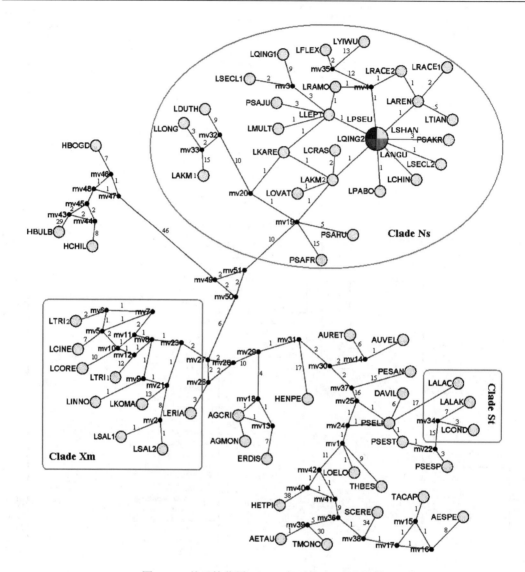

图 3-37　基于赖草属 *trn*L-F 序列的 MJ 网状结构

注：供试材料的简写见表 3-34，各节点间的数字表示突变位点数，mv 后的数字表示分析中假定缺失的单体模本。

以上分析表明：赖草属可根据 *trn*L-F 序列分为两大类群，一个是以 **Ns** 基因组为母本供体的多倍体类群，包括了绝大多数欧亚大陆分布的赖草属物种；另一个是以 **Xm** 基因组为母本供体的多倍体类群，包括了北美、南美分布的赖草属植物及两个东亚分布的赖草属物种（*Leymus coreanus* 和 *L. komarovii*）。

2. 赖草属植物的 *atp*B-*rbc*L 序列分析与系统发育研究

叶绿体 *atp*B-*rbc*L 序列是位于编码 ATP 合成酶 β 亚基和核酮糖 1,5 二磷酸羧化酶大亚基基因之间的非编码区域，Nishikawa 等（2002）利用该序列探讨了大麦属的系统与进化。

本书利用叶绿体 *atp*B-*rbc*L 序列对赖草属及其近缘属进行系统发育分析，供试材料共 46 份，包括 4 个以前归为猬草属的赖草属植物（*Hystrix coreana*、*Hy. komarovii*、*Hy. duthiei*

和 *Hy. longearistata*），来自北美、中亚及青藏高原的 21 种 22 份赖草属植物，2 个披碱草属物种以及来自小麦族 8 个不同基本染色体组（**St**、**H**、**P**、**F**、**W**、**V**、**E**^{e} 和 **E**^{b}）的 17 个二倍体物种，*Bromus tectorum* 为外类群。所有材料的物种名称、采集编号、来源及 GenBank 登录号见表 3-37。所有材料均种植于四川农业大学小麦研究所多年生种质圃。

表 3-37　*atp*B-*rbc*L 分析的供试赖草属和近缘属植物

种名	编号	染色体组	倍性	来源	登录号
Hystrix Moench					
Hy. patula	PI 531616	**StH**	4*x*	加拿大	JN382040
Hy. coreana	W6 14259	**NsXm**	4*x*	俄罗斯	JN382037
Hy. duthiei	ZY 2004	**NsXm**	4*x*	中国四川	JN382067
Hy. longearistata	ZY 2005	**NsXm**	4*x*	日本东京	JN382069
Hy. komarovii	ZY 3161	——	4*x*	中国黑龙江	JN382047
Leymus Hochst.					
L. ambiguus	PI 531795	**NsXm**	8*x*	美国科罗拉多	JN382031
L. angustus	PI 440308	**NsXm**	4*x*	哈萨克斯坦	JN382055
L. arenarius	PI 272126	**NsXm**	4*x*	哈萨克斯坦	JN382053
	PI 316233	**NsXm**	8*x*	俄罗斯	JN382058
L. chinensis	PI 499514	**NsXm**	4*x*	中国内蒙古	JN382062
L. cinereus	PI 478831	**NsXm**	4*x*	美国	JN382033
L. crassiusculus	ZY 06059	**NsXm**	4*x*	中国青海	JN382061
L. flexus	ZY 06044	**NsXm**	4*x*	中国青海	JN382052
L. innovatus	PI 236818	**NsXm**	4*x*	加拿大	JN382032
L. leptostachyus	ZY 06053	**NsXm**	4*x*	中国青海	JN382056
L. mollis	PI 567896	**NsXm**	4*x*	美国	JN382048
L. multicaulis	PI 440325	**NsXm**	4*x*	哈萨克斯坦	JN382050
L. ovatus	ZY 07025	**NsXm**	4*x*	中国青海	JN382068
L. paboanus	PI 531808	**NsXm**	8*x*	爱沙尼亚	JN382063
L. pseudoracemosus	PI 531810	**NsXm**	4*x*	中国青海	JN382059
L. qinghaicus	ZY 06017	**NsXm**	4*x*	中国青海	JN382057
L. racemosus	PI 478832	**NsXm**	4*x*	美国蒙大拿	JN382054
L. ramosus	PI 499653	**NsXm**	4*x*	中国新疆	JN382051
L. salinus	PI 531816	**NsXm**	8*x*	美国犹他	JN382035
L. secalinus	Y 040	**NsXm**	4*x*	中国新疆	JN382049
L. shanxiensis	ZY 06045	**NsXm**	4*x*	中国青海	JN382060
L. triticoides	PI 531821	**NsXm**	4*x*	美国内华达	JN382034
Elymus L.					
E. canadensis	PI 531567	**StH**	4*x*	加拿大	JN382039
E. sibiricus	ZY 3093	**StH**	4*x*	中国甘肃	JN382045

续表

种名	编号	染色体组	倍性	来源	登录号
Agropyron Gaertn.					
A. mongolicum	PI 531543	**P**	2*x*	中国内蒙古	JN380228
A. cristatum	PI 277352	**P**	2*x*	俄罗斯	JN382029
A. desertorum	PI 598655	**P**	2*x*	哈萨克斯坦	JN382027
Australopyrum (Tzvel.) Á. Löve					
Au. retrofractum	PI 547363	**W**	2*x*	澳大利亚	JN382030
Dasypyrum Jaub. et spach					
D. villosum	PI 251478	**V**	2*x*	土耳其	JN382046
Eremopyrum (Ledeb.) Jaub. et spach					
Er. distans	PI 401346	**F**	2*x*	伊朗	JN382025
Er. triticeum	PI 502364	**F**	2*x*	俄罗斯	JN382026
Hordeum L.					
H. chilense	PI 531781	**H**	2*x*	阿根廷	JN382036
H. bogdanii	PI 531761	**H**	2*x*	中国新疆	JN382038
Lophopyrum Á. Löve					
Lo. elongatum	PI 531719	**E^e**	2*x*	法国	JN382041
Pseudoroegneria (Nevski) Á. Löve					
Pse. spicata	PI 537375	**St**	2*x*	美国俄勒冈	JN382043
Pse. strigosa	PI 499493	**St**	2*x*	中国新疆	JN382044
Psathyrostachys Nevski					
Psa. fragilis	Y 882	**Ns**	2*x*	伊朗	JN382066
Psa. juncea	PI 430871	**Ns**	2*x*	俄罗斯	JN382064
Psa. lanuginosa	H 8803a	**Ns**	2*x*	中国新疆	JN382065
Psa. huashanica	ZY 3157	**Ns**	2*x*	中国陕西	JN382070
Thinopyrum Á. Löve					
Th. Bessarabicum	PI 531712	**E^b**	2*x*	爱沙尼亚	JN382042
Bromus L.					
Bromus tectorum	—			不详	JN382071

1) *atp*B-*rbc*L 序列分析

叶绿体 *atp*B-*rbc*L 基因间隔区序列长度变异为 773~813bp，平均 GC 含量 30.5%。所有序列排序后共得到 831 个排列位点，其中保守位点 764 个、可变位点 46 个、简约信息位点 21 个。序列饱和性分析显示转换和颠换与遗传距离 F84 呈线性关系，表明不同序列和不同位点间突变没有达到饱和，可用于系统发育分析。

2) 系统发育分析

采用 MP 和 BI 两种方法构建 *atp*B-*rbc*L 系统发育树。MP 分析获得 1632 棵最大简约树，树长为 72，CI 为 0.9444，RI 为 0.9667，50%多数一致性树与通过 BI 分析得到的系统发育树的拓扑结构基本一致。图 3-38 为 BI 系统发育树。

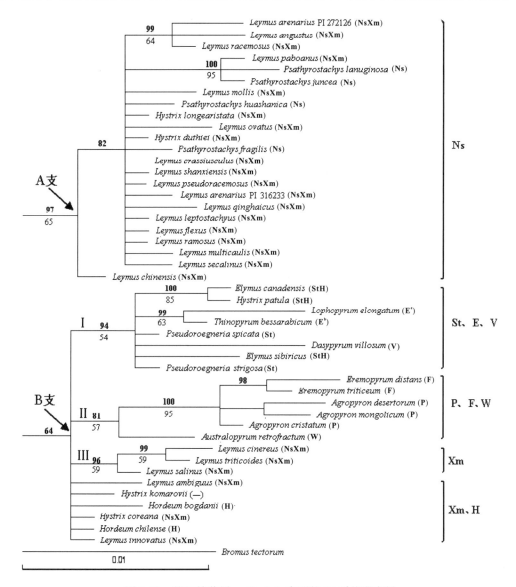

图 3-38　基于赖草属 *atp*B-*rbc*L 序列的 BI 系统发育树

注：分支上数值为后验概率值(>50%)，分支下数值为自展检验值(>50%)。

BI 树显示所有供试物种聚为 A、B 两支。A 支包括：*Hystrix duthiei*、*Hy. longearistata*、4 个新麦草属物种、所有欧亚分布的赖草属物种以及来自北美的 *Leymus mollis*，*L. chinensis* 位于该支底部。A 支中的物种其 *atp*B-*rbc*L 序列上均含有 1 个 5bp 的 ATATA 插入。B 支由 3 个亚支和 6 个零支长的分支组成，亚支 I 由 *Hystrix patula*(**StH**)、*Elymus canadensis*(**StH**)、*Pseudoroegneria spicata*(**St**)、*Pse. strigosa*(**St**)、*Dasypyrum villosum*(**V**)、*Lophopyrum elongatum*(**E^e**)和 *Thinopyrum bessarabicum*(**E^b**)组成；亚支 II 由 3 个冰草属物种(**P**)、*Eremopyrum distans*(**F**)、*Er. triticeum*(**F**)和 *Australopyrum retrofractum*(**W**)组成；3 个赖草属物种构成亚支 III。

以上分析表明：①*Hystrix duthiei*、*Hy. longearistata* 与欧亚赖草属物种的亲缘关系较近，其母本供体来自含 **Ns** 染色体组的新麦草属物种；②*Hystrix coreana*、*Hy. komarovii* 与北美赖草具有较近的亲缘关系，其母本供体为未知来源的 **Xm** 染色体组。研究结果支持将 *Hystrix patula* 组合到披碱草属中，支持将原猬草属的物种 *Hystrix duthiei*、*Hy. longearistata*、*Hy. coreana*、*Hy. komarovii* 组合到赖草属中。

3. 赖草属植物的 *trnQ-rps*16 序列分析与系统发育研究

叶绿体 *trn*Q^{UUG}-*rps*16-*trn*K^{UUU} 间隔区最早在烟草叶绿体基因组全核苷酸序列图谱中报道，它是叶绿体单拷贝非编码间隔区，主要包含 3 个大的非编码基因座：*trnQ-rps*16 间隔区、*rps*16 内含子和 *rps*16-*trn*K 间隔区。*trnQ-rps*16 间隔区位于叶绿体基因组的 LSC 区，是 *rps*16 内含子的侧翼基因区，其序列长度一般为 588～1975bp（Shinozaki et al.，1986；Shaw et al.，2007）。

*rps*16 因拥有丰富的信息特征在分子系统研究中应用广泛，而 *trnQ-rps*16 间隔区在植物系统学研究中的应用并不多。Hahn（2002）利用质体 DNA 序列对棕榈科植物进行系统进化研究，结果显示 *trnQ-rps*16 比 *rbc*L 和 *atp*B 基因产生更多的特异性。基因序列分析表明，*trnQ-rps*16 基因间隔区拥有十分丰富的核苷酸碱基变异位点和潜在的信息位点。同时，*trnQ-rps*16 已经被证明适用作为鉴别兰科、芍药科和葫芦科等物种的条形码标记（Farrington et al.，2009；Zhang et al.，2009；Steele et al.，2010）。

本书用 *trnQ-rps*16 序列分析了赖草属与近缘属植物的系统亲缘关系。用于 *trnQ-rps*16 序列分析的供试材料包括 19 种和 2 亚种的 36 份赖草属材料，11 份来自小麦族 6 个不同基因组（**Ns**、**St**、**H**、**W**、**P** 和 **E^e**）的二倍体材料。选用旱雀麦（*Bromus tectorum* L.）作为外类群（表 3-38）。所有材料均由四川农业大学小麦研究所提供。

1）*trnQ-rps*16 序列分析

对 36 个赖草属植物、11 个近缘二倍体植物和 1 个外类群植物的叶绿体 *trnQ-rps*16 序列测序，获得 48 条序列，序列的变异长度为 749～789bp，多数集中在 754bp 左右。序列比对分析表明：在 *trnQ-rps*16 序列中大于 3bp 的插入/缺失片段共 9 个，其中最大的插入/缺失片段为 22bp（TTAAGTGATTATTAAGTGATTA）的插入，均发生在 606～627bp 处（图 3-39）。其中，序列的变异位点、简约信息位点、保守位点、碱基转换和颠换等信息特征见表 3-39。*trnQ-rps*16 序列的碱基频率为 A=36.48%；T=33.67%，C=14.57%，G=15.28%，转换与颠换偏向比 R=0.70，即该序列区段的核苷酸构成富含 AT 碱基，其含量占总核苷酸的 70.15%。用最大似然法估计的碱基替代率显示，碱基转换率明显高于颠换率（表 3-40）。*trnQ-rps*16 序列的核苷酸多态性估计包括位点总数（n）、分离位点数（s）、比对多态性平均数（π）、单倍型多样性（Hd）、分离位点多态性平均数（θ_w）以及序列中性突变 Tajima's D、Fu 和 Li's D 的检测（表 3-41）。*trnQ-rps*16 序列的碱基替代饱和度检测（图 3-40）显示，序列转换和颠换与遗传距离呈线性关系，表明赖草属植物不同序列和不同位点间的突变没有达到饱和效应，可用于系统发育分析。

表 3-38　*trn*Q-*rps*16 分析的供试赖草属和近缘属植物

种名	缩写	编号	基因组	来源
Leymus alaicus ssp. *karataviensis*	LALAK	PI 314667	**NsXm**	俄罗斯
L. ambiguus	LAMBI	PI 565019	**NsXm**	美国科罗拉多
L. angustus	LANG1	PI 440308	**NsXm**	哈萨克斯坦
L. angustus	LANG2	PI 499650	**NsXm**	中国
L. angustus	LANG3	PI 430791	**NsXm**	俄罗斯
L arenarius	LAREN	PI 294584	**NsXm**	瑞典
L. chinensis	LCHIN	PI 619486	**NsXm**	蒙古国
L. cinereus	LCINE	PI 469229	**NsXm**	加拿大萨斯喀彻温
L. condensatus	LCOND	PI 442483	**NsXm**	比利时安特卫普
L. innovatus	LINNO	PI 236818	**NsXm**	加拿大
L. karelinii	LKARE	PI 636651	**NsXm**	哈萨克斯坦
L. mollis	LMOLL	PI 567896	**NsXm**	美国阿拉斯加
L. multicaulis	LMULT	PI 440320	**NsXm**	俄罗斯
L. paboanus	LPAB1	PI 655091	**NsXm**	蒙古国
L. paboanus	LPAB2	PI 531808	**NsXm**	爱沙尼亚
L. pseudoracemosus	LPSE1	ZY 09148	**NsXm**	中国青海
L. pseudoracemosus	LPSE2	PI 531810	**NsXm**	中国青海
L. qinghaicus	LQING	HY 0716	**NsXm**	中国四川
L. racemosus	LRAC1	PI 502402	**NsXm**	俄罗斯
L. racemosus	LRAC2	PI 598805	**NsXm**	俄罗斯
L. racemosus ssp. *sabulosus*	LRAS1	PI 531814	**NsXm**	爱沙尼亚
L. racemosus ssp. *sabulosus*	LRAS2	PI 531813	**NsXm**	爱沙尼亚
L. racemosus ssp. *sabulosus*	LRAS3	PI 598727	**NsXm**	阿根廷
L. ramosus	LRAM1	PI 440330	**NsXm**	哈萨克斯坦
L. ramosus	LRAM2	PI 499653	**NsXm**	中国新疆
L. salinus	LSAL1	PI 565038	**NsXm**	美国犹他
L. salinus	LSAL2	PI 636574	**NsXm**	美国犹他
L. secalinus	LSEC1	ZY 09177	**NsXm**	中国青海
L. secalinus	LSEC2	ZY 09209	**NsXm**	中国青海
L. secalinus	LSEC3	ZY 09131	**NsXm**	中国青海
L. secalinus	LSEC4	PI 499535	**NsXm**	中国新疆
L. secalinus	LSEC5	PI 639770	**NsXm**	蒙古国
L. tianschanicus	LTIA1	PI 636647	**NsXm**	中国新疆
L. tianschanicus	LTIA2	Y 2036	**NsXm**	中国新疆
L. triticoides	LTRI1	PI 531822	**NsXm**	美国内华达
L. triticoides	LTRI2	PI 537357	**NsXm**	美国内华达
Agropyron desertorum	AGDES	PI 340059	**P**	土耳其
Australopyrum retrofractum	AURET	PI 531553	**W**	美国犹他
Hordeum bogdanii	HBOGD	Y 1444	**H**	中国新疆
H. chilense	HCHIL	PI 531781	**H**	阿根廷

种名	缩写	编号	基因组	来源
Lophopyrum elongatum	LOELO	PI 574517	**E^e**	阿根廷
Psathyrostachys juncea	PSAJU	PI 565078	**Ns**	中国新疆
Psa. huashanica	PSAHU	ZY 3157	**Ns**	中国陕西
Psa. fragilis	PSAFR	PI 343191	**Ns**	伊朗
Pseudoroegneria strigosa ssp. *aegilopoides*	PSESA	PI 595172	**St**	中国新疆
Pse. stipifolia	PSES1	PI 636641	**St**	乌克兰
Pse. stipifolia	PSES2	PI 313960	**St**	俄罗斯
Bromus tectorum	BTECT	PI 221921	—	阿富汗

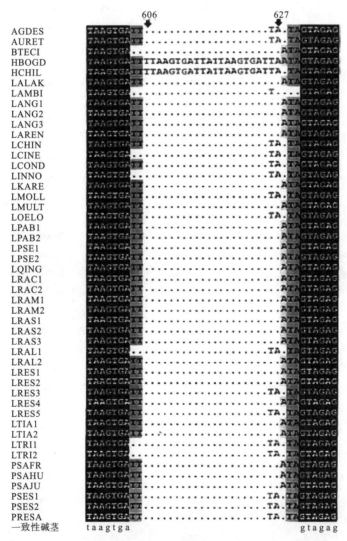

图 3-39　赖草属及近缘属植物 *trn*Q-*rps*l6 序列的部分序列比对分析

注：缩写符号见表 3-38。

表 3-39　*trn*Q-*rps*l6 序列的信息特征

序列	变异位点/个	保守位点/个	信息位点/个	ii	si	sv
*trn*Q-*rps*l6	84	709	35	741	5	6

注：ii 为碱基序列一致数，si 为碱基序列转换数，sv 为碱基序列颠换数。

表 3-40　最大似然法估计的 *trn*Q-*rps*l6 序列碱基替代率

	A	T/U	C	G
A	—	*9.16*	*3.96*	**7.82**
T/U	*9.92*	—	**5.78**	*4.16*
C	*9.92*	**13.35**	—	*4.16*
G	**18.66**	*9.16*	*3.96*	—

注：斜体表示颠换率，粗体表示转换率。

表 3-41　*trn*Q-*rps*l6 序列的核苷酸多态性估计和基因序列的中性突变检测

	n	s	π	Hd	θ_w	Fu 和 Li's D	Tajima's D
*trn*Q-*rps*l6	740	81	0.0142	0.8320	0.02466	−3.58492($P<0.05$)	−1.6298($P>0.10$)

注：n 为位点总数；s 为分离位点数；π 为比对多态性平均数；Hd 为单倍型多样性；θ_w 为分离位点多态性平均数。

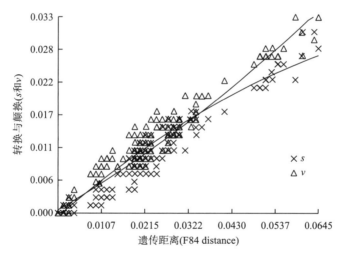

图 3-40　*trn*Q-*rps*l6 序列的饱和性检测

注：s 和 v 分别表示转换和颠换。

2) 系统发育分析

　　基于 48 条 *trn*Q-*rps*l6 序列的 NJ 分析法重建系统发育树，分支上的数字代表 1000 次重复计算自展值。由 50%严格一致系统发育树(图 3-41)所示，邻接分析将 48 份供试材料分成 3 个主要支系：Ns 支、Xm 支和 St 支。Ns 支又分为 Group A 和 Group B，包括 25 个赖草属植物和 3 个新麦草属植物，分别由来自北欧的 *Leymus arenarius*，北美的

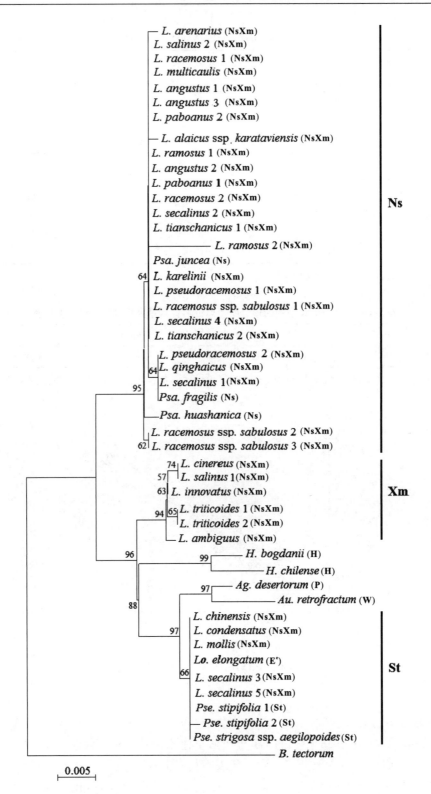

图 3-41　基于赖草属及近缘二倍体物种 *trnQ-rps*16 序列的 NJ 系统发育树

注：分支上数字为自展值，物种后面的数字代表不同的居群，左下端为标度值。

L.salinus（LSAL2），中亚的 *Psathyrostachys juncea*、*Psa. fragilis*、*L. alaicus* ssp. *karataviensis*、*L. multicaulis*、*L. karelinii*、*L. angustus*（LANG1、LANG2 和 LANG3）、*L. paboanus*（LPAB1 和 LPAB2）、*L. racemosus* ssp. *sabulosus*（LRAS1、LRAS2 和 LRAS3）、*L. ramosus*（LRAM1 和 LRAM2）、*L. racemosus*（LRAC1 和 LRAC2）、*L. tianschanicus*（LTIA1 和 LTIA2），中国华山的 *Psathyrostachys huashanica* 以及青藏高原的 *Leymus secalinus*（LSEC1、LSEC2 和 LSEC4）、*L. qinghaicus*、*L. pseudoracemosus*（LPSE1 和 LPSE2）所组成，自展支持率为 95%。来自北美洲的 6 个赖草属物种 *Leymus ambiguus*、*L. cinereus*、*L. innovatus*、*L. salinus*（LSAL1）和 *L. triticoides*（LTRI1 和 LTRI2）组成 Xm 支，自展支持率为 94%。St 支包含了 *Leymus chinensis*、*L. condensatus*、*L. mollis*、*L. secalinus*（LSEC3 和 LSEC 5）5 个赖草属植物，3 个拟鹅观草属物种 *Pseudoroegneria stipifolia*（PSES1 和 PSES2）和 *Pse. strigosa* ssp. *aegilopoides* 以及 1 个冠麦草属植物 *Lophopyrum elongatum*，自展支持率为 66%。

　　3）网状支系分析

　　基于 *trn*Q-*rps*16 序列矩阵利用 MJ 分析法构建的网状支系结构图如图 3-42 所示，图中每个圆形网络节点代表一个序列单倍型，47 个赖草属和近缘属植物类群共形成 25 个单倍型，显示了较高水平的单倍型多态性。

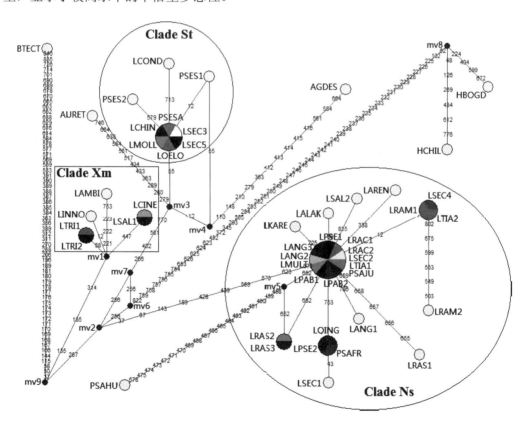

图 3-42 基于赖草属及近缘二倍体物种 *trn*Q-*rps*16 序列的 MJ 网状结构图

注：图中简写见表 3-37，圆代表单倍型，沿分支各节间的数字表示突变位点数，表示在检测分析中假定缺失的单倍型。

图 3-42 显示，36 份赖草属植物和 11 个近缘二倍体物种及 1 个外类群物种形成 3 个主要的星状分支：Clade Ns、Clade Xm 和 Clade St。Clade Ns 包括 *Psathyrostchys juncea*、*Psa. fragilis*、*Psa. huashanica* 3 个新麦草属植物和 25 个赖草属类群。其中，*Psathyrostachy juncea*、*Leymus angustus*（LANG2 和 LANG3）、*L. multicaulis*、*L. paboanus*（LPAB1 和 LPAB2）、*L. pseudoracemosus*（LPSE1）、*L. racemosus*（LRAC1 和 LRAC2）、*L. secalinus*（LSEC2）、*L. tianschanicus*（LTIA1）共同拥有一个单倍型，并位于中心位置；其余 11 个单倍型 *Leymus karelinii*、*L. alaicus* ssp. *karataviensis*、*L. arenarius*、*L. salinus*（LSAL2）、*L. angustus*（LANG1）、*L. racemosus* ssp. *sabulosus*（LRAS2）、*L. ramosus*（LRAM2）、*L. secalinus*（LSECl）、*Psathyrostachy huashanica*、*Leymus qinghaicus*、*L. tianschanicus*（LTIA2）呈放射星状连接。Clade Xm 含有 4 个单倍型，由来自北美的 6 个赖草属物种形成，*Leymus innovatus* 和 *L. ambiguus* 为独立单倍型，*Leymus cinereus* 和 *L. salinus*（LSAL1）为同一单倍型，*Leymus triticoides*（LTRI1 和 LTRI2）为同一单倍型。Clade St 由 4 个单倍型组成，*Leymus chinensis*、*L. secalinus*（LSEC3 和 LSEC5）、*Pseudoroegneria strigosa* ssp. *aegilopoides*、*Lophopyrum elongatum* 和 *Leymus mollis* 为同一单倍型，*Leymus condensatus* 和 *Pseudoroegneria stipifolia*（PSES1 和 PSES2）3 个单倍型呈辐射星状与其连接。根据网状结构支系，Clade Xm 单倍型与 *Pseudoroegneria*（**St**）、*Australopyrum*（**W**）、*Agropyron*（**P**）和 *Hordeum*（**H**）单倍型分别相距 10 个、21 个、23 个和 54 个突变幅度。

3.5.3　线粒体基因组

1. 赖草属植物的 *coxII* 基因的系统发育研究

编码细胞色素氧化酶 II 亚基（*coxII*）基因内含子存在于单子叶植物的线粒体中（Turano et al.，1987）。由于叶绿体基因组和线粒体基因组在禾本科植物中均为严格母性遗传，其基因片段被广泛地用于异源多倍体物种母本来源的推断（Mori et al.，1997；Mason-Gamer et al.，2002；Liu et al.，2006）。本书利用 *coxII* 研究了多倍体赖草属植物的系统亲缘关系和母本来源。选择 23 份赖草属物种和 27 份代表小麦族 19 个单基因组的二倍体植物，*Bromus tectorum* L. 为外类群（表 3-42）。PI 和 W6 编号的材料由美国国家植物种质库提供，ZY 和 Y 编号的材料由四川农业大学小麦研究所标本室提供。

1) 系统发育分析

赖草属植物、小麦族二倍体植物和外类群的 *coxII* 序列排序后，位点总数为 951 个，其中 232 个位点为变异位点，66 个位点为信息位点。采用 ML 和 BI 两种方法进行系统发育树构建，ML 树和 BI 树的拓扑结构完全一致。图 3-43 显示的是 *coxII* 基因的 ML 树（似然值＝−3296.3929），分支上的数字代表后验概率，分支下的数字代表自展评估值。ML 树中，赖草属植物分散聚在不同的分支中，由于大量零支长的分支存在，赖草属的系统关系并没有得到解决。

2) 网状进化分析

基于 *coxII* 序列构建的 MJ 网状结构图（图 3-44），显示了高水平的单体模本多态性，从 57 条 *coxII* 序列中获得 53 个单倍型。

　　MJ 网状进化图将赖草属植物分为 Cluster A、Cluster B 和 Cluster C 三支。Cluster A 包括 3 个来自青藏高原的赖草属、3 个来自中亚的赖草属、4 个新麦草属、3 个拟鹅观草属、2 个冰草属和 2 个旱麦草属物种。Cluster B 包括 5 个来自青藏高原的赖草属、中亚的 *Leymus ramosus*、3 个新麦草属物种和 *Agropyron mongolicum*。Cluster C 由 5 个来自北美的赖草属、2 个来自青藏高原的赖草属、2 个来自东亚的赖草属物种和 *Leymus tianschaicus* 组成。

　　Sang 等 (2000) 认为质体基因序列变异速率低，基于此构建的系统发育树不能反映低分类阶元的系统发育关系。本书中，以 *coxII* 序列构建的 ML 树也显示 14 个植物处于零支长的分支上，说明建树分析不能代表基因谱系的多重关系，也不能代表多倍体及其供体间存在的共同祖先特征。然而，网状分析能够弥补建树分析的不足。它可以将单个突变分离成比邻的单倍型，因此能反映突变速率较低的质体基因单倍型间的基因谱系关系。

表 3-42　*coxII* 分析的供试材料

种名	缩写	基因组	编号	来源	基因
Aegilops L.					
Ae. speltoides	AESP	**S**	H 4523	不详	HM770779*
Ae. comosa	AECO	**M**	H 6673	不详	HM770757*
Ae. tauschii	AETA	**D**	H 6668	不详	HM770771*
Agropyron Gaertn.					
Ag. cristatum	ACRI	**P**	PI 598645	哈萨克斯坦	FJ171882
Ag. mongolicum	AMON	**P**	PI 499392	中国内蒙古	FJ171884
Australopyrum (Tzvel.) Á. Löve					
Au. retrofractum	AURE	**W**	H 6723	不详	HM770755*
Crithopsis Jaub. et Spach					
C. delileana	CRDE	**K**	H 5558	不详	HM770773*
Dasypyrum (Cosson et Durieu) Durand					
D. villosum	DAVI	**V**	H 5561	不详	HM770759*
Eremopyrum (Ledeb.) Jaub. et Spach					
Er. distans	ERDI	**F**	H 5552	不详	HM770760*
Er. triticeum	ERTR	**F**	H 5553	不详	HM770761*
Henrardia C.E. Hubb.					
Hen. persica	HEPE	**O**	H 5556	不详	HM770763*
Heteranthelium Hochst.					
Het. piliferum	HEPI	**Q**	H 5557	不详	HM770764*
Hordeum L.					
H. brachyantherum ssp. *californicum*	HBRC	**H**	H 1942	不详	HM770765*
H. murinum ssp. *glaucum*	HMUG	**Xu**	H 801	不详	HM770768*
H. vulgare ssp. *spontaneum*	HVUG	**I**	H 3139	不详	HM770769*
Lophopyrum Á. Löve					
Lo. Elongatum	LOEL	**E^e**	PI 531719	法国	KJ017942
Peridictyon O. Seberg, S. Frederiksen et C. Baden					
Per. sanctum	PESA	**Xp**	H 5575	不详	HM770772*
Psathyrostachys Nevski					

续表

种名	缩写	基因组	编号	来源	基因
Psa. fragilis	PSAF	**Ns**	Y 882	伊朗	KJ017955 KJ017958 KJ017959
Psa. huashanica	PSAH	**Ns**	ZY 3157	中国陕西	KJ017956
Psa. juncea	PSAJ	**Ns**	PI 222050	阿富汗	KJ146068 KJ017957
Psa. stoloniformis	PSAS	**Ns**	H 7031	不详	KJ146069
Pseudoroegneria (Nevski) Á. Löve					
Pse. spicata	PSPI	**St**	PI 232131	美国内华达	FJ171905
Pse. libanotica	PLIB	**St**	PI 228392	伊朗	FJ171904
Pse. strigosa	PSTR	**St**	PI 499493	中国新疆	FJ171906
Secale L.					
S. strictum	SEST	**R**	H 4342	不详	HM770777*
Thinopyrum Á. Löve					
Th. bessarabicum	THBE	**E^b**	H 6725	不详	HM770781*
Triticum L.					
T. monococcum	TRMO	**A^m**	H 4547	不详	HM770758*
Leymus Hochst.					
L. alaicus	LALA	**NsXm**	PI 499505	中国新疆	KJ017931
L. ambiguus	LAMB	**NsXm**	PI 531795	美国科罗拉多	KJ017932
L. angustus	LANG	**NsXm**	PI 531797	中国新疆	KJ017933
L. chinensis	LCHI	**NsXm**	PI 499515	中国内蒙古	KJ017934
L. cinereus	LCIN	**NsXm**	PI 469229	加拿大萨斯喀彻温	KJ017935
L. crassiusculus	LCRA	**NsXm**	ZY 06059	中国青海	KJ017936
L. duthiei	LDUT	**NsXm**	ZY 2004	中国四川	KJ017937
L. flexus	LFLE	**NsXm**	ZY 06044	中国青海	KJ017938
L. innovatus	LINN	**NsXm**	PI 236818	加拿大	KJ017939
L. komarovii	LKOM	**NsXm**	ZY 06001	中国黑龙江	KJ017940
L. leptostachyus	LLEP	**NsXm**	ZY 06053	中国青海	KJ017941
L. ovatus	LOVA	**NsXm**	ZY 06039	中国青海	KJ017943
L. pendulus	LPEN	**NsXm**	ZY 05003	中国四川	KJ017944
L. pseudoracemosus	LPSE	**NsXm**	PI 531810	中国青海	KJ017945
L. qinghaicus	LQIN	**NsXm**	ZY 07008	中国四川	KJ017946
L. racemosus	LRAC	**NsXm**	ZY 07023	中国新疆	KJ017947
L. ramosus	LRAM	**NsXm**	PI 499653	中国新疆	KJ017948
L. salinus	LSAL	**NsXm**	PI 531816	美国犹他	KJ017949
L. secalinus	LSEC	**NsXm**	ZY 06063	中国青海	KJ017950
L. shanxiensis	LSHA	**NsXm**	ZY 06054	中国青海	KJ017951
L. tianschanicus	LTIA	**NsXm**	Y 2036	中国新疆	KJ017952
L. triticoides	LTRI	**NsXm**	PI 516194	美国俄勒冈	KJ017953
L. yiunensis	LYIW	**NsXm**	ZY 06089	中国青海	KJ017954
Bromus L.					
B. tectorum	BTEC		PI 317421	阿富汗	FJ171885

注：带星号的 GenBank 登录号为已出版的序列，引自 NCBI 网站。

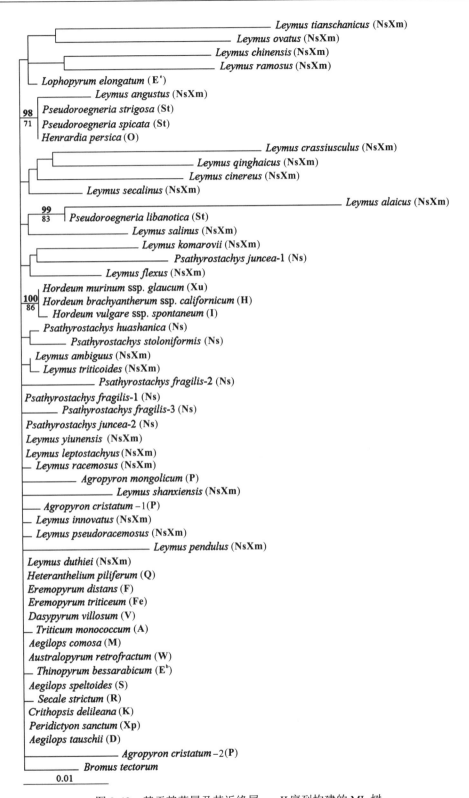

图 3-43　基于赖草属及其近缘属 *coxII* 序列构建的 ML 树

注：分支上为后验概率>90%，分支下为自展值>50%。括号中的字母表示物种的基因组。

　　基于 MJ 网状进化分析，揭示来自同一地区或相近区域的赖草属植物之间亲缘关系较近，北美赖草属植物与远东的 *L. coreanus* 和中国东北的 *L. komarovii* 具较近的亲缘关系，赖草属植物与新麦草属、拟鹅观草属、冰草属和旱麦草属植物的亲缘关系较近。

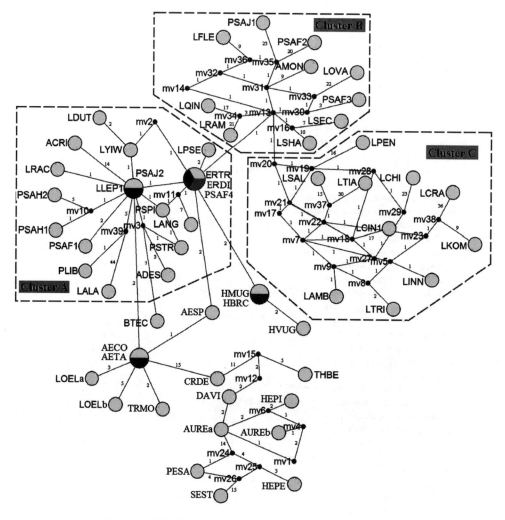

图 3-44　基于赖草属及近缘属 coxII 序列的 MJ 网状进化树

注：单倍体用圆圈表示。各节点间的数字表示突变位点数，供试材料的缩写见表 3-42。

3.6　地理分化式样和物种多样性形成

3.6.1　赖草属物种的地理分布式样

　　对 34 个赖草属植物 nrDNA ITS 序列的系统比较分析（图 3-26）结果显示，北美赖草属植物形成一个独立的分支，欧亚大陆赖草属植物分散在系统树的其他分支，暗示欧亚大陆赖草属植物与北美赖草属植物存在欧亚—北美的地理分化式样。利用单拷贝细胞核 *Acc1*

基因序列在 **Ns** 和 **Xm** 染色体组上的特异标记，从赖草属 28 个物种 1 亚种植物中分离获得了 26 个来自 **Ns** 染色体组的单倍型序列和 27 个来自 **Xm** 染色体组的单倍型序列。世界范围内赖草属 *Acc1* 基因序列的系统比较分析(图 3-31)结果显示，赖草属植物物种形成可能的二倍体供体属为新麦草属和冰草/旱麦草属。地理分布上，新麦草属和冰草/旱麦草属仅分布于欧亚大陆，暗示赖草属起源于欧亚大陆。同时，*Acc1* 基因序列的系统分析也显示北美赖草属植物与东亚、中亚赖草属植物具有较近的亲缘关系。赖草属 *trn*L-F 序列分析(图 3-36)也表明东亚的 *Leymus coreanus* 和 *L. komarovii* 以及北美赖草属植物在多倍化过程中以欧亚大陆的冰草属为母本供体。东亚赖草属植物(欧亚大陆)与北美赖草属植物存在相似的母本供体以及北美赖草属植物与欧亚赖草属植物较近的亲缘关系，暗示北美赖草属植物起源于欧亚大陆。基于 *Acc1* 基因序列的分子分歧时间分析推测赖草属起源于 11～12Ma。而东亚、中亚和北美赖草属植物的分化时间为 3.7～4.3Ma，该分化时间早于白令路桥大约 3.5Ma 分离的时间。

综合 ITS、*trn*L-F 和 *Acc1* 基因序列分析结果，可以推测北美赖草属植物是由欧亚大陆地区的原始类群通过白令路桥扩散到北美的，从而形成了赖草属现今欧亚大陆—北美的地理分布格局。

3.6.2　赖草属物种多样性形成

全世界现有赖草属植物约 32 种和 19 亚种，从北海的沿岸地区，越过中亚到东亚直至阿拉斯加，北美西部和南美北部的广阔地域均有分布，多数种集中分布于中亚和北美高山(Tzvelev，1976；Löve，1984)。根据《中国植物志》第 22 卷(英文版)记载，我国有 24 种赖草属植物，主要分布于西北、华北、东北及西南地区(Chen et al.，2006)。在 *DMC1* 基因序列构建的网状进化图 3-35 中，来自欧洲、中亚、东亚、北美和南美的赖草属植物并没有单独形成一支，暗示赖草属植物存在很大的地理分化上的异质性。

赖草属植物具有较高的物种多样性和广泛的生态适应性。①形态学特征变化多型，如：*Leymus akmolinensis* 无根茎、*L. arenarius* 具强大的根茎、*L. paboanus* 叶直立内卷、*L. multicaulis* 叶柔软宽松、*L. ambiguus* 每穗节具单小穗、*L. cinereus* 每穗节上具 4～5 枚小穗、*L. racemosus* 颖片锥形、*L. duthiei* ssp. *japonicus* 颖片缺失、*L. crassiusculus* 小穗外稃和花药呈紫色等。②生长环境多样，如：*Leymus mollis* 长于海岸沙地边、*L. racemosus* 长于沙地草原与荒漠中、*L. pseudoracemosus* 长于沙漠中、*L. alaicus* 长于帕米尔岩石山坡、*L. angustus* 长于准格尔碱土草原、*L. chinensis* 长于草甸卵石堆中、*L. pendulus* 长于黏土山谷、*L. komarovii* 长于温暖潮湿的林下等。③地理分布广泛，如：*Leymus cinereus* 分布于北美、*L. erianthus* 分布于南美、*L. coreanus* 分布于俄罗斯远东、*L. duthiei* ssp. *longearistatus* 分布于日本、*L. karelinii* 分布于中亚、*L. leptostachyus* 分布于青藏高原、*L. duthiei* 分布于横断山区等。研究赖草属物种多样性形成机制对揭示赖草属植物的分布规律、分布区类型、物种形成与演化以及野生作物资源保护与利用有重要意义。

在图 3-31 中，基于 *Acc1* 基因外显子和内含子序列构建的系统树出现大量的零支长分支，其拓扑结构表现为难以分辨的多歧分支式样。*Acc1* 基因序列变异分析显示多歧分支内种间基因序列变异相对较低，从大多数种间遗传分化的 0.2%～3.3%发生变化（子类 A，0.3%～1.9%；子类 D，0.2%～2.0%；子类 E，0.3%～1.3%），较低的种间序列变异导致系统树大量多歧分支式样的产生。Fs 统计为显著负值（$Fs=-12.307$，$P<0.001$），碱基误配分析显示序列变异呈现单峰分布。根据 $Acc1$ 基因的分子进化式样和谱系结构，结合赖草属植物的形态、生境以及分布上的多样性，推测赖草属物种在其进化历史上发生适应性辐射（adaptive radiation）。适应性辐射往往同重大的地质事件和气候变化相伴随，结果是直接导致原始祖先种类演变至多种多样并各自适应于不同生态条件和生活习性的专门物种。分子分歧时间分析进一步显示欧亚大陆的赖草属植物在距今 4.30～3.70Ma 和 2.10～1.70Ma 分别发生了 2 次适应性辐射。距今 5Ma 以来青藏高原的大规模迅速隆升，对亚洲甚至全球的气候变化产生了深远的影响。由于青藏高原的迅速隆升和气候变化，刺激赖草属植物发生适应性辐射，演化出适应青藏高原极端环境下的植物类群（如 *Leymus qinghaicus*、*L. flexus* 等）和适应横断山区温暖潮湿环境的 *Leymus duthiei*。形态上，青藏高原赖草植物类群明显区别于其他地理来源的特征在于叶鞘光滑无毛、穗轴节间被短柔毛、颖片短于小穗，而 *Leymus duthiei* 区别于青藏高原其他赖草植物的特征在于柔软的叶片和高度缺失的颖片。在适应性辐射的驱动力作用下，青藏高原赖草植物类群 $Acc1$ 基因的内含子区域还表现为一个 33bp 共演特征序列的产生。

3.6.3　物种多倍化过程中的分子进化

基因组复制或多倍化过程为复制基因的分子遗传变异提供了潜在的进化注释。分析复制基因多态性和遗传变异式样不仅可以帮助追溯多倍体物种的进化历程，还可为多倍体谱系间以及谱系基因的等位变异间发生遗传分化的成因提供生物学理论依据。世界范围内 28 种 1 亚种赖草属植物的 $Acc1$ 基因单倍型序列多态性分析显示，赖草属 **Ns** 染色体组序列多态性水平（$\pi=0.0176$；$\theta_w=0.0281$）高于二倍体的新麦草属 **Ns** 染色体组序列多态性水平（$\pi=0.0109$；$\theta_w=0.0103$）（表 3-43），表明 $Acc1$ 基因在多倍体赖草属植物中的进化速度快于在二倍体新麦草属中的进化速度。基因单倍型序列多态性分析还显示在 **Xm** 染色体组上的 $Acc1$ 基因多态性参数为 $\pi=0.0123$ 和 $\theta_w=0.0262$，比较在 **Ns** 染色体组上的 $Acc1$ 基因多态性参数表明，该复制基因在 **Ns** 和 **Xm** 染色体组上的多态性水平具有不平等性。**Ns** 和 **Xm** 染色体组上 $Acc1$ 基因序列的中性检测结果为显著负相关，暗示多倍化过程产生的遗传瓶颈导致该基因的一些罕见变异可能超出了期望的平衡变异数。

对赖草属林下组植物 $GBSSI$ 基因序列多态性分析发现，$GBSSI$ 基因在 **Ns** 染色体组拷贝上的多态性水平（$\pi=0.0383$ 和 $\theta_w=0.0370$）明显低于新麦草属植物 **Ns** 染色体组序列多态性水平（$\pi=0.0534$ 和 $\theta_w=0.0534$）。赖草属林下组植物 $GBSSI$ 基因序列多态性水平降低暗示它们在长期相对独立的进化过程中可能受到遗传瓶颈效应的影响。**Ns** 染色体组上的多态性水平也高于其在 **Xm** 染色体组上的多态性水平（$\pi=0.0214$ 和 $\theta_w=0.0250$），表明复制基因在多倍体中的多态性水平是不平等的。

表 3-43　赖草属和新麦草属植物 *Acc1* 序列的核苷酸多态性及统计检测

	n	s	π	θ_w	Fu 和 Li's D	Tajima's D
Leymus						
Ns	1429	153	0.0176	0.0281	-2.5042 ($P<0.05$)	-1.4676 ($P<0.05$)
Xm	1424	145	0.0123	0.0262	-2.9884 ($P<0.05$)	-2.0627 ($P<0.05$)
Psathyrostachys						
Ns	1433	27	0.0109	0.0103	-0.0425 ($P>0.10$)	0.6582 ($P>0.10$)

注：n 是位点数(除空格/缺失位点外)；s 是分离位点数；π 是两两比对多态性参数；θ_w 是基于分离位点统计的多态性参数。

参 考 文 献

鲍晓明, 黄百渠, 1993. 小麦-冰草异附加系种子醇溶蛋白基因表达的分析[J]. 作物学报, 19(3): 233-238.

蔡联炳, 1995. 国产赖草属新分类群[J]. 植物分类学报, 33 (5): 491-496.

蔡联炳, 1997. 赖草属资料[J]. 植物研究, 17 (1): 28-32.

蔡联炳, 1998. 根据外部形态特征试论鹅观草属的亲缘演化关系[J]. 西北植物学报, 18(4): 606-612.

蔡联炳, 1999. 禾本科叶片表皮结构细胞的组合式样及其分类学意义[J]. 植物研究, 19(4): 415-426.

蔡联炳, 2000. 鹅观草属一些种子胚乳细胞的特征及其分类学意义的探讨[J]. 西北植物学报, 20(6): 1070-1075.

蔡联炳, 2001. 青海赖草属一新种和一新变种[J]. 植物分类学报, 39 (1): 75-77.

蔡联炳, 郭本兆, 1988. 中国大麦属的演化与地理分布的探讨[J]. 西北植物学报, 8 (2): 73-84.

蔡联炳, 张梅妞, 2005. 国产赖草属的叶表皮特征与组群划分[J]. 植物研究, 25(4): 400-405.

蔡联炳, 苏旭, 2007. 国产赖草的分类修订[J]. 植物研究, 27 (6): 651-660.

畅志坚, 1999. 几个小麦-偃麦草新种质的创制及分子细胞遗传学分析[D]. 四川农业大学博士论文.

陈守良, 金岳杏, 吴竹君, 1987. 小麦族(Triticeae)叶片表皮微形态观察及其分类意义的探讨[A] //南京中山植物园研究论文集 [C], 3-13.

陈守良, 金岳杏, 吴竹君, 1993. 禾本科叶片表皮微形态图谱[M]. 南京: 江苏科学技术出版社.

崔大方, 1998. 新疆赖草属的新分类群[J]. 植物研究, 18 (2): 144-148.

耿以礼, 1959. 中国主要植物图说 禾本科[M]. 北京: 科学出版社.

郭本兆, 1987. 中国植物志(第 9 卷第 3 分册)[M]. 北京: 科学出版社.

郭本兆, 王世金, 1981. 我国小麦族的花序形态演化及其属间亲缘关系的探讨[J]. 西北植物研究, 1(1): 12-19.

郭延平, 郭本兆, 1991. 小麦族植物的属间亲缘和系统发育的探讨[J]. 西北植物学报, 11(2): 159-169.

贾继增, 1996. 分子标记与种质资源鉴定和分子标记育种[J]. 中国农业科学, 29(4): 1-10.

孔令让, 董玉琛, 贾继增, 1998. 粗山羊草随机扩增多态性 DNA 研究[J]. 植物学报, 40(3): 223-227.

孔秀英, 葛春明, 贾继增, 等, 1999. 山羊草属五个基本基因组系统发育的 RAPD 分析[J]. 植物学报, 41(4): 393-397.

兰秀锦, 魏育明, 王志容, 等, 1999. 中国节节麦与中东节节麦的醇溶蛋白遗传多样性比较研究[J]. 四川农业大学学报, 17(3): 245-248.

李继耕, 1980. 植物同工酶及其在作物遗传研究中的应用[J]. 作物学报, 6 (4): 245-252.

刘芳, 孙根楼, 1997. 赖草属七个种的同工酶研究[J]. 广西植物, 17(1): 169-173.

门中华, 乌仁其木格, 易津, 1999. 不同类型苏丹草种子醇溶蛋白的研究[J]. 内蒙古草业, (5): 28-30.

桑涛, 徐炳声, 1996. 分支系统学当前的理论和方法概述及华东地区山胡椒属十二个种的分支系统学研究[J]. 植物分类学报, 34(1): 12-28.

时岩玲, 田纪春, 2003. 颗粒结合型淀粉合成酶研究进展[J]. 麦类作物学报, 23(3): 119-122.

吴文瑜, 1990. 植物同工酶的研究和应用[J]. 武汉植物研究, 8(2): 183-188.

吴玉虎, 1992. 新疆赖草属二新种[J]. 植物研究, 12(4): 343-345.

颜济, 杨俊良, 1983. 中国赖草属新植物[J]. 云南植物研究, 5(3): 275-276.

颜济, 杨俊良, 2011. 小麦族生物系统学(第4卷)[M]. 北京: 中国农业出版社.

张改生, 赵惠燕, 1990. 谷类作物胚乳的遗传[J]. 生物学通报, (12): 17-19.

张继益, 董玉琛, 贾继增, 等, 1999. 旱麦草属种质资源的随机扩增多态性 DNA(RAPDs)分析[J]. 遗传学报, 26(1): 54-60.

张学勇, 杨欣明, 董玉琛, 1995. 醇溶蛋白电泳在小麦种质资源遗传分析中的应用[J]. 中国农业科学, 28(4): 25-32.

智丽, 滕中华, 2005. 中国赖草属植物的分类、分布的初步研究[J]. 植物研究, 25(1): 22-25.

周光宇, 1983. 有关同工酶分析的几个问题[J]. 植物生理学通讯, (1): 1-4.

周荣华, 贾继增, 李立会, 等, 1996. 新麦草属 4 个种的生化标记分析[J]. 作物品种资源, (2): 1-5.

周永红, 1998. 小麦族 StH、StY 和 StYP 基因组的遗传多样性及几个物种的形态和细胞学研究 [D]. 雅安: 四川农业大学.

周永红, 杨俊良, 郑有良, 等, 1999a. 用 RAPD 分子标记探讨鹅观草属的种间关系[J]. 植物学报, 41(10): 1076-1081.

周永红, 郑有良, 杨俊良, 等, 1999b. 10 种披碱草属植物的 RAPD 分析及其系统学意义[J]. 植物分类学报, 37(5): 425-432.

周永红, 郑有良, 杨俊良, 等, 2000. 利用 RAPD 分子标记评价仲彬草属的种间关系[J]. 植物分类学报, 38(6): 515-521.

邹喻萍, 葛颂, 王晓东, 2001. 系统与进化植物学中的分子标记[M]. 北京: 科学出版社.

Aiken S G, Darbyshire S J, Lefkovitch L P, 1985. Restricted taxonomic value of leaf sections in Canadian narrow-leaved *Festuca* (Poaceae) [J]. Canadian Journal of Botany, 63(6): 995-1007.

Arnold M L, Bucker C M, Robinson J J, 1991. Pollen mediated introgression and hybrid speciation in Louisiana irises [J]. Proceedings of the National Academy of Sciences of the United States of America, 88: 1398-1402.

Baldwin B G, Sanderson M J, Porter J M, et al., 1995. The ITS region of nuclear ribosomal DNA: A valuable source of evidence on angiosperm phylogeny [J]. Annals of the Missouri Botanical Garden, 82: 247-277.

Barkworth M E, Atkins R J, 1984. *Leymus* Hochst. (Gramineae: Triticeae) in North America: Taxonomy and distribution[J]. American Journal of Botany, 71(5): 609-625.

Baum B R, 1977. Taxonomy of the tribe Triticeae (Poaceae) using various numerical techniques. I. Historical perspectives, data accumulation, and character analysis [J]. Canadian Journal of Botany, 55: 1712-1740.

Baum B R, 1978. Taxonomy of the tribe Triticeae (Poaceae) using various numerical techniques. II. Classification[J]. Canadian Journal of Botany, 56: 27-56.

Baum B R, 1979. The genus *Elymus* in Canada-Bowden's generic concept and key reappraised and relectotypification of *E. canadensis*[J]. Canadian Journal of Botany, 57: 946-951.

Baum B R, 1982. The generic problem in the Triticeae: Numerical taxonomy and related concepets[A]//Estes J R, Tyrl R J, Brunken J N. Grasses and Grasslands: Systematics and Ecology [M]. Norman: University of Oklahoma Press, 109-144.

Bowden W M, 1965. Cytotaxonomy of the species and interspecific hybrids of genus *Agropyron* in Canada and neighbouring areas[J].

Canadian Journal of Botany, 43(5): 547-601.

Brown W V, 1958. Leaf anatomy in grass systematics[J]. Botanical Gazette, 119(3): 170-178.

Cai L B, 2000. Two new species of *Leymus* (Poaceae: Triticeae) from Qinghai, China [J]. Novon, 10: 7-11.

Chen S L, Li D Z, Zhu G H, et al., 2006. Flora of China(Vol. 22)[M]. Beijing: Science Press.

Clifford H T, Waston L, 1977. Identifying Grasses: Data, Methods and Illustrations [M]. Queensland: University of Queensland Press.

Connor H E, 1960. Variations in leaf anatomy in *Festuca novae-zelandia*(Hack.)Cockayne and *F. matthewsii*(Hack.)Cheeseman[J]. New Zealand Journal of Agricultural Research, 3: 468-509.

Cronn R C, Small R L, Wendel J F, 1999. Duplicated genes evolve independently after polyploid formation in cotton[J]. Proceedings of the National Acaderng of Science of the United states of America, 96: 14406-14411.

Davila J A, Sanchez de la Hoz M P, Loarce Y, et al., 1998. The use of random amplified microsatellite polymorphic DNA and coefficients of parentage to determine genetic relationships in barely[J]. Genome, 41(4): 477-486.

Davila J A, Loarce Y, Ramsay L, et al., 1999. Comparison of RAMP and SSR markers for the study of wild barely genetic diversity[J]. Hereditas, 131(1): 5-13.

Dávila P, Clark L G, 1990. Scanning electron microscopy survey of leaf epidermis of *Sorghastrum*(Poaceae: Andropogoneae)[J]. American Journal of Botany, 77(4): 499-511.

Demesure B, Comps B, Petit R J, 1995. A set of universal primers for amplification of polymorphic non-coding regions of mitochondrial and chloroplast DNA in plants. Molecular Ecology, 4 (1): 129-131.

Dewey D R, 1970. Genome relations among *Elymus canadensis*, *E. triticoides*, *E. dasystachys* and *Agropyron smithii*[J]. American Journal of Botany, 131: (7)57-64.

Dewey D R, 1972. Genome analysis of hybrids between diploid *Elymus juncea* and five tetraploid *Elymus* species[J]. Botanical Gazette, 133: 415-420.

Dewey D R, 1976. The genome constitution and phylogeny of *Elymus ambiguus*[J]. American Journal of Botany, 63(5): 626-634.

Dewey D R, 1982. Genomic and phylogenetic relationships among North American perennial Triticeae[A]//Estes J R, Tyrl R J, Brunken J N. Grasses and Grasslands: Systematics and Ecology [M]. Norman: University of Oklahoma Press, 51-88.

Dewey D R, 1984. The genomic system of classification as a guide to intergeneric hybridization with the perennial Triticeae[A]//Gustafson J P. Gene Manipulation in Plant Improvement[M]. New York: Plenum, 209-280.

Ellis R P, 1986. A review of comparative leaf blade anatomy in the systematics of the Poaceae: The past twenty-five years[A]//Soderstorm T R. Grass Systematics and Evolution[M]. Washington: Smithonian Instn Press, 3-10.

Escalona F D, 1991. Leaf anatomy of fourteen species of Calamagrostis section *Deyeuxia*, subsection *Stylagrostis*(Poaceae: Pooideae)from the Andes of South America[J]. Phytologia, 71(3): 187-204.

Estes J R, Tyrl R J, 1982. The generic concept and generic circumscription in the Triticeae: an end paper[A]//Estes J R, Tyrl R J, Brunken J N. Grasses and Grasslands: Systematics and Ecology[M]. Norman: University of Oklahoma Press, 145-164.

Farrington L, Macgillivray P, Faast R, et al., 2009. Investigating DNA barcoding options for the identification of *Caladenia*(Orchidaceae)species[J]. Australian Journal of Botany, 57(4): 276-286.

Gorham J, McDonnell E, Wyn Jones R G, 1984. Salt tolerance in the Triticeae: *Leymus sabulosus* [J]. Journal of Experimental Botany,

35 (157): 1200-1209.

Gornicki P, Faris J, King I, et al., 1997. Plastid-localised acetyl-Coa carboxylase of bread wheat is encoded by a single gene on each of the three ancestral chromosome sets[J]. Proceedings of the National Academy of Science of the United States of America, 94(25): 14179-14184.

Gould F W, 1945. Notes on the genus *Elymus*[J]. Madrono, 8: 42-47.

Gould F W, 1968. Grass Systematics[M]. New York: McGraw-Hill Book Co.

Hahn W J, 2002. A phylogenetic analysis of the Arecoid Line of palms based on plastid DNA sequence data[J]. Molecular Phylogenetics & Evolution, 23(2): 189-204.

Henning W, 1950. Grundzuge einger Theoric der Phylogenetischen Systematik[M]. Berlin: Deutscher Zentralverlag.

Henning W, 1966. Phylogenetic Systematics[M]. Urabana: University of Illinos Press.

Hitchcock C L, 1969. Gramineae[A]//Hitchcock C L, Cronquist A, Ownbey M, et al., Vascular Plants of the Pacific Northwest(Vol. 1)[M]. Seattle: University of Washington Press, 384-725.

Hochstetter C F, 1848. Nachträglicher Commentar zu meiner Abhandlung: "Aufbau der Graspflanze etc. " [J]. Flora, 7: 105-118.

Hsiao C, Chatterton N L, Asay K H, et al., 1995. Phylogenetic relationships of the monogenomic species of the wheat tribe, Triticeae (Poaceae), infered from nuclear rDNA (internal transcribed spacer) sequences [J]. Genome, 38: 211-223.

Huang S X, Sirikhachornkit A, Su S J, et al., 2002. Genes encoding plastid acetyl-CoA carboxylase and 3-phosphoglycerate kinase of the *Triticum/Aegilops* complex and the evolutionary history of polyploidy wheat[J]. Proceedings of the National Academy of Science of the United States of America, 99: 8133-8138.

Huang S X, Su S J, Haselkorn R, et al., 2003. Evolution of switchgrass (*Panicum virgatum* L.) based on sequences of the nuclear gene encoding plastid acetyl-CoA carboxylase [J]. Plant Science, 164: 43-49.

Jaaska V, 1974. Enzyme variability and phylogenetic relationships in the grass genera *Agropyron* Gaertn. and *Elymus* L. [J]. Izvestiia Akademii Nauk Estonská SSR. Seriia Biologicheskaia, 23: 3-18.

Jensen K B, Wang R R, 1997. Cytological and molecular evidence for transferring *Elymus coreanus* and *Elymus californicus* from the genus *Elymus* to *Leymus*(Poaceae: Triticeae)[J]. International Journal of Plant Sciences, 158: 872-877.

Kilian B, Özkan H, Deusch O, et al., 2007. Independent wheat B and G genome origins in outcrossing *Aegilops* progenitor haplotypes[J]. Molecular Biology & Evolution, 24(1): 217-227.

Kiribuchi-Otobe C, Nagamine T, Yanagisawa T, et al., 1997. Production of hexaploidy wheats with waxy endosperm character[J]. Cereal Chemistry, 74(1): 72-74.

Klimyuk V I, Jones J D G, 1997. AtDMC1, the *Arabidopsis* homolog of the yeast DMC1 gene: Characterization, transposon-induced allelic variation and meiosis-associated expression[J]. Plant Journal, 11(1): 1-14.

Klösgen R B, Gierl A, Schwaez-Sommer Z, et al., 1986. Molecular analysis of the *waxy* locus of *Zea mays*[J]. Molecular & General Genetics Mgg, 203(2): 237-244.

Krause E H L, 1898. Floristische Notizen. II. Gräser[J]. Botanisches Centralblatt, 73: 332-343.

Liu Q L, Ge S, Tang H B, et al., 2006. Phylogenetic relationships in *Elymus*(Poaceae: Triticeae)based on the nuclear ribosomal internal transcribed spacer and chloroplast *trn*L-F sequences[J]. New Phytologist, 170(1): 411-420.

Löve Á, 1982. Generic evaluation of the wheatgrass[J]. Biologisches Zentralblatt, 101: 199-212.

Löve A, 1984. Conspectus of the Triticeae[J]. Feddes Repertorium, 95 (7-8): 425-521.

Ma H Y, Peng H, Wang Y H, 2006. Morphology of leaf epidermis of *Calamagrostis* s. l. (Poaceae: Pooideae) in China[J]. Acta Phytotaxonomica Sinica, 44 (4): 371-392.

Mason-Gamer R J, Weil C F, Kellogg E A, 1998. Granule-bound starch synthase: structure, function, and phylogenetic utility[J]. Molecular Biology & Evolution, 15 (12): 1658-1673.

Mason-Gamer R J, Orme N L, Anderson C M, 2002. Phylogenetic analysis of North American *Elymus* and the monogenomic Triticeae (Poaceae) using three chloroplast DNA data sets[J]. Genome, 45 (6): 991-1002.

Melderis A, 1980. *Leymus*[A]//Tutin T G, Heywood V H, Burges N A, et al., Flora Europaea (Vol. 5) [M]. Cambridge: Cambridge University Press, 190-192.

Metcalfe C R, 1960. Anatomy of the Monocotyledons Vol. 1 Gramineae[M]. Oxford: Clarendon Press.

Metkar S S, Sainis J K, Mahajan S K, 2004. Cloning and characteriyation of the DMC1 genes in *oryza sativa*[J]. Current Science, 87: 353-357.

Mori N, Miyashita N T, Terachi T, et al., 1997. Variation in *cox*II intron in the wild ancestral species of wheat[J]. Hereditas, 126 (3): 281-288.

Nevski S A, 1933. Agrostological studies. IV. On the tribe Hordeae Benth[J]. Akademia Nauk SSR Botany Institute Taudy, 1 (1): 9-32.

Nevski S A. 1934. Tribe XIV. Hordeae Benth[A]//Komarov V L, Roshevits R Y, Shishkin B K. Flora URSS (Vol. 2) [M]. Leningrad: Navka Publishing House, 590-728.

Nishikawa T, Salomon B, Komatsuda T, et al., 2002. Molecular phylogeny of the genus *Hordeum* using three chloroplast DNA sequences[J]. Genome, 45 (6): 1157-1166.

Olmstread R G, Palmer J D, 1994. Chloroplast DNA systematics: A review of methods and data analysis [J]. American Journal of Botany, 81 (9): 1205-1224.

Petersen G, Seberg O, 2002. Molecular evolution and phylogenetic application of DMC1[J]. Molecular Phylogenetics & Evolution, 22 (1): 43-50.

Petersen G, Seberg O, 2003. Phylogrnetic analysis of the diploid species of *Hordeum* (Poaceae) and a revised classification of the genus[J]. Systematic Botany, 28 (2): 293-306.

Pilger R, 1949. Addimenta Agrostologica. I. Triticeae (Hordeae) [J]. Botanische Jahrbücher für Systematik, 74 (6): 1-27.

Potter D, Eriksson T, Evans R C, et al., 2007. Phylogeny and classification of Rosaceae[J]. Plant Systematics & Evolution, 266: 5-43.

Preiss J, 1991. Starch biosynthesis and its regulation[A]//Miflin B J. Oxford Survey of Plant Molecular and Cellular Biology (Vol. 7) [M]. Oxford: Oxford University Press, 59-114.

Rieseberg L H, Hanson M A, Philbrick C T, 1992. Androdioecy is derived from dioecy in Datiscaceae: Evidence from restriction site mapping of PCR-amplified chloroplast [J]. Systematic Botany, 17 (2): 324-336.

Rohde W, Becker D, Salamini F, 1988. Structural analysis of the *waxy* locus from *Hordeum vulgare*[J]. Nucleic Acids Research, 16 (14): 7185-7186.

Sang T, 2002. Utility of low-copy nuclear gene sequences in plant phylogenetics [J]. Critical Reviews in Biochemistry and Molecular Biology, 37: 121-147.

Sang T, Crawford D J, Stuessy T F, 1995. Documentation of reticula evolution in peonies (*Paeonia*) using internal transcribed spacer sequences of nuclear ribosomal DNA: Implications for biogeography and concerted evolution [J]. Proceedings of the National Academy of Sciences of the United States of America, 92: 6813-6817.

Shaw J, Lickey E B, Schilling E E, et al., 2007. Comparison of whole chloroplast genome sequences to choose noncoding regions for phylogenetic studies in Angiosperms: The Tortoise and the Hare III[J]. American Journal of Botany, 94(3): 275-288.

Shinozaki K, Ohme M, Tanaka M, et al., 1986. The complete nucleotide sequence of the tobacco chloroplast genome: its gene organization and expression[J]. Plant Molecular Biology Reporter, 5(9): 2043-2049.

Soltis D E, Soltis P S, Milligan B G, 1992. Inteaspecific chloroplast DNA variation: Systematic and pholognetic implications[A]// Soltis P S, Sotis D E, Doyle J J. Molcular Systemaics of Plants[M]. New York: Chapman & Hall, 117-150.

Stebbins G L, 1956. Taxonomy and the evolution of genera, with special reference to the family Gramineae[J]. Evolution, 10: 235-245.

Stebbins G L, Walters M S, 1949. Artificial and natural hybrids in the Gramineae, tribe Hordeae. III. Hybrids involving *Elymus condensatus* and *E. triticoides*[J]. American Journal of Botany, 36(1): 291-301.

Steele P R, Friar L M, Gilbert L E, et al., 2010. Molecular systematics of the neotropical genus *Psiguria* (Cucurbitaceae): Implications for phylogeny and species identification[J]. American Journal of Botany, 97: 156-173.

Taberlet P, Gelly L, Pautou G, 1991. Universal primers for amplification of three non-coding regions of chloroplast DNA [J]. Plant Molecular Biology, 17: 1105-1109.

Turano F J, Debonte L R, Wilson K G, et al., 1987. Cytochrome oxidase subunit II gene from carrot contains an intron[J]. Plant Physiology, 84(4): 1074-1079.

Türpe A M, 1962. Las especies del genéro *Deyeuxia* de la Provincia de Tucuman(Agentina)[J]. Lilloa, 31.

Tzvelev N N, 1960. De speciebus nonnulis novis vel minus cognitise Pamur[J]. Botanical Materialy Gerbariya Botanicheskogo Instituta Imeni V. L. Komarova Akademii Nauk SSSR(Leningrad), 20: 412-439.

Tzvelev N N, 1976. Tribe 3. Triticeae Dumort[A]//Fedorov A A. Poaceae URSS[M]. Leningrad: Navka Publishing House, 105-206.

Wang Z Y, Wu Z L, Xing Y Y, et al., 1992. Molecular characterization of rice *Wx* gene[J]. Science China(Ser B Chemistry), 35(5): 558-565.

Webb M E, Almeida M T, 1990. Micromophology of the leaf epidermis in the taxa of the *Agropyron-Elymus* complex(Poaceae)[J]. Botanical Journal of the Linnean Society, 103(2): 153-158.

Wei J Z, Wang R C, 1995. Genome- and species-specific markers and genome relationships of diploid perennial species in Triticeae based on RAPD analyses[J]. Genome, 38(6): 1230-1236.

Wei J Z, Campbell W F, Wang R C, 1997. Genetic variability in Russian wildrye(*Psathyrostachys juncea*) assessed by RAPD[J]. Genetic Resources & Crop Evolution, 44(2): 117-125.

Wendel J F, Schnabel A, Seelanan T, 1995. An unusual ribosomal DNA sequence from *Gossypium gossypioides* reveals ancient, cryptic, intergenomic introgression [J]. Molecular Phylogenetics & Evolution, 4: 298-313.

Winkworth R C, Donoghue M J, 2004. *Viburnum* phylogeny: evidence from the duplicated nuclear gene GBSSI[J]. Molecular Phylogenetics & Evolution, 33(1): 109-126.

Wu K S, Jones R, Danneberger L, et al., 1994. Detection of microsatellite polymorphisms without cloning[J]. Nucleic Acids Research, 22 (15): 3257-3258.

Zhang J M, Wang J X, Xia T, et al., 2009. DNA barcoding: Species delimitation in tree peonies[J]. Science China (Ser C Life Science), 52 (6): 568-578.

第4章　Ns 及相关染色体组的起源与演化

4.1　研究背景和研究内容

4.1.1　研究现状

小麦族含 **Ns** 染色体组的物种主要包括新麦草属、猬草属、赖草属和牧场麦属。地理分布上，新麦草属植物间断分布于欧亚大陆。其中，*Psathyrostachys fragilis* 主要分布于土耳其、伊拉克和伊朗；*Psa. lanuginosa* 分布于阿尔泰山区、哈萨克斯坦、中国新疆阿勒泰地区清河和富蕴县；*Psa. kroneuburgii* 分布于哈萨克斯坦东南部、中国新疆西北部；*Psa. huashanica* 只分布于中国陕西华山；*Psa. caduca* 分布于阿富汗中部及东南部、巴基斯坦西北部；*Psa. rupestri* 为高加索 Dagestan 特产新麦草属物种；*Psa. juncea* 有着广泛的分布，包括俄罗斯(欧洲部分、东西伯利亚、西西伯利亚)、中亚、蒙古、中国新疆和甘肃(Petersen et al.，2004；颜济和杨俊良，2011)。猬草属分布呈间断式样，模式种 *Hystrix patula* 和 *H. californica* 分布于美国和加拿大境内；*H. duthiei* 分布于印度北部、尼泊尔西部以及中国西南直至中部；*H. duthiei* ssp. *longearistata* 和 *H. duthiei* ssp. *japonica* 仅分布于日本；*H. komarovii* 分布于中国东北以及俄罗斯的东南部；*H. coreana* 从朝鲜的北部到中国东北再到帕米尔高原均有分布；*H. sibirica* 则广泛分布于俄罗斯东部的西伯利亚一带(Baden et al.，1997；颜济和杨俊良，2011)。赖草属植物主要分布于北半球温寒带，从北海的沿岸地区，越过中亚到东亚直至阿拉斯加和北美西部的广阔地域一直延伸到南美均有分布，多数种类集中分布于中亚和北美的高山地区(Tzvelev，1976；Löve，1984；颜济和杨俊良，2011)。牧场麦属仅分布于北美西北部草原植被区(Dewey，1975；颜济和杨俊良，2013)。形态特征上，牧场麦属每一穗轴节上通常着生 1 枚或 2 枚小穗、质硬具无毛干膜质边缘的颖片主要区别于新麦草属和赖草属植物，新麦草属内稃两脊通常光滑无毛往往区别于赖草属内稃与外稃几乎等长且沿两脊与两脊之间被毛或粗糙。细胞学上，新麦草属包括二倍体和四倍体，四倍体仅在 *Psa. lanuginosa* 中发现；猬草属包括四倍体和八倍体；赖草属植物的倍性变异从四倍体到十二倍体均有报道(Barkworth and Atkins，1984)；牧场麦属为异源八倍体的单种属(Löve，1980)。

20 世纪初，由著名细胞遗传学家木原均和他的同事建立的染色体组分析法(genome analysis method)，对确定小麦族植物的染色体组组成和物种生物系统学都产生了深远的影响(Kihara and Nishiyama，1930；Kihara，1975)。Löve(1984)和 Dewey(1984)的研究对确定小麦族物种染色体组的构成奠定了基础。Löve(1984)指出新麦草属(*Psathyrostachys*)含有 **N** 染色体组(后来的 **Ns** 染色体组)，而拟鹅观草属(*Pseudoroegneria*)含 **S** 染色体组(后来的 **St** 染色体组)。Dewey(1984)通过大量的属间和种间杂种染色体组配对分析，确定了小麦族多年生植物的 9 个属,明确指出冰草属仅限于含 **P** 染色体组的小麦族植物,大大缩小了该属的范围。Bothmer 等(1986)发现大麦属含有 **H**、**I** 等染色体组。Wang 等(1994)基于通行的小麦族植物染色体组符号,推荐了一个用于小麦族染色体组的符号体系(表 1-1)。小麦族植物分布广泛,形态差异极大,物种杂交事件频繁发生,小麦族植物分类十分混乱。但染色体组分类依据的认识和使用,染色体组符号的确定,理清了小麦族二倍体物种的染色体组界限,基本明确了二倍体属的属间界限。目前,小麦族普遍得到认可的二倍体属主要有:*Aegilops*、*Agropyron*、*Australopyrum*、*Crithopsis*、*Dasypyrum*、*Eremopyrum*、*Festucopsis*、*Henrardia*、*Heteranthelium*、*Hordeum*、*Lophopyrum*、*Peridictyon*、*Psathyrostachys*、*Secale*、*Pseudoroegneria*、*Taeniatherum* 和 *Thinopyrum*。同时,染色体组分析法还进一步确定了多倍体染色体组组成和多倍体属,分清了多倍体属与二倍体属的系统关系。根据大量的属间和种间杂种染色体组配对分析,Dewey(1984)认为偃麦草属(*Elytrigia*)是含有 **S**(后来的 **St**)、**J**、**E** 3 个染色体组的多倍体属;披碱草属(*Elymus*)则是含有 **S**(后来的 **St**)、**H**、**Y** 3 个染色体组的多倍体属,后来发现还含有 **P** 和 **W** 染色体组;赖草属是含有 **J** 和 **N**(后来证明含有 **Ns** 和 **Xm**)染色体组的多倍体属。**St**、**J**、**E**、**H** 和 **Ns**染色体组分别来自拟鹅观草属、薄冰草属、冠麦草属、大麦属和新麦草属,从而结束了偃麦草属、披碱草属和赖草属分类长期混乱的局面。细胞遗传学研究表明新麦草属含 **Ns** 染色体组,赖草属含有 **Ns** 和 **Xm** 2 个基本染色体组,而牧场麦属含有 **Ns**、**Xm**、**St** 和 **H** 4个基本染色体组(颜济和杨俊良,2011)。近年来,课题组从细胞遗传学、基因组原位杂交以及分子系统学的研究已基本明确猬草属的染色体组组成,模式种 *Hystrix patula* 含有 **StH**染色体组,其余物种均是含 **Ns** 和 **Xm** 两个基本染色体组的异源多倍体(第 2 章)。

　　Ns、**St** 和 **H** 染色体组是小麦族现存二倍体物种中的基本染色体组,分别起源于新麦草属(*Psathyrostachys* Nevski)、拟鹅观草属[*Pseudoroegneria*(Nevski)Á Löve]和大麦属(*Hordeum* L.)(Dewey,1984;Lu,1994)。在赖草属植物染色体组组成上,Dewey(1972)根据属间杂交染色体行为,认为赖草属植物含有 **JN** 染色体组,其中 **J** 染色体组来自薄冰草属(*Thinopyrum* Á Löve),**N** 染色体组来源于新麦草属。Wang 和 Hsiao(1984)对 *Leymus mollis* 与 *Psathyrostachys juncea* 的杂种 F_1 减数分裂中期 I 染色体配对分析认为 *L. mollis*中存在 **N** 染色体组。Wang 等(1994)把赖草属染色体组表示为 **NsXm**,其中 **Ns** 染色体组(用 **Ns** 区别于山羊草属的 **N** 染色体组)来自新麦草属,**Xm** 代表未知来源染色体组。Sun等(1995)通过赖草属物种与 *Psathyrostachys* 和 *Thinopyrum* 物种的属间杂交或赖草属的属内种间杂交,对 *Leymus secalinus*、*L. multicaulis*、*L. aemulans* 进行了染色体组组型分析,表明它们含有 **Ns** 染色体组。Dubcovsky 等(1997)通过分子杂交,观察到 *Elymus erianthus*和 *E. mendocinus* 具有 **Ns** 染色体组的限制性片段,从而根据染色体组组成、形态学特征和生活习性,认为 *E. erianthus* 和 *E. mendocinus* 应组合到赖草属中。猬草属染色体组上,Jensen 和 Wang(1997)根据杂交、染色体配对和基因组特异 RAPD 分析,认为猬草属 *Hystrix coreana* 和 *H. californica* 具有和赖草属植物一样的 **NsXm** 染色体组,应将它们组合到赖草属中。第 2 章中课题组根据杂交、染色体配对、基因组原位杂交的分析,认为猬草属的*Hystrix patula* 含有与披碱草属相同的 **StH** 染色体组,应归为披碱草属中;*Hystrix duthiei*和 *H. duthiei* ssp. *longearistata* 等其他物种具有和赖草属相同的 **NsXm** 染色体组,应组合到赖草属中。牧场麦属染色体组组成研究始于 20 世纪 70 年代，Dewey（1975）利用加拿大披碱草 *Elymus canadensis*（StH）与 *E. dasystachys*（NsXm）形成的双二倍体分别与牧场麦属物种 *Pascopyrum smithii* 进行人工杂种染色体配对行为观察，认为 *Pascopyrum* 是含 SHJX 染色体组的异源八倍体。按 1994 年第二届国际小麦族会议上通过的国际染色体组命名委员会修订的染色体组统一命名法规，SHJX 被修订为 StHNsXm。叶绿体 *ndhF* 基因的系统发育分析表明 *Pascopyrum smithii* 与来自北美含 StH 染色体组的 *Elymus lanceolatus* 和 *E. wawawaiensis* 以及含 St 染色体组的 *Psudoroegneria spicata* 具有密切的亲缘关系（Jones et al.，2000）。

　　Xm 染色体组是赖草属和牧场麦属的基本染色体组，其来源存在较大争议。Shiotani（1968）认为它可能来源于拟鹅观草属 [*Pseudoroegneria*（Nevski）Á Löve] 的 St 染色体组；Löve（1984）和 Dewey（1984）认为是来源于 *Thinopyrum bessarabicum*（Savul. & Rayss）Á Löve 的 J（E^b）染色体组；Zhang 和 Dvorak（1991）提出四倍体赖草属植物是同源四倍体（$Ns^1Ns^1Ns^2Ns^2$），两个染色体组来自两个不同的新麦草属植物。Wang 和 Jensen（1994）认为赖草属不存在 J 染色体组。Ørgaard 和 Heslop-Harrison（1994）通过基因组 DNA Southern 印迹杂交分析，认为 *Thinopyrum bessarabicum* 不是赖草属的供体种。Wang 等（1994）以 NsXm 表示赖草属染色体组，直到 Xm 染色体组的来源完全清楚为止。Sun 等（1995）发现 *Leymus secalinus* 和 *Leymus mollis* 可能有 3～4 条染色体来源于 E^e 染色体组，且 E^e 染色体组与 Ns 染色体组具有较低的同源性。Anamthawat-Jónsson 和 Bödvarsdóttir（2001）和 Anamthawat-Jónsson（2014）认为赖草属的另一个染色体组为新麦草属的 Ns 染色体组。基于基因组 DNA Southern 印迹杂交和细胞原位杂交技术，Ellenskog-Staam 等（2007）认为 *Hystrix duthiei*、*H. duthiei* ssp. *longearistata* 和 *H. coreana* 含有 Ns^1Ns^2 染色体组组成。该结果实质上支持 Xm 染色体组起源于一个同源的 Ns 染色体组。Liu 等（2008）基于细胞核 rDNA ITS 和叶绿体 *trn*L-F 序列对 13 个赖草属物种的系统发育分析，发现 Xm 染色体组类型的序列单独形成分支，没有与供试的二倍体物种聚在一起，推测 Xm 染色体组的起源仍然未知。

4.1.2　存在的学术和技术问题

　　含 Ns 染色体组的猬草属、赖草属和牧场麦属等多倍体属物种约占整个小麦族多倍体物种数量的 15%～20%，是研究小麦族谱系分化、辐射式物种演化的理想类群。含 Ns 染色体组的物种不仅包含了优异的牧草种类，而且拥有抗病虫和抗环境胁迫的重要基因资源，为麦类作物和牧草品种的遗传改良提供了重要的资源保障。这些属的许多种类是草原、草甸及湿地的重要组成部分，对草原的合理开发利用、草原生态系统平衡的维持、水土保持等方面有着极其重要的作用。然而，猬草属、赖草属和牧场麦属多倍体物种的形成机制如何、染色体组起源于哪些属、供体物种是哪个、如何起源与演化等一系列问题待解决。

　　1. 猬草属染色体组组成与起源

　　按照 Baden 等（1997）对猬草属的划分，猬草属包括 *Hystrix patula*、*H. duthiei*、*H. duthiei* ssp. *longearistata*、*H. duthiei* ssp. *japonica*、*H. komarovii*、*H. coreana*、*H. sibirica* 和 *H.*

californica。Löve(1984)认为 *Hystrix patula* 含有 **StH** 染色体组组成。Ellenskog-Staam 等 (2007)认为 *Hystrix duthiei*、*H. duthiei* ssp. *longearistata* 和 *H. coreana* 含有 **Ns¹Ns²** 染色体组组成，而 *Hystrix komarovii* 的染色体组组成可能是 **StH** 染色体组的一种变异类型。在第 2 章，我们根据细胞遗传学和基因组原位杂交资料，报道 *Hystrix duthiei* 和 *H. duthiei* ssp. *longearistata* 含有 **NsXm** 染色体组组成，并进行了分类修订和处理。但猬草属物种的 **StH** 和 **NsXm** 染色体组同披碱草属的 **StH** 染色体组和赖草属的 **NsXm** 染色体组的同源性如何，是 **NsXm** 染色体组还是 **Ns¹Ns²** 染色体组，是单系起源还是多系起源等问题，还需要进一步研究。

2. 赖草属 Ns 染色体组

赖草属含有来自新麦草属的 **Ns** 染色体组已基本成定论，但是，具体是新麦草属的哪一个或哪几个植物充当了赖草属物种形成时的二倍体供体种仍然不清楚。新麦草属植物为异花授粉，属内形态差异较大，遗传分化也较大。赖草属物种的染色体组分化是在物种形成前新麦草属物种 **Ns** 染色体组已有的分化，还是在物种形成后在进化过程中形成的分化？这涉及赖草属物种的起源与演化过程。因此，对不同分布的新麦草属植物和赖草属植物进行研究，有利于探讨赖草属的物种形成、染色体组供体、染色体倍性变异等问题。

3. 赖草属 Xm 染色体组的起源

目前，赖草属存在的科学问题和研究焦点，与其有一个染色体组的来源不清楚有必然联系。关于未知染色体组 **Xm** 的来源，仍存在很大的争议，**Xm** 染色体组伴随赖草属多倍体物种分化的式样如何？是否能够找到该染色体组祖先的痕迹用于揭开其可能的起源？所以，深入探讨赖草属与小麦族二倍体物种的属间关系，能够了解赖草属植物的物种形成事件及相关问题，为深入研究赖草属植物染色体组的进化式样、多倍化过程等奠定基础。

4. St 和 H 染色体组的起源

在自然界，小麦族 **St** 和 **H** 染色体组分别起源于拟鹅观草属和大麦属，在经历不同的天然杂交组合后形成了不同染色体组组成的多倍体。在含 **Ns** 染色体组的植物类群中，猬草属和牧场麦属均被报道含有 **St** 和 **H** 染色体组。然而 **St** 和 **H** 染色体组具体起源于哪个物种不清楚，是否存在多个不同的 **St** 和 **H** 染色体组供体参与相同多倍体物种的形成？在赖草属植物中 **St** 或 **H** 染色体组是否也参与了多倍体物种的形成过程？在拟鹅观草属、大麦属、披碱草属、猬草属、赖草属、牧场麦属等物种间建立直系同源比较，可深入了解 **St** 和 **H** 染色体组在猬草属、赖草属和牧场麦属物种的起源与进化式样。

5. 猬草属、披碱草属、赖草属和牧场麦属之间的染色体组关系

形态学上，由于猬草属植物具芒刺状的颖片而被归为一属，它们的颖片强烈退化成针形甚至缺失成为猬草属区别于小麦族其他多年生植物一个最显著的形态特征。有学者认为猬草属应该独立成属(Tzvelev, 1976)，也有学者将猬草属作为广义披碱草属(*Elymus* L. sensu lato)的一部分(Dewey, 1984；Löve, 1984)，还有学者报道猬草属植物与赖草属植物具有密切的亲缘关系，而将它们归入赖草属中(Jensen and Wang, 1997)。牧场麦属含有

StHNsXm 染色体组，赖草属含有 **NsXm** 染色体组，披碱草属含有 **StH** 染色体组，猬草属含有 **StH** 或 **NsXm** 或 **Ns¹Ns²** 染色体组。在第 2、3 章，我们对猬草属、赖草属植物做了系统分类和系统发育研究，并对猬草属植物进行了分类处理。厘清猬草属、披碱草属、赖草属以及牧场麦属之间的染色体组关系，将有助于搭建属间谱系框架，为种质资源的合理利用提供理论基础。

4.1.3 研究思路和研究内容

客观情况下，物种在其演化历程中受遗传和环境的相互作用表现出分子和表型的可塑性。形态学和地理分布等传统分类依据难以捕获分子和表型的可塑性而增加了生物系统学研究的难度，不利于物种本身的系统分类处理。细胞遗传学研究中，受亲本物种间生殖隔离界限、环境因素、杂种结实状况、杂种萌发及开花情况等多个因素影响，使得染色体配对行为数据往往难以获取。染色体配对行为分析方法只能分析少数几个物种的亲缘关系，不利于更大尺度的系统亲缘关系比较研究。因此，小麦族植物分类处理如何客观反映物种本身的生物学属性是一个难题。

根据现代染色体组分类系统，颜济和杨俊良（2013）和第 2 章的研究结果将含有 **StH** 染色体组的物种归入披碱草属，将含 **NsXm** 染色体组的物种归入赖草属，而将含 **NsXmStH** 染色体组的物种划入牧场麦属。尽管染色体组分析对认识小麦族二倍体属和多倍体属的数目和界限提供了极大的方便，但小麦族植物种类繁多，物种间有性交流频繁而容易形成天然杂种，加之有些类群的染色体组起源至今无法确定，使得该族的染色体组间的关系以及进化历史显得异常复杂。猬草属部分物种、赖草属以及牧场麦属中，有小麦族物种中最高的细胞学倍性（如 *Leymus karelinii*，$2n=12x=84$）以及染色体组合最为复杂的物种（*Pascopyrum smithii*，**NsXmStH**），但它们都具有 **NsXm** 染色体组组成，更为复杂的是这些物种中的 **Xm** 染色体组的来源至今还处于争论中。这使得猬草属、赖草属以及牧场麦属物种的形成、起源与演化等研究成为小麦族分类学与系统学研究的焦点和难点之一。

近年来的分子系统发育研究中，虽然各种 DNA 序列已得到越来越广泛的应用，但受许多因素如杂交和渗入、谱系分选、水平转移、重组、基因重复、位点间互作及致同进化等的影响，使得单一遗传位点的进化有其特殊的进化历程（Wendel and Doyle，1998）。因此，基于单一遗传位点 DNA 片段构建的基因树并不必然与物种的真实进化途径相一致。所以，利用不同基因进行系统发育重建受到普遍重视并得到广泛应用。在植物中，基因组包括细胞核基因组、叶绿体和线粒体基因组。核基因是双亲遗传，包括高拷贝基因和单或低拷贝基因。叶绿体和线粒体基因在被子植物中一般是母系遗传。由于高拷贝基因的高拷贝数特点，带来了直系同源和旁系同源基因的区分问题。直系同源（orthologous）是指不同物种之间 DNA 序列和蛋白质的同源性，是由垂直家系（物种形成）进化而来的，并保留与原始基因或蛋白有相同功能。旁系同源（paralogs）是指一定物种中来源于基因复制的基因或蛋白，有共同起源的基因，但可能会进化出新的与原来有关的功能。同时也使得 PCR 对序列的扩增容易受选择性扩增影响，从而导致数据的不客观性，不利于在相同的水平上进行系统比较分析。在多倍体起源演化研究中，高拷贝基因的协同进化（coevolution，指两个相互作用的物种在进化过程中发展的相互适应的共同进化。是一个物种由于另一物种影响而发生遗传进化的进化类型)可能使多倍体形成历史变得模糊(Mort and Crawford，2004)。另外，叶绿体基因组的单亲遗传和较低的变异速率，甚至表现在近缘类群间信息变异位点的缺乏，往往限制其在近缘类群，特别是杂交起源植物类群间的系统发育应用(Linder and Rieseberg，2004)。与高拷贝核基因、叶绿体和线粒体基因相比，单或低拷贝基因序列可以区分直系同源和旁系同源，容易建立物种间的直系同源关系。单或低拷贝基因序列作为理想的 DNA 序列被广泛用于研究多倍体植物的系统重建、探讨多倍体的产生、鉴定多倍体的供体来源、演示多倍体存在的多重起源、澄清多倍化杂交物种形成过程中的基因渗入现象和检测多倍体中存在的基因沉默和基因的分子进化(Soltis et al.，1992；邹喻萍等，2001；Sang，2002；Mason-Gamer，2004；Smith et al.，2006)。

　　本章对世界范围内含 **Ns**、**St** 染色体组的物种进行采样，分离细胞核多拷贝 rDNA ITS 序列和单拷贝 *Acc1* 基因序列，并与来自小麦族不同二倍体属代表 18 个基因组的 33 个二倍体植物进行分子系统发育分析，探讨 **Ns**、**Xm**、**St** 和 **H** 染色体组物种起源和染色体组供体，了解 **Ns**、**Xm**、**St** 和 **H** 染色体组物种进化历程，为麦类作物和牧草品种遗传改良实践提供理论支撑。

4.2　**Ns** 染色体组的起源

4.2.1　**ITS 序列分析**

　　来自赖草属种间或属间的杂种 F_1 减数分裂中期染色体配对研究(Dewey，1984；Wang and Hsiao，1984；Wang and Jensen，1994)、基因组 DNA Southern 印迹杂交研究(Anamthawat-Jónsson and Bödvarsdóttir，2001)和第 2、3 章的研究结果表明，赖草属的 **Ns** 染色体组来自新麦草属，部分赖草属植物与新麦草属植物具有比与其他赖草属植物更近的亲缘关系。

　　在第 3 章中，我们从世界范围内对含 **Ns** 染色体组的猬草属和赖草属物种共 34 个多倍体植物类群(25 种和 2 亚种)以及近缘属植物包括新麦草属 3 种、拟鹅观草属 2 种、*Lophopyrum elongatum* 和 *Thinopyrum bessarabicum* 进行采样，通过 rDNA ITS 序列分离克隆，每个样本选取 3～5 个克隆进行测序。外类群选用 *Bromus cathacticus* L.。所用材料的编号、来源和 GenBank 登录号见表 3-27。通过系统发育及序列二级结构比较分析，探讨了 **Ns** 染色体组起源。

　　在 ITS 系统发育树中(图 3-26)，新麦草属物种与 21 种赖草属物种形成一支，*Leymus akmolinensis*、*L. duthiei*(原 *Hystrix duthiei*)、*L. duthiei* var. *longearistatus*(原 *Hystrix duthiei* var. *longearistata*)与 *Psathyrostachys fragilis* 和 *Psa. huashanica* 聚在一起，*Leymus secalinus*(B)和 *L. paboanus*(PI 272135)与 *Psathyrostachys juncea* 聚在一起，支持细胞遗传学和基因组 DNA Southern 印迹杂交研究结果。对 ITS 序列的系统发育分析，发现赖草属与新麦草属具有较近的亲缘关系。形态上，这两个属很相似，虽然大多数赖草属植物具有根状茎，而新麦草属植物则为丛生，但是它们之间存在很多相似的形态学特征。因此，

ITS 序列数据支持新麦草属植物参与了赖草属植物的物种形成，且为赖草属植物的二倍体供体属。

在序列二级结构比较分析（图 3-27）中，除了 *Leymus secaulinus*（B）、*L. mollis*、*L. paboanus*（PI 272135）和 *L. multicaulis*，在 ML 树 Clade I 所有赖草属类群的 ITS-RNA 二级结构都与 *Psathyrostachys fragilis* 和 *Psa. huashanica* 的相似。*Leymus paboanus*（PI 272135）和 *L. multicaulis* 与 *Psathyrostachys juncea* 的 ITS-RNA 二级结构相似。然而，另一个类群的 *Leymus paboanus*（PI 531808）与 *Psathyrostachys fragilis* 的 ITS-RNA 二级结构相似。这些结果可以推测不同的赖草属物种以及同一赖草属物种不同类群的 **Ns** 染色体组可能来自不同的新麦草属植物。

核糖体 rDNA ITS 序列是植物系统重建中利用最广泛的细胞核基因标记序列，在植物中存在大量拷贝类型，由于主要受到致同进化（concerted evolution，即一个基因家族的成员通过遗传上的相互作用，使得所有成员可以作为一个整体一起进化）以及出生-死亡进化模型（birth-and-death model）的影响而呈现不同的变异结果（Nei and Rooney，2005）。致同进化使核糖体 DNA 串联重复序列快速同质化，往往导致这些串联重复序列趋于一致。在出生-死亡进化模型下，基因复制产生的新变异类型可以长时间存在于基因组中，随时间推移退化为假基因，甚至被删除（Nei and Rooney，2005）。Lim 等（2008）的研究表明，多个旁系同源序列、重组嵌合体序列或两者的混合类型是 ITS 在基因组内进化的主要结果。然而，杂交种或异源多倍体中 rDNA 的进化可能更为复杂，与亲本 rDNA 基因相互作用方式相比，可能存在三种主要的进化结果：第一种结果是双亲 rDNA 拷贝类型在子代中得以保留并独立进化；第二种结果是双亲之一的 rDNA 类型可能由于整个 rDNA 位点的缺失或者位点重组而丢失，后者甚至包括定向协同进化；第三种结果是产生与双亲 rDNA 类型不同的嵌合体，而且产生的嵌合体之间可能进一步发生同质化，表现出与任一亲本供体 rDNA 类型的显著不同（Wendel et al.，1995；Lim et al.，2008）。

考虑到核糖体 rDNA ITS 序列复杂的进化方式，在利用该序列标记对含 **Ns** 染色体组的多倍体物种进行系统重建时，我们在原有研究结果的基础上，重新对世界范围内 25 种 28 份含 **NsXm** 染色体组的猬草属和赖草属植物进行 rDNA ITS 分离克隆，扩大每种植物测序数量至 11～15 个克隆，对 *Psathyrostachys*、*Pseudoroegneria*、*Thinopyrum*、*Lophopyrum*、*Agropyron*、*Eremopyrum* 等近缘属 11 个二倍体物种至少进行 5 个克隆的测序。共获得 441 条 rDNA ITS 的测序序列（表 3-28）。

通过序列比较和统计检验等分析，去除 50 条潜在假基因和嵌合序列。对获得的 391 条序列和来自 NCBI 数据库的 5 条 rDNA ITS 序列（*Leymus angustus*，EF601999 和 EF602001；*L. chinensis*，EF601991；*L. tianschanicus*，EF602025；*Psathyrostachys fragilis*，L36498）与小麦族二倍体物种序列进行直系同源比较分析，发现采样的 25 个赖草属和猬草属物种中有 24 种近 330 条序列来自新麦草属 **Ns** 染色体组拷贝类型，甚至有不少物种的序列类型完全来源于 **Ns** 染色体组供体。结果表明 **Ns** 染色体组拷贝类型在 **NsXm** 染色体组物种中占据优势性数量（图 3-28）。其产生的原因可能有三种：第一种解释是部分 **Ns** 染色体组拷贝类型可能代表 **Xm** 染色体组的起源，但是通过分析 **NsXm** 染色体组分离获得的不少 **St-**、**P-/F-** 染色体组拷贝类型发现，这种解释存在的可能性相对较小；第二种解释是伴随多倍化杂交事件的表观遗传现象可能诱导大量 **Ns** 染色体组拷贝类型产生，因为核糖体位点的表观遗传表达模式可能影响 rDNA 同质化和后续保留的进化式样；第三种解释是异源多倍化杂交事件后偏向的致同进化导致大量 rDNA 序列向 **Ns** 染色体组一方发生变异，在遇到辐射式演化的 **NsXm** 染色体物种中会迅速地分化形成大量物种，导致后续形成物种均表现出 rDNA 序列为 **Ns** 染色体组拷贝类型。

结合前人和我们的细胞遗传学研究结果，尽管 rDNA 序列为高拷贝序列且容易受到致同进化的影响，但在猬草属和赖草属物种中的进化式样证实，**Ns** 染色体组起源于新麦草属。

4.2.2　*Acc1* 基因序列分析

单拷贝细胞核基因不易受到致同进化的影响而产生旁系序列，因此作为理想的序列标记被用于植物系统重建中（Huang et al.，2002；Kilian et al.，2007）。*Acc1* 基因是编码三羧酸循环关键酶质体乙酰-CoA 羧化酶的细胞核基因。小麦族植物中，该基因为单拷贝核基因，被定位在染色体短臂普通小麦第二同源群上（Gornicki et al.，1997）。

在第 3 章，我们利用染色体组特异 PCR 引物从世界范围内含 **NsXm** 染色体组的 28 种 1 亚种多倍体植物中（表 3-29），分离获得 53 条分别代表 **Ns** 和 **Xm** 染色体组来源的基因拷贝类型，并将这些序列与小麦族 36 个二倍体类群的 18 个基本染色体组进行了直系同源的比较分析。

对外显子＋内含子、内含子以及外显子 3 个序列矩阵分别进行系统树构建，从 3 个序列矩阵中获得了高度一致的系统发育拓扑结构。系统发育分析发现来自 **NsXm** 染色体组物种的 Ns 型和 Xm 型序列被分成两个统计支持良好的分支：分支Ⅰ和分支Ⅱ（图 3-31）。分支Ⅰ包括 **NsXm** 染色体组物种的 Xm 型序列和 *Agropyron cristatum*（**P** 染色体组）、*Ag. mongolicum*（**P** 染色体组）、*Eremopyrum triticeum*（**F** 染色体组）序列，分支Ⅱ包括 **NsXm** 染色体组物种的 Ns 型序列和来自 *Psathyrostachys* 的序列。为了评估多倍体及其二倍体祖先之间的遗传关系及分化程度，核苷酸多样性通过 Tajima 的 π、Watterson 的 θ_w、固定差异的位点数（S_F）和共享多态性位点数（S_S）来估算。利用 *Acc1* 基因内含子区每百万年 0.0036 的碱基替代速率，计算了 **NsXm** 染色体组物种的分化历史时间。序列分析发现 **NsXm** 染色体组物种 Ns 序列类型与 *Psathyrostachys* Ns 序列类型之间的序列差异为 2.960%，**NsXm** 染色体组物种 Ns 序列类型与 *Agropyron/Eremopyrum* 物种 Ns 序列类型之间的差异水平为 4.477%，而 **NsXm** 染色体组物种内 Ns 类型和 Xm 类型序列之间的差异水平为 6.149%。核苷酸多态性 π 和 θ_w 的估计显示 **NsXm** 染色体组物种中 **Ns** 染色体组的多态性水平高于二倍体 *Psathyrostachys* 的 **Ns** 染色体组。对 **NsXm** 染色体组物种 **Ns** 染色体组中 *Acc1* 基因的 Tajima's D 和 Fu 和 Li's D 统计量的估计值分别为 -1.4676（$P<0.05$）和 -2.5042（$P<0.05$），而 Tajima's D 在二倍体 **Ns** 染色体组物种中的估计值为 0.65817（$P>0.10$）。固定差异的位点数和共享多态性位点数统计结果显示，*Acc1* 基因位点在 **NsXm** 染色体组物种和 *Psathyrostachys* 的 Ns 序列类型中有 13 个共享多态性位点数，但它们之间固定差异的位点数为 0，而在 Xm 序列类型与 *Agropyron/Eremopyrum* 物种序列间观察到相等数量的共享多态性和固定差异位点数($S_S=8$，$S_F=8$)。分子分歧时间分析显示 **NsXm** 染色体组物种和 *Psathyrostachys* 分支的分化时间为 11.2Ma 前，而 **NsXm** 染色体组物种和 *Agropyron/Eremopyrum* 物种分支的分化时间为 10.8Ma 前。

来自种间和属间杂种 F_1 减数分裂中期染色体配对行为(Dewey，1984)以及我们和 Jensen 和 Wang(1997)等的分子生物学研究数据显示，**NsXm** 染色体组物种的 **Ns** 染色体组起源于新麦草属。Wakeley 和 Hey(1997)指出，与固定位点差异相比，亲缘关系密切的物种应具有相对较高水平的共享位点多态性。本书中，**NsXm** 染色体组物种与新麦草属物种的固定差异位点数和共享多态性位点数分别为 13 和 0，这个结果表明 **NsXm** 染色体组物种与新麦草属的亲缘关系密切。结合先前的细胞学和分子生物学研究结果，可以得出结论，新麦草属物种在 **NsXm** 染色体组的多倍体物种形成中充当 **Ns** 染色体组的供体。

Ns 染色体组是 **NsXm** 染色体组物种的基本染色体组。新麦草属是 **Ns** 染色体组的供体属，其物种分布在中东、中亚和中国北部，绝大多数为具有 **NsNs** 染色体组的二倍体物种，极少为 **NsNsNsNs** 染色体组的四倍体物种。基于 DNA 杂交和 FISH 分析，Wang 等(2006)提出 **NsXm** 染色体组物种的 **Ns** 染色体组可能起源于新麦草属的 *Psathyrostachys juncea* 和 *Psa. lanuginosa*，而 *Psathyrostachys fragilis* 和 *Psa. huashanica* 不太可能是 **NsXm** 染色体组物种中 **Ns** 染色体组的供体物种。在第 3 章中，我们进行了赖草属与近缘属植物 *Acc1* 基因序列的 MJ 分析，结果表明具有 **NsXm** 染色体组物种的 Ns 型和来自 *Psathyrostachys juncea* 的外显子单倍型序列形成星状辐射式样，且 *Psa. juncea* 处于星状辐射的中央位置，表明 *Psa. juncea* 可能是 **NsXm** 染色体组物种的祖先 **Ns** 染色体组供体。*Acc1* 基因谱系结构分析表明，**NsXm** 染色体组物种 **Ns** 染色体组的来源可能与新麦草属物种的地理分布密切相关。*Psathyrostachys juncea* 广泛分布于欧洲东部、中亚、北亚、蒙古国和中国西北部，而 *Psathyrostachys lanuginosa*、*Psa. fragilis*、*Psa. huashanica* 限制性分布在中亚的某些地区。

多倍体供体种群通常通过重复杂交向多倍体转移遗传物质，特别是当多倍体及其亲本物种在较大的同域地理分布时。Wei 等(1997)报道不同地理分布的 *Psathyrostachys juncea* 具有较大的遗传异质性。在 *Acc1* 序列分析中，**NsXm** 染色体组物种 **Ns** 染色体组的核苷酸序列多样性(π)高于二倍体新麦草属 **Ns** 染色体组的核苷酸序列多样性，表明 *Acc1* 序列在多倍体物种中比在二倍体中进化得更快。考虑到 **NsXm** 染色体组物种和 *Psathyrostachys juncea* 之间的大规模同域分布，**NsXm** 染色体组物种 **Ns** 染色体组获得更高的序列多态性的另一种可能解释是：**NsXm** 染色体组物种经历了与不同 *Psathyrostachys juncea* 群体的重复杂交过程。*Acc1* 基因位点的选择历史测试进一步支持了这种可能性。对 **NsXm** 染色体组物种 **Ns** 和 **Xm** 染色体组 *Acc1* 基因的 Tajima's D 和 Fu 和 Li's D 统计量为显著负值表明，观察到的稀有变异数超过了平衡中性模型中的预期数，其可能遭受由多倍化产生的遗传瓶颈效应。相比之下，二倍体物种 **Ns** 染色体组上 *Acc1* 基因的 Tajima's D 为正值。这些结果表明在 **NsXm** 染色体组物种中过量的稀有变体可能是由多倍化过程中的重复杂交事件或 **Ns** 染色体组二倍体供体物种的基因渗入产生的。

综合上述结果，**NsXm** 染色体组物种的 **Ns** 染色体组祖先供体可能是 *Psathyrostachys juncea*，在多倍体物种形成后可能不同的新麦草属二倍体类群通过重复杂交将遗传物质转移到了多倍体物种中,从而增加了具 **Ns** 染色体组的多倍体物种的遗传多样性。

4.3　**Xm** 染色体组的起源

4.3.1　**ITS** 序列分析

关于 **Xm** 染色体组的来源有几种推测,涉及 **St**、**J**(**E^b**) 和 **Ns** 染色体组(Shiotani,1968; Dewey,1984; Löve,1984; Zhang and Dvorak,1991; Anamthawat-Jónsson and Bödvarsdóttir, 2001)。在第 3 章进行的 rDNA ITS 序列系统发育分析中,所有的 **NsXm** 染色体组植物被分成两支,一支包括了 **NsXm** 染色体组和新麦草属植物,另一支只含有 **NsXm** 染色体组植物(图 3-26)。另外,*Leymus condensatus*、*L. chinensis* 和 *L. paboanus*(PI 531808)的 ITS 序列具有两种不同的类型,分别被包括在 Clade I 和 Clade II 中。在 ML 系统发育树的 Clade II 中,所有 **NsXm** 染色体组类群(除了 *Leymus karelinii* 和 *L. tianschanicus*)的 ITS-RNA 二级结构与 *Pseudoroegneria stipifolia* 的相似(图 3-27)。特别值得注意的是,*Leymus condensatus*、*L. chinensis* 和 *L. paboanus*(PI 531808)的两种 ITS-RNA 二级结构类型分别与新麦草属物种和 *Pseudoroegneria stipifolia* 的相似。这些结果反映了赖草属与拟鹅观草属具有较近的亲缘关系。

ITS 序列在异源多倍体物种的形成过程中存在着致同进化。致同进化的不完全可能使异源多倍体物种往往表现出双亲的 ITS 序列特征,这有助于了解多倍体物种基因组的来源。在第 3 章的研究中,赖草属的 *Leymus alaicus* ssp. *karataviensis*、*L. condensatus*(B)、*L. racemosus*(PI 598806)、*L. alaicus* 与拟鹅观草属的 *Pseudoroegneria strigosa*、*Pse. stipifolia* 和 *Lophopyrum elongatum*、*Thinopyrum bessarabicum* 聚在一起。如果所有的多倍体赖草属类群都仅仅只有一种 ITS 序列类型,那么它们应该全部在 Clade I 中。然而,*Leymus condensatus*、*L. chinensis* 和 *L. paboanus*(PI 531808)具有两种不同的 ITS 序列,暗示赖草属应为异源多倍体起源。但在第 3 章利用单拷贝的核基因 *Acc1* 对部分赖草属植物进行系统发育分析发现,赖草属的 **Xm** 染色体组可能并不来源于 **St**、**E^e** 和 **E^b** 染色体组。虽然 *Pseudoroegneria strigosa*、*Pse. stipifolia*、*Lophopyrum elongatum*、*Thinopyrum bessarabicum* 与部分赖草属类群聚在一起,但很难推测 **St**、**E^e** 和 **E^b** 染色体组参与了赖草属物种的形成。而且 *Leymus karelinii* 和 *L. tianschanicus* 的 ITS-RNA 二级结构不同于任何一个供试二倍体的 ITS-RNA 二级结构。因此,**Xm** 染色体组的来源需要进一步研究。

我们进一步的研究增加了 ITS 序列分离克隆和测序的数量,分析发现在 25 个采样物种中,仅在三种异源多倍体物种中观察到两种或两种以上亲本 ITS 序列类型的维持现象,它们是 *Leymus angustus*(Ns-、P-和 St-型)、*L. tianschanicus*(Ns-和 P-型)和 *L. chinensis*(Ns-和 St-型),表明协同进化没有使这些异源多倍体物种中的亲本 ITS 序列同化。导致亲本 ITS 序列类型在这 3 个物种中得以维持的机制可能有多种:营养繁殖特性可能是维持亲本 ITS 序列的一个原因,因为赖草属植物通过强壮的根茎进行的频繁繁殖可能显著延长发育时间,而 *Leymus angustus*、*L. tianschanicus* 和 *L. chinensis* 比其他许多单一 ITS 序列的物种具有更强的根茎;赖草属中 rDNA 阵列的数量和染色体位置的差异可能是影响基因组同质化速度的另一个因素,如原位杂交实验表明 *Leymus angustus* 共有 12 个 45S rDNA 位点,它们出现在某些染色体的两端(Ørgaard and Heslop-Harrison,1994)。我们的研究发现,在 *Leymus duthiei* 和 *L. duthiei* ssp. *longearistatus* 中,4 条染色体短臂末端携带 45S rDNA 基因位点;此外,也不能排除在重复杂交过程中不同种群的 **P** 染色体组谱系和 **St** 染色体组遗传物质的基因渗入可能会延长生成时间以促进亲本序列的维持,因为多倍体物种通常可以从同域分布的亲本物种中通过杂交渐渗多次获得遗传物质。实际上,*Leymus angustus*、*L. tianschanicus*、*L. chinensis* 和含 **P** 染色体组的冰草属和含 **St** 染色体组的拟鹅观草属植物在中亚具有同域分布,这为它们之间的杂交提供了可接触的空间。

因此,ITS 序列分析表明 **Xm** 染色体组的来源可能与含 **P** 染色体组的冰草属和含 **St** 染色体组的拟鹅观草属植物有关。

4.3.2 *Acc1* 基因序列分析

在第 3 章的研究中,几乎所有采样的赖草属物种中均分离获得 Xm 型 *Acc1* 序列,这些序列与 Ns 型 *Acc1* 序列构成等位变异。对 *Acc1* 基因的谱系分析表明,**Xm** 染色体组分支(Clade I)与 **Ns** 染色体组分支(Clade II)不同显著分化(图 3-31)。对赖草属物种的 Xm 型序列与小麦族 36 个代表 18 个染色体组的二倍体物种进行的系统发育分析结果显示,Xm 型序列与来自冰草属(*Agropyron*)和旱麦草属物种 *Eremopyrum triticeum* 的序列聚成统计支持良好的分支(PP > 90% 和 BS > 70%)(图3-31)。序列比较显示 Xm 型序列和 *Agropyron/Eremopyrum* 在排列序列的 631~633bp 位置处有一个 4bp 的 TATA 插入,而该插入序列在 Ns 序列类型及其他二倍体物种中发生缺失。我们对赖草属植物叶绿体 *trn*L-F 序列的系谱分析表明,来自北美的 5 种赖草属物种(*Leymus ambiguus*、*L. cinereus*、*L. innovatus*、*L. salinus* 和 *L. trticoides*)和来自东亚的两种赖草属物种(*Leymus coreanus* 和 *L. komarovii*)与 *Agropyron* 和 *Eremopyrum* 物种聚在一起。冰草属和旱麦草属物种之间的密切关系得到了形态学分析(颜济和杨俊良,2006)和几个分子数据的支持(Petersen et al.,2006)。基于细胞遗传学(颜济和杨俊良,2006)和 DNA 序列分析(Petersen et al.,2006)的研究表明了旱麦草属非单系起源。*Acc1* 序列数据也显示 *Eremopyrum distans* 与 *Eremopyrum triticeum* 并非单系起源。尽管旱麦草属非单系起源,但很可能是赖草属物种 **Xm** 染色体组的起源与冰草属的 **P** 染色体组和旱麦草属的 **F** 染色体组密切相关。赖草属 Xm 型序列与冰草属物种和 *Eremopyrum triticeum* 序列之间具有相同的固定差异位点数和共享多态性位点数(S_F=8,S_S=8),暗示赖草属与冰草属和 *Eremopyrum triticeum* 间存在多倍体物种形成后的祖先多态性谱系分离不完全现象。分子分歧时间分析进一步表明,赖草属物种(不包括 *Leymus komarovii*)、冰草属和 *Eremopyrum triticeum* 三者最近的共同祖先(*t*MRCA)分化时间为 7.7~8.9Ma,而冰草属和 *Eremopyrum triticeum* 的分化时间为 4.3~4.6Ma,表明 **Xm** 和 **P/F** 染色体组之间的差异可能先于 **P** 和 **F** 染色体组之间的差异。

因此,*Acc1* 基因数据推测赖草属 **Xm** 染色体组的起源可能与冰草属的 **P** 染色体组和旱麦草属的 **F** 染色体组密切相关。综合前人及本书 ITS 序列和 *Acc1* 序列分析的结果认为:**Xm** 染色体组的来源除与新麦草属 **Ns** 染色体组和冠麦草属 **E** 染色体组有关外,可能还与

冰草属的 **P** 染色体组、拟鹅观草属的 **St** 染色体组和旱麦草属的 **F** 染色体组密切相关。我们建议赖草属的染色体符号组继续使用 **NsXm**，直到 **Xm** 染色体组的来源研究清楚为止。

4.4　St 和 H 染色体组的起源

根据我们细胞遗传学的研究结果，猬草属模式种 *Hystrix patula* 含 **StH** 染色体组，而 Ellenskog-Staam 等（2007）认为 *Hystrix komarovii* 的染色体组组成可能是 **StH** 染色体组的一种变异类型。在第 2 章，我们对猬草属物种的细胞遗传学和分子系统学进行了研究，结果表明：除模式种 *Hystrix patula* 含 **StH** 染色体组外，*Hystrix duthiei*、*Hy. duthiei* ssp. *longearistata*、*Hy. komarovii* 和 *Hy. coreana* 含有与赖草属相同的 **NsXm** 染色体组组成。牧场麦属是一个含 **StHNsXm** 染色体组组成的单种属。因此，二倍体 **St** 和 **H** 染色体组物种以及四倍体 **StH** 染色体组物种和 **NsXm** 染色体组物种是存在亲缘关系的类群。

全世界已知含 **StH** 染色体组的小麦族物种约有 50 种，主要分布于全球温带和暖温带地区，生长在草原、山谷、林下、草地边缘等环境中（Dewey，1984；Löve，1984；颜济和杨俊良，2013；周永红，2017）。一些在分类学上作为重要分类指标的性状，如颖片、外稃、每穗轴节着生小穗数等在含 **StH** 染色体组物种中存在着明显差别和较大的变异。如：犬草（*Elymus caninus*）、北方冰草（*Elymus lanceolatus*）、偃麦草（*Elytrigia repens*）每穗轴节上着生 1 枚小穗；老芒麦（*Elymus sibiricus*）、猬草（*Hystrix patula*）和瓶刷草（*Sitanion hystrix*）每穗轴节上着生 2 枚小穗；加拿大披碱草（*Elymus canadensis*）每穗轴节上着生 3～4 枚小穗。从颖片形态上看，大多数物种的颖片呈披针形，但猬草的颖片强烈退化甚至缺失，而瓶刷草的颖片先端从中部裂开，并延伸成为较长的芒（Moench，1794；Dewey，1984；Tzvelev，1989；耿以礼，1959；颜济和杨俊良，2013）。从地理分布看，这些含 **StH** 染色体组的物种从欧亚大陆（包括中国、俄罗斯、伊朗、朝鲜、日本等地区）到北美洲（美国、加拿大、墨西哥等地区）均有分布。*Elymus canadensis*、*E. elymoides*、*E. glaucus*、*E. lanceolatus*、*E. multisetus*、*E. trachycaulus*、*E. virginicus*、*E. wawawaiensis* 和 *Sitanion hystrix* 分布于美国、加拿大、墨西哥等地区，而 *Elymus caninus*、*E. confusus*、*E. mutabilis*、*E. sibiricus*、*E. tangutorum*、*E. transhycanus* 和 *Elytrigia repens* 分布于中国、俄罗斯、土耳其、伊朗、朝鲜、日本等地区（Dewey，1984；Löve，1984；颜济和杨俊良，2013）。

细胞学研究表明，**StH** 染色体组物种的 **St** 染色体组来源于拟鹅观草属（*Pseudoroegenria*），**H** 染色体组来源于大麦属（*Hordeum*）（Dewey，1984；Lu，1994）。拟鹅观草属有二倍体（$2n=2x=14$）和四倍体（$2n=4x=28$）两种倍性，其二倍体物种具有非常广泛的分布（Löve，1984；Dewey，1984）。含 **H** 染色体组的大麦属包括二倍体（*Hordeum bogdanii*、*H.roshevitzii*、*H.chilense*、*H.stenostachys*）和四倍体物种（*Hordeum brachyantherum* 和 *H. roshevitzii*）等。因此，不同的 **StH** 染色体组物种中，其 **St** 和 **H** 染色体组的起源情况如何？是单系起源还是多系起源？值得深入探讨。

4.4.1　StH 染色体组物种的基因序列分析与系统发育研究

1. ITS 序列分析

本书对 16 种不同形态和不同地理分布的具 StH 染色体组的物种、5 种含 St 染色体组的拟鹅观草属二倍体物种和 3 种具 H 染色体组的大麦属二倍体物种进行系统重建，探讨具 StH 染色体组物种的系统发育关系及 St 和 H 染色体组的起源和演化。所用材料的种名、缩写、编号、倍性、染色体组组成、来源和 ITS 序列 GenBank 登录号见表 4-1。PI 编号材料的种子由美国国家植物种质库提供，其余材料由四川农业大学小麦研究所提供。凭证标本藏于四川农业大学小麦研究所标本室(SAUTI)。系统发育树使用 PAUP*4.0B10 (Swofford，2003)软件的最大简约法(maximum parsimony，MP)和最大似然法(maximum likelihood，ML)完成，皆以 *Bromus catharticus* L.作为外类群。使用 Network 4.1.1.2 软件 (Bandelt et al.，1999)的 Median-joining(MJ)算法进行网状支系分析。

ITS 序列系统发育分析显示 MP 树和 ML 树的拓扑结构完全一致，仅存在分支长度差异。图 4-1 显示的 ML 系统发育树似然值的负对数(-ln likelihihood)为 1831.6160、伽马分布参数值(value of gamma shape parameter)为 0.4480。在 ML 系统发育树中，*Elymus caninus* 2 与 3 个大麦属二倍体物种(*Hordeum bogdanii*、*H. chilense*、*H. jubatum*)以 100%的自展支持率(bootstrap value，BS)聚成一小支，*Elymus virginicus* 1 与 *E. canadensis* 以 95%的自展支持率聚成一支，两支构成姊妹支，*Elymus hystrix*(*Hystrix patula*)处于姊妹支的基部。*Elymus wawawaiensis*、*E. multisetus* 2、*E. glaucus* 和 *E. trachycaulus* 聚在一支中(BS55%)。*Elymus elymoides* 和 *E. multisetus* 1 聚在一起。*Elymus confusus* 和 *E. sibiricus* 聚在一起(BS50%)。*Elymus caninus* 1 和 *E. lanceolatus* 聚为一支(BS91%)。*Elymus tangutorum* 和 *E. mutabilis* 聚类在一起(BS98%)。*Elytrigia repens* 与 *Pseudoroegneria spicata* 和 *Pse. strigosa* 聚为一支。*Elymus virginicus* 2 和 *E. transhycanus* 单独聚在一起。

基于 ITS 序列构建的网状支系分析结果表明，存在高水平的 ITS 序列单倍型(haplotype)多态性(图 4-2)。用于分析的 24 个物种形成了 27 个单倍型序列。ITS 单倍型序列将这 24 个物种划分为两大支：H 支和 St 支。H 支中包含了大麦属二倍体物种(*Hordeum bogdanii*、*H. chilense*、*H. jubatum*)和 *Elymus caninus* 2、*E. virginicus* 1、*E. canadensis* 和 *E. hystrix*。St 支中，6 个来自北美洲的披碱草属物种(*Elymus wawawaiensis*、*E. glaucus*、*E. multisetus*、*E. trachycaulus*、*E. virginicus* 2 和 *E. elymoides*)聚在一起，处在 *Pseudoroegneria stipifolia* 的节点上，形成一亚支；而分布于亚洲的 *Elymus sibiricus*、*E. caninus* 1、*E. confusus*、*E. mutabilis*、*E. tangutorum* 与 *Elytrigia repens* 分散在拟鹅观草属二倍体物种之间的相邻节点上。

2. 叶绿体 *trn*L-F 和线粒体 *Cox*II 基因序列分析

本书利用叶绿体 *trn*L-F 和线粒体 *Cox*II 内含子序列，对 16 种 StH 染色体组植物和近缘的 4 种拟鹅观草属(St 染色体组)和 4 种大麦属(H 染色体组)物种进行了系统重建。所有材料的序号、物种名称、采集编号、来源及 GenBank 登录号见表 4-2。PI 编号的材料种子由美国国家植物种质库提供，其余材料由四川农业大学小麦研究所提供。凭证标本藏于四川农业大学小麦研究所标本室。将获得的数据分为 *trn*L-F 序列、*Cox*Ⅱ内含子序列和 *trn*L-F 及 *Cox*Ⅱ内含子联合数据（*trn*L-F+*Cox*Ⅱ intron）3 个数据矩阵，采用最大似然法（ML）、贝叶斯推断法（BI）、Median-joining（MJ）算法进行系统重建。由于叶绿体 *trn*L-F 和线粒体 *Cox*Ⅱ对 **StH** 染色体组物种进行的序列分析显示出较少的简约信息位点变异，不利于系统发育树构建，本书着重讨论网状支系分析结果。

表 4-1　ITS 分析的供试材料

物种	种名缩写	染色体数/条	染色体组	编号	来源	登录号
Elymus sibiricus	ESIBI	28	**StH**	Y 2906	中国甘肃	EF396962
E. caninus	ECAN1 ECAN2	28	**StH**	PI 564910	俄罗斯	AY740897* AY740898*
E. canadensis	ECANA	28	**StH**	PI 531576	加拿大亚伯达	EF396960
E. confusus	ECONF	28	**StH**	W6 21505	蒙古	FJ040160
E. elymoides	EELYM	28	**StH**	PI 628684	美国	EF396977
E. glaucus	EGLAU	28	**StH**	PI 232259	美国	FJ040161
E. hystrix	EHYST	28	**StH**	PI 372546	加拿大安大略	EF396971
E. lanceolatus	ELANC	28	**StH**	PI 232116	美国	EF396961
E. multisetus	EMUL 1 EMUL 2	28	**StH**	PI 619465	美国爱达荷	FJ040164 FJ040165
E. mutabilis	EMUTA	28	**StH**	PI 564953	俄罗斯	FJ040166
E. virginicus	EVIR1 EVIR2	28	**StH**	PI 490361	美国佐治亚	FJ040170 FJ040171
E. wawawaiensis	EWAWA	28	**StH**	PI 610984	美国	EF396963
E. trachycaulus	ETRAC	28	**StH**	PI 236722	加拿大	FJ040168
E. transhycanus	ETRAN	28	**StH**	PI 383579	土耳其	FJ040169
E. tangutorum	ETANG	42	**StHH**	ZY 2008	中国西藏	FJ040167
Elytrigia repens	ETREP	42	**StStH**	—	捷克	DQ859051*
Hordeum bogdanii	HBOGD	14	**H**	PI 531761	中国新疆	AY740876*
H. jubatum	HJUBA	14	**H**	H 2018	墨西哥	AJ607935*
H. chilense	HCHIL	14	**H**	GRA1000	智利	AJ607870*
Pseudoroegneria stipifolia	PSTIP	14	**St**	PI 325181	俄罗斯	EF014240
Pse. libanotica	PLIBA	14	**St**	PI 228389	伊朗	AY740794*
Pse. strigosa	PSTRI	14	**St**	PI 499637	中国新疆	EF014243
Pse. tauri	PTAUR	14	**St**	PI 401323	伊朗	EF014244
Pse. spicata	PSPIC	14	**St**	PI 547161	美国俄勒冈	AY740793*
Bromus catharticus	BCATH	—	—	S 20004	中国云南	AF521898*

注：带有"*"的 GenBank 登录号为已出版的序列，引自 NCBI 网站。

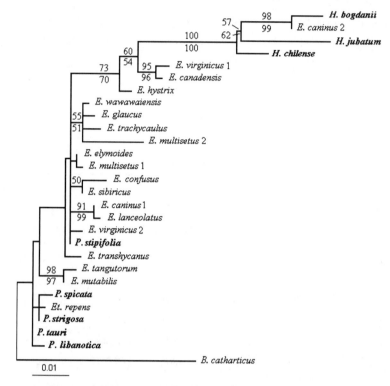

图 4-1　StH 染色体组物种 ITS 序列构建的 ML 系统发育树

注：枝上和枝下的数字分别表示用 ML 分析和 MP 分析所得的自展值(>50%)。物种名后数字表示不同的 ITS 序列类型。

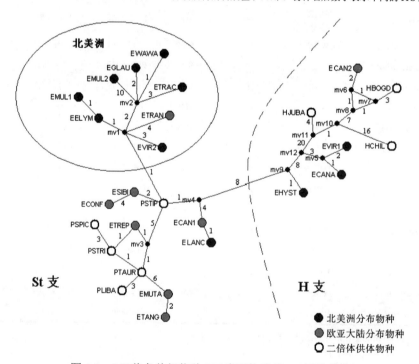

图 4-2　StH 染色体组物种 ITS 序列构建的 MJ 网状结构

注：供试材料的简写见表 4-1，各节点间的数字表示突变位点数，mv 后的数字表示分析中假定缺失的单倍型。

基于独立和联合数据构建的网状支系分析结果表明，存在高水平的单倍型多态性（图 4-3）。在 *trn*L-F 序列矩阵中，24 个类群形成 18 个单倍型；在 *Cox*II 内含子序列矩阵中，22 个类群形成 17 个单倍型；在联合数据矩阵中，22 个类群形成 21 个单倍型。*trn*L-F 序列的网状结构图（图 4-3A）中，4 个大麦属二倍体物种（*Hordeum brevisubulatum*、*H. jubatum*、*H. chilense* 和 *H. bogdanii*）单独聚为一支（H 支）。**StH** 染色体组物种与 4 个拟鹅观草属物种（*Pseudoroegneria stipifolia*、*Pse. libanotica*、*Pse. strigosa* 和 *Pse. spicata*）聚在一起。14 个含 **StH** 染色体组的物种（*Elymus confusus*、*E. transhycanus*、*E. sibiricus*、*E. glaucus*、*E. multisetus*、*E. tangutorum*、*E. canadensis*、*E. lanceolatus*、*E. caninus*、*E. virginicus*、*E. trachycaulus*、*E. hystrix*、*E. mutabilis* 和 *E. elymoides*）与 *Pseudoroegneria libanotica*、*Pse. stipifolia* 和 *Pse. spicata* 处于中心位置（St-中心）。*Elytrigia repens* 则远离其他物种，单独聚类。*Elymus wawawaiensis* 与 *Pseudoroegneria strigosa* 处于同一节点分支的基部。

基于 *Cox*II 内含子的网状结构图 4-3B 中，2 个大麦属物种（*Hordeum chilense* 和 *H. bogdanii*）单独聚类（H 支）。大部分 **StH** 染色体组物种（*Elymus confusus*、*E. sibiricus*、*E. glaucus*、*E. mutabilis*、*E. tangutorum*、*E. canadensis*、*E. lanceolatus*、*E. caninus*、*E. virginicus*、*E. trachycaulus*、*E. hystrix*、*E. mutabilis* 和 *E. elymoides*）与 *Pseudoroegneria strigosa* 和 *Pse. spicata* 处于中心位置（St-中心）。*Pseudoroegneria stipifolia*、*Pse. libanotica*、*Elytrigia repens* 和 *Elymus transhycanus* 形成一支。*Elymus tangutorum* 和 *E. multisetus* 处于同一节点分支的基部。

表 4-2　*trn*L-F 和 *Cox*II 序列分析的供试材料

物种	缩写	染色体组	编号	来源	登录号	
					*trn*L-F	*Cox*II
Elymus sibiricus	ESIB	**StH**	Y 2906	中国甘肃	EF396981	FJ695150
E. caninus	ECAI	**StH**	PI 564910	俄罗斯	FJ716163	FJ695142
E. canadensis	ECAN	**StH**	PI 531567	加拿大亚伯达	EF396978	FJ695141
E. confusus	ECON	**StH**	W6 21505	蒙古	FJ716164	FJ695143
E. elymoides	EELY	**StH**	PI 628684	美国	EF396994	FJ695144
E. glaucus	EGLA	**StH**	PI 593652	美国俄勒冈	AF519138*	—
			PI 232259	美国加利福尼亚	—	FJ695145
E. hystrix	EHYS	**StH**	PI 372546	加拿大安大略	EF396985	FJ695158
E. lanceolatus	ELAN	**StH**	PI 232116	美国	EF396979	FJ695146
E. multisetus	EMUL	**StH**	PI 619465	美国爱达荷	FJ716165	FJ695147
E. mutabilis	EMUT	**StH**	PI 564953	俄罗斯	FJ716166	FJ695148
E. tangutorum	ETAN	**StHH**	ZY 2008	中国西藏	FJ716167	FJ695151
E. trachycaulus	ETRC	**StH**	PI 372500	加拿大	AF519141*	—
			PI 236722	加拿大	—	FJ695152
E. transhycanus	ETRN	**StStH**	PI 383579	土耳其	FJ716168	FJ695153
E. virginicus	EVIR	**StH**	PI 490361	美国佐治亚	AF519144*	FJ695154
E. wawawaiensis	EWAW	**StH**	PI 610984	美国	EF396982	FJ695155
Elytrigia repens	EREP	**StStH**	—	捷克	DQ912406*	—
			Y 2907	中国新疆	—	FJ695149

续表

物种	缩写	染色体组	编号	来源	登录号	
					*trn*L-F	*Cox* II
Hordeum bogdanii	HBOG	H	PI 531761	中国新疆	AY740789*	FJ695156
H. brevisubulatum	HBRE	H	Y 1604	中国新疆	AY740790*	—
H. jubatum	HJUB	H	RJMG 106	—	AF519123	—
H. chilense	HCHI	H		智利	AJ969351*	—
			PI 531781	智利	—	FJ695157
Pseudoroegneria stipifolia	PSTI	St	PI 325181	俄罗斯	EF396989	GQ152142
Pse. libanotica	PLIB	St	PI 228389	伊朗	AY730567*	—
			PI 228392	伊朗	—	FJ171904
Pse. strigosa	PSTR	St	PI 499637	中国新疆	AF519155*	—
			PI 499493	中国新疆	—	FJ171906
Pse. spicata	PSPI	St	PI 547161	美国俄勒冈	AF519159*	—
			PI 232131	美国内华达	—	FJ171905
Bromus tectorum	BCAT	—	—	—	EU036166*	FJ171885

注：带"*"的 GenBank 登录号为已出版的序列，引自 NCBI 网站。

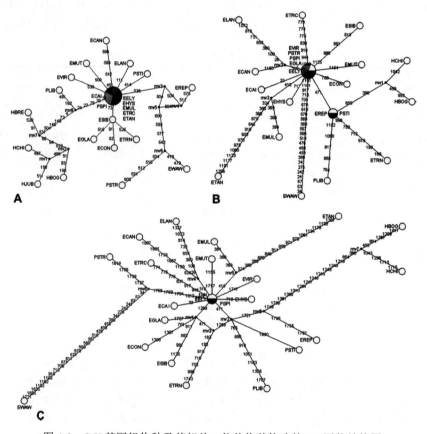

图 4-3　StH 基因组物种及其相关二倍体物种构建的 MJ 网状结构图

注：各节点间的数字表示突变发生的位置。物种名称缩写见表 4-2。A：基于叶绿体 *trn*L-F 序列构建的 MJ 网状结构图；B：基于线粒体 *Cox* II 内含子序列构建的 MJ 网状结构图；C：基于 *trn*L-F 与 *Cox* II 内含子的联合数据构建的 MJ 网状结构图。

基于联合数据得到的网状结构图 4-3C 中，2 个大麦属物种(*Hordeum chilense* 和 *H. bogdanii*) 单独聚类(H 支)。*Elymus elymoides* 和 *Pseudoroegneria spicata* 拥有相同的单倍型，它们与 *Elymus hystrix*、*E. virginicus*、*E. mutabilis*、*E. trachycaulus* 和 *E. caninus* 聚在一起。*Elymus multisetus* 和 *E. tangutorum* 处在同一节点分支的基部。*Elymus canadensis* 和 *E. lanceolatus* 及 *Pseudoroegneria strigosa* 和 *Elymus wawawaiensis* 分别处于两个节点分支的基部。*Elytrigia repens* 与其余的 **StH** 染色体组物种相距较远，与 H 支相对较近。

3. *DMC1* 基因序列分析

本书从 16 个含 **StH** 染色体组的物种中，分离得到 31 个基因单倍型序列。将这 31 个基因单倍性序列与 4 个拟鹅观草属物种和 3 个大麦属植物类群的 *DMC1* 基因序列进行了序列和系统发育分析。所有材料的物种名称、采集编号、来源及 GenBank 号见表 4-3。采用最大似然法(ML)和贝叶斯推断法(BI)进行系统发育树构建。

表 4-3　*DMC1* 序列分析的供试材料

物种	缩写	编号	来源	登录号
Elymus sibiricus	ESIBIR	PI 619579	中国新疆	EU366409 GQ855198
E. caninus	ECANIN	PI 314621	俄罗斯	EU366407 EU366408
E. canadensis	ECANAD	PI 531567	加拿大亚伯达	EU366405 EU366406
E. confusus	ECONFU	W6 21505	蒙古	FJ695159 GQ855188
E. elymoides	EELYMO	PI 628684	美国	FJ695160 FJ695161
E. glaucus	EGLAUC	PI 593652	美国俄勒冈	FJ695162 FJ695163
E. hystrix	EHYSTR	PI 531616	美国	EU366415 EU366416
E. lanceolatus	ELANCE	PI 232116	美国	FJ695164 FJ695165
E. multisetus	EMULTI	PI 619465	美国爱达荷	GQ855189 GQ855190
E. mutabilis	EMUTAB	PI 564953	俄罗斯	FJ695166 FJ695167
E. tangutorum	ETANGU	ZY 2008	中国西藏	FJ695170 FJ695171
E. trachycaulus	ETRACH	PI 372500	加拿大	GQ855191 GQ855192
E. transhycanus	ETRANS	PI 383579	土耳其	GQ855193 GQ855194
E. virginicus	EVIRGI	PI 490361	美国佐治亚	GQ855195 GQ855196
E. wawawaiensis	EWAWAW	PI 610984	美国	EU366410 GQ855198
Elytrigia repens	EREPEN	Y 2907	中国新疆	FJ695168 FJ695169

物种	缩写	编号	来源	登录号
Hordeum bogdanii	HBOGDA	PI 531761	中国新疆	FJ695172
H. stenostachys	HSTENO	H 1783	—	AY137407
H. chilense	HCHILE	PI 531781	智利	FJ695173
Pseudoroegneria stipifolia	PSTIPI	PI 325181	俄罗斯	FJ695176
Pse. libanotica	PLIBAN	PI 228389	伊朗	FJ695174
Pse. strigosa	PSTRIG	PI 499637	中国新疆	FJ695177
Pse. spicata	PSPICA	PI 547161	美国俄勒冈	FJ695175
Bromus sterilis	BSTERI	—	—	AF277234

基于 *DMC1* 序列的 ML 分析产生一棵系统发育树(似然值＝−3384.46968;A ＝0.25480,C=0.21260,G=0.21380,T=0.31880;拓扑参数＝0.2101)。BI 树和 ML 树的拓扑结构完全一致,仅存在分支长度差异。图 4-4 显示的是 *DMC1* 基因序列构建的 BI 树,分支上的数字代表自展评估值,分支下的数字代表后验概率。

系统发育分析将 **StH** 染色体组植物 *DMC1* 基因分为 3 支,分别为 Clade I、Clade II 和 Clade III(图 4-4)。Clade I 包括来自 **StH** 染色体组物种的 **H** 染色体组拷贝类型和大麦属植物的基因序列。在 Clade I 中,*Elymus wawawaiensis*-1、*E. sibiricus*-1、*E. lanceolatus*-1、*E. glaucus*-1、*E. elymoides*-1 和 *E. caninus*-1 形成一个支持率较高的分支(BS 95%和 PP 100%),*Elymus hystrix*-1 处于该分支外围(PP90%)。*Elymus tangutorum*-1、*E. mutabilis*-1、*E. trachycaulus*-1 与 *Hordeum chilense* 和 *H. stenostachys* 形成一个分支。*Elymus sibiricus*-2 与 *E. multisetus*-1 形成姊妹组(BS 88%和 PP 98%)。Clade II 包括 11 个来自 **StH** 染色体组物种(*Elytrigia repens*-1、*Elymus glaucus*-2、*E. canadensis*-2、*E. hystrix*-2、*E. lanceolatus*-2、*E. virginicus*-2、*E. trachycaulus*-2、*E. multisetus*-2、*E. elymoides*-2、*E. caninus*-2 和 *E. wawawaiensis*-2)的 **St** 染色体组拷贝类型和 4 个拟鹅观草属植物(*Pseudoroegneria libanotica*、*Pse. strigosa*、*Pse. spicata* 和 *Pse. stipifolia*)的基因序列(BS 77%和 PP 96%)。在 Clade II 中,*Elymus glaucus*-2 和 *Elytrigia repens*-1 与 *Pseudoroegneria libanotica* 和 *Pse. strigosa* 聚在一起。*Pseudoroegneria spicata* 和 *Elymus virginicus*-2 聚成一组(BS58% 和 PP92%)。Clade III 由 4 个 **StH** 染色体组物种(*Elymus tangutorum*-2、*E. confusus*-2、*E. mutabilis*-2 和 *Elytrigia repens*-2)组成。

4. *Acc1* 基因序列分析

本书利用单拷贝核 *Acc1* 基因,对 15 个具 **StH** 染色体组的物种和 7 个含有 **St** 和 **H** 染色体组的小麦族二倍体植物类群进行系统比较分析。所有材料的物种名称、采集编号、来源及 GenBank 号见表 4-4。PI 编号的材料种子由美国国家植物种质库提供。所用材料的凭证标本藏于四川农业大学小麦研究所标本室。

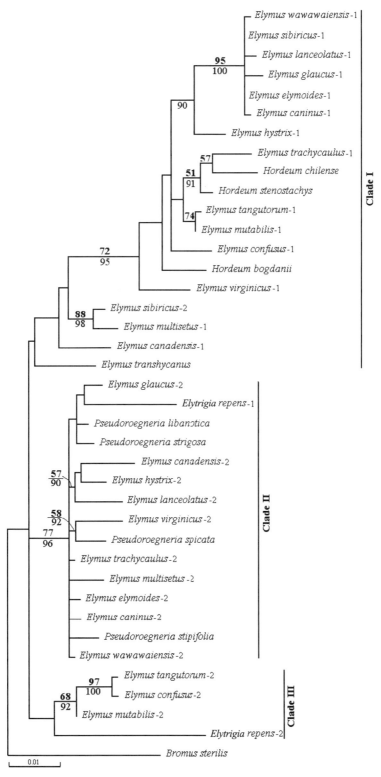

图 4-4　*DMC1* 基因序列构建的 BI 系统树

注：分支上的数值为自展值（>50%）；分支下的数值为后验概率（>90%）。

表 4-4　*Acc1* 序列分析的供试材料

物种	缩写	编号	来源	登录号
Elymus sibiricus	ESIBI	PI 619579	中国新疆	EU626417 EU626418
E. caninus	ECANI	PI 564910	俄罗斯	EU626415 EU626416
E. canadensis	ECANA	PI 531567	加拿大亚伯达	FJ716135 FJ716136
E. confusus	ECONF	W6 21505	蒙古	FJ716137 FJ716138
E. elymoides	EELYM	PI 628684	美国	FJ716139 FJ716140
E. glaucus	EGLAU	PI 232259	美国加利福尼亚	FJ716141 FJ716142
E. hystrix	EHYST	PI 372546	加拿大安大略	FJ716161 FJ716162
E. multisetus	EMULT	PI 619465	美国爱达荷	FJ716145 FJ716146
E. mutabilis	EMUTA	PI 564953	俄罗斯	FJ716147 FJ716148
E. tangutorum	ETANG	ZY 2008	中国西藏	FJ716151 FJ716152
E. trachycaulus	ETRAC	PI 236722	加拿大	FJ716153 FJ716154
E. transhycanus	ETRAN	PI 383579	土耳其	FJ716155
E. virginicus	EVIRG	PI 490361	美国佐治亚	FJ716157 FJ716158
E. wawawaiensis	EWAWA	PI 610984	美国	FJ716159 FJ716160
Elytrigia repens	EREPE	Y 2907	中国新疆	FJ716149 FJ716150
Hordeum bogdanii	HBOGD	PI 531761	中国新疆	DQ319185
H. brevisubulatum	HBRE	PI 531781	中国新疆	HB11
H. chilense	HCHIL	PI 531781	智利	DQ497805
Pseudoroegneria stipifolia	PSTIP	PI 325181	俄罗斯	DQ335576
Pse. libanotica	PLIBA	PI 228392	伊朗	DQ335574
Pse. strigosa	PSTRI	PI 499637	中国新疆	DQ335575
Pse. tauri	PTAUR	PI 401323	伊朗	EU626410
Pse. spicata	PSPIC	PI 232123	美国华盛顿	DQ306262
Bromus inermis				AF343457*

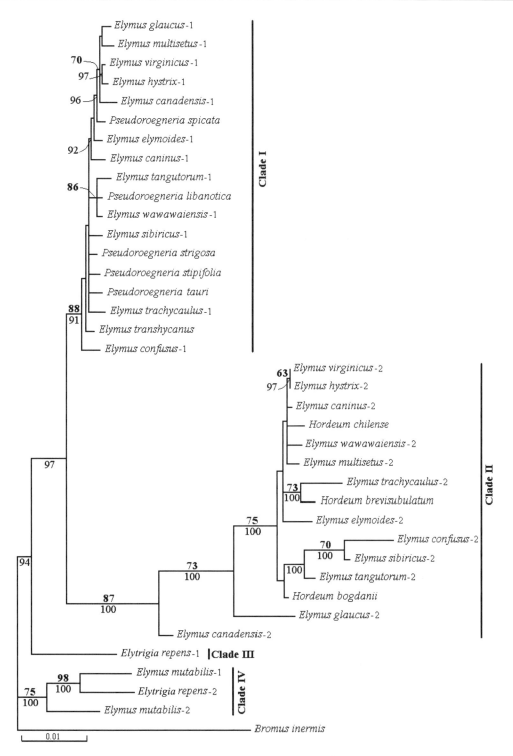

图 4-5　*Acc1* 基因序列构建的 ML 系统树

注：分支上的数值为自展值(>50%)；分支下的数值为后验概率(>90%)。

系统发育分析以 *Bromus inermis* L.为外类群，采用最大简约法（maximum likelihood，ML）和贝叶斯推断（Bayesian inference，BI）进行。ML 和 BI 两种方法构建的系统发育树获得完全相同的拓扑结构。图 4-5 为 *Acc1* 基因序列构建的 ML 树（似然值＝−5134.96628；A=0.25050；C=0.18460，G=0.22190，T=0.34300；假定的不变位点比例＝0.5467；拓扑参数＝0.8364），分支上数字代表自展评估值，分支下数字代表后验概率。

系统发育分析将 **StH** 染色体组植物 *Acc1* 基因分为 4 支，分别为 Clade Ⅰ、Clade Ⅱ、Clade Ⅲ和 CladeⅣ（图 4-5）。Clade Ⅰ包括来自 **StH** 染色体组物种的 **St** 染色体组拷贝类型和拟鹅观草属植物的基因序列（BS 88%和 PP 91%），15 个 **StH** 染色体组物种和 5 个拟鹅观草属植物没有分别形成独立的分支。*Pseudoroegneria spicata* 处于一个包括 *Elymus glaucus*-1、*E. multisetus*-1、*E. virginicus*-1、*E. hystrix*-1 和 *E. canadensis*-1 的分支外围。*Pseudoroegneria libanotica* 与 *Elymus tangutorum*-1 和 *E. wawawaiensis*-1 形成一个自展支持率为 86%的分支。*Pseudoroegneria strigosa*、*Pse. stipifolia* 和 *Pse. tauri* 形成平行的分支梯度。Clade Ⅱ包括来自 **StH** 染色体组物种的 **H** 染色体组拷贝类型和大麦属植物的基因序列（BS 87%和 PP 100%），*Elymus virginicus*-2、*E. hystrix*-2、*E. caninus*-2、*E. wawawaiensis*-2、*E. multisetus*-2 和 *Hordeum chilense* 聚在一组。*Elymus trachycaulus*-2 和 *Hordeum brevisubulatum* 形成一组。*Elymus confusus*-2、*E. sibiricus*-2、*E. tangutorum*-2 和 *Hordeum bogdanii* 聚在一起。Clade Ⅲ仅由 *Elytrigia repens*-1 构成。CladeⅣ包括 *Elymus mutabilis*（1 和 2）和 *Elytrigia repens*-2（BS 75%和 PP 100%）。

4.4.2　St 染色体组的起源

细胞学研究表明 **StH** 染色体组物种的 **St** 染色体组来源于拟鹅观草属物种（Dewey，1984）。前述研究发现 **St** 染色体组在不同的二倍体物种间存在变异，如存在 St_1St_1、St_2St_2 等染色体组。从图 4-1 可以看出，5 个二倍体拟鹅观草属物种没有形成一个单系组，表明 **St** 染色体组具有一定程度的分化，*Pseudoroegneria strigosa* 和 *Pse. tauri* 处于节点的中部，与之邻近的是少数欧亚分布的具 **StH** 染色体组的物种，如 *Elytrigia repens*、*Elymus mutabilis* 和 *E. tangutorum*，表明这些物种与 *Pseudoroegneria strigosa* 和 *Pse. tauri* 的关系较近。

基于 *trn*L-F 和 *Cox*Ⅱ内含子序列的数据分析显示，**StH** 染色体组物种形成的母系染色体组是来源于拟鹅观草属的二倍体物种。在 *trn*L-F 和 *Cox*Ⅱ内含子序列网状支系分析（图 4-3）中，二倍体拟鹅观草属物种 *Pseudoroegneria libanotica*、*Pse. stipifolia*、*Pse. strigosa* 和 *Pse. spicata* 分别处在不同的分支处，也表明了这些物种的 **St** 染色体组存在差异，具有一定程度的分化。值得注意的是，所有 **StH** 染色体组物种和拟鹅观草属的二倍体物种分散分布于不同的亚支中，如 *Pseudoroegneria spicata* 处于中心位置，且与几个北美物种分享相同的单倍型，而 *Pse. libanotica* 则处于节点分支的基部。所有分布于北美的 **StH** 染色体组物种（除 *Elymus wawawaiensis* 外）与 *Pseudoroegneria spicata* 的序列具有相似性。基于这些结果可以推测：具 **StH** 染色体组的北美物种母系供体最有可能来源于北美分布的 *Pseudoroegneria spicata* 和其祖先种，而中东分布的 *Pse. libanotica* 可能没有充当这些北美物种的母系供体。

DMC1 基因数据(图 4-4)分析显示，4 个拟鹅观草属二倍体植物与不同的 **StH** 染色体组物种的 **St** 染色体组拷贝类型聚成不同的分支：*Pseudoroegneria libanotica* 和 *Pse. strigosa* 与 *Elymus glaucus*-2 和 *Elytrigia repens*-1 聚在一起；*Pseudoroegneria spicata* 和 *Elymus virginicus*-2 聚成一组；*Pseudoroegneria stipifolia* 与其他 **StH** 染色体组物种形成平行分支。这些结果与 *trn*L-F 及 *Cox* II 内含子序列数据分析结果一致，即拟鹅观草属在起源上并非单系，同时也支持 **St** 染色体组在 **StH** 染色体组物种中可能涉及多个不同的拟鹅观草属植物的假设。

Acc1 基因数据分析(图 4-5)也显示所有供试的拟鹅观草属中二倍体植物不在同一分支：*Pseudoroegneria spicata* 与 5 个北美 **StH** 染色体组物种聚在一起；*Pseudoroegneria libanotica* 与 *Elymus tangutorum*-1 和 *E. wawawaiensis*-1 聚为一组；*Pseudoroegneria strigosa*、*Pse. stipifolia* 和 *Pse. tauri* 形成平行的分支结构。因此，*Acc1* 基因数据分析结果支持拟鹅观草属植物在起源上并非单系，不同的拟鹅观草属植物可能作为 **St** 染色体组供体参与本区域内 **StH** 染色体组物种的形成。

综合细胞核 ITS、*Acc1*、*DMC1* 序列和叶绿体 *trn*L-F 以及线粒体 *Cox* II 数据分析结果，可以推测拟鹅观草属植物在起源上并非单系，不同的拟鹅观草属植物可能作为 **St** 染色体组供体参与 **StH** 染色体组物种的形成，北美物种的 **StH** 染色体组来源于北美的拟鹅观草属二倍体物种；而亚洲的拟鹅观草属二倍体物种，如 *Pseudoroegneria libanotica*、*Pse. tauri* 等则可能是亚洲物种的 **St** 染色体组供体。因此，猬草属的模式种 *Hystrix patula* 母系供体是 **St** 染色体组物种，其 **St** 染色体组最有可能来源于 *Pseudoroegneria spicata* 或其祖先种。对于含 **StHNsXm** 染色体组组成的牧场麦属的亲本之一 *Elymus lanceolatus*，其母系供体 **St** 染色体组也可能来源于 *Pseudoroegneria spicata* 或其祖先种。

4.4.3　H 染色体组的起源

细胞学研究表明 **StH** 染色体组物种的 **H** 染色体组来源于大麦属(Dewey，1984)。大麦属 **H** 染色体组在二倍体物种间也存在分化(Bothmer et al.，1986；Dubcovsky et al.，1997)。在图 4-2 中，H 支的 3 个二倍体大麦属物种间发生突变的位点数目较大，特别是分布于欧亚大陆的 *Hordeum bogdanii* 和分布于南美洲的 *H. jubatum*、*H. chilense* 之间发生了近 17 个突变位点。分布于欧洲的 *Elymus caninus* 与二倍体大麦 *Hordeum bogdanii* 之间的突变位点数较少，暗示它们关系较近；而分布于北美洲的 *Elymus canadensis*、*E. hystrix* 和 *E. virginicus* 与分布于墨西哥的 *Hordeum jubatum* 之间突变位点数较少，表明它们之间的关系较近。

DMC1 基因数据(图 4-4)显示 *Elymus wawawaiensis*-1、*E. sibiricus*-1、*E. lanceolatus*-1、*E. glaucus*-1、*E. elymoides*-1、*E. caninus*-1 和 *E. hystrix*-1 形成一个分支。而 *Elymus tangutorum*-1、*E. mutabilis*-1、*E. trachycaulus*-1 与 *Hordeum chilense* 和 *H. stenostachys* 形成一个分支。在 *Acc1* 基因序列数据(图 4-5)中，南美洲的 *Hordeum chilense* 与 4 个北美的 **StH** 染色体组物种(*Elymus virginicus*-2、*E. hystrix*-2、*E. wawawaiensis*-2 和 *E. multisetus*-2)聚在一起，而来自中亚的 *Hordeum bogdanii* 与中亚的 *Elymus confusus*-2、*E. sibiricus*-2 和

E. tangutorum-2 聚在一起。这些结果表明不同来源 **StH** 染色体组物种的 **H** 染色体组来源不同，地理分布上相近的大麦属二倍体植物与 **StH** 染色体组物种具有较近的亲缘关系。

综合细胞核 ITS、*Acc1* 和 *DMC1* 序列分析结果，我们可以推测 **H** 染色体组在大麦属的二倍体物种间也存在变异和分化，不同地理分布的 **StH** 染色体组物种其 **H** 染色体组来源于不同地理分布的大麦属二倍体物种，欧洲的物种与美洲的物种可能是独立起源的类群，因而造成欧亚物种与美洲物种存在地理遗传上的差异。因此，猬草属的模式种 *Hystrix patula* 和牧场麦属的亲本之一 *Elymus lanceolatus*，其 **H** 染色体组可能来源于美洲的大麦属二倍体 **H** 染色体组物种。

4.5 Ns 染色体组植物的起源与演化

在小麦族中，含 **Ns** 染色体组的植物涉及新麦草属、赖草属、猬草属和牧场麦属等 70 余种。新麦草属植物大多为二倍体，具有 **Ns** 染色体组；猬草属物种有四倍体和八倍体，含有 **StH** 和 **NsXm** 染色体组；赖草属物种具有四倍体到十二倍体，含有 **NsXm** 染色体组；而牧场麦属只有 *Pascopyrum smithii* 1 个八倍体物种，具有 **NsXmStH** 染色体组。

大量的细胞遗传学和分子系统学研究表明，**St** 染色体组来源于拟鹅观草属，**H** 染色体组来源于大麦属，**Ns** 染色体组来源于新麦草属，而 **Xm** 染色体组的起源可能与新麦草属(**Ns**)、冰草属(**P**)、旱麦草属(**F**)有关，它们的演化关系如图 4-6 所示。物种形成过程中，**St** 染色体组来源的拟鹅观草属物种和 **H** 染色体组来源的大麦属物种天然杂交，加倍形成异源四倍体的 **StH** 染色体组组成的物种；**Ns** 染色体组来源的新麦草属物种和 **Xm** 染色体组供体物种天然杂交，加倍形成异源四倍体的 **NsXm** 染色体组组成的物种，**NsXm** 染色体组组成的物种可能通过重复杂交，加倍形成不同倍性只含 **Ns** 和 **Xm** 染色体组组成的多倍体物种；**StH** 染色体组组成的物种与 **NsXm** 染色体组组成的物种经历一次天然杂交，加倍形成异源八倍体的 **StHNsXm** 染色体组组成的物种。

猬草属植物具有强烈的颖片退化甚至缺失的特点，是区别于小麦族其他多年生植物最显著的特征。猬草属物种数量不多，都生长于温暖、潮湿的气候环境中，如山谷的林下、河流及海滨的边缘。我们的研究结果表明：猬草属模式种 *Hystrix patula* 含有 **StH** 染色体组组成，与披碱草属植物有较近的亲缘关系，而其他猬草属植物(*Hystrix duthiei*、*Hy. duthiei* ssp. *longearistata*、*Hy. coreana* 和 *Hy. komarovii*)具有与赖草属相同的 **NsXm** 染色体组组成。相似的生态自然选择可能使在遗传上并无亲缘关系的 *Hystrix patula* 与其他猬草属植物(*Hy. duthiei*、*Hy. duthiei* ssp. *longearistata* 和 *Hy. komarovii* 等)表现出相似的芒刺状颖片，这是趋同进化的结果。

赖草属植物在形态上，存在从无根茎(如 *Leymus akmolinensis*)到具强大的根茎(如 *Leymus triticoides*)；叶片直立内卷(如 *Leymus paboanus*)到柔软宽松(如 *Leymus multicaulis*)；每穗节小穗从着生单小穗(如 *Leymus ambiguus*)到多小穗(如 *Leymus cinereus* 4～5 枚)；颖片从锥形(如 *Leymus racemosus*)到披针形(如 *Leymus arenarius*)甚至缺失(如 *Leymus duthiei*)等一系列形态特征变异。细胞学倍性变异从四倍体到十二倍体均有报道。尽管所有赖草属物种只含有 **Ns** 和 **Xm** 两个基本染色体组，但表现出极高的形态特征多样性。Wen（1999）指出相似的自然选择压力可能导致物种间产生相似的形态特征来适应环境，而分化的选择压力可能导致物种发生形态分化。从形态上看，来自青藏高原的赖草属物种通常具有叶鞘无毛、穗轴节间短柔毛、颖片短于小穗等形态特征。而大多数来自中亚的赖草属物种具有很强大的根茎和高大的植株。而生活在温暖、潮湿气候条件的赖草属物种（如 *Leymus duthiei* 和 *L. duthiei* ssp. *longearistatus*）与其他种类的显著形态区别在于减少了颖片和具有松散的扁平叶片。因此，相似的自然选择促进同域分布的赖草属物种具有相似的形态特征，而分化异质环境驱动的自然选择，促使异域分布的赖草属物种间具有显著的形态特征差异。

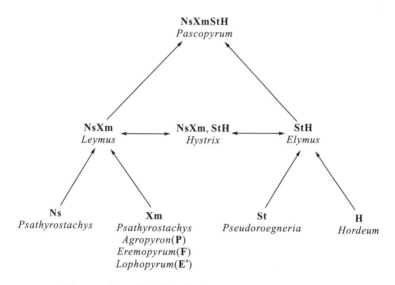

图 4-6　含 **Ns** 染色体组物种及近缘属物种关系演示图

参 考 文 献

耿以礼, 1959. 中国主要植物图说 禾本科[M]. 北京: 科学出版社.

颜济, 杨俊良, 2011. 小麦族生物系统学(第 4 卷)[M]. 北京: 中国农业出版社.

颜济, 杨俊良, 2013. 小麦族生物系统学(第 5 卷)[M]. 北京: 中国农业出版社.

颜济, 杨俊良, Baum B R, 2006. 小麦族生物系统学(第 3 卷)[M]. 北京: 中国农业出版社.

周永红, 2017. 四川植物志(第 5 卷第 1 分册)[M]. 成都: 四川科学技术出版社.

邹喻萍, 葛颂, 王晓东, 2001. 系统与进化植物学中的分子标记[M]. 北京: 科学出版社.

Anamthawat-Jónsson K, 2014. Molecular cytogenetics of *Leymus*: Mapping the Ns genome-specific repetitive sequences[J]. Journal of Systematics & Evolution, 52(6): 716-721.

Anamthawat-Jónsson K, Bödvarsdóttir S K, 2001. Genomic and genetic relationships among species of *Leymus* (Poaceae: Triticeae) inferred from 18S-26S ribosomal genes[J]. American Journal of Botany, 88(4): 553-559.

Baden C, Frederiksen S, Seberg O, 1997. A taxonomic revision of the genus *Hystrix* (Triticeae, Poaceae)[J]. Nordic Journal of Botany, 17(5): 449-467.

Bandelt H J, Forster P, Rohl A, 1999. Median-joining networks for inferring intraspecific phylogenies[J]. Molecular Biology & Evolution, 16(1): 37-48.

Barkworth M E, Atkins R J, 1984. *Leymus* Hochst. (Gramineae: Triticeae) in North America: Taxonomy and distribution[J]. American Journal of Botany, 71(5): 609-625.

Bothmer R von, Flink J, Landstrom T, 1986. Meiosis in interspecific *Hordeum* hybrids. I. Diploid combinations[J]. Canadian Journal of Genetics & Cytology, 28: 525-535.

Dewey D R, 1972. Genome analysis of hybrids between diploid *Elymus juncea* and five tetraploid *Elymus* species[J]. Botanical Gazette, 133: 415-420.

Dewey D R, 1975. The origin of *Agropyron smithii*[J]. American Journal of Botany, 62: 524-530.

Dewey D R, 1984. The genomic system of classification as a guide to intergeneric hybridization with the perennial Triticeae[A]//Gustafson J P. Gene Manipulation in Plant Improvement[M]. New York: Plenum, 209-280.

Dubcovsky J, Schlatter A R, Echaide M, 1997. Genome analysis of South American *Elymus* (Triticeae) and *Leymus* (Triticeae) species based on variation in repeated nucleotide sequences[J]. Genome, 40(4): 505-520.

Ellneskog-Staam P, Bothmer R V, Anamthawat-Jónsson K, et al., 2007. Genome analysis of species in the genus *Hystrix* (Triticeae; Poaceae)[J]. Plant Systematics & Evolution, 265(3-4): 241-249.

Gornicki P, Faris J, King I, et al., 1997. Plastid-localized acetyl-CoA carboxylase of bread wheat is encoded by a single gene on each of the three ancestral chromosomesets[J]. Proceedings of the National Academy of Science of the United States of America, 94(25): 14179-14184.

Huang S X, Sirikhachornkit A, Su S J, et al., 2002. Genes encoding plastid acetyl-CoA carboxylase and 3-phosphoglycerate kinase of the *Triticum/Aegilops* complex and the evolutionary history of polyploidy wheat[J]. Proceedings of the National Academy of Science of the United States of America, 99: 8133-8138.

Jensen K B, Wang R R, 1997. Cytological and molecular evidence for transferring *Elymus coreanus* and *Elymus californicus* from the genus *Elymus* to *Leymus* (Poaceae: Triticeae)[J]. International Journal of Plant Sciences, 158(6): 872-877.

Jones T A, Redinbaugh M G, Zhang Y, 2000. The western wheatgrass chloroplast genome originates in *Pseudoroegneria*[J]. Crop Science, 40(1): 43-47.

Kihara H, 1975. Interspecific relationship in *Triticum* and *Aegilops*[J]. Seiken Zihô, 15(1): 1-2.

Kihara H, Nishiyama I, 1930. Genomeanalyse bei *Triticum* and *Aegilops*. I. Genomaffinitaten in tri-, tetra- und pentaploiden Weizenbastarden[J]. Cytologia, 1(3): 270-284.

Kilian B, Özkan H, Deusch O, et al., 2007. Independent wheat B and G genome origins in outcrossing *Aegilops* progenitor haplotypes[J]. Molecular Biology & Evolution, 24(1): 217-227.

Lim K Y, Soltis D E, Soltis P S, et al., 2008. Rapid chromosome evolution in recently formed polyploids in *Tragopogon* (Asteraceae)[J]. PLoS ONE, 3(10): 3353.

Linder C R, Rieseberg L H, 2004. Reconstructing patterns of reticulate evolution in plants[J]. American Journal of Botany, 91(10): 1700-1708.

Liu Z P, Chen Z Y, Pan J, et al., 2008. Phylogenetic relationships in *Leymus* (Poaceae: Triticeae) revealed by the nuclear ribosomal internal transcribed spacer and chloroplast *trn*L-F sequences[J]. Molecular Phylogenetics & Evolution, 46(1): 278-289.

Löve Á, 1980. IOPB chromosome number reports. LXVI. Poaceae-Triticeae-Americanae[J]. Taxon, 29: 163-169.

Löve A, 1984. Conspectus of the Triticeae[J]. Feddes Repertorium, 95(7-8): 425-521.

Lu B R, 1994. The genus *Elymus* L. in Asia. Taxonomy and biosystematics with special reference to genomic relationships[A]//Wang R R-C, Jensen K B, Jaussi C. Proceedings of the 2nd International Triticeae Symposium, Logan, Utah, USA[C]. Utah: Utah State University Publisher, 219-233.

Mason-Gamer R J, 2004. Reticulate evolution, introgression, and intertribal gene capture in an allohexaploid grass[J]. Systematic Biology, 53(1): 25-37.

Moench C, 1794. Methodus Plantas Horti Botanici et Agri Marburgensis a Staminum Situ Describendi [M]. Margburgi Cattorum.

Mort M E, Crawford D J, 2004. The continuing search: low-copy nuclear sequences for low-level plant molecular phylogenetic studies [J]. Taxon, 53: 257-261.

Nei M, Rooney A P, 2005. Concerted and birth-and-death evolution of multigene families[J]. Annual Review of Genetics, 39: 121-152.

Ørgaard M, Heslop-Harrison J S, 1994. Relationships between species of *Leymus*, *Psathyrostachys* and *Hordeum* (Poaceae, Triticeae) inferred from Southern hybridization of genome and cloned DNA probes[J]. Plant Systematics & Evolution, 189(3-4): 217-231.

Petersen G, Seberg O, Baden C, 2004. A phylogenetic analysis of the genus *Psathyrostachys* (Poaceae) based on one nuclear gene, three plastid genes, and morphology[J]. Plant Systematics & Evolution, 249: 99-110.

Petersen G, Seberg O, Yde M, Berthelsen K, 2006. Phylogenetic relationships of *Triticum* and *Aegilops* and evidence for the origin of the A, B and D genomes of common wheat (*Triticum aestivum*) [J]. Molecular Phylogenetics & Evolution, 39: 70-82.

Sang T, 2002. Utility of low-copy nuclear gene sequences in plant phylogenetics[J]. Critical Reviews in Biochemistry & Molecular Biology, 37(3): 121-147.

Shiotani I, 1968. Species differentiation in *Agropyron*, *Elymus*, *Hystrix*, and *Sitanion*[A]//Proceedings of the 12th Internaional Congress of Genetics[C]. Tokyo: The Science Council of Japan, 184.

Smith J F, Funke M M, Woo V L, 2006. A duplication of gcyc predates divergence within tribe Coronanthereae (Gesneriaceae): phylogenetic analysis and evolution [J]. Plant Systematics & Evolution, 261: 245-256.

Soltis D E, Soltis P S, Milligan B G, 1992. Inteaspecific chloroplast DNA variation: Systematic and phylogenetic implications[A]// Soltis P S, Sotis D E, Doyle J J. Molcular Systemaics of Plants[M]. New York: Chapman & Hall, 117-150.

Sun G L, Yen C, Yang J L, 1995. Morphology and cytology of interspecific hybrids involving *Leymus multicaulis* (Poaceae) [J]. Plant Systematics & Evolution, 194: 83-91.

Sun G L, Yan N, Daley T, 2008. Molecular phylogeny of *RPB2* gene reveals multiple origin, geographic differentiation of H genome, and the relationship of the Y genome to other genomes in *Elymus* species[J]. Molecular Phylogenetics & Evolution, 46(3): 897-907.

Swofford D L, 2003. PAUP*: phylogenetic analysis using parsimony, version 4.0 b10.

Tzvelev N N, 1976. Zlaki SSSR (Grasses of the Soviet Union) [M]. Leningrad: Academiya Nauk SSSR.

Tzvelev N N, 1989. The system of grass (Poaceae) and their evolution[J]. Botanical Review, 55(3): 141-204.

Wakeley J, Hey J, 1997. Estimating ancestral population parameters[J]. Genetics, 145(3): 847-855.

Wang R R-C, Hsiao C, 1984. Morphology and cytology of interspecific hybrid of *Leymus mollis*[J]. Journal of Heredity, 75(6): 488-492.

Wang R R-C, Jensen K B, 1994. Absence of the J genome in *Leymus* species (Poaceae: Triticeae): Evidence from DNA hybridization and meiotic pairing[J]. Genome, 37(2): 231-235.

Wang R R-C, von Bothmer R, Dvorak J, et al., 1994. Genome symbols in the Triticeae (Poaceae) [A]//Wang R R-C, Jensen K B, Jaussi C. Proceedings of the 2nd International Triticeae Symposium, Logan, Utah, USA[C]. Utah: Utah State University Publisher, 29-34.

Wang R R-C, Zhang J Y, Lee B S, et al., 2006. Variations in abundance of 2 repetitive sequences in *Leymus* and *Psathyrostachys* species [J]. Genome, 49: 511-519.

Wei J Z, Campbell W F, Wang R R-C, 1997. Genetic variability in Russian wildrye (*Psathyrostachys juncea*) assessed by RAPD [J]. Genetic Resources & Crop Evolution, 44: 117-125.

Wen J, 1999. Evolution of eastern Asian and eastern North American disjunct distributions in flowering plants[J]. Annual Review of Ecology & Systematics, 30: 421-455.

Wendel J F, Doyle J J, 1998. Phylogenetic incongruence: Window into genome history and molecular evolution[A]//Soltis D E, Soltis P S, Doyle J J. Molecular Systematics of Plants II: DNA Sequencing[M]. Dordrecht: Kluwer, 265-296.

Wendel J F, Schnabel A, Seelanan T, 1995. An unusual ribosomal DNA sequence from *Gossypium gossypioides* reveals ancient, cryptic, intergenomic introgression[J]. Molecular Phylogenetics & Evolution, 4(3): 298-313.

Zhang H B, Dvorak J, 1991. The genome origin of tetraploid species of *Leymus* (Poaceae: Triticeae) inferred from variation in repeated nucleotide sequences[J]. American Journal of Botany, 78(7): 871-884.

第5章 Ns 染色体组植物的利用

5.1 研究背景和研究内容

5.1.1 研究现状

1. 新麦草属植物的利用

新麦草属(*Psathyrostachys* Nevski)是禾本科小麦族的一个多年生小属，含有 **Ns** 染色体组(Dewey，1984；Baden et al.，1991)。华山新麦草(*Psathyrostachys huashanica* Keng ex Guo，$2n=2x=14$，**NsNs**)是新麦草属的一个多年生二倍体物种，为异花授粉植物(郭本兆，1987)，已被列为我国珍稀濒危一级保护植物和急需保护的农作物近缘物种(杭焱等，2004)，具有抗寒、抗旱、耐瘠薄、早熟、优质，高抗小麦条锈病、白粉病和全蚀病，中抗赤霉病等特点，是小麦遗传改良重要的基因资源(陈漱阳等，1991；井金学等，1999)。普通小麦与华山新麦草的远缘杂交工作开始于 1988 年(陈漱阳等，1991)。赵继新等(2004)获得了普通小麦与华山新麦草的 4Ns、5Ns、6Ns 代换系和附加系，并进行了抗全蚀病鉴定。Zhao 等(2010)获得了表达华山新麦草贮藏蛋白的 1Ns 附加系。近年来，本课题组和国内外一些学者创制了部分小麦-华山新麦草双二倍体、附加系、代换系，并对其进行了分子细胞遗传学鉴定以及抗病性和农艺性状评价(Kishii et al.，2010；Du et al.，2013a，2013b，2013c，2014a，2014b，2014c，2015，Wang et al.，2015)。在华山新麦草抗条锈病研究方面，目前利用分子标记已定位了 7 个小麦-华山新麦草易位系(渗入系)的抗条锈病基因，分别位于 1AL、1DL、2BS、2DS、3AS、6AL、6D 上(姚强等，2010；田月娥等，2011；Cao et al.，2008；Li et al.，2012；Ma et al.，2013，2016)。宋爽(2016)发现部分小麦-华山新麦草衍生系对大麦黄矮病毒 GAV(BYDV-GAV)有一定抗性，并应用到小麦遗传育种工作中。白宇浩(2017)对 53 份普通小麦和小麦-华山新麦草衍生后代材料进行纹枯病抗性鉴定，筛选到 11 份抗病材料，基因组原位杂交鉴定未发现华山新麦草杂交信号，初步分析推断这些材料为华山新麦草小片段的易位材料，并有望在今后小麦抗纹枯病育种过程中加以利用。在其他新麦草属物种的研究利用上，周荣华等(1997)利用基因组原位杂交技术鉴定小麦-新麦草(*Psathyrostachys juncea*)属间杂交后代，其中有易位附加系 7 份、易位-易位附加系 6 份、双端体附加系 2 份和易位系 1 份，易位附加系和易位-易位附加系两种类型为首次报道。

2. 赖草属植物的利用

赖草属植物生境极其多样，从海拔 500～5000m，从湿润的盐碱滩地到海滨滩地以及干旱高温的沙土草原、荒漠化草原均有生长(叶煜辉等，2009；颜济和杨俊良，2011)，使得赖草属植物具有丰富的抵抗生物和非生物胁迫的优良性状，如：耐盐碱、抗干旱、抗条锈病、叶锈病和秆锈病、抗赤霉病、抗白粉病、抗大麦黄矮病、耐热、耐重金属铝毒害、耐瘠薄等(马缘生等，1988；赵茂林等，1994；Mujeeb-Kazi et al.，1983；Forsström and Merker，2001；Chen et al.，2005；Mohammed et al.，2013，2014；Yang et al.，2015)。同时，赖草属植物还拥有穗大、多花、丰富的高分子量麦谷蛋白亚基类型以及植物矮化基因等优良性状(董玉琛等，1985；Sun et al.，2014；Hu et al.，2018；Ren et al.，2018)。因此，作为普通小麦的优异三级基因源，赖草属的多个物种，如大赖草(*Leymus racemosus*)、滨麦(*Leymus mollis*)、羊草(*Leymus chinensis*)、多枝赖草(*Leymus multicaulis*)等已经成功与普通小麦进行远缘杂交，获得了大量具有优异外源遗传物质的双二倍体、附加系和代换系，为普通小麦的遗传改良奠定了坚实的物质基础(张学勇等，1992；刘文轩等，2000；汪乐，2007；崔承齐，2011；Chen et al.，2005；Tsitsin，1965；Anamthawat-Jónsson et al.，1997；Merker and Lantai，1997；Kishii et al.，2003；Zhang et al.，2010；Mohammed et al.，2013)。

5.1.2　存在的学术和技术问题

目前，国内外一些学者创制了部分小麦-华山新麦草附加系、代换系，并对其进行了分子细胞遗传学鉴定以及抗病性和农艺性状研究。然而，附加系和代换系具有遗传不稳定性，遗传补偿性差，在生产上很难直接利用，因此华山新麦草优异基因向普通小麦转移仍然很困难。在华山新麦草抗病性研究方面，目前利用分子标记技术已定位了 7 个小麦-华山新麦草易位系(渗入系)的抗条锈病基因，也进行了抗大麦黄矮病和纹枯病评价。但由于未见这些易位系(渗入系)的分子细胞遗传学报道或基因组原位杂交鉴定未见外源染色质，不能确定是否含有华山新麦草染色体(或片段)，因此不能明确华山新麦草染色体对小麦病害抗性的遗传效应贡献。此外，华山新麦草抗条锈病、全蚀病、纹枯病、大麦黄矮病的基因还没有充分发掘和利用，抗白粉病基因还未见报道，向普通小麦转移华山新麦草的抗性基因是一项长期和迫切的工作。迄今为止，还没有华山新麦草优异外源基因向普通小麦成功转移培育出小麦新品种的报道，需要继续加强其在小麦遗传育种中的利用研究。

从开展赖草属物种的遗传物质向普通小麦遗传背景转移工作至今，已有 30 多年的努力和尝试，大量优异的赖草属外源遗传物质被转移到普通小麦遗传背景中；选育和鉴定了大量的小麦-赖草双二倍体、部分双二倍体、附加系、代换系、附加/代换系、大片段或小片段易位系以及渗入系等优良的种质资源。这些异染色体系大部份涉及赖草属物种的 **Ns** 染色体组，只有很少部分双二倍体或附加系涉及 **Xm** 染色体组，从而限制了对赖草属物种 **Xm** 染色体组所携带的优良遗传物质的了解和利用。同时，利用这些种质资源至今仍然没有培育出一个用于小麦大田生产的新品种。因此，利用赖草属物种的优良基因或性状对小麦进行遗传改良还有很长一段路程，需要创制一些优良的、育种上能够利用的中间材料，从而改良现有小麦品种。

5.1.3　研究思路和研究内容

利用华山新麦草等特异材料，通过传统杂交、渗入杂交、染色体工程及分子标记辅助选择等技术，进行了大量的特异新材料创制与鉴定工作，获得了一批具有不同基因组组成的"桥梁"材料(双二倍体、附加系、代换系、易位系和渗入系)，并进行了农艺性状、抗病性以及分子细胞遗传学鉴定。为将外源物种的优异基因导入普通小麦遗传背景，获得综合农艺性状优良、目的基因明确的特异新材料和小麦新品系提供了新途径。

5.2 新麦草属植物在小麦育种的利用

5.2.1 普通小麦与华山新麦草的远缘杂交

1. 普通小麦与华山新麦草属间杂种的产生和鉴定

1) 杂种 F_1 的产生

幼胚拯救技术在远缘杂交上已广泛应用，是克服合子和胚夭亡的一项有效手段，但该技术对很多育种工作者而言是不方便的，因为它需要更多的实验工作，更多的财力、装备和精力，而且容易产生大的遗传变异，这对转移外源有益资源不利(Liu et al.，2002)。2004年，本课题组以普通小麦 CSph2b($Triticum aestivum$，2n=6x=42，**AABBDD**)做母本，华山新麦草($Psathyrostachys huashanica$，2$n$=2$x$=14，**NsNs**)做父本，授粉小花 320 朵，在未经幼胚培养处理下共得到 5 粒杂种，平均结实率为 1.56%。杂交结实率高于陈漱阳等(1991)和 Sun 等(1992)采用幼胚培养获得的华山新麦草与普通小麦属间杂种的杂交结实率。5 粒种子全部进行发芽，10 d 左右出苗，共得到 3 苗，出苗率为 60%。

CSph2b×$Psathyrostachys huashanica$ 杂种 F_1 植株的雌蕊外形正常，有张开的羽毛状柱头。雄蕊发育不正常，花药瘦小，碘化钾溶液不染色，花粉粒大多数呈透明不规则状，少数具有少量内含物质。以杂种 F_1 做母本，用 CS、CSph2b、J-11 和 Zhengmai-9023 做父本，共做 4 个杂交组合，获得了 28 粒杂交种子，平均回交结实率为 6.86%，结果见表 5-1。选择一些生长良好的穗子套袋自交，共套袋 423 朵小花，结果结实率为零。另外一些穗子未套袋让其开放自交，318 朵小花共结实 9 粒种子。这为选育成套的华山新麦草与普通小麦异附加系等提供了中间基础材料。

表 5-1 CSph2b×$Psathyrostachys huashanica$ 杂种 F_1 自交及其与普通小麦的回交结果

回交亲本或自交	授粉小花数/朵	结实数/粒	结实率/%
CS	150	13	8.67
CSph2b	162	10	6.17
Zhengmai-9023	36	2	5.56
J-11	60	3	5.00
自交结实(套袋)	423	0	0
自交结实(不套袋)	318	9	2.83

2) 杂种 F_1 植株的形态学观察

杂种 F_1 植株的幼苗叶鞘呈紫色，拔节后茎节和叶耳呈浅紫色，植株形态表现为双亲中间型，但倾向母本小麦的性状偏多。幼苗植株匍匐生长，与父本华山新麦草相似；成熟期植株较直立，与母本 CS*ph2b* 相似。植株紧凑，叶色深绿，叶片及叶鞘有蜡粉。株高（平均长 112.54cm）和每穗小穗数（平均 21.29 个）接近小麦亲本。穗长（平均长 10.62cm）及每穗中间小花数（平均 6 朵）超过双亲，旗叶长（平均长 20.15cm）介于双亲之间，比普通小麦短，比华山新麦草长，芒长（平均长 0.73cm）接近于华山新麦草（平均长 0.79cm）。每个穗轴节只有一个小穗，和小麦亲本一样（华山新麦草为三联小穗）。杂种 F₁ 植株和亲本的主要形态学特征见表 5-2，穗部形态见图 5-1。

表 5-2　CS*ph2b*×*Psathyrostachys huashanica* 杂种 F₁ 及其亲本的形态特征

特征	CS*ph2b*	华山新麦草	F₁ 杂种
生活习性	一年生	多年生	一年生
株高/cm	125.12±5.97	70.67±6.78	112.54±2.78
穗长/cm	8.90±1.82	9.32±0.84	10.62±4.48
每穗轴节着生小穗数/个	1	3	1
每穗小穗数/个	21.13±6.07	32.35±2.78	21.29±7.05
旗叶长/cm	30.74±6.55	11.65±1.34	20.15±12.24
芒长/cm	—	0.79±0.35	0.73±0.25
每穗中间小花数/朵	5	2	6
分蘖数/个	20.38±10.59	丛生	46.33±3.50
叶鞘蜡粉	—	—	+
茎节颜色	—	紫色	紫色
基部绒毛	+	—	+

注："＋"表示存在；"－"表示无。

图 5-1　CS*ph2b*×*Psathyrostachys huashanica* 杂种 F₁ 及其亲本的穗部特征（见本书彩图版）

杂种 F₁ 分蘖期延续时间较长，在主穗开花后，还不断有新的分蘖产生，部分较晚的分蘖在后期还能抽穗开花。杂种主穗抽穗、开花都比双亲早。在赤霉病、白粉病发病很严重的情况下，杂种表现免疫。条锈病和叶锈病也未见发生。

3）亲本和杂种 F_1 根尖有丝分裂和花粉母细胞减数分裂行为观察

根尖有丝分裂观察发现，亲本普通小麦 CSph2b 染色体数为 $2n=42$，华山新麦草染色体数为 $2n=14$；杂种 F_1 染色体数为 $2n=28$，与理论值相符，理论染色体组为 **ABDNs**。

杂种 F_1 和亲本花粉母细胞减数分裂中期 Ⅰ 的染色体配对情况见表 5-3 和图 5-2。母本 CSph2b 花粉母细胞减数分裂中期 Ⅰ 二价体出现的频率高，为 20.96，以环状二价体为主（19.55），也观察到单价体，平均每个细胞单价体出现的频率为 0.08。父本华山新麦草花粉母细胞减数分裂中期 Ⅰ 染色体全部配对成二价体，环状和棒状二价体出现的频率相差不大，分别为 3.72 和 3.28。结果表明亲本的减数分裂过程正常。杂种 F_1 花粉母细胞减数分裂中期 Ⅰ 染色体主要以单价体形式出现，平均每个细胞有 26.80 个单价体，0.60 个二价体且全为棒状，未观察到环状二价体和多价体。平均每个花粉母细胞减数分裂染色体构型为 $2n=26.80\,Ⅰ+0.60\,Ⅱ$，平均每个细胞交叉数为 0.60 个。在观察的 156 个花粉母细胞中，有 76 个花粉母细胞减数分裂中期 Ⅰ 形成 28 个单价体；80 个花粉母细胞减数分裂中期 Ⅰ 形成了 1~4 个二价体。后期染色体随机分向两极，并出现数目不等的落后染色体和染色体桥。

Mujeeb-Kazi 等（1987）根据普通小麦和新麦草（*Psathyrostachys juncea*）杂种 F_1 平均每个细胞交叉频率为 1.004，认为普通小麦的染色体组（**ABD**）和新麦草的染色体组（**Ns**）间不存在同源和部分同源联会。颜旸和刘大均（1987）报道了纤毛鹅观草（*Roegneria ciliaris*）和普通小麦杂种 F_1 平均每个花粉母细胞有 1.06 个二价体，认为这样的配对水平可以证明亲本之间不存在同源或部分同源的染色体组，亲缘关系很远。因此，本书中杂种的配对水平表明普通小麦（**ABD**）和华山新麦草（**Ns**）的染色体组间不存在同源和部分同源性，它们之间的亲缘关系很远。这同 Dewey（1984）报道的赖草属（*Leymus*）的 **Ns** 染色体组（来源于新麦草属）同普通小麦（**ABD**）染色体组间无同源性的结果相同。

表 5-3　CSph2b×*Psathyrostachys huashanica* 杂种 F_1 和亲本减数分裂中期 Ⅰ 花粉母细胞染色体配对

亲本和杂种	$2n$	观察细胞数	Ⅰ	染色体配对 Ⅱ			每个细胞交叉数
				总数	环状	棒状	
CSph2b	42	116	0.08 (0~2)	20.96 (20~21)	19.55 (17~21)	1.41 (0~4)	40.51
Psathyrostachys huashanica	14	98	—	7.00 (7)	3.72 (2~7)	3.28 (0~5)	10.72
F_1 杂种	28	156	26.80 (20~28)	0.60 (0~4)	—	0.60 (0~4)	0.60

4）杂种 F_1 的特异 RAPD 验证

选用 8 个对 **Ns** 基因组特异的 RAPD 引物，对杂种 F_1 及其亲本进行扩增。结果表明，引物 OPW-05、OPD-14、OPC-09、OPR-05、OPQ-05、OPK-07 和 OPQ-05 能够在 CSph2b 和杂种 F_1 中扩增出相同的带纹，引物 OPW-05、OPD-19、OPC-09、OPR-05 和 OPQ-05 能够在华山新麦草和杂种 F_1 中扩增出相同的带纹。引物 OPW-05 在杂种中扩增出了两条带，一条的分子量与 CSph2b 相同，另一条的分子量与华山新麦草相同（图 5-3）。对 OPQ-05 扩增的杂种 F_1 和华山新麦草相同的带进行回收、纯化并克隆测序，结果表明，杂种和华山新麦草扩增出的这条带有 290bp，而且在 DNA 组成序列上相同，表明这条带是来自华山新麦草。

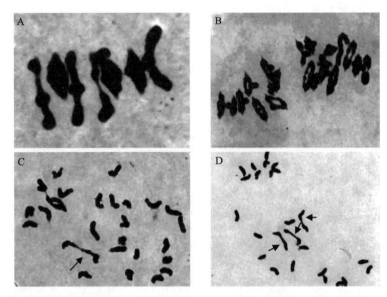

图 5-2　CS*ph2b*×*Psathyrostachys huashanica* 杂种 F₁ 减数分裂中期 I 花粉母细胞染色体配对

注：A. 华山新麦草，2*n*=7Ⅱ；B. 普通小麦 CS*ph2b*，2*n*=21Ⅱ；C. F₁ 杂种，2*n*=26Ⅰ+1Ⅱ；D. F₁ 杂种，2*n*=22Ⅰ+3Ⅱ。箭头表示二价体。

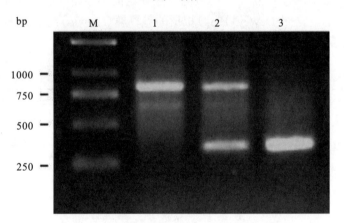

图 5-3　引物 OPW-05 的 RAPD 扩增结果

注：1. 普通小麦 CS*ph2b*；2. 杂种 F₁；3. 华山新麦草；M. 分子量。

2. *phKL* 基因诱导普通小麦—华山新麦草部分同源染色体配对的能力

普通小麦是由 A、B、D 染色体组构成的异源六倍体，每个染色体组有 7 对染色体，分别来自 3 个不同的近缘二倍体物种(Feldman，2001)。虽然普通小麦这 3 个染色体组相应染色体成员之间(如 1A、1B、1D)有部分同源关系，但是减数分裂终变期和中期 I 染色体配对只发生在同源染色体之间，而部分同源染色体之间并不发生配对，因而染色体配对形成 21 个二价体，而没有三价体或多价体形成，表现为"二倍体"化特征(Riley and

Chapman，1958；Sears，1976)。大量的研究已表明，这是由 *Ph*(pairing homoeologous)基因系统所控制的(Sears，1976)。*Ph* 基因系统包括一个位于 5B 染色体长臂上的强效配对抑制基因 *Ph1*，一个位于 3D 染色体短臂上中等强度的配对抑制基因 *Ph2* 和一些作用很微弱的基因。四川小麦地方品种开县罗汉麦具有一个隐性的 *Ph* 基因突变体，基因定位发现此突变体位于 6A 染色体上，这个天然隐性新 *Ph* 基因被命名为 *phKL*(Luo et al.，1992；刘登才等,1997)。具有 *phKL* 基因的开县罗汉麦与外源物种易变山羊草(*Aegilops variabilis* Eig.)或黑麦(*Secale cereale* L.)形成的杂种，其部分同源染色体配对水平显著提高，表明 *phKL* 基因诱导部分同源染色体配对的能力与 *Ph2* 基因相似(刘登才等，1999；Liu et al.，2003；相志国等，2005)。本书利用普通小麦与华山新麦草(*Psathyrostachys huashanica*)杂交，评估 *phKL* 基因在普通小麦—华山新麦草杂种中的可杂交性与诱导部分同源染色体配对能力的大小。在所有杂交组合中，杂种开县罗汉麦×华山新麦草的杂交结实率最高。*phKL* 基因诱导普通小麦—华山新麦草部分同源染色体配对的作用能力比 *Ph1* 和 *Ph2* 基因强。因此，在转移亲缘关系较远的外源遗传物质时，含有 *phKL* 基因的开县罗汉麦可能是一个更好的供体材料。

1)普通小麦与华山新麦草属间杂种的产生

2006 年 4 月，在未使用幼胚拯救技术条件下，课题组成功获得了不同普通小麦与华山新麦草的杂种，各组合的杂交结果见表 5-4。

表 5-4　普通小麦与华山新麦草的杂交结果

杂交组合	授粉小花数/朵	结实种子数/粒	结实率/%	参考文献
Triticum aestivum (KL) ×*Psathyrostachys huashanica*	785	25	3.18*	
T. aestivum (J-11) ×*Psa. huashanica*	798	9	1.13	
T. aestivum (CS*ph1b*) ×*Psa. huashanica*	672	8	1.19	
T. aestivum (CS*ph2b*) ×*Psa. huashanica*	1262	13	1.03	
T. aestivum (CS*ph2a*) ×*Psa. huashanica*	561	7	1.25	
T. aestivum (CS) ×*Psa. huashanica*	784	3	0.38	
T. aestivum (CS) ×*Psa. huashanica*	320	0	0	Sun 等(1992)
T. aestivum (J-11) ×*Psa. huashanica*	450	9	2.00	Sun 等(1992)
T. aestivum (CS) ×*Psa. huashanica*	560	0	0	Sun 和 Yen(1994)
T. aestivum (CS*ph1b*) ×*Psa. huashanica*	286	5	1.75	Sun 和 Yen(1994)
T. aestivum (7182-0-11-1) ×*Psa. huashanica*	166	2	1.20	陈漱阳等(1991)
T. aestivum×*Psa. huashanica*	1576	3	0.19	陈漱阳等(1991)

注：* 5%水平显著。

6 种基因型组合共计 4862 朵小花被去雄和授粉,获得 65 粒种子,平均结实率为 1.34%。组合开县罗汉麦×华山新麦草授粉小花 785 朵,得到 25 粒杂种,平均可杂交性值为 3.18%。普通小麦 CS*ph1b*、CS*ph2b* 和 CS*ph2a* 与华山新麦草的可杂交性值分别是 1.19%、1.03% 和 1.25%。四川地方小麦(J-11)与华山新麦草的可杂交性值是 1.13%，而中国春(CS)与华山新麦草的可杂交性值最低，低于 1%。在所有 6 个杂交组合中，开县罗汉麦×华山新麦草的可杂交性值最高，在 5%水平上差异显著。刘登才等(1999)在研究普通小麦与黑麦(*Secale cereale*)、节节麦(*Aegilops tauschii*)和粘果山羊草(*Aegilops kotschyi*)的可杂交性时，发现开县罗汉麦的可杂交性比中国春和 J-11 都更高。开县罗汉麦×华山新麦草的可杂交性值为 3.18%，均比中国春和 J-11 与华山新麦草杂种的可杂交性值高，且在 5%水平上达到极显著。结果表明，开县罗汉麦具有比中国春和 J-11 更高的可杂交性，将在转移外源遗传物质到普通小麦过程中发挥重要作用。

2)F_1 杂种的细胞学观察

根尖有丝分裂观察发现亲本普通小麦染色体数为 $2n=42$，华山新麦草染色体数为 $2n=14$；杂种 F_1 染色体数为 $2n=28$，染色体组为 **ABDNs**。

母本普通小麦花粉母细胞减数分裂中期Ⅰ二价体出现的频率很高，也观察到少量单价体。父本华山新麦草花粉母细胞减数分裂中期Ⅰ染色体全部配对成二价体，环状和棒状二价体出现频率相差不大，分别为 3.72 和 3.28。结果表明亲本的减数分裂过程正常。

普通小麦×华山新麦草杂种F_1花粉母细胞减数分裂中期Ⅰ的染色体配对情况见表 5-5 和图 5-4。开县罗汉麦×华山新麦草杂种平均每个花粉母细胞减数分裂染色体构型为 21.70 个单价体、0.34 个环状二价体、2.68 个棒状二价体、0.06 个三价体和 0.02 个四价体，平均每个细胞交叉数为 3.54 个。在观察的 100 个花粉母细胞中，5 个花粉母细胞减数分裂中期Ⅰ形成 28 个单价体；95 个花粉母细胞减数分裂中期Ⅰ形成了 1～6 个二价体，33 个细胞中发现了 1～2 个环状二价体(图 5-4A～D)。后期染色体随机分向两极，出现数目不等的落后染色体和染色体桥。

CS、CS*ph2a* 和 CS*ph2b* 与华山新麦草杂种 F_1 花粉母细胞减数分裂中期Ⅰ染色体主要以单价体形式出现，平均每个细胞分别有 0.56 个、0.87 个和 0.60 个二价体，且全为棒状，未观察到环状二价体和多价体(图 5-4E)。然而，CS*ph1b*×华山新麦草杂种染色体构型为 24.48 个单价体、0.12 个环状二价体、1.59 个棒状二价体、0.02 个三价体和 0.01 个四价体，每个细胞交叉数为 1.90 个(图 5-4F)。

刘登才等(1999)发现开县罗汉麦与黑麦、易变山羊草的杂种 F_1 平均每个花粉母细胞交叉频率比 CS 与黑麦、易变山羊草杂种的交叉频率分别高 2.4 倍和 3 倍，表明开县罗汉麦具有显著促进与外源物种部分同源染色体配对的能力，这与 Luo 等(1992)的研究结果相似。相志国等(2005)观察到开县罗汉麦、CS*ph1b*、CS*ph2a* 和 CS*ph2b* 与黑麦杂种的花粉母细胞交叉数分别是 4.69 个、8.48 个、2.74 个和 3.49 个；开县罗汉麦、CS*ph1b*、CS*ph2a* 和 CS*ph2b* 与易变山羊草杂种的花粉母细胞交叉数分别是 7.72 个、13.13 个、5.73 个和 6.75 个。结果证明，开县罗汉麦所携带的 *phKL* 基因诱导小麦远缘杂种部分同源染色体配对的能力介于 *Ph1* 和 *Ph2* 基因之间。本书中，开县罗汉麦、CS、CS*ph1b*、CS*ph2a* 和 CS*ph2b* 与华山新麦草杂种的减数分裂中期Ⅰ每个花粉母细胞交叉数为 3.54 个、0.56 个、1.90 个、0.87 个和 0.60 个。在所有组合中开县罗汉麦染色体配对水平最高，表现在棒状二价体、环状二价体和三价体的数量变多，而单价体数量减少，在 1%水平上差异显著。结果表明，*phKL* 基因诱导普通小麦×华山新麦草杂种部分同源染色体配对的能力高于 *Ph1* 和 *Ph2* 基因。但是 *phKL* 基因的生物学意义是什么还有待进一步研究。

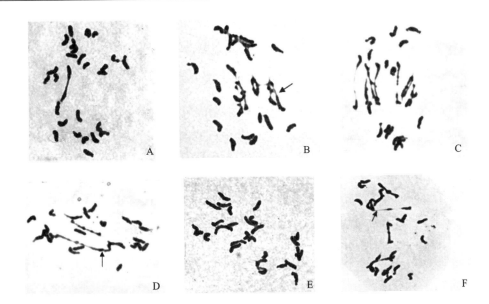

图 5-4　普通小麦×华山新麦草减数分裂中期 I 的染色体配对图

注：A～D. 开县罗汉麦与华山新麦草杂种 F_1 染色体配对。A. $2n=26$ I $+1$ II（棒状）；B. $2n=19$ I $+2$ II（棒状）$+1$ II（环状）$+1$III；C. $2n=16$ I $+5$ II（棒状）$+1$ II（环状）；D. $2n=22$ I $+1$ II（棒状）$+1$IV；E. 中国春与华山新麦草杂种 F_1 染色体配对 $2n=28$ I；F. 中国春 $ph1b$ 突变体与华山新麦草杂种 F_1 染色体配对 $2n=21$ I $+2$ II（棒状）$+1$III。箭头表示三价体和四价体。

表 5-5　普通小麦×华山新麦草减数分裂中期 I 花粉母细胞染色体配对情况

| 杂交组合 | 观察细胞数 | 染色体配对 | | | | | | 交叉数 | SSR分析 | 参考文献 |
| | | I | II | | | III | IV | | | |
			总和	环状	棒状					
Triticum aestivum (KL) × *Psathyrostachys huashanica*	100	21.70* (14～28)	3.02* (0～7)	0.34 (0～2)	2.68* (0～6)	0.06 (0～2)	0.02 (0～1)	3.54* (0～7)	A	
T. aestivum (CS*ph1b*) × *Psa. huashanica*	124	24.48 (18～28)	1.71 (0～5)	0.12 (0～1)	1.59 (0～5)	0.02 (0～2)	0.01 (0～1)	1.90 (0～5)	B	
T. aestivum (CS*ph2a*) × *Psa. huashanica*	150	26.26 (20～28)	0.87 (0～4)	0	0.87 (0～4)	0	0	0.87 (0～4)	C	
T. aestivum (CS*ph2b*) × *Psa. huashanica*	156	26.80 (20～28)	0.60 (0～4)	0	0.60 (0～4)	0	0	0.60 (0～4)	D	
T. aestivum (CS) × *Psa. huashanica*	50	26.88 (24～28)	0.56 (0～2)	0	0.56 (0～2)	0	0	0.56 (0～2)	D	
T. aestivum (J-11) × *Psa. huashanica*	173	26.73 (17～28)	0.62 (0～4)	0	0.62 (0～4)	0.01 (0～1)	0	0.64 (0～5)	—	Sun 等 (1992)
T. aestivum (7182-0-11-1) × *Psa. huashanica*	495	26.01 (22～28)	0.99 (0～3)	0	0.99 (0～3)	0	0	0.99 (0～3)	—	陈漱阳等 (1991)

注：* 1%水平显著。

5.2.2　普通小麦-华山新麦草附加系、部分双二倍体筛选和鉴定

1. BC$_2$ 和 BC$_1$F$_1$ 的体细胞染色体数目

为了更好地利用华山新麦草为普通小麦遗传育种做出贡献，建立一整套普通小麦-华山新麦草异附加系以及大量的代换系或易位系非常重要。外源附加系和代换系的形成涉及非整倍体配子的结合，即非整倍体雌配子或者雄配子，它们分别由胚胎细胞或性母细胞经过减数分裂而发育。植物中，两个独立的遗传系统控制着雄性和雌性细胞减数分裂的染色体行为差异(Sandler et al.，1968；Koul et al.，1995，2000；Koul and Raina，1996)。减数分裂突变体、常规远亲生物产生的近交系、杂种及其特定的衍生后代(Rees，1955)等是研究相关遗传系统控制两性细胞中染色体分裂行为并形成配子问题的理想材料。

CS、CS*ph2b* 和 J-11 能促进小麦与外源物种部分同源染色体之间的配对(Krolow，1970；Sears，1977，1982；罗明诚等，1989)，本书的研究表明它们在促进普通小麦与华山新麦草杂种的部分同源染色体配对上具有相似的效应。对 CS*ph2b*-华山新麦草杂种 F$_1$ 与 CS、CS*ph2b* 和 J-11 回交所获的 BC$_1$ 代(F$_1$×CS、F$_1$×CS*ph2b* 和 F$_1$×J-11)进行花粉母细胞配对观察，发现 CS 和 CS*ph2b* 在回交后代中比 J-11 更能促进普通小麦与华山新麦草部分同源染色体配对。对 BC$_1$ 进行回交或自交，分别得到 BC$_2$ {[F$_1$×CS]×CS、[F$_1$×CS*ph2b*]×CS*ph2b* 和[F$_1$×J-11]×J-11} 以及 BC$_1$F$_1${[F$_1$×CS] selfed、[F$_1$×CS*ph2b*] selfed 和[F$_1$×J-11] selfed}。对 BC$_2$ 和 BC$_1$F$_1$ 群体中的 596 个单株进行了体细胞染色体数目统计，染色体数目分布在 42～52 条(表 5-6)。染色体数目为 45 条的植株最多，占 19.6%；而染色体数目为 51 条的植株最少，仅占 0.8%。77.2%的植株染色体数目分布在 42～46 条，仅有 22.8%的植株染色体数目分布在 47～52 条。群体的染色体数目分布不符合正态分布，表明群体染色体数目的分布受到遗传因素的影响。

表 5-6　各组合中各个染色体数目所占百分比(%)

组合	42 (-7)	43 (-6)	44 (-5)	45 (-4)	46 (-3)	47 (-2)	48 (-1)	49 (0)	50 (+1)	51 (+1)	52 (+3)
[F$_1$×CS]×CS	19.8	20.8	21.2	21.2	11.3	3.3	1.4	0	0.9	0	0
[F$_1$×CS] selfed	5.6	7.1	13.3	18.4	15.3	13.3	10.2	8.2	2.6	2.6	3.6
[F$_1$×CS*ph2b*]×CS*ph2b*	8.3	16.7	22.2	22.2	11.1	11.1	5.6	2.8	0	0	0
[F$_1$×CS*ph2b*] selfed	7.0	7.0	8.5	25.4	29.6	11.3	5.6	1.4	2.8	0	1.4
[F$_1$×J-11] selfed	16.3	10.2	8.2	18.4	12.2	20.4	8.2	6.1	0	0	0
[F$_1$×J-11]×J-11	27.7	17.7	23.4	14.9	8.5	4.3	0	0	3.5	0	0
总体	13.9	12.6	16.3	19.6	14.8	8.9	6	3.5	1.8	0.8	1.3

注：括号中数字是比全部 49 条染色体增加或减少的染色体数目。

BC$_1$ 代植株中染色体数目全部是 49 条，BC$_2$ 群体中所有组合的植株染色体数目应为 42～49 条。然而，BC$_2$ 群体的染色体数目分布在 42～50 条。[F$_1$×CS*ph2b*]×CS*ph2b* 的染色体数目分布在 43～45 条的植株占 61.1%，明显低于[F$_1$×CS]×CS 的 83%以及[F$_1$×J-11]×J-11 的 83.7%，表明回交亲本的基因型显著影响了回交后代的染色体数目分布，且

CS*ph2b* 的影响效应明显强于 CS 和 J-11(表 5-6)。由于[F₁×CS*ph2b*]×CS*ph2b* 中每百株丢失的染色体数目为 430.3 条,显著低于[F₁×CS]×CS 的 495.1 条以及[F₁×J-11]×J-11 中的 510.8 条(表 5-7),表明 CS*ph2b* 作为回交亲本不仅能在衍生后代中很好地稳定华山新麦草染色体的数量,且主要通过影响雌配子的染色体数目来影响植株的染色体数目。

表 5-7 各组合每百株植株丢失以及增加的染色体数目

组合	减少的染色体数	增加的染色体数
[F₁×CS]×CS	495.1	0.9
[F₁×CS] selfed	303.4	18.6
[F₁×CS*ph2b*]×CS*ph2b*	430.3	0
[F₁×CS*ph2b*] selfed	346.3	7
[F₁×J-11] selfed	375.5	0
[F₁×J-11]×J-11	510.8	3.5
总体	399.2	7.3

[F₁×CS]×CS 和[F₁×J-11]×J-11 的染色体数目主要为 42～45 条,所占的比例分别是 83.0%以及 83.7%,表明 CS 和 J-11 对雌配子染色体数目的影响效应相似。然而,[F₁×CS] selfed 的染色体数目分布主要在 44～47 条;[F₁×J-11] selfed 却是在 42 条、45 条和 47 条(表 5-6)。[F₁×CS] selfed 每百株丢失的染色体数目为 303.4 条,显著低于[F₁×J-11] selfed 的 375.5 条(表 5-7),表明在 BC₁F₁ 群体中,J-11 通过影响雄配子染色体数目的分布来影响染色体数目分布的效应显著强于 CS。不同于以上两个组合,[F₁×CS*ph2b*] selfed 的染色体数目主要为 45 条和 46 条,占了 55%,所以 CS*ph2b* 在 BC₁F₁ 中的效应仍然最高(表 5-6),表明 CS*ph2b* 也可通过影响雄配子的染色体数目来影响组合的染色体数目分布。

远缘杂交衍生后代中,回交比自交更快地导致外源染色体的丢失。连续多代的回交将严重导致外源染色体的丢失,不利于外源染色体与普通小麦染色体的重组或者 DNA 渗透,从而降低远缘杂交的改良效应(王洪刚等,1999)。[F₁×CS]×CS 61.8%的植株的染色体数目分布在 42～44 条,显著高于[F₁×CS] selfed 的 26%;[F₁×CS*ph2b*]×CS*ph2b* 的 47.2%,显著高于[F₁×CS*ph2b*] selfed 的 22.5%;[F₁×J-11]×J-11 的 68.8%,显著高于[F₁×J-11] selfed 的 34.7%(表 5-6)。从染色体分布水平来看,回交群体[F₁×CS]×CS、[F₁×CS*ph2b*]×CS*ph2b* 和[F₁×J-11]×J-11 中染色体为 43 条和 44 条的植株分别占 42.0%、38.9%和 41.1%,均显著高于 BC₁F₁ 群体中对应染色体数目植株所占的比例,表明回交虽导致了大量的染色体丢失,却有助于在衍生后代中筛选单体附加系或者双体附加系。比较每百株丢失的染色体数目,[F₁×CS]×CS 的 495.1 条,显著高于[F₁×CS] selfed 的 303.4 条;[F₁×CS*ph2b*]×CS*ph2b* 的 430.3 条,显著高于[F₁×CS*ph2b*] selfed 的 346.3 条;[F₁×J-11]×J-11 的 510.8 条,显著高于[F₁×J-11] selfed 的 375.5 条(表 5-7)。证实了回交能更快地导致外源染色体的丢失。由于自交能很好地在衍生后代中保持住外源染色体的数量,因而在自交后代中可能更容易筛选获得部分双二倍体以及外源染色体与普通小麦染色体之间的重组体,特别是在 BC₁F₁ 世代。

2. 普通小麦-华山新麦草附加系的鉴定和筛选

普通小麦-华山新麦草外源附加系、代换系或易位系等异染色体系的筛选和鉴定，不但可以对华山新麦草优良基因进行染色体定位，同时可为利用该物种进行小麦遗传改良奠定基础。本书对 95 株 BC_1F_2 和 BC_1F_3 单株的花粉母细胞减数分裂时期的染色体数目进行调查，结果见表 5-8 和图 5-5。

表 5-8　花粉母细胞减数分裂中期 I 的染色体配对行为

品系	观察细胞数	染色体数目	染色体配对							外源染色体
			I	II			III	IV	V	
				总数	环状	棒状				
156-1	50	43	1 (1)	21	19.72 (15~21)	1.28 (0~6)				5Ns
156-4	50	44		22	20.94 (17~22)	1.06 (0~5)				5Ns
160-1	50	45	1 (1)	22	19.36 (16~22)	2.64 (0~6)				5Ns
160-2	50	43	1.2 (0~3)	20.9	20.04 (18~21)	0.86 (0~3)				5Ns
160-3	50	46	2.2 (0~4)	21.9	20.05 (17~22)	1.85 (0~4)				Telosomic
160-10	50	43	1 (1)	21	19.08 (16~21)	1.92 (0~5)				5Ns
160-12	50	44		22	20.52 (19~22)	1.48 (0~3)				5Ns
160-13	50	44		22	20.74 (18~22)	1.26 (0~4)				5Ns
160-14	50	45	1.14 (1~3)	21.93	19.93 (16~22)	2 (0~6)				Telosomic
163-1	50	43	1 (1)	21	19.6 (16~21)	1.4 (0~5)				1Ns
165-2	50	46	0.24 (0~2)	22.88	19.74 (16~22)	3.14 (0~7)				3Ns+5Ns
169-3	50	43	1.24 (1~3)	20.88	18.5 (13~21)	2.38 (0~7)				Telosomic
172-1	50	41	1 (1)	20	18.92 (17~20)	1.08 (0~3)				Telosomic
173-1	50	43		20	17.4 (16~20)	2.6 (0~4)	1 (1)			5Ns
173-2	50	44	0.26 (0~2)	21.62	19.39 (16~22)	2.23 (0~6)	0.06 (0~1)	0.08 (0~1)		5Ns
177-2	50	43	1 (1)	21	19.06 (16~21)	1.94 (0~5)				4Ns
177-5	50	43	1 (1)	21	19.8 (18~21)	1.2 (0~3)				4Ns
187-1	50	43	1.4 (1~3)	20.8	18.8 (17~21)	2 (0~4)				2Ns

续表

品系	观察细胞数	染色体数目	染色体配对							外源染色体
			I	II			III	IV	V	
				总数	环状	棒状				
189-2	50	47	1.3 (1～3)	22.85	20.45 (13～23)	2.4 (0～8)				
189-22	50	43	1 (1)	21	19.84 (17～21)	1.16 (0～4)				1Ns
197-16	50	44	0.4 (0～4)	21.6	19.14 (15～21)	2.46 (1～7)		0.1 (0～1)		5Ns
237-2	50	42		21	18.6 (17～21)	2.4 (0～4)				
239-1	50	45	1.24 (1～3)	21.84	19.66 (17～21)	2.18 (0～5)		0.04 (0～1)		
239-2	50	44	2 (2)	21	18.8 (18～20)	2.2 (1～3)				Telosomic
241-2	50	42	2.12 (0～6)	19.52	14.02 (6～18)	5.5 (3～10)	0.12 (0～1)	0.12 (0～1)		
241-3	50	43	2.5 (0～7)	19.4	15.6 (9～19)	3.8 (2～11)	0.3 (0～1)		0.04 (0～1)	Telosomics
241-6	50	42	2 (0～6)	20	13.84 (9～16)	6.16 (3～10)				
241-9	50	42	0.88 (0～4)	20.56	16.6 (12～20)	3.96 (1～9)				
241-10	50	42	1.08 (0～4)	20.46	14.46 (9～19)	6 (1～11)				

　　这些植株的染色体数目分布在 41～47 条，其中染色体数目为 41 条、42 条、43 条、44 条、45 条、46 条和 47 条的植株数分别是 6 株、59 株、13 株、8 株、6 株、2 株和 1 株。5 株(156-4、160-12、160-13、173-2 和 197-16)染色体数目为 44 条和 1 株(165-2)染色体数目为 46 条的植株表现出正常的减数分裂，在中期 I 只有极低频率的单价体和多价体，表明这些材料在细胞学上稳定(表 5-8，图 5-5A、B)。染色体数目为 $2n=43$ 的植株共有 13 株，其中 9 株在花粉母细胞减数分裂中期 I 观察到平均 1 个单价体和 21 个二价体的染色体构型(图 5-5C)，表明这些材料有可能是单体附加系。材料 173-1($2n=43$)观察到 20 个二价体和 1 个三价体的染色体构型(图 5-5D)。材料 241-3($2n=43$)的染色体构型为平均 2.5 个单价体(包含 2 个端体)、19.4 个二价体、0.3 个三价体以及 0.04 个五价体(图 5-5E)。染色体数为 $2n=45$ 的有 6 株，其中 5 株出现 1 个单价体和 22 个二价体的染色体构型(图 5-5F)，表明这些植株可能附加了 3 条华山新麦草染色体。241-2、241-6、241-9 和 241-10($2n=42$)在花粉母细胞减数分裂中期 I 观察到平均每个细胞至少有 0.88 个单价体。而且，241-2 出现平均 2.12 个单价体、0.12 个三价体以及 0.12 个四价体(图 5-5G)，表明该植株中可能含有外源染色体或染色体片段。在 160-3($2n=46$)、160-14($2n=45$)、169-3($2n=43$)、172-1($2n=41$)、239-2($2n=44$)和 241-3($2n=43$)中观察到了端体(图 5-5E、H)；172-1 中落后染色单体、落后端体以及姊妹染色端体在后期 I 移向同极(图 5-5I、J)；

241-3 中，在二分体以及四分体时期都观察到了高频率的微核存在(图 5-5K)；160-13 在后期Ⅱ时表现出染色体分裂不同步(图 5-5L)。

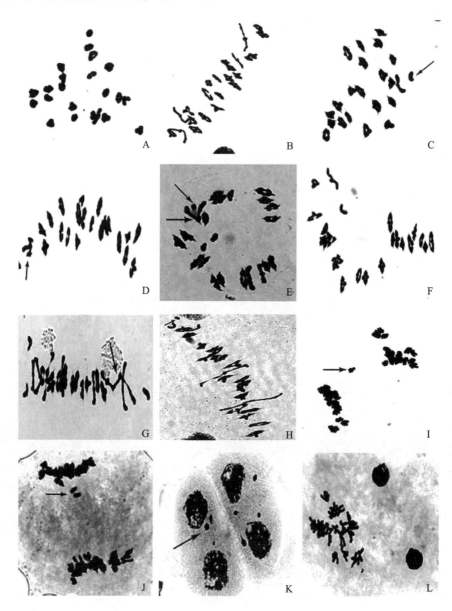

图 5-5　BC₁F₂ 和 BC₁F₃ 植株的减数分裂行为

注：A.156-4，$2n=44$，20 个环状和 2 个棒状二价体；B.165-2，$2n=46$，19 个环状和 4 个棒状二价体；C.160-10，$2n=43$，20 个环状和 1 个棒状二价体以及 1 个单价体(箭头所示)；D.173-1，$2n=43$，20 个环状二价体和 1 个三价体(箭头所示)；E.241-3，$2n=43$，16 个环状和 2 个棒状二价体、2 个单价体、2 个端体(箭头所示)以及 1 个三价体(箭头所示)；F.160-1，$2n=45$，21 个环状和 1 个棒状二价体以及 1 个单价体；G.241-2，$2n=42$，11 个环状和 7 个棒状二价体、2 个单价体以及 1 个四价体(箭头所示)；H.160-3，$2n=46$，19 个环状和 3 个棒状二价体、1 个单价体以及 1 个端体(箭头所示)；I.172-1，落后染色端体(箭头所示)；J.172-1，姊妹染色端体移向同一极(箭头所示)；K.241-3，微核(箭头所示)；L.160-13，后期Ⅱ时的不同步分裂。

当外源染色体或染色体片段转移进普通小麦遗传背景中后，鉴定这些染色体或判断易位断裂位点是当务之急(Schneider et al.，2008)。由于 Giemsa C-带技术具快速、可靠以及经济等优点，众多小麦遗传学家将其作为鉴定外源染色体的主要手段(Lukaszewski and Gustafson，1987；Jiang et al.，1994)。在大多数植物群体或遗传资源中，由于不同染色体具有不同的标准带型，Giemsa C-带能够很好地区分单个染色体(Friebe and Gill，1994；Friebe et al.，1996；Jauhar et al.，2009)。华山新麦草中所有的染色体均呈现出明显不同的带型(王秀娥等，1998)。基因组原位杂交(GISH)是检测多倍体杂种、远缘杂种、部分双二倍体和遗传重组材料中基因组和染色体组组成，以及检测和判断异染色体系中外源染色体数量和断裂位置最常用和可靠的技术(Schwarzacher et al.，1992；Castilho et al.，1996；Chen et al.，1998；Raina and Rani，2001)。Giemsa C-带和基因组原位杂交技术相结合能很好地检测和鉴定这些异染色体系的染色体组组成。基因组原位杂交技术揭示了这些异染色体系中外源染色体的存在以及数量，而 Giemsa C-带技术充分地揭示了这些外源染色体的身份，两者相辅相成。本书对华山新麦草以及 15 株 BC_1F_2 和 BC_1F_3 单株进行 Giemsa C-带分析，结果见表 5-9 和图 5-6。

表 5-9　BC_1F_2 和 BC_1F_3 世代植株的农艺性状表现

材料	株高 /cm	分蘖数 /个	穗长 /cm	每穗小穗数/枚	芒[a]	千粒重 /g	外源染色体
156-1[b]	120	19	10	26	+	15.62	5Ns
156-4	139	11	11	16	+	15.21	5Ns
160-1	101	13	11	19	−	12.21	
160-2	132	23	13	22	+	17.85	5Ns
160-10	80	8	8	20	+	18.99	5Ns
160-12	111	10	11	21	+	17.30	5Ns
160-13	108	7	11	20	+	12.73	5Ns
160-14	121	10	10	20	−	15.14	
163-1	114	9	9	21	−	20.49	1Ns
165-2[b]	103	8	12	23	+	19.42	3Ns+5Ns
169-3	133	40	11.5	24	−	20.90	
172-1	136	16	10	25		21.20	
173-1	117	21	10	24	+	18.57	5Ns
173-2	120	15	9.5	21	+	19.82	5Ns
177-2	113	5	11	22	−	18.21	4Ns
177-5	99	10	8	16	−	21.90	4Ns
187-1	112	14	10	21	−	17.34	2Ns
189-22	124	7	8	22	−	20.41	1Ns
197-16	117	9	10	24	+	12.38	5Ns

续表

材料	株高 /cm	分蘖数 /个	穗长 /cm	每穗 小穗数/枚	芒 a	千粒重 /g	外源 染色体
237-2	80	8	10	21	+	37.96	
239-2	95	8	12	20	+	23.61	
241-2	78	15	12	19	+	13.44	
241-3	78	23	12	17	+	28.40	
241-6	70	8	12	17	+	34.36	
241-10	80	7	11	19	+	27.70	
CS*ph2b*	125	15	9	21	−	19.99	
Psa. huashanica	76	许多	9	29	+	7.44	
郑麦 9023	82	6	8	14	+	43.00	

注：a. "−"无芒，"+"有芒；b.有短芒。

华山新麦草的 C-带标准带型即 1Ns 和 5Ns 的短臂上呈现端带，且 1Ns 具有随体；相反，4Ns 的长臂上呈现出端带；华山新麦草 2Ns、3Ns、6Ns 和 7Ns 的长短臂上都具有强端带，3Ns 和 6Ns 长臂上的端带强于短臂，以及 3Ns 是中间着丝粒染色体，而 7Ns 是最短的染色体(图 5-6A)。在这 15 株材料中，9 个单体附加系被分成 4 组，即 1Ns(163-1和 189-22)、2Ns(187-1)、4Ns(177-2 和 177-5)以及 5Ns(156-1、160-2、160-10 和 173-1)(表 5-9，图 5-6B～E)。156-4、160-12、160-13、173-2 以及 197-6(2n=44)具有一对华山新麦草 5Ns 染色体以及 42 条普通小麦染色体(图 5-6F)，是普通小麦-华山新麦草二体附加系。165-2 具有 46 条染色体，包含 42 条普通小麦染色体以及一对华山新麦草 3Ns 染色体和一对 5Ns 染色体(图 5-6G)，是一个双二体附加系。

对表 5-9 中的 21 份材料(156-1、156-4、160-1、160-2、160-10、160-12、160-13、163-1、165-2、173-1、173-2、177-2、177-5、187-1、189-22、197-16、237-2、241-2、241-6、241-9、241-10)进行了 GISH 分析，染色体数目为 2n=43 的植株均具有一条华山新麦草染色体和42 条普通小麦染色体(图 5-7A)，证实这些植株为单体附加系。在 2n=44 的 5 份材料中均检测到 2 条黄绿色信号的华山新麦草染色体以及 42 条红色的普通小麦染色体(图 5-7B)，证明这些材料为双体附加系。165-2(2n=46)具有 4 条华山新麦草染色体和 42 条小麦染色体(图 5-7C)，是一个双二体附加系。241-2 和 241-10 是两份具有单个染色体易位的罗宾逊易位系，241-2 属于短臂染色体易位(图 5-7D)，而 241-10 是长臂染色体易位(图 5-7E)。160-1(2n=47)具有 3 条华山新麦草染色体(图 5-7F)。

在成熟期，这些材料的农艺性状具有极大的变异。株高为 78～139cm；分蘖数为 5～40 个；大部分植株的穗长以及小穗数高于双亲；籽粒千粒重为 12.21～37.96g。CS*ph2b* 成熟期的穗子无芒，而华山新麦草穗子有芒。BC₁F₃ 中，筛选到 10 株在成熟期穗子具有芒的单株(表 5-9)，这些植株都含有华山新麦草一条或者两条 5Ns 染色体，表明华山新麦草5Ns 染色体携带有控制小麦芒有无的基因。

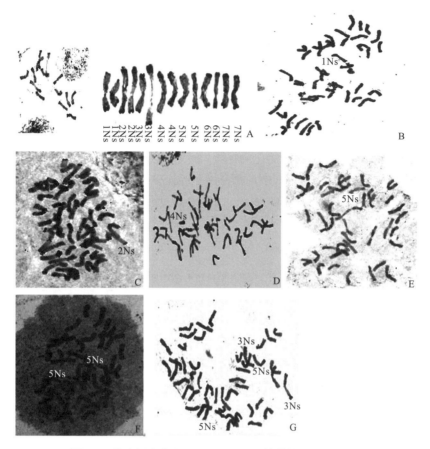

图 5-6　华山新麦草和 BC_1F_2 和 BC_1F_3 植株的 Giemsa C-带

注：A. 华山新麦草的 Giemsa C-带带型；B. 163-1，43 条染色体，附加一条 1Ns；C. 187-1，43 条染色体，附加一条 2Ns；D. 177-2，43 条染色体，附加一条 4Ns；E. 160-2，43 条染色体，附加一条 5Ns；F. 160-13，44 条染色体，附加一对 5Ns；G. 165-2，46 条染色体，附加一对 3Ns 和一对 5Ns。

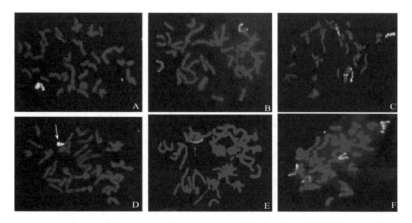

图 5-7　利用华山新麦草基因组做探针的基因组原位杂交结果（见本书彩图版）

注：A. 163-1，43 条染色体，含 1 条华山新麦草染色体；B. 160-13，44 条染色体，含 1 对华山新麦草染色体；C. 165-2，46 条染色体，含 2 对华山新麦草染色体；D. 241-2，42 条染色体，一条短臂易位染色体（箭头所示）；E. 241-10，42 条染色体，一条长臂易位染色体（箭头所示）；F. 160-1，45 条染色体，含 3 条华山新麦草染色体。

3. 华山新麦草 3Ns 染色体携带小麦抗条锈病基因

小麦条锈病(*Puccinia striiformis* Westend. f. sp. *tritici* Eriks & E. Henn.)是普通小麦最严重的病害之一。小麦条锈病已经蔓延到全球除南极之外的 60 多个国家和地区。在部分小麦主产区，根据小麦品种的易感染程度、初次感病的时期、条锈病的发展速率以及持续时间，条锈病能引起多达 70%的产量损失(Chen，2005)。由于条锈病生理小种不断演化，新出现的生理小种极易感染现今推广的普通小麦品种，使其所含有的抗性基因丧失抗性，严重影响这些地区的小麦生产。因而急需挖掘、鉴定以及导入新的抗性基因到高产小麦品种中。已有超过 10 个近缘属物种的抗性基因转移到普通小麦中，为普通小麦的抗性育种提供资源(McIntosh et al.，2008；Bao et al.，2009)。为了明确华山新麦草哪条染色体带有抗病基因，本书对 9 个普通小麦-华山新麦草衍生后代 BC_1F_2 和 BC_1F_3 植株进行了鉴定和分析，结果见表 5-10 和图 5-8。

表 5-10　衍生后代的花粉母细胞减数分裂中期 I 染色体配对行为

| 品系 | 观察细胞数/个 | 染色体数目/条 | 染色体配对 | | | | | | 外源染色体 |
| | | | I | II | | | III | IV | |
				总数	环状	棒状			
163-5	50	43	0.9 (0~1)	20.9	19.53 (17~21)	1.37 (0~4)	0.1 (0~1)		3Ns
165-1	50	43	2.8 (1~5)	20.1	18.1 (14~20)	2 (0~6)			3Ns
165-20	50	46		22.76	20.48 (16~23)	2.28 (0~7)		0.12 (0~1)	3Ns+4Ns
183-1	50	44		22	20.58 (17~21)	1.42 (1~5)			3Ns
183-5	50	43	1 (1)	20.77	20.01 (18~21)	0.76 (0~3)	0.02 (0~1)	0.1 (0~1)	3Ns
183-20	50	44	0.2 (0~2)	21.9	19.98 (17~22)	1.92 (0~5)			3Ns
219-1	50	44	0.06 (0~2)	21.89	19.76 (16~22)	2.23 (1~9)		0.04 (0~1)	1Ns+3Ns /5A
240-3	50	43	1.04 (0~3)	20.98	19.36 (17~21)	1.62 (0~4)			3Ns
240-4	50	43	1 (1)	21	18.44 (15~21)	2.56 (0~6)			3Ns

研究材料中有 5 株染色体数目为 $2n=43$。花粉母细胞配对观察发现其中 4 个植株(163-5、183-5、240-3 和 240-4)具有 1 个单价体(平均值为 0.90~1.04 个)和 21 个二价体(平均值为 20.77~21.00 个)(图 5-8A)，表明这些植株可能是单体附加系。165-1($2n=43$)的花粉母细胞染色体平均配对构型为 2.8 个单价体和 20.1 个二价体。183-1、183-20 和 219-1 均具有 44 条染色体(图 5-8B)，165-20 具有 46 条染色体(图 5-8C)。这些植株减数分裂正常且只有极低频率的未配对染色体和多价体，证实这些植株在细胞遗传学上稳定，可能是双体附加系或者双二体附加系。

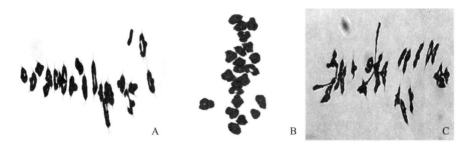

图 5-8 衍生后代的减数分裂中期 I 花粉母细胞染色体配对行为

注：A. 240-3，43 条染色体，21 个环状和 1 个棒状二价体；B. 183-20，44 条染色体，22 个环状二价体；C. 165-20，46 条染色体，20 个环状和 3 个棒状二价体。

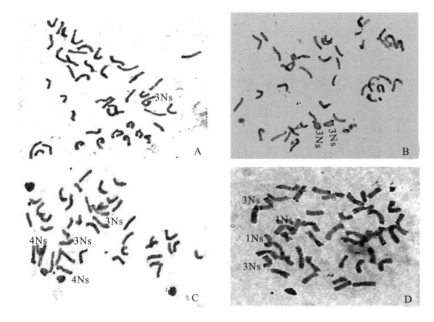

图 5-9 衍生后代的 Giemsa C 带

注：A. 240-3，43 条染色体，附加 1 条 3Ns；B. 183-20，44 条染色体，附加 1 对 3Ns；C. 165-20，46 条染色体，分别附加 1 对 3Ns 和 4Ns；D. 219-1，44 条染色体，分别附加 1 对 1Ns 和 3Ns，缺失 1 对 5A。

比较分析华山新麦草染色体标准 Giemsa C-带（王秀娥等，1998）和普通小麦染色体标准 Giemsa C-带（Gill et al.，1991），表明 163-5、165-1、183-5、240-3 和 240-4 具有 1 条华山新麦草 3Ns 染色体和 42 条普通小麦染色体（图 5-9A），证实这些植株是普通小麦-华山新麦草 3Ns 单体附加系。183-1 和 183-20 分别含有一对华山新麦草 3Ns 染色体和 42 条普通小麦染色体（图 5-9B），表明这两个植株是普通小麦-华山新麦草 3Ns 双体附加系。165-20 的染色体组组成为 42 条普通小麦染色体、一对华山新麦草 3Ns 染色体和一对 4Ns 染色体（图 5-9C），证明这个植株是普通小麦-华山新麦草 3Ns 和 4Ns 的双二体附加系。219-1 的染色体组组成为一对华山新麦草 1Ns 染色体、一对 3Ns 染色体和 40 条普通小麦染色体，是一个普通小麦一对 5A 染色体被华山新麦草一对 1Ns 或者 3Ns 染色体代换了的普通小麦-华山新麦草双二体附加-代换系（图 5-9D）。

GISH 分析证实所有 2n=43 的植株均含有一条华山新麦草染色体和 42 条普通小麦染色体(图 5-10A)，为普通小麦-华山新麦草单体附加系。183-1 和 183-20 含有 2 条华山新麦草染色体和 42 条普通小麦染色体(图 5-10B)，为普通小麦-华山新麦草二体附加系。165-20 含有 4 条华山新麦草染色体和 42 条普通小麦染色体(图 5-10C)，为普通小麦-华山新麦草双二体附加系。219-1 具有 4 条华山新麦草染色体和 40 条普通小麦染色体(图 5-10D)，为普通小麦-华山新麦草代换-双二体附加系。

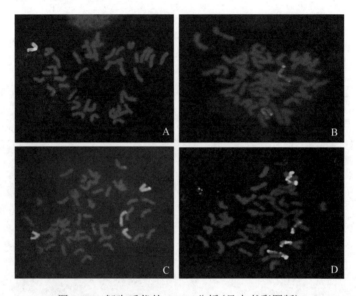

图 5-10　衍生后代的 GISH 分析(见本书彩图版)

注：A. 240-3，43 条染色体，附加 1 条华山新麦草染色体；B. 183-20，44 条染色体，附加 1 对华山新麦草染色体；C. 165-20，46 条染色体，附加 2 对华山新麦草染色体；D. 219-1，44 条染色体，附加 2 对华山新麦草染色体。

田间抗病性结果显示华山新麦草、165-2、165-20、183-1、183-5、183-20、219-1 和 240-4 在幼苗期和成株期对所接种的混合条锈病生理小种均表现出免疫(表 5-11、图 5-11A)。163-5、165-1 和 240-3 在幼苗期表现出免疫，但是在成株期表现出高抗(表 5-11、图 5-11B)。CSph2b、郑麦 9023、铭贤 169 和 14 个普通小麦-华山新麦草附加系在幼苗期和成株期均表现出高感(图 5-11C～E)。通过对这 24 个普通小麦-华山新麦草异染色体系染色体组组成的分析发现，10 个对条锈病生理小种表现出高抗或者免疫的株系均含有一条或者一对华山新麦草 3Ns 染色体，表明这些植株中的条锈病抗性与华山新麦草 3Ns 染色体有关。近年来，越来越多的学者利用外源异染色体系中某种基因的表达与否来进行外源优良基因的外源染色体定位(Cho et al. 2006)，如 Lammer 等(2004)利用一套普通小麦-中间偃麦草外源异染色体系，揭示了中间偃麦草中控制多年生习性的基因位于中间偃麦草 4E 染色体上。

图 5-11　亲本及衍生后代的抗病性（见本书彩图版）

注：A. 183-20，免疫；B. 165-1，高抗；C～E. 160-13、CS*ph2b* 和郑麦 9023，高感。

表 5-11　衍生后代的染色体组组成和对小麦条锈病抗性级别

品系	染色体数目	小麦条锈病抗性		外源染色体
		幼苗期	成株期	
156-1	43	S	S	5Ns
156-4	44	S	S	5Ns
160-2	43	S	S	5Ns
160-10	43	S	S	5Ns
160-12	44	S	S	5Ns
160-13	44	S	S	5Ns
163-1	43	S	S	1Ns
163-5	43	I	HR	3Ns
165-1	43	I	HR	3Ns
165-2	46	I	I	3Ns+5Ns
165-20	46	I	I	3Ns+4Ns
173-1	43	S	S	5Ns
173-2	44	S	S	5Ns
177-2	43	S	S	4Ns
177-5	43	S	S	4Ns
183-1	44	I	I	3Ns
183-5	43	I	I	3Ns
183-20	44	I	I	3Ns
187-1	43	S	S	2Ns
189-22	43	S	S	1Ns
197-16	44	S	S	5Ns
219-1	44	I	I	1Ns+3Ns /5A

品系	染色体数目	小麦条锈病抗性		外源染色体
		幼苗期	成株期	
240-3	43	I	HR	3Ns
240-4	43	I	I	3Ns
Psa. huashanica	14	I	I	NsNs
郑麦 9023	42	S	S	
CS*ph2b*	42	S	S	
铭贤 169	42	S	S	

注：I=免疫，HR=高抗，S=高感。

4. 普通小麦-华山新麦草部分双二倍体的鉴定和选育

普通小麦与野生近缘属物种的部分双二倍体是进行外源优良基因向普通小麦转移的重要桥梁材料。著名的普通小麦-长穗偃麦草部分双二倍体 PMW 系列（Fedak et al.，2000）以及普通小麦-中间偃麦草部分双二倍体 Zhong 系列（Han et al.，2004）都是典型的小麦遗传育种中间过渡材料，为小麦遗传改良做出了重要贡献。为获得普通小麦与华山新麦草的双二倍体，本书对 BC_1F_4 代 15 个田间农艺性状表现出普通小麦-华山新麦草杂种性状的植株进行了分析，结果见表 5-12 和图 5-12。

表 5-12   15 株部分双二倍体材料的花粉母细胞减数分裂中期 I 染色体配对分析

品系	观察细胞数	染色体数目	染色体配对				
			I	II			III
				总数	环状	棒状	
B113-1、B113-5、B113-10、B21-3、B21-6	250	50	0.46 (0~4)	24.77 (23~25)	20.65 (17~24)	4.12 (1~7)	
B113-12、B113-14、B21-4	150	50	3.68 (2~6)	23.16 (22~24)	18.54 (14~23)	4.62 (1~9)	
B113-7、B113-11、B21-1、B21-5	200	51	1.36 (1~7)	24.82 (22~25)	20.14 (14~23)	4.68 (2~9)	
B113-13、B113-16	100	51	5.63 (3~13)	22.66 (19~24)	17.86 (14~23)	4.8 (1~7)	
B113-6	50	54	2.58 (1~7)	24.42 (22~26)	21.14 (16~25)	3.28 (1~8)	0.86 (0~1)

对花粉母细胞减数分裂中期 I 的染色体配对观察，发现所有植株均是非整倍体（表 5-12）。其中 5 株植株的染色体数目为 50 条，减数分裂中期 I 的染色体平均每个细胞具有 0.46 个单价体（0~4 个）和 24.77 个二价体（23~25 个）（图 5-12A）。4 株植株染色体数目为 51 条，平均每个细胞具有 1.36 个单价体（1~7 个）和 24.82 个二价体（22~25 个）（图 5-12B）。1 株具有 54 条染色体，其染色体平均每个细胞具有 2.58 个单价体和 24.42 个二价体以及 0.86 个三价体。

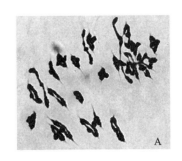

图 5-12　减数分裂中期 I 花粉母细胞染色体配对

注：A.B21-6，50 条染色体，22 个环状和 3 个棒状二价体；B.B21-5，51 条染色体，21 个环状和 4 个棒状二价体以及 1 个单价体。

Giemsa C-带鉴定了 4 株植株(B113-6、B113-12、B21-5 和 B21-6)的染色体组组成(图 5-13)。B21-6 具有 42 条普通小麦染色体和华山新麦草 1Ns、3Ns、4Ns 和 5Ns 染色体各一对(图 5-13A)。B113-12 具有 42 条普通小麦染色体，华山新麦草 3Ns、4Ns 和 5Ns 染色体各一对，1Ns 和 2Ns 染色体各 1 条(图 5-13B)。B21-5 具有华山新麦草 1Ns、3Ns、6Ns 和 7Ns 染色体各一对以及 1 条 5Ns 染色体(图 5-13C)。B113-6 具有 40 条普通小麦染色体，华山新麦草 1Ns、2Ns、3Ns、4Ns 和 5Ns 染色体各一对及 6Ns 和 7Ns 染色体各 1 条，以及一条普通小麦-华山新麦草易位染色体和一条端体(图 5-13D)。

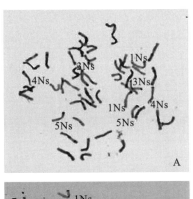
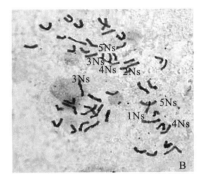
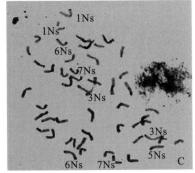
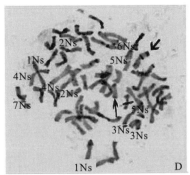

图 5-13　Giemsa C-带鉴定染色体组组成

注：A.B21-6，50 条染色体，分别含有一对 1Ns、3Ns、4Ns 和 5Ns；B.B113-12，50 条染色体，分别含有一对 3Ns、4Ns 和 5Ns 以及一条 1Ns 和一条 2Ns；C.B21-5，51 条染色体，分别含有一对 1Ns、3Ns、6Ns 和 7Ns 以及一条 5Ns；D.B113-6，52 条染色体，分别含有一对 1Ns、2Ns、3Ns、4Ns 和 5Ns 以及一条 6Ns 和一条 7Ns，以及一条小麦-华山新麦草易位染色体(粗箭头所示)和一条端体(细箭头所示)。

　　因此，这些植株之间携带有不同的华山新麦草染色体组成，即来源于相同的衍生世代也不会有相同的染色体组组成。普通小麦-长穗偃麦草部分双二倍体 PMW 系列（Fedak et al.，2000）以及普通小麦-中间偃麦草部分双二倍体 Zhong 系列（Han et al.，2004）也存在这种情况。

　　本书还通过 SDS-PAGE，分析了 45 株植株（32 株 B113 和 13 株 B21）的蛋白亚基组成，结果见表 5-13。

　　普通小麦 CS*ph2b* 的高分子量谷蛋白亚基组成是 7+8（*Glu-B1*）和 2+12（*Glu-D1*）。华山新麦草具有两条高分子量谷蛋白亚基，其电泳迁移率低于 B1 位点的 2 亚基，以及两条类似于低分子量谷蛋白亚基（图 5-14）。

表 5-13　部分双二倍体群体和亲本条锈病抗性和谷蛋白亚基组组成分析

材料	HMW-GS (H)[e]	LMW-GS (L)[d]	LMW-GS (Ln)[c]	LMW-GS (Ln+1)[b]	小麦条锈病抗性[a]
B113-1	+				I
B113-2	+			+	HR
B113-3			+	+	I
B113-4			+	+	I
B113-5	+	+	+		I
B113-6	+	+	+	+	I
B113-7	+	+		+	I
B113-8					I
B113-9					I
B113-10		+	+	+	I
B113-11	+			+	HR
B113-12	+	+		+	I
B113-13	+	+	+	+	HR
B113-14	+	+			HR
B113-15				+	I
B113-16	+	+		+	I
B113-17				+	I
B113-18	+	+			I
B113-19	+		+	+	I
B113-20			+	+	I
B113-21	+	+		+	HR
B113-22			+	+	I
B113-23	+	+	+	+	I
B113-24	+	+	+		I
B113-25					I
B113-26	+	+	+	+	HR
B113-27	+	+	+	+	I
B113-28	+	+	+	+	I

续表

材料	HMW-GS (H)[e]	LMW-GS (L)[d]	LMW-GS (Ln)[c]	LMW-GS (Ln+1)[b]	小麦条锈病抗性[a]
B113-29	+	+		+	I
B113-30	+	+	+	+	I
B113-31	+	+		+	I
B113-32	+	+	+	+	I
B21-1	+	+	+		HR
B21-2	+	+	+	+	I
B21-3	+	+			I
B21-4	+	+	+		HR
B21-5	+	+	+		I
B21-6	+	+	+		I
B21-7	+	+	+		I
B21-8	+	+	+	+	I
B21-9	+		+		I
B21-10	+	+	+		HR
B21-11	+	+	+	+	HR
B21-12	+	+	+	+	I
B21-13			+		I
CS*ph2b*					S
Psa. huashanica	+	+			I
铭贤 169					S

注：a. I：免疫；HR：高抗；S：高感；b. Ln+1：新 LMW-GS 带；c. Ln：新 LMW-GS 带；d. L：华山新麦草特有的 LMW-GS 带；e. H：华山新麦草特有的 HMW-GS 带。

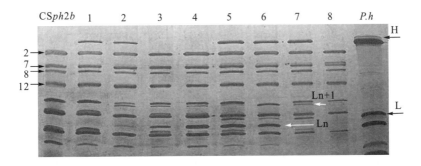

图 5-14　SDS-PAGE 鉴定谷蛋白亚基组成

注：从左到右为 CS*ph2b* 普通小麦、B113-1 到 B113-8 和华山新麦草（*Psa. huashanica*，P.h）；Ln 和 Ln+1 均代表新的蛋白亚基；H 和 L 分别代表华山新麦草特有的高分子量和低分子量谷蛋白亚基。

　　45 株植株中，34 株植株携带了一条华山新麦草特异的高分子量谷蛋白亚基（图 5-14 中标记 H 的条带）。30 株植株携带了一条华山新麦草特异的低分子量谷蛋白亚基（图 5-14 中标记 L 的条带）。在 38 株植株中检测到了两条新的低分子量谷蛋白亚基条带（图 5-14 中 Ln 和 Ln+1 均代表新的低分子量谷蛋白条带）。在普通小麦-华山新麦草双二倍体中，除了发现一条华山新麦草低分子量谷蛋白亚基以外，没有发现其余的华山新麦草谷蛋白亚基存在。然而，在这套部分双二倍体中，大部分植株具有一条或多条来源于华山新麦草的谷蛋白亚基，38 株植株中存在一条或两条新的低分子量谷蛋白亚基。在远缘杂种及其衍生后代中有多种方式可以导致这些新的低分子量谷蛋白亚基产生，其中杂交导致已知亚基的遗传修饰从而产生新的亚基类型是最常见的途径。由于这些植株中具有华山新麦草谷蛋白亚基以及一些新的亚基，将是普通小麦品质改良的潜在资源。

在小麦正常的生长季节，课题组在田间进行了条锈病的抗性鉴定。田间抗性鉴定表明 CS*ph2b* 和铭贤 169 在成株期对混合条锈病生理小种"条中 30""条中 31""水源 7""水源 14"表现出高感，而华山新麦草表现出免疫。在成株期，所有 45 株植株均表现出对该混合条锈病生理小种的高抗或者免疫，其中高抗 10 株、免疫 35 株(表 5-13)。

部分双二倍体在细胞遗传上的稳定对其在作物遗传改良中具有理论研究和实际利用的重大意义(Bao et al.，2009)。本书所获得的部分双二倍体都是非整倍体，且一些植株仍然没有达到细胞学上的稳定，这在普通小麦-外源部分双二倍体中很常见，并不影响其理论研究和实际遗传改良利用(Yang et al.，2006)。

5.2.3 普通小麦-华山新麦草双二倍体的合成

小麦近缘植物中存在着许多栽培小麦种内基因库所短缺的优良基因资源，是小麦遗传改良的巨大基因库。因此，为丰富小麦的遗传多样性，改善小麦育种的遗传基础，迫切需要导入外源抗病、抗虫、抗逆、优质等优良基因。借助染色体遗传学操纵的小麦远缘杂交和人工合成双二倍体，是现阶段开发外源种质、转移外源优良基因、提高育种水平的有效途径。目前为止，小麦属与许多外源属物种已经成功获得了双二倍体，包括黑麦属(*Secale*)、大麦属(*Hordeum*)、山羊草属(*Aegilops*)、簇毛麦属(*Dasypyrum*)、薄冰草属(*Thinopyrum*)、冠麦草属(*Lophopyrum*)、冰草属(*Agropyron*)和赖草属(*Leymus*)(Sanchez-Monge，1959；Cauderon et al.，1973；Martin and Sanchez-Monge，1982；Jan et al.，1986；Mujeeb-Kazi et al.，1987；傅杰等，1989，1993；Yang et al.，2006)。

1. 普通小麦 J-11 与华山新麦草双二倍体的产生

本书利用 9 粒普通小麦 J-11 与华山新麦草 F_1 种子在室温下发芽，幼苗移栽到大田，获得了 4 株 F_1 植株，其中 3 株用秋水仙碱处理。处理后 1 株死亡，另外 2 株均有不同程度的再生长。对这 2 株进行春化处理，长到抽穗开花后，它们分别形成 4 个和 5 个穗子，并分别获得 18 粒和 26 粒种子，其自交结实率分别为 9.68%和 14.69%。这比 *Triticum-Leymus* 和 *Triticum-Dasypyrum* 双二倍体的结实率高(傅杰等，1989，1993)，但低于 *Triticum-Hordeum* 双二倍体的结实率(Martin and Sanchez- Monge，1982)。

2. 普通小麦 J-11 与华山新麦草双二倍体的生长特点、形态和育性

获得的 34 粒形状良好的 F_2 代种子在室温下发芽，所有种子能正常发芽，幼苗移栽到大田。F_2 植株(PHW-SA，普通小麦与华山新麦草人工合成双二倍体的简称)的形态特征与 F_1 植株相似，但生长更旺盛，表现在株高、每穗小穗数、穗长和芒长的增加。

双二倍体 PHW-SA 及双亲形态特征和主要农艺性状分别见表 5-14 和图 5-15。

表 5-14 双二倍体 PHW-SA 及其亲本的形态特征

特征	J-11	PHW-SA	*Psa. huashanica*
生长习性	一年生	一年生	多年生
株高/cm	140.00±5.50	137.00±11.50	70.67±6.78
穗长/cm	10.17±1.40	15.14±3.20	9.32±0.84
每穗小穗数	22.70±3.00	24.76±5.00	32.35±2.78
分蘖数	9.74±4.12	7.46±5.50	丛生
旗叶长/cm	26.27±4.57	27.27±7.95	11.65±1.34
芒长/cm	3.47±0.45	3.94±1.10	0.79±0.35
每穗中间小花数/朵	5	3	2
每节小穗数	1	1	3
蜡粉	+	+	-
节颜色	-	紫色	紫色
小穗基部绒毛	-	+	+

注："+"表示存在；"-"表示不存在。

所有成熟的 PHW-SA 植株生长均匀，在形态上有一些明显的来自母本普通小麦 J-11 的特征，如株高、分蘖数、旗叶长、芒长、每节小穗数和具有蜡粉，这种现象在小麦与黑麦属、大麦属、山羊草属、簇毛麦属、薄冰草属、冠麦草属、冰草属和赖草属的双二倍体中普遍存在(Jiang et al.，1994)；一些性状则倾向于父本华山新麦草，如基部小穗有绒毛和节间呈紫色等；还有一些性状，如穗长和种子长度等均明显超过双亲(图 5-16)，这些性状可能主要是染色体倍性增加和产生了基因间新的互作所致。

图 5-15 双二倍体 PHW-SA 的植株形态(见本书彩图版)

图 5-16 双二倍体 PHW-SA 及其亲本的小穗形态(见本书彩图版)

注：a. 普通小麦 J-11；b. 双二倍体 PHW-SA；c. *Psathyrostachys huashanica*。

值得注意的是，PHW-SA 植株的每个小穗有 3 朵小花，这与亲本 J-11(5 朵)和华山新麦草(2 朵)是不同的。PHW-SA 的成熟种子有点皱瘪，千粒重大约 24g，介于双亲之间(图 5-17)。相对于 J-11，PHW-SA 的生育期缩短了大约 7 d。PHW-SA 植株生长良好的穗子套袋自交，共计 6578 朵小花自交，获得 3888 粒种子，其平均自交结实率为 59.11%(37.10%～77.38%)。这比以前报道的 *Triticum-Hordeum*、*Triticum-Leymus*、*Triticum-Agropyron*、*Triticum-Thinopyrum* 和 *Triticum-Dasypyrum* 双二倍体的结实率(14.12%～54.58%)都高。

图 5-17 双二倍体 PHW-SA 及其亲本的籽粒形态(见本书彩图版)

注：A. 普通小麦 J-11；B. 双二倍体 PHW-SA；C. *Psathyrostachys huashanica*。

3. 双二倍体 PHW-SA 的细胞遗传学特性

根尖有丝分裂观察发现亲本普通小麦 J-11 染色体数为 $2n=42$，华山新麦草染色体数为 $2n=14$；杂种 F_1 染色体数为 $2n=28$，与理论值相符，理论染色体组为 **ABDNs**。在花粉母细胞减数分裂中期 I，F_1 杂种染色体配对很低，配对构型为 26.70 I +0.65 II (棒状)。

对 34 株双二倍体 PHW-SA 植株的根尖细胞有丝分裂观察结果见表 5-15。PHW-SA 染色体变化从 $2n=51$ 到 $2n=56$。$2n=56$ 的植株有 24 株，占 70.59%；$2n=51$～55 的植株有 10 株。非整倍体植株的频率占 29.41%，低于六倍体小黑麦(39.5%)(Sanchez- Monge，1959)

和小滨麦(62.5%)(傅杰等,1993),但高于六倍体小大麦(7.8%)(Martin and Sanchez-Monge, 1982)和小簇麦(14.14%)(傅杰等,1989)。偶尔在一些细胞中发现具有端着丝粒的染色体,而且 1 株 PHW-SA 植株(2n=56)含有 6 条(3 对)随体染色体。

表 5-15　双二倍体 PHW-SA 根尖染色体数目统计

类别	2n=51	2n=52	2n=54	2n=55	2n=56
植株数/株	1	1	6	2	24
观察细胞数/个	50	58	403	174	1379
百分数/%	2.94	2.94	17.65	5.88	70.59

双二倍体 PHW-SA 植株花粉母细胞减数分裂中期 I 的染色体配对情况见表 5-16。PHW-SA(2n=56)的花粉母细胞减数分裂中期 I 染色体配对十分规则,每个细胞染色体的配对构型为 1.15 个单价体、22.09 个环状二价体、5.25 个棒状二价体、0.03 个三价体和 0.02 个四价体。每个细胞单价体数目平均 1.15 个,变化范围为 0~8 个,这低于六倍体小黑麦的 2.3 个、六倍体小大麦的 2.68 个、小滨麦的 1.69 个、小簇麦的 1.44 个和双二倍体 Triticum-Thinopyrum 的 3.88 个(Sanchez-Monge,1959;Martin and Sanchez-Monge,1982;Jan et al., 1986;傅杰等,1989,1993;Yang et al.,2006)。在所有观察的 1226 个花粉母细胞中,49.79%的染色体完全配对(21 个普通小麦和 7 个华山新麦草二价体),其中有一个细胞形成 28 个环状二价体。在 4.44%的细胞中观察到三价体和四价体存在。所有 2n=56 的植株中,减数分裂中期 I 染色体配对形成二价体数目变化范围为 26.98~27.47 个,不同单株间的染色体配对差异很小,说明新双二倍体(2n=56)在细胞遗传上是相对稳定的。

表 5-16　双二倍体 PHW-SA 花粉母细胞减数分裂观察

染色体数目	观察植株数	观察细胞数	I	II 总和	II 环状	II 棒状	III	IV	每细胞交叉数
56	24	1226	1.15 (0~8)	27.34 (24~28)	22.09 (12~28)	5.25 (0~16)	0.03 (0~1)	0.02 (0~1)	49.55 (40~56)
55	2	175	2.86 (1~7)	25.89 (24~27)	22.89 (14~25)	3.00 (2~13)	0.12 (0~2)	—	49.02 (39~52)
54	6	450	0.49 (0~4)	26.68 (24~27)	22.68 (18~26)	4.00 (1~8)	0.05 (0~1)	—	49.46 (44~53)
52	1	98	2.40 (0~6)	24.69 (23~26)	20.56 (17~25)	4.13 (1~8)	0.02 (0~2)	0.04 (0~1)	45.41 (42~51)
51	1	87	2.20 (0~5)	24.10 (23~25)	19.69 (16~24)	4.41 (1~8)	0.20 (0~2)	—	44.19 (39~49)

PHW-SA(2n=54)的花粉母细胞减数分裂中期 I 染色体配对构型为 0.49 个单价体、22.68 个环状二价体、4.00 个棒状二价体和 0.05 个三价体,在 75.81%的细胞中染色体完全配对。在非整倍体植株中,PHW-SA 的染色体配对相对低于整倍体植株,这主要是由于单价体和多价体增多造成的。在后期 I,出现数目不等的落后染色体,其中一些经历了提前分离。在后期 II,观察到每个花粉母细胞平均有 0.8 个微核,最多的达到 6 个。

4. 双二倍体 PHW-SA 的 Giemsa C-带分析

为了弄清双二倍体 PHW-SA 的染色体组成，本书对 PHW-SA 进行了 Giemsa C-带分析，结果见图 5-18。

在 PHW-SA 中，**A**、**B** 和 **D** 染色体组的 21 条染色体全部可见。**B** 染色体组的染色体 C-带带纹很强，易于辨认。所有 **A**、**B** 和 **D** 染色体组的染色体均存在 2 个拷贝。以王秀娥等（1998）发表的华山新麦草 Giemsa-C 带带型为判断标准，剩下的 14 条在染色体一端或两端同时显示颜色较深的带纹，而少见中间带、近端带和着丝粒带。可以肯定华山新麦草的整条染色体全都导入了普通小麦中，但不能确定有无华山新麦草染色体片段导入。PHW-SA 中具有明显的华山新麦草染色体的 Giemsa C-带带型，对以后继续追踪华山新麦草染色体具有重要的意义。

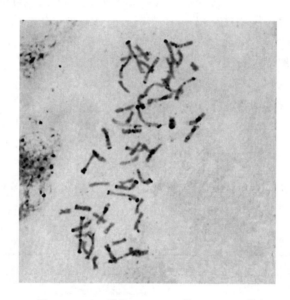

图 5-18　双二倍体 PHW-SA 的 Giemsa C-带

5. 双二倍体 PHW-SA 的 GISH 鉴定

为了进一步弄清双二倍体 PHW-SA 的染色体组成，本书对 PHW-SA 进行了基因组原位杂交（GISH）检测，结果见图 5-19。

以荧光素标记的华山新麦草全基因组 DNA 为探针，普通小麦中国春 DNA 为封阻进行基因组原位杂交，结果表明 PHW-SA 的根尖细胞具有 56 条染色体，10 条完整地显示黄绿色杂交信号的染色体是来自华山新麦草的 **Ns** 基因组；8 条染色体仅在它的长臂或短臂显示强烈的杂交信号，另一条臂没有杂交信号，应该是普通小麦-华山新麦草易位染色体；观察到 PHW-SA 有一对染色体臂端部呈微弱的黄绿色杂交信号，很可能是普通小麦-华山新麦草小片段易位染色体。周荣华（1997）报道了新麦草（*Psathyrostachys juncea*）染色体具有很强的错分裂的能力，在 wheat-*Psa. juncea* 杂交和回交后代中获得一系列臂间易位系。Sears（1972）指出在远缘杂交中，外源染色体发生错分裂对产生易位是非常重要的。本书的研究结果表明，PHW-SA 产生了大量的普通小麦-华山新麦草易位染色体，保证了在常规育种中华山新麦草遗传物质向普通小麦转移的可能性。

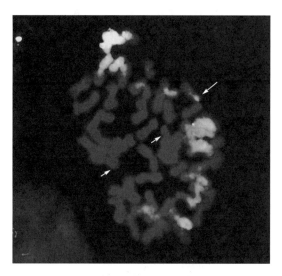

图 5-19　双二倍体 PHW-SA 的 GISH 检测结果（见本书彩图版）

注：短箭头表示小片段易位染色体，长箭头表示含有整条染色体臂的易位染色体。

6. 双二倍体 PHW-SA 的贮藏蛋白电泳分析

醇溶蛋白分析表明，双二倍体 PHW-SA 与亲本普通小麦 J-11 在 ω 区、γ 区、β 区和 α 区都出现了很多相同的条带。PHW-SA 与亲本华山新麦草比较发现：在 ω 区有 3 条清晰的华山新麦草的带在 PHW-SA 中表达；在 α 区有 2 条华山新麦草的带消失；在 ω 区有 2 条带消失和 2 条新带出现（图 5-20）。

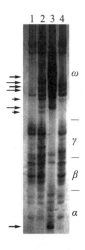

图 5-20　双二倍体 PHW-SA 与亲本的醇溶蛋白图谱

注：1. 普通小麦 J-11；2. 双二倍体 PHW-SA；3. 华山新麦草；4. 普通小麦中国春（CS）。长箭头表示 PHW-SA 中出现的华山新麦草特异条带，短箭头表示出现的新带，粗箭头表示华山新麦草的带在 PHW-SA 中消失。

　　双二倍体 PHW-SA 与亲本的高分子量谷蛋白（HMW-GS）电泳结果见图 5-21。J-11 的高分子量谷蛋白亚基组成为亚基 Null（*Glu-A1*）、7＋8（*Glu-B1*）和 2＋12（*Glu-D1*）。PHW-SA 具有 5 条高分子量谷蛋白条带，在低分子量谷蛋白（LMW-GS）区域产生了几条表达量很大的条带。与亲本相比，1 条华山新麦草的带在 PHW-SA 中表达。1 条华山新麦草的带在 PHW-SA 中消失，且 PHW-SA 出现了一条新带，其位置在 2 带与 7 带之间。

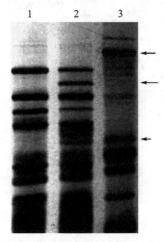

图 5-21　双二倍体 PHW-SA 与亲本的谷蛋白图谱

注：1. 普通小麦 J-11；2. 双二倍体 PHW-SA；3. 华山新麦草。短箭头表示 PHW-SA 中出现的华山新麦草特异条带，长箭头表示出现的一条新带，粗箭头表示华山新麦草的带在 PHW-SA 中消失。

　　Yang 等（2006）指出在杂种 F_1 和双二倍体中，贮藏蛋白电泳图谱通常是叠加的，即具有双亲的所有条带。本书的研究结果表明，在检测外源有益基因转移到普通小麦过程中，PHW-SA 中具有的华山新麦草特异的醇溶蛋白和谷蛋白条带可以作为一种特殊的遗传标记。

7. 双二倍体 PHW-SA 的特异 RAPD 分析

　　选用 5 个对 NS 基因组特异的 RAPD 引物（OPW-05、OPD-19、OPC-09、OPR-05 和 OPQ-05），对双二倍体 PHW-SA 及其亲本进行扩增（图 5-22）。

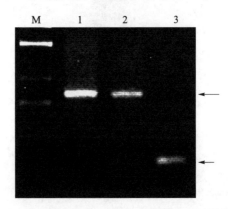

图 5-22　双二倍体 PHW-SA 与亲本的 RAPD 扩增结果

注：1. 普通小麦 J-11；2. 双二倍体 PHW-SA；3. 华山新麦草；M. DNA 分子量。长箭头和短箭头分别表示 PHW-SA 中出现的一条 J-11 和华山新麦草的特异条带。

结果表明,引物 OPQ-05 在 PHW-SA 及其亲本中没有扩增出带纹;OPC-09 在 PHW-SA 及其亲本中扩增出一条相同分子量大小的带;只有引物 OPW-05、OPD-19 和 OPR-05 具有多态性。引物 OPW-05 在 PHW-SA 中扩增出了两条带,其中一条的分子量与普通小麦 J-11 的相同,另一条的分子量与华山新麦草的相同。引物 OPD-19 能够在 PHW-SA 和 J-11 中扩增出相同的带纹,而华山新麦草的带消失。引物 OPR-05 在 PHW-SA 扩增出一条分子量比华山新麦草稍小的带纹。

8. 双二倍体 PHW-SA 的抗条锈病评估

王美南和商鸿生(2000)发现华山新麦草具有优良的抗条锈病能力。双二倍体 PHW-SA 及其亲本抗条锈病调查是在诱发材料普通小麦 SY95-71 充分发病时进行的。2007 年 2 月小麦拔节后人工接种条锈菌混合菌种,亲本普通小麦 J-11 高感条锈病,产生了大量的孢子,反应级数(IT)为 8;华山新麦草和 PHW-SA 均表现为高抗条锈病(IT=0～1),叶片偶尔显示坏死或萎黄色的斑点,但没有孢子形成(表 5-17)。据此推论,双二倍体 PHW-SA 的抗条锈病能力来自亲本华山新麦草。PHW-SA 可以作为"桥梁"将华山新麦草中的高抗条锈病能力转移到现代栽培小麦中,也可能作为一种新的资源材料在小麦育种中直接利用。

表 5-17　双二倍体 PHW-SA 及其亲本的抗条锈性

品种(系)及亲本	反应型	严重度/%	普遍率/%
华山新麦草	0～1	0	0
J-11	8	80～100	100
PHW-SA	0～1	0	0
SY95-71	9	100	100

5.2.4　普通小麦-华山新麦草易位系的筛选和鉴定

转移外源基因较理想的方法是选育携有外源优异基因的染色体易位。易位系可能只导入带有优异性状的外源染色体片段,有较好的遗传补偿性并携带较少的外源不良性状,可以直接或间接地应用到小麦育种中(Sears,1972)。黑麦 1RS 中携带有抗白粉病基因 *Pm8* 和 *Pm17*,抗锈病基因 *Yr9*、*Lr26* 和 *Sr31*,且含有广适和高产等基因(Singh et al.,1990; Villareal et al.,1994)。普通小麦-黑麦 1B/1R 易位系在世界范围内广泛应用到小麦育种中,对小麦生产做出了重大贡献(Lukaszewski,1990)。我国在偃麦草、簇毛麦、冰草、华山新麦草的外源基因转移应用研究方面取得了突出成效。近年,国内外一些学者创制了部分普通小麦-华山新麦草 1Ns-7Ns 的附加系、代换系,并对其进行了分子细胞遗传学鉴定以及抗病性和农艺性状研究(Kishii et al.,2010; Du et al.,2013a,2013b,2013c,2014a,2014b,2014c,2015)。然而附加系和代换系具有遗传不稳定性,遗传补偿性差,在生产上很难直接利用,因此华山新麦草优异基因向普通小麦转移仍然很困难。易位系导入的外源染色体片段越短,遗传越稳定,在育种中的应用价值可能越大。因此,小片段易位系的创制一直受到小麦遗传育种学家的高度重视(Sears，1972)。本书以双二倍体 PHW-SA 为供体，与四川小麦品种川农 16 杂交，在 BC_1F_5 代成功获得了普通小麦-华山新麦草小片段易位系 K13-835-3。该易位系材料为高产、抗病小麦新品种选育提供了新的种质资源。

1. 田间条锈病抗性鉴定

本实验采用田间接种方式，待诱发材料普通小麦 SY95-71 充分发病时，对 BC_1F_5 株系及亲本双二倍体 PHW-SA 和普通小麦川农 16 进行条锈病抗性调查。结果如图 5-23 所示，BC_1F_5 株系中材料编号为 K-13-835-3 的植株高抗条锈病，叶片无夏孢子产生，或偶尔产生孢子并形成坏死斑，反应级数为 1；PHW-SA 表现出近免疫(0)；而川农 16 高感条锈病，产生了大而多的夏孢子堆，反应级数为 4。

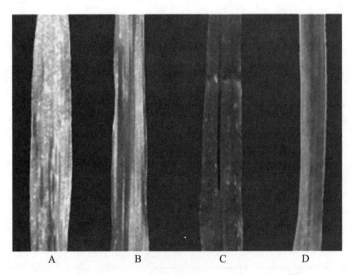

图 5-23　材料 K-13-853-3 抗条锈病鉴定(见本书彩图版)

注：A. SY95-71；B. 川农 16；C. K-13-835-3；D. PHW-SA。

2. 根尖体细胞染色体观察

利用火焰干燥法进行根尖染色体制片，苯酚品红染色，对材料 K-13-835-3 进行染色体核型分析。细胞镜检结果显示该材料根尖细胞染色体条数为 42 条(图 5-24A)。

3. 花粉母细胞染色体配对观察

对试验田里挂牌标记的普通小麦-华山新麦草抗条锈病植株，进行花粉母细胞减数分裂中期 I 染色体配对情况观察，至少统计 50 个细胞以上。材料 K-13-835-3 减数分裂中期 I 染色体配对正常，以环状二价体为主，单价体出现频率很低，无三价体和落后染色体出现(图 5-24B)。花粉母细胞减数分裂中期 I 平均染色体配对构型为 $2n=42=0.1 \text{I} +19.45 \text{II}(环状)+1.5 \text{II}(棒状)$。说明 K-13-835-3 在细胞遗传上表现稳定。

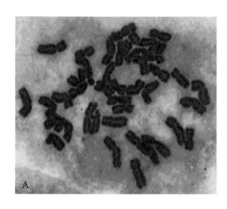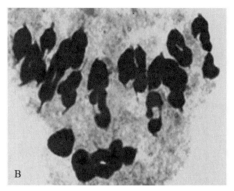

图 5-24　材料 K-13-835-3 根尖染色体核型和花粉母细胞减数分裂中期 I 配对构型

注：A. 根尖有丝分裂染色体 2n=42；B. 花粉母细胞减数分裂中期 I 染色体 2n=42=21 II（环状）。

4. 基因组原位杂交鉴定

以地高辛标记的华山新麦草总基因组 DNA 为探针、普通小麦 J-11 基因组 DNA 为封阻，对材料 K-13-835-3 标记的单株进行根尖体细胞有丝分裂中期染色体 GISH 鉴定。如图 5-25A、图 5-25C 所示，两条染色体短臂着丝粒附近具有明亮的小片段黄色荧光杂交信号，其余染色体显示红色信号，表明有两条染色体短臂发生了华山新麦草小片段易位，推测材料 K-13-835-3 是由 40 条普通小麦染色体和 2 条普通小麦-华山新麦草小片段易位染色体组成的小片段易位系。

5. 荧光原位杂交鉴定

利用寡核苷酸序列 pSc119.2 和 pTa535 作为 FISH 探针，进行华山新麦草小片段易位染色体鉴定。如图 5-25B 所示，两条易位染色体长臂和短臂上均无绿色杂交信号，而在短臂端部显现出微弱的红色信号，染色体长臂端部和中间部位呈现出明显的红色信号。参照 Tang 等（2014）建立的中国春 FISH 模式图对比，发现易位的染色体属于 **D** 基因组染色体。用探针 pAs1 进一步鉴定，两条易位染色体的短臂端部、长臂端部和中间部位显现出明显的杂交信号，且着丝粒位置也有微弱的杂交信号（图 5-25D），表明华山新麦草小片段染色体位于小麦 5D 短臂靠近着丝粒位置。由此可知，材料 K-13-835-3 是由一对位于 5DS 上的华山新麦草小片段易位染色体和 40 条普通小麦染色体组成的普通小麦-华山新麦草小片段易位系。Faris 等（2008）认为小片段异源易位系携带有害基因的可能性很小，补偿性好，能够稳定地遗传给后代。因此，我们选育出的细胞遗传学稳定、具有高抗条锈病的普通小麦-华山新麦草小片段易位系 K-13-835-3，可作为小麦育种的新材料，为改良小麦品种的抗病性等提供新的可能。

6. 普通小麦-华山新麦草小片段易位系农艺性状分析

K-13-835-3 株系田间生长良好，苗期植株匍匐，成熟期株型紧凑，其形态性状稳定，穗部形态介于亲本之间，籽粒饱满（图 5-26）。

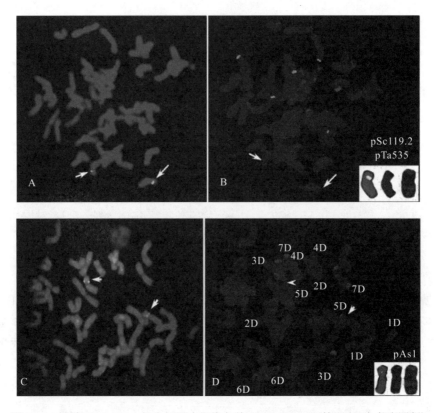

图 5-25　材料 K-13-835-3 根尖细胞中期染色体 GISH 和 FISH 检测（见本书彩图版）

注：A、C. 用华山新麦草基因组 DNA 作探针，J-11 为封阻的 GISH 结果；B. 用 pSc119.2（绿色）和 pTa535（红色）作探针的 FISH 结果；D. 用 pAs1（红色）作探针的 FISH 结果。白色箭头表示发生易位的染色体部位，右下角的图从左至右依次是 GISH、FISH 和模式图的染色体放大。

图 5-26　材料 K-13-835-3 及亲本的植株、穗子和籽粒形态比较（见本书彩图版）

注：A. 成株期；B. 穗子；C. 小穗和籽粒；1. 川农 16；2. K-13-835-3；3. PHW-SA。

在成熟期，对其植株进行主要农艺性状考察，统计结果见表 5-18。差异显著性分析表明，K-13-835-3 植株的小穗数和千粒重与母本双二倍体 PHW-SA 无明显差异，分蘖数、株高和穗长低于 PHW-SA，差异显著，而穗粒数显著高于 PHW-SA。与父本普通小麦川农 16 相比，K-13-835-3 植株的分蘖数、株高和千粒重无明显差异，而穗长、小穗数和穗粒数显著高于川农 16。

表 5-18　材料 K-13-835-3 与亲本主要农艺性状比较

特征	PHW-SA	川农 16	K-13-835-3
分蘖/个	8.0 ± 1.0a	5.3 ± 1.0b	4.8 ± 1.0b
株高/cm	130.1 ± 7.8a	68.6 ± 2.4b	72.2 ± 0.6b
穗长/cm	14.7 ± 0.3a	9.9 ± 0.2c	11.8 ± 0.4b
小穗数/枚	24.8 ± 1.1a	19.8 ± 1.4b	23.0 ± 2.1a
穗粒数/粒	36.0 ± 5.0c	48.6 ± 4.9b	65.7 ± 1.9a
千粒重/g	40.1 ± 0.4a	40.6 ± 0.4a	41.3 ± 1.1a

注：不同字母表示差异达 5 %显著水平。

7. 普通小麦-华山新麦草小片段易位系谷蛋白电泳分析

对普通小麦-华山新麦草小片段易位系 K-13-835-3 与普通小麦中国春(CS)、J-11、川农 16 和双二倍体 PHW-SA 进行谷蛋白凝胶电泳分析。如图 5-27 所示，川农 16 的高分子量谷蛋白亚基组成为亚基 1(*Glu-A1*)、20(*Glu-B1*)、5+10(*Glu-D1*)。PHW-SA 具有 5 条高分子量谷蛋白条带。与亲本相比，K-13-835-3 的高分子量谷蛋白亚基组成和父本川农 16 相同(箭头所示)。

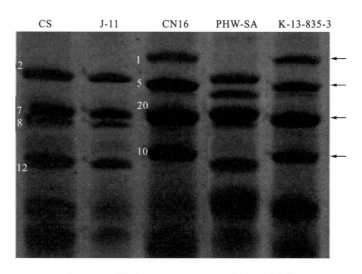

图 5-27　材料 K-13-835-3 的谷蛋白电泳图谱

注：箭头表示川农 16 的高分子区特征带。

5.2.5　普通小麦-华山新麦草-中间偃麦草三属杂种的创制和鉴定

　　小麦多属杂种是指三个或者以上属物种的遗传物质(染色体片段、染色体或染色体组)结合到一起产生的杂种植株(李兴锋,2003)。创制多属杂种可通过染色体重组获得综合多种优良性状的植株,为小麦育种提供更多种质资源,也可为在同一遗传背景下评价不同染色体组之间的同源性,探讨小麦族中不同属间的系统进化和亲缘关系提供理论依据(张红军等,2000)。迄今为止,国内外已成功创制出几十种三属杂种和部分多属杂种,包括小麦-冰草-黑麦三属杂种、小麦-偃麦草-黑麦三属杂种、小麦-滨麦-偃麦草三属杂种、小麦-黑麦-山羊草三属杂种、小麦-冰草-偃麦草三属杂种、小麦-华山新麦草-黑麦三属杂种、小麦-华山新麦草-偃麦草三属杂种等(Gupta and Fedak,1986;Mujeeb-Kazi,1996;Orellana et al.,1989;李立会和董玉琛,1995;Kosina and Heslop-Harrison,1996)。

　　作为三级基因源物种,华山新麦草和中间偃麦草[*Elytrigia intermedia* (Host) Nevski,或 *Trichopyrum intermedium* (Host) Á Löve,$2n=42$,$E^bE^bE^eE^eStSt$]具有诸多优良性状,近年来已在普通小麦的遗传改良中广泛利用。通过三属杂交,可以利用这两个物种的优良性状对普通小麦进行改良。本书利用普通小麦-华山新麦草双二倍体(**AABBDDNsNs**,$2n=56$,PHW-SA)与普通小麦-中间偃麦草部分双二倍体八倍体小偃麦(**AABBDDEE**,$2n=56$,中3)进行杂交,成功获得了普通小麦-华山新麦草-中间偃麦草三属杂种 F_1。F_1 杂交结实率为 19.74%,染色体配对构型为 $2n=56=13.06$ I $+17.24$ II (环状)$+3.73$ II (棒状)$+0.28$III$+0.04$IV,各含有 7 条中间偃麦草和华山新麦草染色体,未检测到普通小麦-中间偃麦草易位染色体,F_1 植株高抗条锈病、白粉病。F_2 代染色体数目变化范围为 46～55 条;染色体构型为 6.68 I $+16.73$ II (环状)$+4.25$ II (棒状)$+0.16$III$+0.03$IV;平均含有华山新麦草染色体 1～4 条。F_3 代染色体数目变化范围为 44～56 条;染色体构型为 4.96 I $+21.32$ II$+0.15$ III$+0.02$IV;平均含有中间偃麦草染色体 2～8 条、华山新麦草染色体 0～2 条。F_4 代染色体数目变化范围为 42～56 条;42 条染色体的占 33.3%;染色体构型为 3.38 I $+21.48$ II$+0.12$III$+0.02$IV;平均含有中间偃麦草染色体 1～7 条,单价体为 0～4 条,没有检测到华山新麦草染色体。

　　对 PHW-SA×中 3 三属杂种 F_5 代株系进行根尖细胞压片,观察其染色体核型。发现 F_5 代染色体数为 42～50 条,平均为 44.96 条,推测其含有华山新麦草或中间偃麦草染色体,且几乎在每个细胞中都能明显地观察到有随体染色体出现。

　　本书选取普通小麦-华山新麦草-中间偃麦草三属杂种 F_5 代 27 个株系,进行花粉母细胞染色体配对情况观察(图 5-28、表 5-19)。结果表明染色体平均构型为 $2n=44.96=1.26$ I $+21.74$ II$+0.04$III$+0.03$IV。从表 5-19 中可以看出,染色体数目分布较多的是 $2n=42$、43、44、46、48 和 50,据此可以将这 27 个株系分成以下几个类别:①有 9 个株系染色体数目为 42 条,占 1/3。这些株系配对情况较好,二价体数目多,单价体出现频率极低(0.00～0.14 个),没有观察到三价体,仅一个单株发现有四价体(图 5-28A)。在这些植株细胞中,华山新麦草和中间偃麦草染色体在细胞分裂过程中可能已经完全丢失,或者是细胞中的某条小麦染色体被外源染色体(片段)所替代,形成了代换系或易位系;②株系 k13-668-1 和 k13-674-4 染色体数目为 43 条,单价体数在 1 个左右,配对情况良好,没有三价体和四价体出现(图 5-28B)。③$2n=44$ 的株系有 5 个,配对情况良好,二价体总数为 20.75～21.93

个，单价体平均为 0.79 个，几乎没有多价体出现(图 5-28C)。④2n＝46 和 2n＝48 的株系分别有 4 个和 2 个，相对较少，多价体出现频率相对较高，2n＝46 的株系出现三价体 0.14 个(图 5-28D)，2n＝48 的株系出现四价体 0.29 个(图 5-28E)。⑤染色体数相对较多的有 50 条，有 5 个株系属于这个类型。单价体平均为 2.53 个，二价体数平均为 23.67 个，出现少量的三价体和四价体(图 5-28F)。在减数分裂后期 I，多数株系出现落后染色体(图 5-28G)和染色体桥(图 5-28H)。由于落后染色体不能很好地分配到末期细胞两端，导致在减数分裂末期许多微核的出现(图 5-28I)。

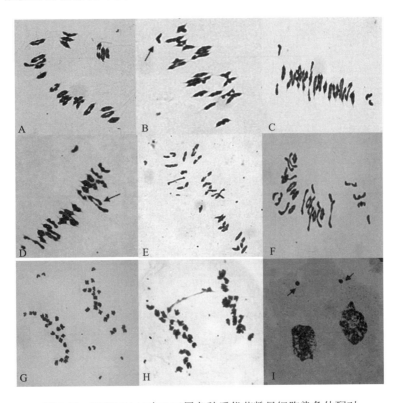

图 5-28　PHW-SA×中 3 三属杂种后代花粉母细胞染色体配对

A. $2n$=42=1 Ⅱ(棒状)＋20 Ⅱ(环状)；B. $2n$=43=1 Ⅰ+1 Ⅱ(棒状)+20 Ⅱ(环状)(箭头所指为单价体)；C. $2n$=44=2 Ⅰ+2 Ⅱ(棒状)+19 Ⅱ(环状)；D. $2n$=46=1 Ⅰ+6 Ⅱ(棒状)+15 Ⅱ(环状)+1Ⅲ(箭头所指为三价体)；E. $2n$=48=2 Ⅰ+2 Ⅱ(棒状)+21 Ⅱ(环状)；F. $2n$=50=6 Ⅰ+13 Ⅱ(棒状)+9 Ⅱ(环状)；G. 后期 I 出现大量落后染色体；H. 后期 I 出现的染色体桥；I. 末期 I 出现的微核(箭头所示)。

表 5-19　三属杂种后代减数分裂中期 I 染色体配对情况表

株系	$2n$	观察细胞数	染色体配对					
			Ⅰ	Ⅱ(环状)	Ⅱ(棒状)	Ⅱ(总数)	Ⅲ	Ⅳ
K13-668-10	42	50	—	19.77 (19～21)	1.23 (0～2)	21.00 (21～21)	—	—
K13-671-1	42	50	0.14 (0～4)	19.78 (18～20)	1.15 (0～3)	20.93 (19～21)	—	—
K13-671-8	42	50	—	19.67 (18～21)	1.33 (0～3)	21.00 (21～21)	—	—

续表

株系	2n	观察细胞数	染色体配对					
			I	II (环状)	II (棒状)	II (总数)	III	IV
K13-680-7	42	50	—	19.66 (17~21)	1.28 (0~4)	20.94 (19~21)	—	0.03 (0~1)
K13-682-1	42	50	0.04 (0~2)	20.43 (17~21)	0.55 (0~4)	20.98 (20~21)	—	—
K13-682-12	42	50	0.08 (0~2)	19.96 (16~21)	1.00 (0~4)	20.96 (20~21)	—	—
K13-683-10	42	50	0.12 (0~2)	20.32 (18~21)	0.62 (0~3)	20.94 (20~21)	—	—
K13-685-1	42	50	0.10 (0~2)	19.69 (19~21)	1.26 (0~2)	20.95 (20~21)	—	—
K13-688-8	42	50	—	19.89 (19~21)	1.11 (0~2)	21.00 (21~21)	—	—
K13-668-1	43	50	1.16 (1~3)	19.68 (16~21)	1.24 (0~5)	20.92 (20~21)	—	—
K13-674-4	43	50	1.40 (1~5)	16.94 (13~18)	3.86 (2~7)	20.80 (19~21)	—	—
K13-668-6	44	50	2.40 (0~6)	19.08 (16~20)	1.72 (1~6)	20.80 (19~22)	—	—
K13-670-2	44	50	0.14 (0~2)	20.58 (19~22)	1.35 (0~3)	21.93 (21~22)	—	—
K13-671-2	44	50	2.50 (0~6)	19.39 (17~20)	1.36 (1~4)	20.75 (19~22)	—	—
K13-673-9	44	50	0.28 (0~4)	19.09 (15~20)	2.59 (1~6)	21.68 (20~22)	—	0.09 (0~1)
K13-689-11	44	50	0.28 (0~2)	20.43 (19~22)	1.43 (0~3)	21.86 (21~22)	—	—
K13-668-5	46	50	1.40 (0~4)	21.18 (18~22)	1.12 (0~5)	22.30 (21~23)	—	—
K13-669-2	46	50	1.91 (0~5)	17.81 (15~20)	3.53 (2~6)	21.34 (19~23)	0.47 (0~2)	—
K13-670-3	46	50	2.05 (1~5)	19.52 (17~21)	2.38 (1~5)	21.90 (19~22)	0.05 (0~1)	—
K13-670-7	46	50	2.27 (0~6)	19.38 (17~22)	2.41 (0~6)	21.79 (20~23)	0.05 (0~1)	—
K13-693-1	48	50	2.48 (0~6)	18.45 (15~22)	3.85 (1~8)	22.30 (21~24)	—	0.23 (0~1)
K13-694-4	48	50	4.52 (2~7)	17.28 (16~20)	4.28 (2~7)	21.56 (19~23)	0.12 (0~1)	—
K13-692-5	50	50	2.38 (0~6)	18.86 (16~23)	4.95 (2~8)	23.81 (22~25)	—	—
K13-692-9	50	50	1.21 (0~4)	19.77 (15~24)	3.73 (1~8)	23.50 (21~25)	0.45 (0~2)	0.11 (0~1)
K13-695-1	50	50	2.71 (2~4)	20.69 (16~23)	2.95 (1~7)	23.64 (23~24)	—	—
K13-696-6	50	50	1.24 (0~6)	19.38 (13~22)	5.00 (2~11)	24.38 (22~25)	—	—
K13-697-9	50	50	3.92 (2~8)	17.91 (9~21)	5.13 (3~12)	23.04 (21~24)	—	—

利用基因组原位杂交技术鉴定三属杂种后代中的外源染色体组成情况。在本书的研究中，首先用 DIG-Nick 标记的华山新麦草叶片基因组 DNA 作探针，以中国春小麦基因组 DNA 作为封阻，进行原位杂交。结果显示，所有花粉母细胞中均未出现信号。说明三属杂种 F$_5$ 代已经无法检测到华山新麦草染色体的存在，华山新麦草在三属杂种遗传过程中丢失比较严重。以中间偃麦草基因组 DNA 作为探针，中国春小麦基因组 DNA 作为封阻，花粉母细胞基因组原位杂交结果表明所有株系都有中间偃麦草染色体出现，且条数为 1～7 条，大多数中间偃麦草染色体都是以单价体的形式存在。在所检测的 27 个株系中，21 个株系出现了普通小麦-中间偃麦草易位染色体，易位发生频率高达 77.8%，包括小片段易位、整臂易位、大片段易位、双端部易位等，其中小片段易位占大多数，且多出现在染色体端部(图 5-29)。

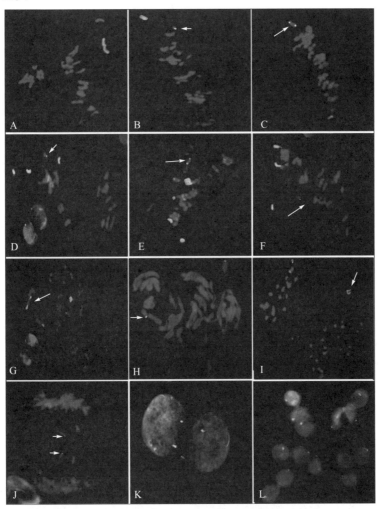

图 5-29　PHW-SA×中 3 三属杂种 F$_5$ 代花粉母细胞染色体 GISH 检测结果(见本书彩图版)

注：A. 两条单价体出现信号；B. 一个单价体和另一个单价体一端部出现信号(箭头所示)；C. 一个单价体和另一单价体两端部出现信号(箭头所示)；D. 三个单价体和一个单价体一端部出现信号(箭头所示)；E. 三个单价体、一个环状二价体和另一单价体两端部出现信号(箭头所示)；F. 一个棒状二价体、一个单价体(除去端部)和另一个单价体端部出现信号(箭头所示)；G. 一个环状二价体、一个棒状二价体、一个单价体以及另一个单价体两端部有信号(箭头所示)；H. 纯合易位系；I、J. 携带中间偃麦草染色体片段的落后染色体(箭头所示)；K、L. 减数分裂完成后形成的子细胞中出现的点状信号。

从本实验结果看,检测到的中间偃麦草染色体在三属杂种后代染色体中存在的形式有以下几种特殊类型:①两条单价体染色体有黄绿色信号,其余染色体呈红色无信号状态(图 5-29A);②一个单价体和另一个单价体一端部有黄绿色信号,其余染色体为红色无信号(图 5-29B);③一个单价体和另一单价体两端部有黄绿色信号,其余染色体为红色无信号(图 5-29C);④两个完整单价体有出现黄绿色信号、一个单价体(除一端部)有信号和另一单价体仅端部出现黄绿色信号(图 5-29D);⑤一个环状染色体和三个单价体有完整信号,另一单价体两端部出现信号,其余染色体红色无信号(图 5-29E);⑥一个棒状染色体有完整信号、一个单价体(除一端部)有信号和另一个单价体一端部出现信号(图 5-29F);⑦一个环状二价体、一个棒状二价体、一个单价体以及另一个单价体两端部有信号,其余染色体无信号(图 5-29G);⑧株系 k13-668-10 和 k13-682-12 的 42 条染色体中,有两个单价体一端部有信号,其余染色体无信号,它们已经是纯合的易位系(图 5-29H)。在减数分裂过程中,小麦与中间偃麦草染色质在前期 I 和中期 I 并无行为差异;但在后期 I,带有中间偃麦草片段的单价体常常滞后,在纺锤丝的作用下,这些单价体发生平等分裂,产生姐妹染色单体;而这些单体也滞后于小麦染色体,部分无法进入细胞两极,导致外源染色体在细胞分裂过程中容易丢失(图 5-29I、J)。有一些中间偃麦草染色体能够在减数分裂后期,随着小麦染色体相对较落后,但还是能均衡地分到两个子细胞中,减数分裂完成后,在新形成的子细胞中出现明显的点状黄绿色信号(图 5-29K、L)。

F_5 株系同时含有华山新麦草和中间偃麦草的优良性状,用 GISH 技术鉴定出后代材料中含有很多普通小麦和中间偃麦草易位染色体,这些易位染色体可能携带有中间偃麦草的优良基因,目前已经鉴定出了部分含有中间偃麦草染色体的易位系。这些后代材料可能创制出更多具有华山新麦草和中间偃麦草优良性状的种质材料,可丰富小麦的遗传多样性,在小麦育种中具有重要的潜在利用价值。

5.2.6　普通小麦-华山新麦草-黑麦三属杂种的创制和鉴定

小麦具有丰富的近缘物种资源,黑麦(*Secale cereale* L., $2n=14$, **RR**)和华山新麦草作为三级基因源物种,近年来已被广泛开发和利用。为了转移华山新麦草和黑麦的优异外源基因,本书利用双二倍体 PHW-SA 与六倍体小黑麦中饲 828($2n=6x=42$, **AABBRR**)杂交,首次合成了普通小麦-黑麦-华山新麦草三属杂种。F_1 杂交结实率为 35.13%,染色体配对构型为 $2n=49=19.88 \text{I} +9.63 \text{II}(环状)+3.97 \text{II}(棒状)+0.60 \text{III}+0.03 \text{IV}$,各含有 7 条黑麦和华山新麦草染色体,$F_1$ 植株高抗条锈病。

1. 普通小麦-华山新麦草-黑麦衍生后代大粒株系鉴定

通过连续自交,获得普通小麦-黑麦-华山新麦草 239 个 F_3 衍生株系;以亲本千粒重平均值为标准,筛选出 15 份大粒株系,千粒重较亲本增加 63%～150%,千粒重变化范围为 26.6～40.7 g。大粒株系各性状间相关性分析表明,千粒重仅与旗叶长呈负相关($r=-0.75$),并达到极显著水平($P<0.01$),与其他性状无显著相关性。

细胞遗传学分析显示,这些株系根尖染色体数目为 41～44 条,10 个株系含有 42 条染色体(图 5-30)。减数分裂中期 I 染色体配对分析发现，单价体广泛存在，数目为 0.16～10.26 个；二价体数目分布范围为 15.74～21.10 个，有 9 个株系出现了多价体；株系 928-6 和 953-3(2n=42)具有正常的减数分裂过程。整体看来，平均每个花粉母细胞中含有 3.35 个单价体、15.85 个环状二价体、3.49 棒状二价体、0.06 个三价体和 0.02 个四价体(图 5-31)。

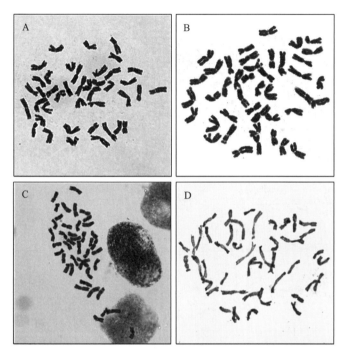

图 5-30　大粒株系根尖有丝分裂中期染色体

注：A. 2n=41(951-13)；B. 2n=42(953-3)；C. 2n=43(940-6)；D. 2n=44(938-1)。

　　Giemsa C-带型分析表明，15 个大粒株系均含有大量的黑麦染色体(10～14 条)；其中，9 个株系具有全套黑麦染色体(1R～7R)，4 个株系含有 13 条黑麦染色体，1 个株系含有 12 条黑麦染色体，1 个株系(951-13)含有 10 条黑麦染色体并具有一条易位染色体(2RS.6DS)。与黑麦不同，华山新麦草染色体大量丢失，仅在 3 个株系(938-1、940-6 和 940-6)发现 1～2 条染色体。

　　根尖染色体的基因组原位杂交鉴定结果(图 5-32A～E)与 Giemsa C-分带一致，即仅用黑麦 DNA 作探针时，9 个、4 个和 1 个株系分别含有 14 条、13 条和 12 条信号染色体；剩余 1 个株系(951-13)，不仅含有 10 条黑麦染色体，而且 1 条小麦染色体的短臂散发出黄色杂交信号(图 5-32A～D)。当用华山新麦草 DNA 作探针时，仅 938-1、940-6 和 944-6 3 个株系各自含有 2 条、1 条、2 条信号染色体(表 5-20、图 5-32E)。

　　利用花粉母细胞减数分裂基因组原位杂交分析(图 5-32F、J)显示，仅用黑麦 DNA 作探针时，在所有株系中均可观察到散发荧光的二价体(1～7 个)，多数细胞中同时含有被标记的单价体(0～12 个)。株系 951-13 含有 5 个黑麦二价体和一条易位染色体。两个株系即 928-6 和 953-3，往往含有 7 个黑麦二价体(多为环状)，可正常分配到子细胞中(图 5-32F～I)。当使用单一的华山新麦草 DNA 作为探针时，仅在株系 938-1、940-6 和 944-6 观察到

1~2 个单价体。最后，以黑麦和华山新麦草混合 DNA 作为探针，12 个株系的信号染色体数目和配对情况与单用黑麦 DNA 作探针时的结果一致；而剩余 3 个株系(938-1、940-6 和 944-6)往往具有 1~7 个二价体，1 个到数个的单价体(图 5-32J)。

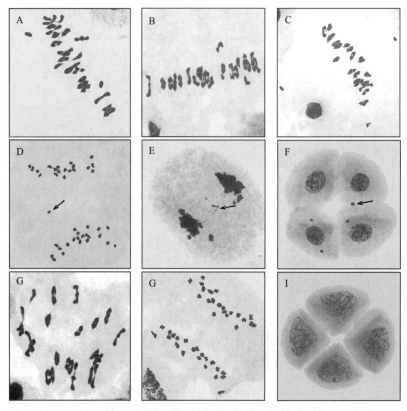

图 5-31　大粒株系花粉母细胞减数分裂

注：A. 株系 938-1 减数分裂中期 I 染色体配对，$2n=44=2$ I $+6$ II (棒状)$+15$ II (环状)；B. 株系 939-10 减数分裂中期 I 染色体配对，$2n=42=2$ I $+4$ II (棒状)$+16$ II (环状)；C. 株系 951-13 减数分裂中期 I 染色体配对，$2n=41=3$ I $+2$ II (棒状)$+17$ II (环状)；D. 株系 951-13 减数分裂后期 I 出现滞后染色体(箭头所示)；E. 株系 940-6 减数分裂末期 I 出现染色体桥(箭头所示)；F. 株系 940-6 减数分裂末期 II 出现微核(箭头所示)；G. 株系 953-3 减数分裂中期 I 染色体配对，$2n=42=7$ II (棒状)$+14$ II (环状)；H、I. 株系 953-3 减数分裂后期 I 及末期 II 未出现滞后染色体或微核。

表 5-20　15 个大粒株系染色体组组成分析

株系	鉴定植株数	基因组组成			
		A+B+D	R	Ns	总计
925-3	3	29	13(单条 4R 丢失)	0	42
926-1	3	28	14	0	42
928-6	3	28	14	0	42
934-3	3	28	14	0	42
936-7	3	28	14	0	42
938-1	3	28	14	2(1Ns,　3Ns)	44
939-10	3	29	13(单条 5R 丢失)	0	42
940-6	3	28	14	1(3Ns)	43

续表

株系	鉴定植株数	基因组组成			
		A+B+D	R	Ns	总计
941-1	3	28	14	0	42
943-3	3	30	12(单条 4R 和 6R 丢失)	0	42
944-6	3	28	14	2(5Ns, 7Ns)	44
947-8	3	29	13(单条 1R 丢失)	0	42
951-13	3	31	10(2R 和 7R 丢失, 含 2RS.6DS)	0	41
953-3	3	28	14	0	42
955-1	3	28	13(单条 3R 丢失)	0	41

　　在小麦遗传背景下, 对黑麦染色体行为观察发现, 根尖有丝分裂过程中, 黑麦染色体随小麦染色体一同分配至子细胞中, 并无异常。在减数分裂时, 黑麦二价体一般可稳定遗传; 单价体在后期Ⅰ发生滞后, 往往紧随着平等分裂, 平等分裂后, 这些单体常常滞后, 部分产生染色体片段或微核, 从而引起丢失。少数子细胞在第二次减数分裂时进程不一致, 可产生未减数配子(单次减数分裂)。期间, 小麦与黑麦染色体之间出现相互联会、易位现象, 同时也可观察到黑麦染色体桥(图 5-33)。

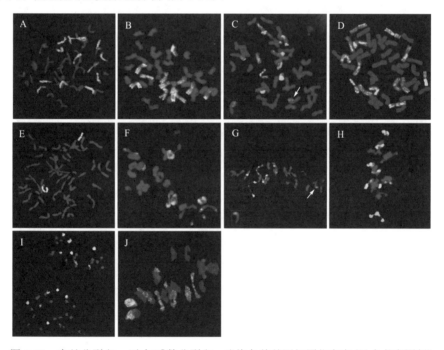

图 5-32　有丝分裂(A~E)与减数分裂(F~J)染色体基因组原位杂交(见本书彩图版)

注: A~D 与 F~I. 采用黑麦 DNA 作为探针; E. 采用华山新麦草 DNA 作为探针; J. 采用黑麦和华山新麦草混合探针; 全部实验均使用中国春 DNA 作为封阻; A、E、J. 株系 938-1, 当使用黑麦 DNA 作为探针时, 14 条染色体显示黄绿色信号(A); 当使用华山新麦草 DNA 作为探针时, 2 条染色体显示黄绿色信号(E); 当使用二者混合 DNA(R+Ns)作为探针时, 2 个单价体和 7 个二价体显示黄绿色信号(J); B、F. 株系 939-10, 有丝分裂中期Ⅰ时 13 条染色体显示黄绿色信号(B); 减数分裂中期Ⅰ时, 1 个单价体和 6 个二价体显示黄绿色信号(F); C、G. 株系 951-13, 有丝分裂中期时 10 条染色体和一条染色体片段(箭头所示)显示黄绿色信号(C); 减数分裂中期Ⅰ时, 5 个二价体和一条染色体片段(箭头所示)显示黄绿色信号(G); D、H、I. 株系 953-3, 有丝分裂中期时 14 条染色体显示黄绿色信号(D); 减数分裂中期Ⅰ时, 7 个二价体显示黄绿色信号(H); 在减数分裂后期Ⅰ时, 单价体正常分离(I)。

在 239 个株系中，以千粒重为标准，亲本千粒重平均值为对照，共筛选得到 15 个株系，千粒重较亲本平均值高 63%～150%，是重要的大粒育种直接或间接亲本材料。同时，这些株系均含有黑麦遗传物质，其中 3 个株系含有华山新麦草染色体，在育种过程中，可作为黑麦或华山新麦草优良基因的供体材料。目前，已证实华山新麦草 3Ns 染色体上携带有抗条锈病基因，在本实验所获得的 3 个华山新麦草附加系中，938-1 和 940-6 含有 3Ns 染色体，是潜在的抗条锈病种质资源。此外，部分株系(如 928-6 和 953-3)在细胞遗传学上具有稳定性，并含有 **AABBRR** 染色体组，可视为新型小黑麦，能够作为育种资源进一步培育。

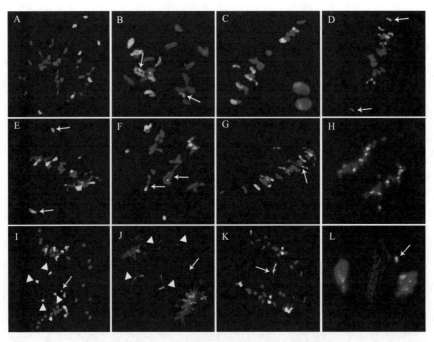

图 5-33　减数分裂黑麦染色体行为(见本书彩图版)

注：在基因组原位杂交中，黑麦 DNA 被标记作为探针(黄绿色信号)，中国春 DNA 作为封阻。A. F₁ 杂种减数分裂中期 I，显示 7 个黑麦单价体；B. F₃ 株系双线期，显示 6 个二价体和 2 个单价体(箭头所示)源于黑麦；C. F₃ 株系中期 I，显示 7 个二价体源于黑麦；D. F₃ 株系中期 I，显示 2 个黑麦单价体位于赤道平面上(箭头所示)；E. F₃ 株系中期 I，显示 2 个黑麦单价体位于赤道平面外(箭头所示)；F. F₃ 株系中期 I，显示两条易位染色体(箭头所示)；G. F₃ 株系中期 I，显示一个三价体，其包含一条黑麦染色体(箭头所示)；H. F₃ 株系后期 I，显示正常的同源染色体分离；I. F₃ 株系中后期 I，显示 2 个黑麦单价体平等分裂成 4 个染色体单体(三角所示)，并可见一染色体片段(箭头所示)；J. F₃ 株系晚后期 I，显示 2 个黑麦单价体平等分裂成 4 个染色体单体(三角所示)，并可见一染色体片段(箭头所示)；K. F₃ 株系后期 I，显示一染色体桥(箭头所示)；L. F₃ 株系末期 I，黑麦染色体形成微核(箭头所示)。

2. 三属杂种后代衍生系的分子细胞遗传学鉴定

1)花粉母细胞染色体配对观察

选取普通小麦-华山新麦草-黑麦三属杂种 F₄ 代 40 个株系，观察花粉母细胞减数分裂中期 I 染色体配对情况(图 5-34)。花粉母细胞染色体平均配对构型为 $2n=1.71\,I+20.26\,II+0.04\,III+0.001\,IV$。染色体数目分布在 39～46 条，即 39、40、41、42、43、44、45 和 46 几种类型：①$2n=42$ 的株系有 23 个(图 5-34A)，超过了统计数目的 50%，这些株系配对情况良好,平均单价体出现频率较低(0～2.68 个),二价体数目多(19.54～20.91 个),719-2、779-4、966-6、1037-2、1037-4 株系中有极低频率的三价体出现,均未观察到四价体;②709-4 株系的染色体数目为 39 条,平均有 1.39 个单价体,出现了少量三价体;③1161-2 的染色体数目为 40 条(图 5-34B),平均每个细胞 2.26 个单价体,未发现三价体和四价体;④$2n=41$ 的 3 个株系 1208-3、1257-2 和 1257-4 中均出现了较高频率的三价体(图 5-34C);⑤5 个株系染色体数为 43 条(图 5-34D),此类株系单价体数目较多,其中 714-5、824-1 和 875-3 株系中三价体出现频率较高;⑥44 条染色体的株系有 5 个(图 5-34E、F),除了 877-3 以外,其他株系单价体出现频率极高,三价体广泛存在,1037-2 和 1037-4 出现了少量四价体;⑦$2n=45$ 的一个株系平均单价体数为 1.70 个,二价体数较多,未出现多价体;⑧$2n=46$ 的株系 843-7 单价体数高达每个细胞 6.83 个,三价体平均为 0.03 个。减数分裂后期Ⅰ,部分株系出现了染色体桥(图 5-34G)和较多的滞后染色体(图 5-34H)。减数分裂末期微核的大量出现(图 5-34I),可能是因为滞后染色体不能正常地分配到两个子细胞。来自同一株系的不同单株之间染色体数相同,仅少数仍存在差异,例如 714-5 染色体为 43 条,而 714-8 为=44 条。

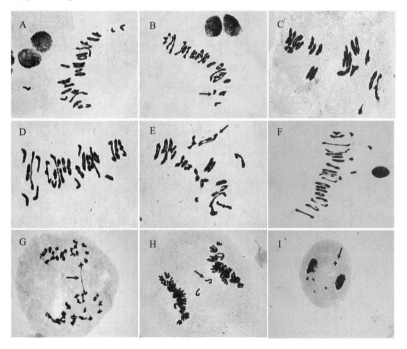

图 5-34　PHW-SA×中饲 828 三属杂种后代 F_4 花粉母细胞染色体配对

注:A. 732-8,$2n=42=4\,Ⅰ+2\,Ⅱ$(棒状)$+17\,Ⅱ$(环状);B. 1161-2,$2n=40=2\,Ⅰ+6\,Ⅱ$(棒状)$+13\,Ⅱ$(环状)(箭头所示为单价体);C. 1208-3,$2n=41=1\,Ⅰ+2\,Ⅱ$(棒状)$+18\,Ⅱ$(环状);D. 837-3,$2n=43=1\,Ⅰ+8\,Ⅱ$(棒状)$+13\,Ⅱ$(环状);E. 769-1,$2n=44=1\,Ⅰ+5\,Ⅱ$(棒状)$+15\,Ⅱ$(环状)$+1\,Ⅲ$(箭头所示为三价体);F. 877-6,$2n=44=4\,Ⅰ+6\,Ⅱ$(棒状)$+14\,Ⅱ$(环状);G. 1208-3,后期Ⅰ出现的染色体桥(箭头所示);H. 837-3,后期Ⅰ出现滞后染色体(箭头所示);I. 769-1,微核(箭头所示)。

2)基因组原位杂交鉴定

以华山新麦草叶片总 DNA 为探针,普通小麦 J-11 叶片总 DNA 为封阻,进行 GISH 鉴定。F_4、F_5 代根尖体细胞染色体和花粉母细胞染色体均未出现明显的黄绿色信号。说明

三属杂种 F_4 和 F_5 代华山新麦草染色质在自交遗传过程中已严重丢失。以秦岭黑麦叶片总 DNA 为探针，J-11 叶片总 DNA 为封阻，花粉母细胞和根尖体细胞染色体 GISH 分析表明所有株系都有黑麦染色体存在，且数目为 11～14 条，黑麦染色体出现自动加倍现象（图 5-35A～E），其中以 12 条和 14 条居多。花粉母细胞减数分裂中期黑麦染色体行为异常，单价体依然存在，无多价体出现，大部分株系在减数分离后期黑麦染色体能均匀地分离到两个子细胞（图 5-35F～I）。这表明普通小麦-华山新麦草-黑麦三属杂种后代在自交过程中，黑麦染色体比华山新麦草染色体能更好更稳定地遗传给后代，该三属杂种后代可以作为转移黑麦基因资源的中间材料，可在小麦育种和遗传改良中加以利用。

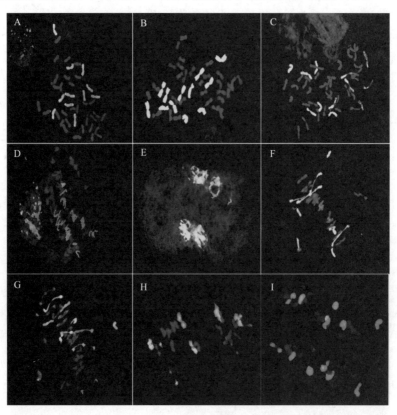

图 5-35　三属杂种 F_4 代根尖细胞和花粉母细胞 GISH 鉴定（见本书彩图版）

注：A～E. 根尖；F～I. 花粉母细胞。A. $2n=42=11R+31W$；B. $2n=42=12R+30W$；C. $2n=45=12R+33W$；D. 有丝分裂后期；E. 有丝分裂末期；F. 714-8，$2n=44=13R+31W$；G. 843-7，$2n=46=13R+33W$；H. 732-8，$2n=42=14R+28W$；I. 732-8，减数分裂末期 I。以地高辛标记的黑麦总 DNA 作为探针，黄绿色信号的为黑麦染色体，其余染色体呈红色。

　　3）新型小黑麦株系鉴定

　　小黑麦（Triticale）是由小麦和黑麦杂交，染色体加倍而来的新物种，是世界公认的第一个人工合成的谷物作物，极大地拓宽了小麦的遗传基础（Varughese et al.，1996a，1996b；Oettler，2005）。虽然小黑麦结合了双亲的优良性状，但在遗传改良中杂交亲本单一，造成遗传基础狭窄，且随着小黑麦种植推广面积的增加，其抗病性有可能逐渐丧失（Mergoum and Macpherson，2004）。因此拓宽小黑麦的遗传基础，寻找小黑麦抗病基因，成为小黑麦育种工作的重点。

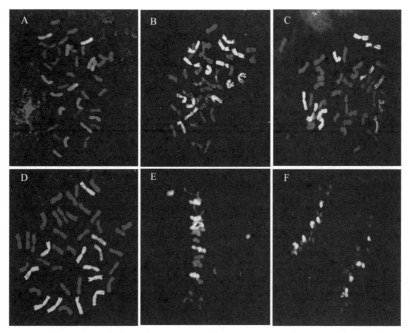

图 5-36　三属杂种 F_5 代 24 个株系根尖细胞和花粉母细胞 GISH 鉴定（见本书彩图版）

注：A～D. 根尖；E、F. 花粉母细胞。A. 526-5，$2n=42=14R+28W$；B. 537-1，$2n=42=14R+28W$；C. 547-3，$2n=42=12R+30W$；D、E. 548-3，$2n=42=12R+30W$；F. 548-3，减数分裂 I 末期。

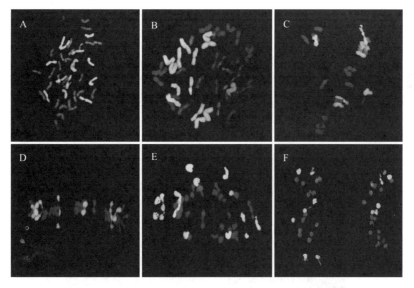

图 5-37　13 个新型小黑麦株系根尖细胞和花粉母细胞 GISH 鉴定（见本书彩图版）

注：A、B. 根尖；C～F. 花粉母细胞。A、C. 555-4；B、D～F. 561-2。

以秦岭黑麦总 DNA 为探针，普通小麦 J-11 为封阻，$2n=42$ 的 24 个株系 GISH 鉴定显示有 12 条、13 条或者 14 条染色体出现明亮的黄绿色荧光信号（图 5-36）。其中 13 个株系的黑麦染色体数为 14 条（图 5-37A、B），条锈病鉴定表明这 13 个株系为高抗小麦条锈病的新型小黑麦株系，这为小黑麦遗传改良提供了新的种质资源。

13 个小黑麦株系的花粉母细胞染色体配对观察表明大部分株系单价体出现频率较低，二价体以环状二价体居多。14 条黑麦染色体在减数分裂后期能均匀地分离到两个子细胞，染色体配对良好，细胞学水平趋于稳定（图 5-37C～F）。但 603-1 和 625-4 株系的单价体出现频率较高，染色体行为不正常；612-4 和 626-1 中出现了少量的三价体；仅 625-4 出现了四价体。

4）高分子量谷蛋白亚基分析

利用 SDS-PAGE 分析了三属杂种 F_5 代的高分子量谷蛋白亚基组成（图 5-38），结果表明 F_5 代籽粒出现了较多变异。大部分籽粒的高分子量谷蛋白亚基组成与父本小黑麦相同，几乎所有株系的 2 亚基都消失。较多株系保留了普通小麦-华山新麦草双二倍体 PHW-SA（母本）位于中国春 2 亚基和 7 亚基之间的特殊亚基。

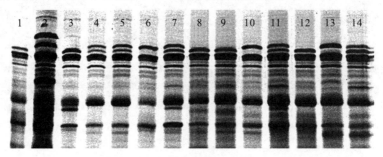

图 5-38　三属杂种 F_5 代株系的 SDS-PAGE 分析

注：1. 中饲 828；2. 双二倍体 PHW-SA；3～14. 小黑麦株系。

5）抗条锈病鉴定

待诱发材料普通小麦 SY95-71 完全发病后，对双二倍体 PHW-SA、中饲 828 和三属杂种后代衍生系进行抗条锈病调查。母本 PHW-SA 表现出免疫或高抗，父本中饲 828 表现出高感。三属杂种后代抗病性变异大，在调查的 40 个 F_5 代株系中，11 个株系出现浓密的夏孢子，表现高感；另外 29 个株系表现为免疫或高抗（图 5-39），为抗病小黑麦育种提供了基础材料。

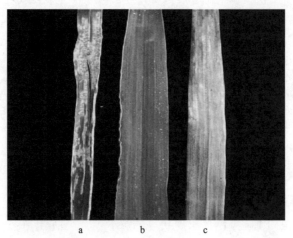

图 5-39　三属杂种 F_5 抗条锈病鉴定（见本书彩图版）

注：a. 中饲 828；b. 三属杂种 F_5；c. 双二倍体 PHW-SA。

3. 三属杂种后代六倍体小黑麦 D 基因组导入系的鉴定

小黑麦是一种人工合成的谷物作物,它将小麦品种典型的籽粒品质与黑麦的生长活力、非生物胁迫耐受性、抗病性和高赖氨酸含量结合在同一物种中。小黑麦具有高产、赖氨酸和蛋白质含量高、生物量大等突出特点,能为解决全球粮食资源短缺问题发挥重要的作用(Varughese et al.,1996a,1996b;Schinkel,2002;Oettler,2005)。然而,随着各种病害生理小种的快速演变,小黑麦自身抗性基因的丢失以及相对有限的遗传多样性等,对提高小黑麦产量以及品质等带来了困难(Oettler et al.,2005)。D 基因组含有丰富的抗病、抗虫、抗寒、优质等有益基因,导入小麦 D 基因组创制各种类型的异代换、异附加系小黑麦对改良小黑麦现有品种有着重要的作用(Lukaszewski,2006)。

1)SSR 分子标记筛选

利用 1D~7D 染色体上 SSR 特异引物对 354 份普通小麦-华山新麦草-黑麦 F$_7$代材料进行扩增,部分结果如图 5-40 所示。

共有 63 份材料含有 D 基因组标记。其中,12 份材料含有 1D 染色体标记,8 份材料含有 2D 染色体标记,7 份材料含有 3D 染色体标记,17 份材料含有 4D 染色体标记,1 份材料含有 5D 染色体标记,4 份材料含有 6D 染色体标记,6 份材料同时检测到 7D 和 4D 染色体标记。此外,有 6 份材料同时存在 1D 以及 3D 染色体标记,1 份材料同时存在 3D 和 5D 染色体标记,1 份材料同时存在 3D 和 6D 染色体标记。

2)原位杂交鉴定

为了进一步确定 F$_7$代材料染色体组构成,本书分别使用荧光原位杂交(FISH)和基因组原位杂交(GISH)技术对其进行鉴定,获得 8 份小麦 D 基因组导入系材料小黑麦,结果见图 5-41 和表 5-21。

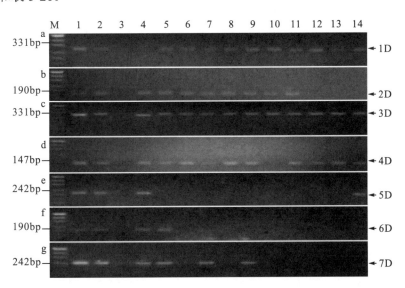

图 5-40　1D~7D 染色体 SSR 标记结果

注:M. DNA 分子量(500 bp);1. 中国春(CS);2. 双二倍体 PHW-SA;3. 中饲 828;4~14. 三属杂种衍生后代 F$_7$。a. *Xbarc149*(1D);b. *Xcdf51*(2D);c. *Xgwm161*(3D);d. *Xwmc285*(4D);e. *Xgwm190*(5D);f. *Xbarc175*(6D);g. *Xwmc42*(7D)。

K16-1550-6-8 是一个 1D(1R)代换系，它包含 14 条 **A** 基因组染色体，14 条 **B** 基因组染色体，12 条黑麦 **R** 基因组染色体(2R～7R)和一对 1D 染色体(图 5-41A)；K16-4173-3 是一个 2D(2R)代换系，含有 12 条黑麦 **R** 基因组染色体(1R、3R～7R)，完整的小麦 **A**、**B** 基因组染色体以及一对 2D 染色体(图 5-41B)；K16-1565-6-3 是一个 3D(3B)代换系，包括 14 条黑麦 **R** 基因组染色体，14 条 **A** 基因组染色体，12 条 **B** 基因组染色体(1B、2B、4B～7B)以及一对 3D 染色体(图 5-41C)；K16-1549-10-3 是一个 4D(4B)代换系，包含 14 条黑麦 **R** 基因组染色体、14 条 **A** 基因组染色体、12 条 **B** 基因组染色体(1B～3B，5B～7B)以及一对 4D 染色体(图 5-41D)；K16-1565-6-4 具有 14 条 **A** 基因组染色体、12 条 **B** 基因组染色体(1B、2B、4B～7B)、13 条黑麦 **R** 基因组染色体(缺失一条 5R)以及一对 5D 和一条 3D 染色体(图 5-41E)；K16-601-1-4 具有 14 条 **A** 基因组染色体、13 条 **B** 基因组染色体(缺失一条 5B)、14 条黑麦 **R** 基因组染色体以及一对 5D 染色体(图 5-41F)；K16-4121-3 是一个 6D 附加系，含有完整的小麦 **A**、**B** 基因组和黑麦 **R** 基因组染色体以及一对 6D 染色体(图 5-41G)；K16-1566-4-1 的染色体数目为 44 条，包含了完整的 **A**、**B** 基因组染色体，12 条黑麦 **R** 基因组染色体(1R～3R，5R～7R)以及一对 4D 和 7D 染色体(图 5-41H)。

表 5-21　8 份 F$_7$ 代材料染色体组组成

编号	谱系	染色体数/条	染色体组成			
			A	**B**	**R**	**D**
K16-1550-6-8	中饲 828 / PHW-SA F$_7$	42	14	14	12(缺 2 1R)	2(1D)
K16-4173-3	中饲 828 / PHW-SA F$_7$	42	14	14	12(缺 2 2R)	2(2D)
K16-1565-6-3	中饲 828 / PHW-SA F$_7$	42	14	12(缺 2 3B)	14	2(3D)
K16-1549-10-3	中饲 828 / PHW-SA F$_7$	42	14	12(缺 2 4B)	14	2(4D)
K16-1565-6-4	中饲 828 / PHW-SA F$_7$	42	14	12(缺 2 3B)	13(缺 1 5R)	3(2 5D+1 3D)
K16-601-1-4	中饲 828 / PHW-SA F$_7$	43	14	13(缺 1 5B)	14	2(5D)
K16-4121-3	中饲 828 / PHW-SA F$_7$	44	14	14	14	2(6D)
K16-1566-4-1	中饲 828 / PHW-SA F$_7$	44	14	14	12(缺 2 4R)	4(2 4D+2 7D)

3) 育种利用前景

小麦 **D** 基因组有着改良小黑麦的巨大基因库，已有研究表明导入 **D** 基因组染色体及片段可以提高小黑麦的许多性状，如抗铝害能力(Budzianowski and Wos，2004)以及编码优质谷蛋白亚基等(Payne，1987)。Sodkiewicz 等(2011)研究表明 1D 和 3D 染色体的导入提高了六倍体小黑麦对叶锈病和穗发芽的抗性，降低了 α-淀粉酶活性。在对 **D** 基因组代换系硬粒小麦"Langdon"与黑麦"Gazelle"杂交产生的六倍体小黑麦的研究中，1D(1A)和 1D(1B)和 7D(7B)代换系表现出较高的种子育性(Xu and Joppa，2000)。Bazhenov 等(2015)通过 2D(2R)代换系对两个冬小黑麦农艺性状的影响研究中，发现 2D(2R)代换系降低了植株株高，增加了千粒重，提前了抽穗期以及开花期，并提高了对穗发芽的抗性。

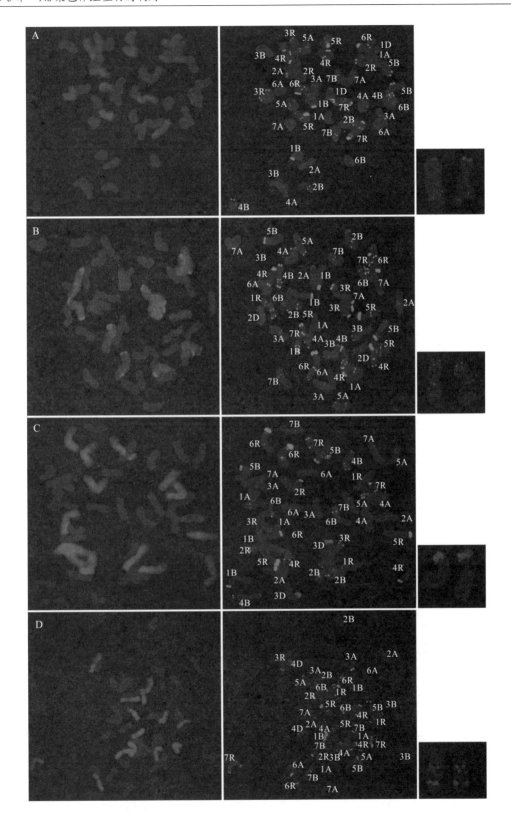

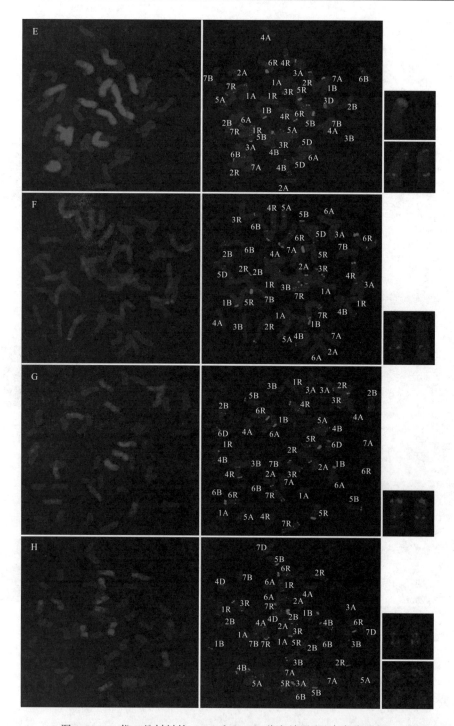

图 5-41　F₇代 8 份材料的 FISH 和 GSIH 鉴定结果(见本书彩图版)

注: A. K16-1550-6-8, $2n=42=14\,A + 14\,B + 12\,R + II\,1D$; B. K16-4173-3, $2n=42=14\,A + 14\,B + 12\,R + II\,2D$; C. K16-1565-6-3, $2n=42=14\,A + 12\,B + 14\,R + II\,3D$; D. K16-1549-10-3, $2n=42=14\,A + 12\,B + 14\,R + II\,4D$; E. K16-1565-6-4, $2n=42=14\,A + 12\,B + 13\,R + II\,5D + I\,3D$; F. K16-601-1-4, $2n=43=14\,A + 13\,B + 14\,R + II\,5D$; G. K16-4121-3, $2n=44=14\,A + 14\,B + 14\,R + II\,6D$; H. K16-1566-4-1, $2n=44=14\,A + 14\,B + 12\,R + II\,4D + II\,7D$。图片左侧为 GISH 结果,中间为相应的 FISH 结果,右侧为相应导入的 D 染色体。pSc119.2 的信号标记为绿色,pTa535 的信号标记为红色。

本书在对普通小麦-黑麦-华山新麦草三属杂种衍生后代的研究中，发现一个高抗小麦条锈病的 4D(4B)代换系。因此，通过创制 D 基因组异染色体系小黑麦，不仅可以拓宽小黑麦的遗传基础，丰富小黑麦的遗传多样性，更有利于提高现有小黑麦品种的抗病性、抗逆性、籽粒品质和产量。下一步我们将对这些材料进行农艺性状、抗病性、抗逆性、籽粒品质的评价，分析 D 基因组导入对丰富小黑麦遗传多样性的作用，期望从中能得到用于改良小麦和小黑麦或直接选育成栽培品种的小黑麦中间材料。

5.2.7　育种利用前景展望

华山新麦草具有抗寒、抗旱、耐瘠薄、早熟、优质，高抗小麦条锈病、白粉病和全蚀病，中抗赤霉病等特点，是小麦遗传改良重要的基因资源。为了转移华山新麦草优异基因，我们在前期合成了普通小麦与华山新麦草之间的完全双二倍体 PHW-SA，它具有长穗、多小穗且高抗条锈病、白粉病等特点。利用该双二倍体为"桥梁"材料，分别与感条锈病四川优良小麦品种川麦 42、川麦 107、绵麦 38、蜀麦 969 等杂交。按照四川小麦育种目标要求，筛选出高产、抗病(条锈病、白粉病)、抗倒、熟期正常、农艺性状优良的后代株系或品系，2 个品系(蜀麦 1810、蜀麦 3226)已进入品比试验。抗源分析表明华山新麦草的抗病基因已成功转移到小麦遗传背景中，显示出华山新麦草在小麦育种中的潜在利用价值。

5.3　赖草属植物在小麦育种中的利用

赖草属植物生境极其多样，从海拔 500～5000m，从湿润的盐碱滩地到海滨滩地以及干旱高温的沙土草原、荒漠化草原均有生长(颜济和杨俊良，2011)，使得赖草属植物具有丰富的抵抗生物和非生物胁迫的优良性状，如耐盐碱、抗干旱、抗条锈病、抗叶锈病、抗秆锈病、抗赤霉病、抗白粉病、抗大麦黄矮病、耐热、耐重金属铝毒害、耐瘠薄等(Mujeeb-Kazi et al.，1983；马缘生等，1988；赵茂林等，1994；Forsström and Merker，2001；Chen et al.，2005；Mohammed et al.，2013，2014；Yang et al.，2015)。同时，赖草属植物还拥有穗大、多花、丰富的高分子量麦谷蛋白亚基类型以及植物矮化基因等优良性状(董玉琛等，1985；Sun et al.，2014；Hu et al.，2018；Ren et al.，2018)。因此，作为普通小麦的优异三级基因源，赖草属的多个物种，如大赖草(*Leymus racemosus*)、滨麦(*Leymus mollis*)、羊草(*Leymus chinensis*)、多枝赖草(*Leymus multicaulis*)等，已经成功与普通小麦杂交，获得了大量优异的外源遗传物质导入系，为普通小麦的遗传改良奠定了坚实的物质基础。

5.3.1　大赖草在小麦育种中的利用

大赖草[*Leymus racemosus*(Lam.)Tzvel.]是赖草属中的一个异源四倍体物种，具有 **NsNsXmXm** 染色体组。该物种具有极强的耐旱、耐盐碱、耐热、耐铝毒害以及抗赤霉病等特性(Mujeeb-Kazi et al.，1983；董玉琛等，1985；Chen et al.，2005；Mohammed et al.，2013，2014)。从 20 世纪 50 年代开始，就有学者开始尝试将大赖草遗传物质向普通小麦中转移，直到 1981 年 Mujeeb-Kazi 和 Rodriguez 才首次获得普通小麦与大赖草的杂种，但未见后续附加系或代换系等异染色体系的报道。目前，主要有中国南京农业大学细胞遗传所陈佩度教授团队和日本鸟取大学干旱研究中心辻本寿教授团队从事大赖草遗传物质向普通小麦中转移的基础和应用研究。

为了将大赖草抗赤霉病基因转移到普通小麦中，南京农业大学细胞遗传所从 1984 年开始进行大赖草与普通小麦的杂交，并成功获得杂种及其回交后代（王耀南等，1986，1991）。利用 Giemsa-C 分带、RFLP、Sourhern 杂交、生化标记等手段，筛选获得大量的附加系、附加-代换系以及端体附加系等异染色体系材料（孙文献，1995；陈佩度等，1995；Qi et al.，1997；Wang and Chen，2008）。建立的大赖草 Giemsa-C 分带模式图（图 5-42），能有效地用于普通小麦-大赖草异附加系或代换系的鉴定（Qi et al.，1997）。通过对这些异染色体系的赤霉病抗性鉴定，发现大赖草第 2（Lr2）、第 7（Lr7）和第 14（Lr14）染色体上携带有抗赤霉病基因（陈佩度等，1995）；Lr2 和 Lr14 分别与小麦第 7 和第 5 同源群相似，故分别以 7Lr 和 5Lr 表示（Qi et al.，1997）。为了更好地研究和利用这些抗赤霉病异附加系，陈佩度教授团队利用杀配子染色体或 ^{60}Co-γ 射线辐射诱变等方法创制了大量的易位系（刘文轩等，2000；袁建华等，2003；Chen et al.，2005；汪乐，2007；王林生，2008；崔承齐，2011）。尽管这些易位系涉及不同的小麦染色体和大赖草染色体（图 5-43），但均不同程度地表现出较好的赤霉病抗性；同时确认大赖草基因组至少含有 3 个赤霉病抗性基因，且分别位于 Lr7、5Lr#1 长臂和 7Lr#1 短臂上（Chen et al.，2005）。Qi 等（2008）利用分子细胞遗传学手段进一步发现 7Lr#1 上的抗赤霉病基因位于 7Lr#1 断臂染色体的末端，并将该基因命名为 *Fhb3*。崔承齐（2011）对涉及 7Lr#1S 易位系进行了鉴定，开发了 16 对大赖草 7Lr#1 特异的分子标记，为后期 *Fhb3* 的精细定位以及分子标记辅助育种奠定了基础。同时，他们还进行了抗赤霉病易位系的聚合，发现位于不同大赖草染色体上携带的抗赤霉病基因具有累加效应，通过聚合能有效提高赤霉病抗性（刘光欣等，2006）。

日本鸟取大学干旱研究中心辻本寿教授团队利用幼胚拯救技术也成功获得了普通小麦-大赖草杂种，利用回交和自交，获得了 10 个不同大赖草染色体的单体或二体附加系；对这些附加系的穗部形态进行了比较分析，发现大赖草 **A**、**L** 和 **E** 染色体带有控制芒有无的基因；**C**、**I** 和 **F** 染色体带有控制穗节长的基因；**H** 染色体带有控制穗部形态的基因；**J** 染色体抗小麦叶锈病，增加 SDS 沉降值和提高烘烤品质（Kishii et al.，2004）。

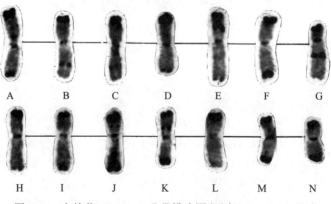

图 5-42　大赖草 Giemsa-C 分带模式图（引自 Qi et al.，1997）

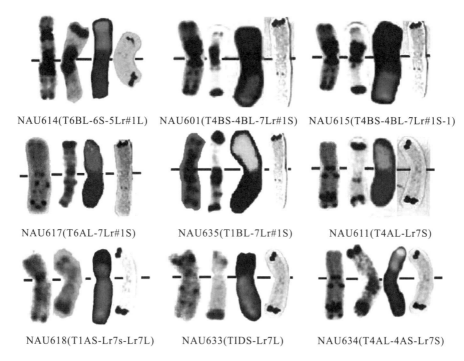

NAU614(T6BL-6S-5Lr#1L)   NAU601(T4BS-4BL-7Lr#1S)   NAU615(T4BS-4BL-7Lr#1S-1)

NAU617(T6AL-7Lr#1S)   NAU635(T1BL-7Lr#1S)   NAU611(T4AL-Lr7S)

NAU618(T1AS-Lr7s-Lr7L)   NAU633(TIDS-Lr7L)   NAU634(T4AL-4AS-Lr7S)

图 5-43　利用 Giemsa-C 分带和 GISH 鉴定普通小麦-大赖草 5Lr、7Lr 和 Lr7 易位系（引自 Chen et al.，2005）
注：从左到右分别是易位前的小麦染色体 C 分带、易位染色体 C 分带、易位染色体 GISH 以及大赖草染色体易位前的 C 分带。

Mohammed 等（2013）对 15 份普通小麦-大赖草附加系材料进行了铝耐受性分析（表 5-22），发现附加一对 **A**、**E** 或 2Lr#1 染色体不影响铝的吸收，但显著提高了小麦铝的耐受性；附加一对 **F** 或 5Lr#1，或代换一对 **Hs** 染色体能显著提高铝的吸收。同时，他们对这些材料的适应性以及耐热性进行了评价，发现附加一对 **A**、2Lr#1 或 5Lr#1 染色体显著提高了植株的适应性；附加一对 **I** 或 **N** 染色体能显著提高穗粒数和耐热性（Mohammed et al.，2014）。

表 5-22　15 份用于铝耐受性评价的普通小麦-大赖草异附加系或代换系（引自 Mohammed et al.，2013）

株系编号	株系名和染色体名称	同源群	染色体数	命名	参考文献
TACBOW001[a]	*Leymus racemosus* A 附加系	2	44	**A**	Kishii 等，2004
TACBOW003	*Leymus racemosus* E 附加系	NA[b]	44	**E**	Kishii 等，2004
TACBOW004	*Leymus racemosus* F 附加系	4	44	**F**	Kishii 等，2004
TACBOW005	*Leymus racemosus* H 附加系	3	44	**H**	Kishii 等，2004
TACBOW006	*Leymus racemosus* I 附加系	5	44	**I**	Kishii 等，2004
TACBOW008	*Leymus racemosus* K 附加系	6	44	**K**	Kishii 等，2004
TACBOW009	*Leymus racemosus* L 附加系	2	44	**L**	Kishii 等，2004
TACBOW010	*Leymus racemosus* N 附加系	3，7	44	**N**	Kishii 等，2004
TACBOW011	*Leymus racemosus* H 代换系	3	42	**Hs**	Kishii 等，2004
TACBOW012	*Leymus racemosus* 2Lr#1 附加系	2	44	**O**	Qi 等，1997
TACBOW013	*Leymus racemosus* 5Lr#1 附加系	5	44	**P**	Qi 等，1997

续表

株系编号	株系名和染色体名称	同源群	染色体数	命名	参考文献
TACBOW014	*Leymus racemosus* 7Lr#1 附加系	6	44	**Q**	Qi 等，1997
TACBOW015	*Leymus racemosus* 7Lr#1 附加系	3，7	44	**R**	Qi 等，1997
TACBOW016	*Leymus racemosus* ？Lr#1 附加系	NA	44	**S**	Qi 等，1997
TACBOW017	*Leymus racemosus* 2Lr#1 代换系	2	42	**T**	Qi 等，1997

[a]TACBOW，Tottori Alien Chromosome Bank of Wheat 日本乌取小麦外源染色体库.

[b]NA，未提供.

山西省农业科学院作物科学研究所也对 Kishii 等 (2004) 创制的 10 份异附加系进行了农艺性状、抗病、耐热、光合特性以及产量性状的分析，发现大赖草 **H** 和 **L** 染色体显著降低植株净光合速率；**A** 和 **F** 染色体显著增加气孔导度；**E** 和 **J** 染色体增加单穗粒重和千粒重；**K** 染色体提高蒸腾速率；**H** 染色体增加穗长、小穗数、提早抽穗期和增加黄矮病抗性；**H** 和 **A** 染色体增加耐热效应；**J** 染色体提高粒长和粒宽；**A** 和 **L** 染色体携带控制芒有无基因；**F** 染色体具有再生性和复小穗基因 (裴自友等，2014；解睿等，2015)。这些结果表明，大赖草异染色体系可提高小麦抵抗生物和非生物胁迫，是小麦抗逆育种重要的基因源和物质基础。

5.3.2　滨麦在小麦育种中的利用

滨麦 [*Leymus mollis* (Trin.) Pilger] 是赖草属中的一个异源四倍体物种，具有 **NsNsXmXm** 染色体组。该物种具有众多的优良性状，如耐盐碱和干旱，抗锈病、白粉病和赤霉病，大穗和多小穗，耐瘠薄和冷害等 (McGuire and Dvorak，1981；Mujeeb-Kazi et al.，1983；Faith，1983；Wang et al.，2000；Kishii et al.，2003)。同时，一些响应渗透压和盐胁迫的相关基因也被鉴定或克隆 (Habora et al.，2012，2013)，从而增进了对滨麦耐旱和盐碱生理和分子响应的了解。因此，滨麦也受到了众多小麦遗传改良学家的青睐。Tsitsin (1965) 首次获得了小麦与滨麦的杂种。Anamthawat-Jónsson 等 (1997) 利用四倍体小麦和滨麦杂交，在其衍生后代中获得一个六倍体小滨麦 AD99，其染色体组成为 28 条 **AB** 染色体、一对 **D** 染色体和 6 对滨麦染色体。在 AD99 和普通小麦的杂交后代中选育获得 6 个高抗小麦白粉病的纯系 (Forsström and Merker，2001)。尽管多个国家的研究机构曾试图将滨麦的遗传物质转移到普通小麦遗传背景中，如俄罗斯 (Tsitsin，1965)、冰岛 (Anamthawat-Jónsson et al.，1997) 和芬兰 (Merker and Lantai，1997)，但后续研究报道很少。

我国在利用滨麦的优异性状遗传改良普通小麦方面从未间断。傅杰等 (1993) 利用幼胚拯救技术获得普通小麦 (7182)-滨麦 (BM01) 杂种，并经过秋水仙碱加倍获得了八倍体小滨麦 M842。该小滨麦虽具有穗长且多小穗、籽粒大、耐寒和干旱、抗多种病害等优良性状，但也表现出晚熟、植株高和籽粒不饱满等不良性状。基因组原位杂交表明 M842 是含多种染色体组成的复合体，如 M842-1、M842-4、M842-8、M842-12 和 M842-16 为 **AABBDDNsNs** 染色体的八倍体小滨麦，M842-13 为 **AABBDDXmXm** 染色体组成 (Wang et al.，2000，2013)。M842-1 高抗小麦白粉病和叶锈病 (Wang et al.，2013)。利用 M842 与普通小麦杂交，在其衍生后代中选育获得了一份稳定高抗条锈病的 4A 近端部易位系，该抗条锈病基因（*YrSn0096*）位于 SSR 标记 *Xbarx236* 和 *Xksum134* 之间（Bao et al.，2012）。Zhao 等（2013）利用 M842-12 与四倍体硬粒小麦杂交，在其 F$_5$ 衍生后代中获得一份高抗条锈病的多外源代换系材料 05DM6，该材料含有 36 条小麦染色体以及 6 条滨麦 **Ns** 染色体；分子标记表明 6 条滨麦染色体代换了小麦的 1D、5D 和 6D 染色体，从而导致部分产量性状表现较差。将 05DM6 与普通小麦回交，获得一份稳定的 1Ns（1D）代换系，该代换系的每穗小花数、籽粒蛋白含量、籽粒麦谷蛋白含量以及千粒重均高于其六倍体普通小麦亲本，但穗粒数降低（Zhao et al.，2016）。利用 M842-16 与四倍体小麦杂交，在其自交衍生后代中分离获得一份稳定高抗、多分蘖、长穗、高抗叶锈病和高千粒重的 3D（3Ns）代换系 DM57（Pang et al.，2014）；同时也获得一份矮化、长穗、多粒以及高抗小麦条锈病和赤霉病的 2D/3D（2Ns/3Ns）代换系材料，为普通小麦的遗传改良提供了新材料（Zhao et al.，2019）。

Li 等（2016）对一份小麦-滨麦高抗条锈病易位系 M8926-2 进行条锈病抗性基因遗传分析发现，抗病基因 *YrM8926* 位于 2DS 染色体，与来源于华山新麦草的 *Yr9020* 和滨麦的 *YrSn0096* 不同，为一个新的滨麦抗条锈病基因。为了更好地利用滨麦的优良抗病基因资源，同时也获得和鉴定出了部分高抗小麦条锈病的普通小麦-滨麦小片段易位系，如 5DL 的末端易位、5DL 的近端部插入易位等（Li et al.，2015）。

鉴于滨麦优良的抗病性状，西北农林科技大学农学院吉万全教授课题组近年来也开展了小麦-滨麦衍生后代的选育和鉴定。他们从普通小麦-滨麦杂交后代中鉴定获得 3 个不同染色体组组成的部分双二倍体 M47、M51 和 M42，分别具有 14 条、6 条以及 12 条滨麦染色体。M47 条锈病免疫以及高抗白粉病，M42 条锈病免疫但高感白粉病，M51 高感条锈病和白粉病（Yang et al.，2014）。从 M47 与普通小麦杂交衍生后代中选育获得一个稳定的 7Ns（7D）代换系，与六倍体普通小麦亲本相比，该代换系增加了籽粒千粒重，同时表现出高抗小麦条锈病，表明 7Ns 染色体携带有抗条锈病基因（Yang et al.，2015）。Yang 等（2017）在相同的杂交组合中也获得了一个双单体附加系（附加滨麦 L.m2 和 L.m3），高抗小麦条锈病。然而，从其衍生后代中鉴定获得 5 种染色体组成类型，其中仅含有 L.m3 染色体的附加系表现出高抗条锈病，而不含 L.m3 的附加系或非附加系表现出高感条锈病，表明滨麦 L.m3 染色体携带有抗小麦条锈病基因。Zhang 等（2017）从另一杂交组合后代中分离获得一个双二体附加系，附加了滨麦的 1 对 5Ns 和一对 6Ns 染色体。该附加染色体增加了千粒重，但同时也显著降低了穗长和穗粒数。田间条锈病鉴定表明该附加系高抗小麦条锈病，表明 5Ns 和 6Ns 染色体携带有抗条锈病基因。

5.3.3　其他赖草属植物在小麦育种中的利用

除大赖草和滨麦的遗传物质被导入普通小麦遗传背景中外，也有其他赖草属物种的遗传物质被导入普通小麦遗传背景中，如：20 世纪 80 年代就开始了普通小麦与多枝赖草 [*Leymus multicaulis*（Kar. et Kir.）Tzvel.，2*n*=4*x*=28，**NsNsXmXm**] 和羊草 [*Leymus chinensis*（Trin. ex Bunge）Tzvel.，2*n*=4*x*=28，**NsNsXmXm**] 的杂交（Dong，1986；马缘生等，1988），以及 90 年代开始的普通小麦与毛穗赖草 [*Leymus paboanus*（Claus）Pilger，2*n*=4*x*=28，**NsNs**

XmXm]和沙生赖草[*Leymus arenarius*(L.)Hochst.，2*n*=8*x*=56，**NsNsNsNsXmXm XmXm**]的杂交(张学勇等，1992；Anamthawat- Jónsson et al.，1997)。然而，由于研究目的不同，后期没有获得毛穗赖草或沙生赖草相应的异染色体系，如 Anamthawat-Jónsson 等(1997)将普通小麦-沙生赖草的杂种与沙生赖草回交以研究沙生赖草的属性。马缘生等(1988)从普通小麦-羊草的杂交后代中获得了多个高蛋白，高赖氨酸含量，高抗小麦条锈病、叶锈病和白粉病的新品系，但后期进展没有进一步的报道。相对于毛穗赖草、沙生赖草和羊草，多枝赖草的遗传物质转移到普通小麦中的研究相对较多。赵茂林等(1994)在 20 世纪 90 年代中期就已经获得了多枝赖草全套 14 种二体附加系中的 12 种，且各自附加的 1 对多枝赖草染色体分别归属于小麦的全部 7 个部分同源群，仅缺少的 2 种二体附加系是附加多枝赖草 1 对 4Xm(Ns)和 1 对 5Xm(Ns)染色体系。魏景芳等(2000，2004)利用花药培养的方法获得了普通小麦-多枝赖草的杂种后代纯系和易位系，对这些纯系和易位系进行了耐盐、抗病或抗旱性的鉴定，获得了系列耐盐的纯系和易位系以及抗条锈病、白粉病、叶锈病和黄矮病的部分纯系。Jia 等(2002)利用 GISH 和 RFLP 技术对普通小麦-多枝赖草衍生后代进行鉴定，获得了 15 个含有多枝赖草 Xm 染色体或片段的附加系或代换系。葛荣朝等(2006)鉴定获得一个耐盐的小麦-多枝赖草二体异附加系。Zhang 等(2010)对 24 个小麦-多枝赖草附加系和易位系进行了鉴定，获得了部分对秆锈病、黄矮病或白粉病高抗或免疫的附加系或易位系。

　　赖草属植物种类多，分布广，具有的优良性状是小麦遗传育种重要的资源，今后应加大对资源的评价、新材料创制和育种利用的基础和应用研究。

参 考 文 献

白宇皓, 2017. 小麦-华山新麦草衍生后代纹枯病抗性鉴定与华山新麦草 Ns 染色体特异 SCAR 标记开发[D]. 杨凌: 西北农林科技大学.

陈佩度, 王兆悌, 王苏玲, 等, 1995. 将大赖草种质转移给普通小麦的研究——III. 抗赤霉病异附加系的选育[J]. 遗传学报, 22(3): 206-210.

陈漱阳, 张安静, 傅杰, 1991. 普通小麦与华山新麦草的杂交[J]. 遗传学报, 18(6): 508-512.

崔承齐, 2011. 涉及大赖草 7Lr 染色体的普通小麦-大赖草易位系的分子细胞遗传学鉴定[D]. 南京: 南京农业大学.

董玉琛, 孙雨珍, 钟干远, 等, 1985. 新疆阿勒泰地区大赖草的考察和初步研究. 中国农业科学, 2: 54-56.

傅杰, 陈漱阳, 张安静, 1989. 普通小麦与簇毛麦双二倍体的合成、育性及细胞遗传学研究[J]. 遗传学报, 16 (5): 348-356.

傅杰, 陈漱阳, 张安静, 1993. 八倍体小滨麦的形成及细胞遗传学研究[J]. 遗传学报, 20(4): 317-323.

葛荣朝, 张敬原, 赵宝存, 等, 2006. 一个耐盐小麦-多枝赖草二体异附加系外源染色体的鉴定[J]. 中国农业科学, 39(1): 193-198.

郭本兆, 1987. 中国植物志(第 9 卷第 3 分册)[M]. 北京: 科学出版社.

杭焱, 金燕, 卢宝荣, 2004. 濒危植物华山新麦草(*Psathyrostachys huashanica*)的遗传多样性及其保护[J]. 复旦学报(自然科学版), 43(2): 260-266.

解睿, 温辉芹, 裴自友, 等, 2015. 大赖草染色体对小麦农艺性状和抗病、耐热性的效应研究[J]. 农学学报, 5(9): 22-26.

井金学, 傅杰, 袁红旭, 等, 1999. 三个小麦野生近缘种抗条锈性传递的初步研究[J]. 植物病理学报, 29(2): 147-150.

李立会, 董玉琛, 1995. 普通小麦×根茎冰草×黑麦三属杂种自交可育性的细胞学机理[J]. 遗传学报, 22(4): 280-285.

李兴锋, 2003. 小麦三属杂种的分子细胞遗传学研究[D]. 泰安: 山东农业大学.

刘登才, 罗明诚, 杨俊良, 等, 1997. 小麦自然群体中部分同源染色体配对促进基因的染色体定位研究[J]. 西南农业学报, 10(3): 10-15.

刘登才, 颜济, 杨俊良, 等, 1999. 小麦地方品种开县罗汉麦在远缘杂交中的遗传评价[J]. 作物学报, 25(6): 778-780.

刘光欣, 陈佩度, 冯祎高, 等, 2006. 小麦-大赖草易位系对赤霉病抗性的聚合[J]. 麦类作物学报, 26(3): 34-40.

刘文轩, 陈佩度, 刘大均, 2000. 一个普通小麦-大赖草易位系 T01 的选育与鉴定[J]. 作物学报, 26(3): 305-309.

罗明诚, 颜济, 杨俊良, 1989. 四川小麦地方品种与节节麦和黑麦的可杂交性[J]. 四川农业大学学报, 7: 77-81.

马缘生, 谭富娟, 郑先强, 等, 1988. 中国赖草(Leymus chinensis(Trin.)Tzvel.)与普通小麦(T. aestivum L.)杂交及其后代小-赖麦(Triticum-Leymus)的研究[J]. 中国农业科学, 21(5): 15-22.

裴自友, 温辉芹, 张立生, 等. 2014. 大赖草染色体对小麦光合特性和产量性状的效应研究[J]. 农学学报, 4(7): 8-12.

宋爽, 2016. 华山新麦草对小麦黄矮病抗性研究及 BYDV-GAV 侵染性克隆构建[D]. 杨凌: 西北农林科技大学.

孙文献, 1995. 普通小麦-大赖草异附加系的选育与鉴定[D]. 南京: 南京农业大学.

田月娥, 黄静, 李强, 等, 2011. 源于华山新麦草抗条锈病基因 YrH122 遗传分析和 SSR 标记[J]. 植物病理学报, 41(1): 64-71.

汪乐, 2007. 3 个小麦-大赖草易位系的分子细胞遗传学鉴定[D]. 南京: 南京农业大学.

王洪刚, 孔令让, 李平路, 等, 1999. 中间偃麦草与小麦杂交后代的细胞遗传学及性状特点的研究[J]. 作物学报, 25(3): 373-380.

王林生, 2008. 利用辐射诱变涉及大赖草 5Lr 和 7Lr 染色体的普通小麦-大赖草易位系和端体系[D]. 南京: 南京农业大学.

王美南, 商鸿生, 2000. 华山新麦草对小麦全蚀病菌的抗病性研究[J]. 西北农业大学学报, 28(6): 69-71.

王秀娥, 李万隆, 刘大钧, 1998. 新麦草属两物种的 C-分带研究[J]. 南京农业大学学报, 21(1): 10-13.

王耀南, 陈佩度, 刘大军, 1986. 巨大冰麦草种质转移给普通小麦的研究. I 普通小麦(巨大冰麦草)F$_1$的产生[J]. 南京农业大学学报, 9: 10-14.

王耀南, 陈佩度, 王兆悌, 等, 1991. 将巨大冰麦草种质转移给普通小麦的研究. II BC1、BC2 的细胞遗传学研究和赤霉病抗性鉴定[J]. 南京农业大学学报, 9: 1-5.

魏景芳, 李炜, 秦君, 等, 2000. 小麦与多枝赖草属间杂种后代纯系的获得及其遗传学研究[J]. 河北农业科学, 4(1): 9-13.

魏景芳, 秦君, 王淳, 等, 2004. 小麦-多枝赖草耐盐纯合易位系的培育和 GISH 鉴定[J]. 华北农学报, 19(1): 40-43.

相志国, 刘登才, 郑有良, 等, 2005. phKL 基因诱导小麦远缘杂种部分染色体配对的能力界于 Ph1 和 Ph2 基因突变体之间[J]. 遗传, 27(6): 935-940.

颜济, 杨俊良, 2011. 小麦族生物系统学(第 4 卷)[M]. 北京: 中国农业出版社.

颜旸, 刘大均, 1987. 普通小麦和纤毛鹅观草属间杂种的产生及其细胞遗传学研究. 中国农业科学, 20(6): 17-21.

姚强, 王阳, 贺苗苗, 等, 2010. 普通小麦-华山新麦草易位系 H9020-20-12-1-8 抗条锈病基因 SSR 标记[J]. 农业生物技术学报, 18(4): 676-681.

叶煜辉, 江明锋, 陈艳, 等, 2009. 赖草属植物的抗逆性研究进展与应用前景[J]. 生物学杂志, 26(4): 54-60.

袁建华, 陈佩度, 刘大均, 2003. 利用杀配子染色体创造普通小麦-大赖草异易位系[J]. 中国科学(C 辑: 生命科学), 33(2): 110-117.

张红军, 王洪刚, 刘树兵, 等, 2000. 小麦族多属杂种的研究进展[J]. 山东农业大学学报(自然科学版), 31(3): 337-344.

张学勇, 董玉琛, 杨欣明, 等, 1992. 普通小麦(Triticum aestivum)和毛穗赖草(Leymus paboanus)的杂交, 杂种细胞无性系的建立及植株再生[J]. 作物学报, (4): 258-265.

赵继新, 陈新宏, 王小利, 等, 2004. 普通小麦-华山新麦草异附加系的分子细胞遗传学研究[J]. 西北农林科技大学学报,

32(11): 105-109.

赵茂林, 周荣华, 董玉琛, 1994. 普通小麦-多枝赖草二体附加系的创建及其细胞遗传学研究[A]//第三届全国青年作物遗传育种学术会议文集[C]. 北京: 中国农业科技出版社, 82-85.

周荣华, 贾继增, 董玉琛, 等, 1997. 用基因组原位杂交技术检测小麦-新麦草杂交后代[J]. 中国科学(C辑: 生命科学), 27(6): 543-549.

Anamthawat-Jónsson K, Bödvarsdóttir S K, Bragason B T, et al., 1997. Wide-hybridization between species of *Triticum* L. and *Leymus* Hochst[J]. Euphytica, 93(3): 293-300.

Baden C, 1991. A taxonomic revision of *Psathyrostachys* (Poaceae) [J]. Nordic Journal of Botany, 11: 3-26.

Bao Y, Li X, Liu S, et al., 2009. Molecular cytogenetic characterization of a new wheat-*Thinopyrum intermedium* partial amphiploid resistance to powdery mildew and stripe rust[J]. Cytogenetic & Genome Research, 126(4): 390-395.

Bao Y, Wang J, He F, et al., 2012. Molecular cytogenetic identification of a wheat(*Triticum aestivum*)-American dune grass(*Leymus mollis*) translocation line resistant to stripe rust[J]. Genetics & Molecular Research, 11(3): 3198-3206.

Bazhenov M S, Divashuk M G, Kroupin P Y, et al., 2015. The effect of 2D(2R)substitution on the agronomical traits of winter triticale in early generations of two connected crosses[J]. Cereal Research Communications, 43(3): 1-11.

Budzianowski G, Wos H, 2004. The effect of single D-genome chromosomes on aluminum tolerance of Triticale[J]. Euphytica, 137(2): 165-172.

Cao Z J, Deng Z Y, Wang M N, et al., 2008. Inheritance and molecular mapping of an alien stripe-rust resistance gene from a wheat-*Psathyrostachys huashanica* translocation line[J]. Plant Science, 174(5): 544-549.

Castilho A, Miller T E, Heslop-Harrison J S, 1996. Physical mapping of translocation breakpoints in a set of wheat-*Aegilops umbellulata* recombinant lines using *in situ* hybridization [J]. Theoretical & Applied Genetics, 93: 816-825.

Cauderon Y, Saigne B, Dauge M, 1973. The resistance to wheat rusts of *Agropyron intermedium* and its use in wheat improvement[A]//Sears E R, Sears L M S. Proceedings 4th International Wheat Genetics Symposium[C]. University of Missouri, Columbia, MO, USA, 401-407.

Chen P, Liu W, Yuan J, et al., 2005. Development and characterization of wheat-*Leymus racemosus* translocation lines with resistance to *Fusarium* head blight[J]. Theoretical & Applied Genetics, 111(5): 941-948.

Chen Q, Friebe B, Conner R L, et al., 1998. Molecular cytogenetic characterization of *Thinopyrum intermedium*-derived wheat germplasm specifying resistance to wheat streak mosaic virus[J]. Theoretical & Applied Genetics, 96(1): 1-7.

Chen X M, 2005. Epidemiology and control of stripe rust(*Puccinia striiformis* f. sp. *Tritici*)on wheat[J]. Canadian Journal of Plant Pathology, 27(3): 314-337.

Cho S, Garvin D F, Muehlbauer G J, 2006. Transcriptome analysis and physical mapping of barley genes in wheat-*barley* chromosome addition lines [J]. Genetics, 172: 1277-1285.

Dewey D R, 1984. The genome system of classification as a guide to intergeneric hybridization with the perennial Triticeae [A]//Gustafson J P. Gene Manipulation in Plant Improvement [M]. New York: Plenum, 209-280.

Dong Y, 1986. Studies on hybridization of *Triticum aestivum* with *Leymus multicaulis* and *L. racemosus*[J]//Li Z S, Swanminathan M S. Proceeding of 1st International Symposium of Chromosome Engineering of Plants[C]. Beijing: Science Press, 185-187.

Du W L, Wang J, Lu M, et al., 2013a. Molecular cytogenetic identification of a wheat-*Psathyrostachys huashanica* Keng 5Ns disomic addition line with stripe rust resistance[J]. Molecular Breeding, 31(4): 879-888.

Du W L, Wang J, Pang Y H, et al., 2013b. Isolation and characterization of a *Psathyrostachys huashanica* Keng 6Ns chromosome addition in common wheat[J]. PLoS ONE, 8(1): e53921.

Du W L, Wang J, Wang L M, et al., 2013c. Development and characterization of a *Psathyrostachys huashanica* Keng 7Ns chromosome addition line with leaf rust resistance[J]. PLoS ONE, 8(8): e70879.

Du W L, Wang J, Wang L M, et al., 2014a. Molecular characterization of a wheat–*Psathyrostachys huashanica* Keng 2Ns disomic addition line with resistance to stripe rust[J]. Molecular Genetics & Genomics, 289(5): 735-743.

Du W L, Wang J, Pang Y H, et al., 2014b. Isolation and characterization of a wheat–*Psathyrostachys huashanica* Keng 3Ns disomic addition line with resistance to stripe rust[J]. Genome, 57(1): 37-44.

Du W L, Wang J, Lu M, et al., 2014c. Characterization of a wheat-*Psathyrostachys huashanica* Keng 4Ns disomic addition line for enhanced tiller numbers and stripe rust resistance. Planta, 239(1): 97-105.

Du W, Zhao J, Wang J, et al., 2015. Cytogenetic and molecular marker-based characterization of a wheat-*Psathyrostachys huashanica* Keng 2Ns(2D) substitution line[J]. Plant Molecular Biology Reporter, 33(3): 414-423.

Faith A M B, 1983. Analysis of the breeding potential of wheat-*Agropyron* and wheat-*Elymus* derivatives. I. Agronomic and quality characteristics [J]. Hereditas, 98: 287-295.

Faris J D, Xu S S, Cai X, et al., 2008. Molecular and cytogenetic characterization of a durum wheat–*Aegilops speltoides* chromosome translocation conferring resistance to stem rust [J]. Chromosome Research, 16 (8): 1097-1105.

Fedak G, Chen Q, Conner R L, et al., 2000. Characterization of wheat-*Thinopyrum* partial amphiploid by meiotic analysis and genomic in situ hybridization[J]. Genome, 43(4): 712-719.

Feldman M, 2001. The origin of cultivated wheat [A]//Bonjean A P, Angus W J. The World Wheat [M]. Paris: Lavoisier Publishing, 1-56.

Forsström P O, Merker A, 2001. Sources of wheat powdery mildew resistance from wheat-rye and wheat-*Leymus* hybrids[J]. Hereditas, 134(2): 115-119.

Friebe B, Gill B S, 1994. C-band polymorphism and structural rearrangements detected in common wheat(*Trticum aestivum*)[J]. Euphytica, 78(1-2): 1-5.

Friebe B, Jiang J M, Raupp W J, et al., 1996. Characterization of wheat-alien translocations conferring resistance to diseases and pests: Current status[J]. Euphytica, 91(1): 59-87.

Gill B S, Friebe B, Endo T R, 1991. Standard karyotype and nomenclature system for description of chromosome bands and structural aberrations in wheat(*Triticum aestivum*)[J]. Genome, 34(5): 830-839.

Gupta P K, Fedak G, 1986. Intergeneric hybrids between ×*Triticosecale* cv. Welsh(2n=42)and three genotypes of *Agropyron intermedium*(2n=42)[J]. Genome, 28(2): 176-179.

Han F P, Liu B, Fedak G, et al., 2004. Genomic constitution and variation in five partial amphiploids of wheat-*Thinopyrum intermedium* as revealed by GISH, multicolor GISH and seed storage protein analysis[J]. Theoretical & Applied Genetics, 109: 1070-1076.

Harbora M E E, Eltayeb A E, Tsujimoto H, et al., 2012. Identification of osmotic stress-responsive genes from *Leymus mollis*, a wild relative of wheat(*Triticum aestivum* L.)[J]. Breeding Science, 62(1): 78-86.

Harbora M E E, Eltayeb A E, Oka M, et al., 2013. Cloning of allene oxide cyclase gene from *Leymus mollis* and analysis of its expression in wheat-*Leymus* chromosome addition lines[J]. Breeding Science, 63(1): 68-76.

Hu X, Dai S, Song Z, et al., 2018. Analysis of novel high-molecular-weight prolamins from *Leymus multicaulis*(Kar. et Kir.)Tzvelev and *L. chinensis*(Trin. ex Bunge)Tzvelev[J]. Genetica, 146(3): 255-264.

Jan C C, Pace C de, McGuire P E, et al. 1986. Hybrids and amphiploids of *Triticum aestivum* L. and *T. turgidum* L. with *Dasypyrum villosum*（L.）Candargy [J]. Zeitschrift für Pflanzenzücht, 96: 97-106.

Jauhar P P, Peterson T S, Xu S S, 2009. Cytogenetic and molecular characterization of a durum alien disomic addition line with enhanced tolerance to *Fusarium* head blight[J]. Genome, 52（5）: 467-483.

Jia J, Zhou R, Li P, et al., 2002. Identifying the alien chromosomes in wheat-*Leymus multicaulis* derivaties using GISH and RFLP techniques[J]. Euphytica, 127（2）: 201-207.

Jiang J M, Friebe B, Gill B S, 1994. Recent advances in alien gene transfer in wheat[J]. Euphytica, 73（3）: 199-212.

Kishii M, Dou Q W, Garg M, et al., 2010. Production of wheat-*Psathyrostachys huashanica* chromosome addition lines[J]. Genes & Genetic Systems, 85（4）: 281-286.

Kishii M, Wang R R-C, Tsujimoto H, 2003. Characteristics and behavior of the chromosome of *Leymus mollis* and *L. racemosus*（Triticeae, Poaceae）during mitosis and meiosis[J]. Chromosome Research, 11（8）: 741-748.

Kishii M, Yamada T, Sasakuma T, et al., 2004. Production of wheat –Leymus racemosus chromosome addition lines [J]. Theoretical & Applied Genetics, 109: 255-260.

Kosina R, Heslop-Harrison J S, 1996. Molecular cytogenetics of an amphiploid trigeneric hybrid between *Triticum durum, Thinopyrum distichum* and *Lophopyrum elongatum* [J]. Annals of Botany, 78（5）: 583-589.

Koul K K, Raina S N, 1996. Male and female meiosis in diploid and colchitetraploid *Phlox drummondii* Hook（Polemoniaceae）[J]. Botanical Journal of Linnean Society, 122: 243-251.

Koul K K, Raina S N, Nagpal R, 1995. Differential chromosome behaviour in the male and female sex cells of *Brassica oxyrrhina* Coss [J]. Caryologia, 48: 335-339.

Koul K K, Nagpal N, Sharma A, 2000. Chromosome behaviour in the male and female sex mother cells of wheat（*Triticum aestivum* L.）, oat（*Avena sativa* L.）and pearl millet（*Pennisetum americanum*（L.）Leeke）[J]. Caryologia, 53（3-4）: 175-183.

Krolow K D, 1970. Investigation on compatibility between wheat and rye [J]. Zeitschrift für Pflanzenzücht, 64: 44-72.

Lammer D, Cai X W, Arterburn M, et al., 2004. A single chromosome addition from *Thinopyrum elongatum* confers a polycarpic, perennial habit to annual wheat[J]. Journal of Experimental Botany, 55（403）: 1715-1720.

Li H, Fan R, Fu S, et al., 2015. Development of *Triticum aestivum-Leymus mollis* translocation lines and identification of resistance to stripe result[J]. Journal of Genetics & Genomics, 42（3）: 129-132.

Li Q, Huang J, Hou L, et al., 2012. Genetic and molecular mapping of stripe rust resistance gene in wheat-*Psathyrostachys huashanica* translocation line H9020-1-6-8-3[J]. Plant Disease, 96（10）: 1482-1487.

Li Q, Chao K, Li Q, et al., 2016. Genetic analysis and molecular mapping of a stripe rust resistance gene in wheat-*Leymus mollis* translocation line M8926-2[J]. Crop Protection, 86: 17-23.

Liu D C, Lan X J, Yang Z J, et al., 2002. A unique *Aegilops tauschii* genotype needless to immature embryo culture in cross with wheat[J]. Acta Botanica Sinica, 44（6）: 708-713.

Liu D C, Zheng Y L, Yan Z H, et al., 2003. Combination of homoeologous pairing gene *phKL* and *Ph2*-deficiency in common wheat and its meiotic behaviors in hybrids with alien species[J]. Acta Botanica Sinica, 45（9）: 1121-1128.

Lukaszewski A J, 1990. Frequency of 1RS. 1AL and 1RS. 1BL translocations in United States wheats[J]. Crop Science, 30（5）: 1151-1153.

Lukaszewski A J, 2006. Cytogenetically engineered rye chromosomes 1R to improve bread-making quality of hexaploid triticale[J]. Crop Science, 46（5）: 2183-2194.

Lukaszewski A J, Gustafson J P, 1987. Cytogenetics of Triticale [A]//Janick J. Plant Breeding Reviews [M]. New York: AVI Publishing.

Luo M C, Yang Z L, Yen C, et al., 1992. The cytogenetic investigation on F_1 hybrid of Chinese wheat landraces [A]//Ren Z L, Peng J H. Exploration of Crop Breeding [M]. Chengdu: Sichuan Science and Technology Press, 169-176.

Ma D F, Zhou X L, Hou L, et al., 2013. Genetic analysis and molecular mapping of a stripe rust resistance gene derived from *Psathynrostachys huashanica* Keng in wheat line H9014-121-5-5-9[J]. Molecular Breeding, 32(2): 365-372.

Ma D F, Fang Z W, Yin J L, et al., 2016. Molecular mapping of stripe rust resistance gene *YrHu* derived from *Psathyrostachys huashanica*[J]. Molecular Breeding, 36(6): 64.

Marker A, Lantai K, 1997. Hybrids between wheats and perennial *Leymus* and *Thinopyrum* species[J]. Acta Agriculturae Scandinavica, 47(1): 48-51.

Martin A, Sanchez-Monge Laguna E, 1982. Cytology and morphology of the amphiploid *Hordeum chilense* × *Triticum turgidum* conv. *durum* [J]. Euphytica, 31, 262-267.

McGuire P E, Dovrak J, 1981. High salt-tolerance potential in wheatgrasses [J]. Crop Science, 21: 702-705.

McIntosh R A, Yamazaki Y, Dubcovsky J, et al., 2008. Catalogue of gene symbols for wheat [A]// Proceedings of 11th International Wheat Genetics Symposium [C]. Brisbane, Australia, 24-29.

Mergoum M, Macpherson H G, 2004. Triticale improvement and production[R]. Rome: FAO.

Mohammed Y S A, Eltayeb A E, Tsujimoto H, 2013. Enhancement of aluminum tolerance in wheat by addition of chromosomes from the wild relative *Leymus racemosus*[J]. Breeding Science, 63(4): 407-416.

Mohammed Y S A, Tahir I S A, Kamal N M, et al., 2014. Impact of wheat-*Leymus racemosus* added chromosomes on wheat adaption and tolerance to heat stress[J]. Breeding Science, 63(5): 450-460.

Mujeeb-Kazi A, 1996. Apomixis in trigeneric hybrids of *Triticum aestivum/Leymus racemosus//Thinopyrum elongatum*[J]. Cytologia, 61(1): 15-18.

Mujeeb-Kazi A, Rodriguez R, 1981. An intergeneric hybrid of *Triticum aestivum* L. × *Elymus giganteus* [J]. Journal of Heredity, 72: 253-256.

Mujeeb-Kazi A, Bernard M, Bekele G T, et al., 1983. Incorporation of alien genetic information from *Elymus giganteus* into *Triticum aestivum* [A]//Sakamoto S. Processing of 6th International Wheat Genetics Symposium [C]. Maruzen, Kyoto, Japan, 223-231.

Mujeeb-Kazi A, Roldan S, Suh D Y, 1987. Production and cytogenetic analysis of hybrids between *Triticum aestivum* and some caespitose *Agropyron* species[J]. Genome, 29(4): 537-553.

Oettler G, 2005. The fortune of a botanical curiosity-Triticale: past, present and future [J]. Journal of Agricultural Science, 143: 329–346.

Oettler G, Tams S H, Utz H F, et al., 2005. Prospects for hybrid breeding in winter Triticale. I. Heterosis and combining ability for agronomic traits in European elite germplasm[J]. Crop Science, 45(4): 1476-1482.

Orellana J, Vazquez J F, Carrillo J M, 1989. Genome analysis in wheat-rye-*Aegilops caudata* trigeneric hybrids [J]. Genome, 32(2): 169-172.

Pang Y, Cheng X, Zhao J, et al., 2014. Molecular cytogenetic characterization of a wheat-*Leymus mollis* 3D(3Ns) substitution line with resistance to leaf rust[J]. Journal of Genetics & Genomics, 41(4): 205-214.

Payne P I, 1987. Genetics of wheat storage proteins and the effect of allelic variation on bread-making quality[J]. Annual Review of Plant Biology, 38(1): 141-153.

Qi L L, Wang S L, Cheng P D, et al., 1997. Molecular cytogenetic analysis of *Leymus racemosus* chromosomes added to wheat[J]. Theoretical & Applied Genetics, 95 (7): 1084-1091.

Qi L L, Pumphrey M O, Friebe B, et al., 2008. Molecular cytogenetic characterization of alien introgressions with gene *Fhb3* for resistance to *Fusarium* head blight disease of wheat[J]. Theoretical & Applied Genetics, 117 (7): 1155-1166.

Raina S N, Rani V, 2001. GISH technology in plant genome research [J]. Methods in Cell Science, 23: 83-104.

Rees H, 1955. Genotypic control of chromosome behaviour in rye. I. Inbred lines[J]. Heredity, 9 (3): 93-116.

Ren W, Xie J, Hou X, et al., 2018. Potential molecular mechanisms of overgrazing-induced dwarfism in sheepgrass (*Leymus chinensis*) analyzed using proteomic data[J]. BMC Plant Biology, 18 (1): 81.

Riley R, Chapman V, 1958. Genetic control of the cytologically diploid behaviour of hexaploid wheat[J]. Nature, 182 (4637): 713-715.

Sanchez-Monge Laguna E, 1959. Hexaploid Triticale[A]//Proceedings 1st. International Wheat Genetics Symposium[C]. Winnipeg: Public Press Ltd, 181-194.

Sandler L, Lindsley D L, Nicolettf B, et al., 1968. Mutants affecting meiosis in natural populations of *Drosophila melanogaster* [J]. Genetics, 60: 525-558.

Schinkel B, 2002. Triticale–still a healthy crop[A]//Proceedings of the 5th International Triticale Symposium[C]. Radzików, Poland, 157-162.

Schneider A, Molnár I, Molnár-Láng M, 2008. Utilization of *Aegilops* (goatgrass) species to widen the genetic diversity of cultivated wheat[J]. Euphytica, 163 (1): 1-19.

Schwarzacher T, Anamthawat-Jónsson K, Harrison G E, et al., 1992. Genomic *in situ* hybridization to identify alien chromosomes and chromosome segments in wheat [J]. Theoretical & Applied Genetics, 84: 778-786.

Sears E R, 1972. Chromosome engineering in wheat [A]//Stadler Genetics Symposia [C]. University of Missouri, Columbia, 4: 23-38.

Sears E R, 1976. Genetic control of chromosome pairing in wheat[J]. Annual Review of Genetics, 10 (1): 31-51.

Sears E R, 1977. An induced mutant with homoeologous pairing in common wheat[J]. Canadian Journal of Genetics & Cytology, 19: 585-593.

Sears E R, 1982. A wheat mutant conditioning an intermediate level of homoeologous pairing [J]. Canadian Journal of Genetics & Cytology, 24: 715-719.

Singh N, Shepherd K, McIntosh R, 1990. Linkage mapping of genes for resistance to leaf, stem and stripe rusts and ω-secalins on the short arm of rye chromosome 1R[J]. Theoretical & Applied Genetics, 80 (5): 609-616.

Sodkiewicz W, Apolinarska B, Sodkiewicz T, et al., 2011. Effect of chromosomes of the wheat D genome on traits of hexaploid substitution Triticale[J]. Cereal Research Communications, 39 (3): 445-452.

Sun G L, Yen C, 1994. The ineffectiveness of the ph1b gene on chromosome association in the F_1 hybrid, *Triticum aestivum* × *Psathyrostachys huashanica*[J]. Wheat Information Service, 79: 28-32.

Sun G L, Yan J, Yang J L, 1992. Production and cytogenetic study of intergeneric hybrid between *Triticum aestivum* and *Psathyrostachys* species[J]. Acta Genetica Sinica, 19 (4): 322-326.

Sun Y, Pu Z, Dai S, et al., 2014. Characterization of y-type high-molecular-weight glutenins in tetraploid species of *Leymus*[J]. Development Genes & Evolution, 224 (1): 57-64.

Tang Z X, Yang Z J, Fu S L, 2014. Oligonucleotides replacing the roles of repetitive sequences pAs1, pSc119.2, pTa-535, pTa71, CCS1, and pAWRC.1 for FISH analysis [J]. Journal of Applied Genetics, 55 (3): 313-318.

Tsitsin N V, 1965. Remote hybridization as a method of creating new species and varieties of plants[J]. Euphytica, 14(3): 326-330.

Varughese G, Pfeiffer W H, Peña R J, 1996a. Triticale: A successful alternative crop (Part 1) [J]. Cereal Foods World, 41 (6):474-482.

Varughese G, Pfeiffer W H, Peña R J, 1996b. Triticale: A successful alternative crop (part 2) [J]. Cereal Foods World, 41 (7): 635-645.

Villareal R, Mujeeb-Kazi A, Rajaram S, et al., 1994. Associated effects of chromosome 1B/1R translocation on agronomic traits in hexaploid wheat[J]. Japanese Journal of Breeding, 44(1): 7-11.

Wang J, Cheng X H, Du W L, et al., 2013. Morphological and molecular cytogenetic characterization of partial octoploid *Tritileymus*[J]. Genetic Resources & Crop Evolution, 60(4): 1453-1462.

Wang L S, Chen P D, 2008. Development of *Triticum aestivum-Leymus racemosus* ditelosomic substitution line 7Lr#1S(7A)with resistance to wheat scab and its meiotic behavior analysis[J]. Chinese Science Bulletin, 53: 3522-3529.

Wang L, Liu Y, Du W, et al., 2015. Anatomy and cytogenetic identification of a wheat-*Psathyrostachys huashanica* Keng line with early maturation[J]. PLoS ONE, 10(10): e0131841.

Wang X P, Fu J, Zhang X Q, et al., 2000. Molecular cytogenetic study on genome constitutes of octoploid *Tritileymus*[J]. Acta Botanica Sinica, 42(6): 582-586.

Xu S J, Joppa L R, 2000. Hexaploid triticales from hybrids of 'Langdon' durum D-genome substitutions with 'Gazelle' rye [J]. Plant Breeding, 119: 223-226.

Yang X, Wang C, Chen C, et al., 2014. Chromosome constitution and origin analysis in three derivatives of *Triticum aesticum-Leymus mollis* by molecular cytogenetic identification[J]. Genome, 57(11/12): 1-9.

Yang X, Wang C, Li X, et al., 2015. Development and molecular cytogenetic identification of a novel wheat-*Leymus mollis* Lm#7Ns(7D)disomic substitution line with stripe rust resistance[J]. PLoS ONE, 10: e0140227.

Yang X, Li X, Wang C, et al., 2017. Isolation and molecular cytogenetic characterization of a wheat-*Leymus mollis* double monosomic addition line and its progenies with resistance to stripe rust[J]. Genome, 60: 1029-1036.

Yang Z J, Li G R, Chang Z J, et al., 2006. Characterization of a partial amphiploid between *Triticum aestivum* cv. Chinese Spring and *Thinopyrum intermedium* ssp. *trichophyrum*[J]. Euphytica, 149(1-2): 11-17.

Zhang A, Li W, Wang C, et al., 2017. Molecular cytogenetics identification of a wheat-*Leymus mollis* double disomic addition line with stripe rust resistance[J]. Genome, 60(5): 375-383.

Zhang X, Cai J, Anderson J M, et al., 2010. Identification of disease resistance in wheat-*Leymus multicaulis* derivatives and characterization of *L. multicaulis* chromatin using microsatellite DNA markers[J]. Frontiers of Agriculture in China, 4(4): 394-405.

Zhao J X, Ji W Q, Wu J, et al., 2010. Development and identification of a wheat-*Psathyrostachys huashanica* addition line carrying HMW-GS, LMW-GS and gliadin genes[J]. Genetic Resources & Crop Evolution, 57(3): 387-394.

Zhao J X, Du W L, Wu J, et al., 2013. Development and identification of a wheat-*Leymus mollis* multiple alien substitution line[J]. Euphytica, 190: 45-52.

Zhao J, Wang X, Pang Y, et al., 2016. Molecular cytogenetic and morphological identification of a wheat-*L. mollis* 1Ns(1D)substitution line, DM45[J]. Plant Molecular Biology Reporter, 34(6): 1146-1152.

Zhao J, Liu Y, Cheng X, et al., 2019. Development and identification of a dwarf wheat-*Leymus mollis* double substitution line with resistance to yellow rust and *Fusarium* head blight[J]. Crop Journal, 7(4): 516-526.

图版 1

（小麦所种质圃，张海琴摄）

（陕西华山，张海琴摄）

华山新麦草（*Psathyrostachys huashanica*）

（小麦所种质圃，凡星摄）

新麦草（*Psathyrostachys juncea*）

图版 2

（美国威斯康星州，张海琴摄）　　　　（小麦所种质圃，周永红摄）

猬草（*Elymus hystrix*）

（四川崇州九龙沟，张海琴摄）

杜氏赖草（*Leymus duthiei*）

（黑龙江五常凤凰山，周永红摄）　　　　（小麦所种质圃，周永红摄）

柯马洛夫赖草（*Leymus komarovii*）　　　　朝鲜赖草（*Leymus coreanus*）

图版 3

（新疆赛里木湖，周永红摄）　　　　　（小麦所种质圃，凡星摄）

大赖草（*Leymus racemosus*）

（西藏江孜县，凡星摄）

羊草（*Leymus chinensis*）

（四川若尔盖，周永红摄）　　　　　（青海青海湖，凡星摄）

赖草（*Leymus secalinus*）

图版 4

（青海诺木洪农场，杨瑞武摄）

柴达木赖草（*Leymus pseudoracemosus*）

（小麦所种质圃，凡星摄）

沙生赖草（*Leymus arenarius*）　　　　窄颖赖草（*Leymus angustus*）

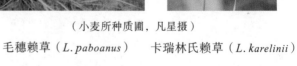

（加拿大纽芬兰岛，凡星摄）　　　（小麦所种质圃，凡星摄）

滨麦（*L. mollis*）　　毛穗赖草（*L. paboanus*）　　卡瑞林氏赖草（*L. karelinii*）

图版 5

（小麦所基地，康厚扬摄）

小麦-华山新麦草双二倍体 　　具华山新麦草遗传物质的小麦品系蜀麦1810与蜀麦3226

（甘肃合作，杨瑞武摄）　　　　（四川红原，周永红摄）　　　　（甘肃夏河，周永红摄）

（四川若尔盖，周永红摄）　　　（内蒙古乌拉特前旗，加拿大　　　（加拿大纽芬兰省钱纳尔-
　　　　　　　　　　　　　　　圣玛丽大学孙根楼摄）　　　　巴斯克港镇，沙莉娜摄）

小麦族野生资源野外考察

图版 6

（周永红摄）

小麦所种麦圃

（6届国际组委会主席R. von Bothmer）　　　　（7届国际组委会主席M. E. Barkworth）

2013年第七届国际小麦族学术会议与会专家参观种质圃（沙莉娜摄）

（洪德元院士为组长的专家组）　　　　　　　　（成果汇报）

2013年成果鉴定会（张海琴摄）

图版 7

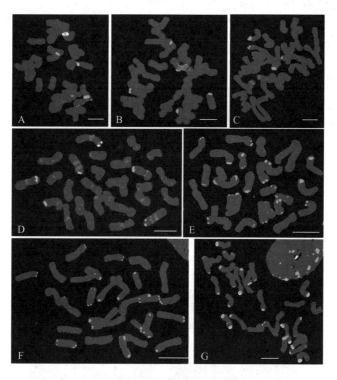

猬草属 3 个物种的 FISH 分析

注：A. *Hystrix patula*，5S rDNA（红）和 45S rDNA（绿）；B. *Hystrix duthiei*，5S rDNA（红）和 45S rDNA（绿）；C. *Hystrix longearistata*，5S rDNA（红）和 45S rDNA（绿）；D. *Hystrix patula*，(AAG)$_{10}$（红）和 pLrTaiI-1（绿）；E. *Hystrix duthiei*，(AAG)$_{10}$（红）和 pLrTaiI-1（绿）；F. *Hystrix longearistata*，(AAG)$_{10}$（红）和 pLrTaiI-1（绿）；G. *Hystrix patula*，pPlTaq2.5（红）和 pCbTaq4.14（绿）。

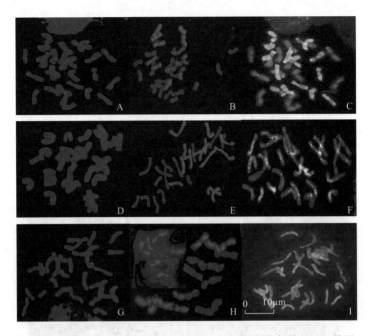

Hystrix patula、*H. duthiei* 和 *H. longearistata* 根尖染色体 GISH 结果

注：A-C. *Hystrix patula*: A. DAPI 染色，B. *Pseudoroegneria spicata* 的 **St** 基因组 DNA 作探针（红），*Hordeum bogdanii* 的 **H** 基因组 DNA 作封阻，14 条染色体显示红色，C. **St** 基因组 DNA（红色）和 **H** 基因组 DNA（绿色）双色杂交，14 条染色体显示红色，14 条染色体显示绿色；D-F. *Hystrix duthiei*: D. DAPI 染色，E. *Psathyrostachys huashanica* 的 **Ns** 基因组 DNA 作探针（红），*Lophopyrum elongatum* 的 **E^e** 基因组 DNA 作封阻，14 条染色体显示红色，F. **Ns** 基因组 DNA（红色）和 **E^e** 基因组 DNA（绿色）双色杂交，14 条染色体整体显示红色，几乎 28 条染色体显示点状分布的绿色杂交信号；G-I. *Hystrix longearistata*: G. DAPI 染色，H. *Psathyrostachys huashanica* 的 **Ns** 基因组 DNA 作探针（红），*Lophopyrum elongatum* 的 **E^e** 基因组 DNA 作封阻，14 条染色体显示红色，I. **Ns** 基因组 DNA（红色）和 **E^e** 基因组 DNA（绿色）双色杂交，14 条染色体整体显示红色，所有 28 条染色体显示呈点状分布的绿色杂交信号。

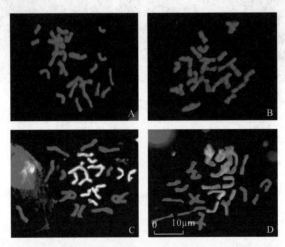

Hystrix komarovii 的 GISH 图

A. *Pseudoroegneria spicata* 的 **St** 基因组 DNA 作探针，*Hordeum bogdanii* 的 **H** 基因组 DNA 作封阻，28 条染色体没有显示杂交信号；B. *Hordeum bogdanii* 的 **H** 基因组 DNA 作探针，*Pseudoroegneria spicata* 的 **St** 基因组 DNA 作封阻，28 条染色体没有显示杂交信号；C. *Psathyrostachys huashanica* 的 **Ns** 基因组 DNA 作探针，*Lophopyrum elongatum* 的 **E^e** 基因组 DNA 作封阻，14 条染色体显示明亮的黄色荧光杂交信号；D. *Lophopyrum elongatum* 的 **E^e** 基因组 DNA 作探针，*Psathyrostachys huashanica* 的 **Ns** 基因组 DNA 作封阻，14 条染色体显示黄色荧光杂交信号。

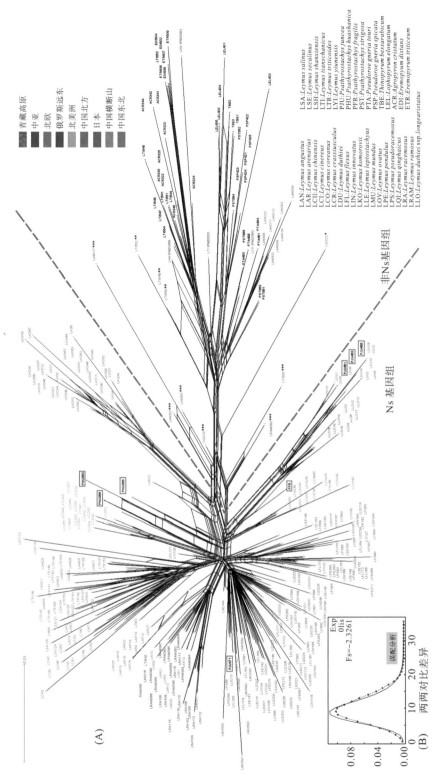

赖草属和小麦族二倍体植物系统网状支系图(A)和赖草属植物Ns基因组Ns基因组类型ITS序列的错配分布和Tajima's统计量(B)

注：序列分为两个主要的分支，其中虚线左侧是Ns基因组ITS序列，右侧是非Ns基因组ITS序列。物种名称后面的数字是指克隆数。来自Psathyrostachys植物的序列用红色框框装出显示。由星号标记的序列表示三种类型潜在的嵌合ITS序列。物种名称的缩写列于图的右下角。不同的颜色标记了赖草属植物的地理信息。

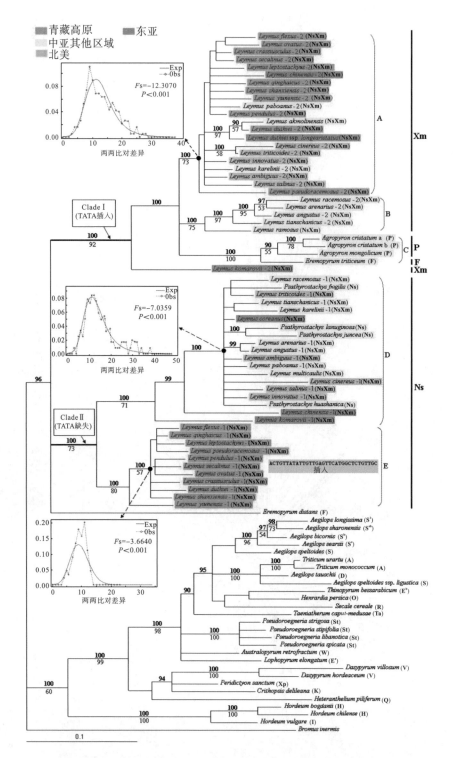

基于赖草属及近缘属植物树 *Acc1* 序列的外显子+内含子序列构建的 ML 树

注：分支上加粗的数字是后验概率值≥90%，分支下是自展值≥50%。物种名称后面的数字是 *Acc1* 序列克隆类型。括号中的大写字母表示物种的基因组。不同的颜色标记了赖草属植物的地理信息。方框内为误配分析和 Fs 统计量。字母 a 和 b 代表两种不同地理来源的 *Agropyron cristatum*。

CS*ph2b*×*Psathyrostachys huashanica* 杂种 F$_1$ 及其亲本的穗部特征

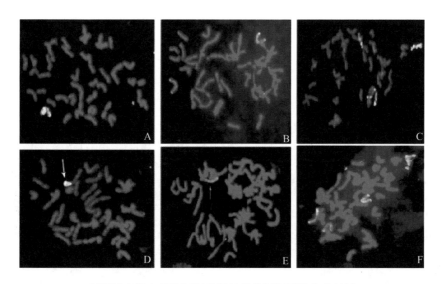

利用华山新麦草基因组做探针的基因组原位杂交结果

注：A. 163-1，43 条染色体，含 1 条华山新麦草染色体；B. 160-13，44 条染色体，含 1 对华山新麦草染色体；C. 165-2，46 条染色体，含 2 对华山新麦草染色体；D. 241-2，42 条染色体，一条短臂易位染色体(箭头所示)；E. 241-10，42 条染色体，一条长臂易位染色体(箭头所示)；F. 160-1，45 条染色体，含 3 条华山新麦草染色体。

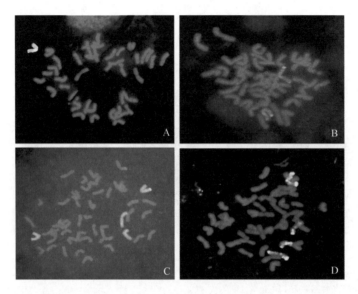

衍生后代的 GISH 分析

注：A. 240-3，43 条染色体，附加 1 条华山新麦草染色体；B. 183-20，44 条染色体，附加 1 对华山新麦草染色体；C. 165-20，46 条染色体，附加 2 对华山新麦草染色体；D. 219-1，44 条染色体，附加 2 对华山新麦草染色体。

亲本及衍生后代的抗病性

注：A. 183-20，免疫；B. 165-1，高抗；C～E. 160-13、CSph2b 和郑麦 9023，高感。

双二倍体 PHW-SA 的植株形态

双二倍体 PHW-SA 及其亲本的小穗形态

注：a. 普通小麦 J-11；b. 双二倍体 PHW-SA；c. *Psathyrostachys huashanica*。

A   B   C

双二倍体 PHW-SA 及其亲本的籽粒形态

注：A. 普通小麦 J-11；B. 双二倍体 PHW-SA；C. *Psathyrostachys huashanica*。

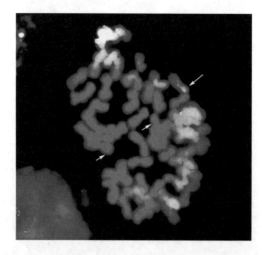

双二倍体 PHW-SA 的 GISH 检测结果

注：短箭头表示小片段易位染色体，长箭头表示含有整条染色体臂的易位染色体。

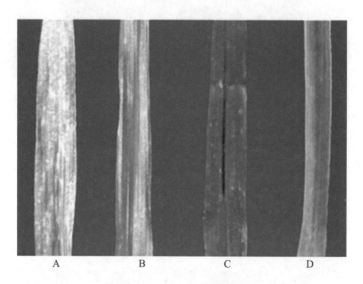

A　　　　　　　B　　　　　　　C　　　　　　　D

材料 K-13-853-3 抗条锈病鉴定

注：A. SY95-71；B. 川农 16；C. K-13-835-3；D. PHW-SA。

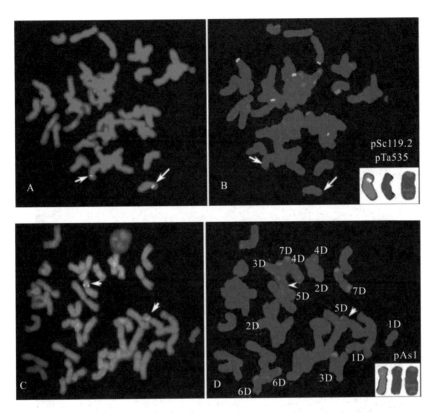

材料 K-13-835-3 根尖细胞中期染色体 GISH 和 FISH 检测

注：A、C. 用华山新麦草基因组 DNA 作探针，J-11 为封阻的 GISH 结果；B. 用 pSc119.2(绿色)和 pTa535(红色)作探针的 FISH 结果；D. 用 pAs1(红色)作探针的 FISH 结果。白色箭头表示发生易位的染色体部位，右下角的图从左至右依次是 GISH、FISH 和模式图的染色体放大。

材料 K-13-835-3 及亲本的植株、穗子和籽粒形态比较

注：A. 成株期；B. 穗子；C. 小穗和籽粒；1. 川农 16；2. K-13-835-3；3. PHW-SA。

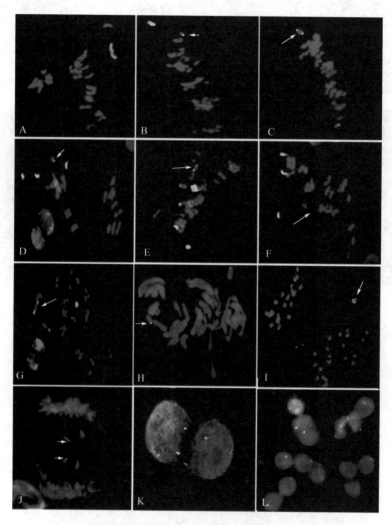

PHW-SA×中 3 三属杂种 F₅ 代花粉母细胞染色体 GISH 检测结果

注：A. 两条单价体出现信号；B. 一个单价体和另一个单价体一端部出现信号(箭头所示)；C. 一个单价体和另一单价体两端部出现信号(箭头所示)；D. 三个单价体和一个单价体一端部出现信号(箭头所示)；E. 三个单价体、一个环状二价体和另一单价体两端部出现信号(箭头所示)；F. 一个棒状二价体、一个单价体(除去端部)和另一个单价体端部出现信号(箭头所示)；G. 一个环状二价体、一个棒状二价体、一个单价体以及另一个单价体两端部有信号(箭头所示)；H. 纯合易位系；I、J. 携带中间偃麦草染色体片段的落后染色体(箭头所示)；K、L. 减数分裂完成后形成的子细胞中出现的点状信号。

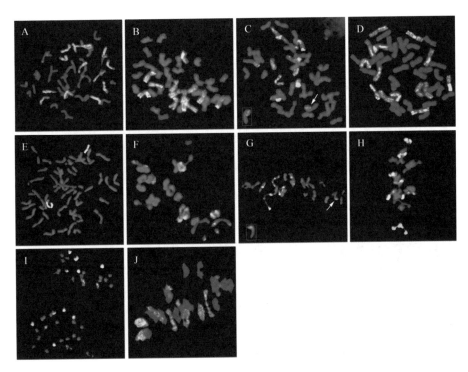

有丝分裂(A～E)与减数分裂(F～J)染色体基因组原位杂交

注：A～D 与 F～I. 采用黑麦 DNA 作为探针；E. 采用华山新麦草 DNA 作为探针；J. 采用黑麦和华山新麦草混合探针；全部实验均使用中国春 DNA 作为封阻；A、E、J. 株系 938-1，当使用黑麦 DNA 作为探针时，14 条染色体显示黄绿色信号(A)；当使用华山新麦草 DNA 作为探针时，2 条染色体显示黄绿色信号(E)；当使用二者混合 DNA(**R+Ns**)作为探针时，2 个单价体和 7 个二价体显示黄绿色信号(J)；B、F. 株系 939-10，有丝分裂中期 I 时 13 条染色体显示黄绿色信号(B)；减数分裂中期 I 时，1 个单价体和 6 个二价体显示黄绿色信号(F)；C、G. 株系 951-13，有丝分裂中期时 10 条染色体和一条染色体片段(箭头所示)显示黄绿色信号(C)；减数分裂中期 I 时，5 个二价体和一条染色体片段(箭头所示)显示黄绿色信号(G)；D、H、I. 株系 953-3，有丝分裂中期时 14 条染色体显示黄绿色信号(D)；减数分裂中期 I 时，7 个二价体显示黄绿色信号(H)；在减数分裂后期 I 时，单价体正常分离(I)。

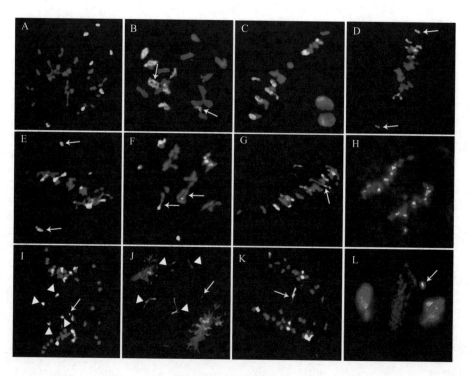

减数分裂黑麦染色体行为

注：在基因组原位杂交中，黑麦 DNA 被标记作为探针(黄绿色信号)，中国春 DNA 作为封阻。A. F_1 杂种减数分裂中期 I，显示 7 个黑麦单价体；B. F_3 株系双线期，显示 6 个二价体和 2 个单价体(箭头所示)源于黑麦；C. F_3 株系中期 I，显示 7 个二价体源于黑麦；D. F_3 株系中期 I，显示 2 个黑麦单价体位于赤道平面上(箭头所示)；E. F_3 株系中期 I，显示 2 个黑麦单价体位于赤道平面外(箭头所示)；F. F_3 株系中期 I，显示两条易位染色体(箭头所示)；G. F_3 株系中期 I，显示一个三价体，其包含一条黑麦染色体(箭头所示)；H. F_3 株系后期 I，显示正常的同源染色体分离；I. F_3 株系中后期 I，显示 2 个黑麦单价体平等分裂成 4 个染色单体(三角所示)，并可见一染色体片段(箭头所示)；J. F_3 株系晚后期 I，显示 2 个黑麦单价体平等分裂成 4 个染色单体(三角所示)，并可见一染色体片段(箭头所示)；K. F_3 株系后期 I，显示一染色体桥(箭头所示)；L. F_3 株系末期 I，黑麦染色体形成微核(箭头所示)。

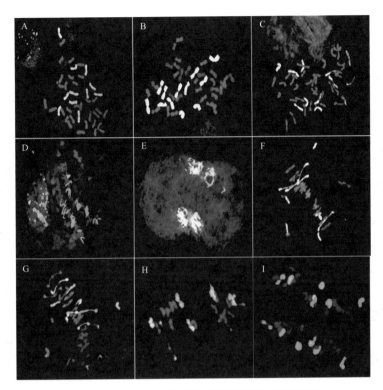

三属杂种 F₄ 代根尖细胞和花粉母细胞 GISH 鉴定

注：A～E. 根尖；F～I. 花粉母细胞。A. 2n=42=11R+31W；B. 2n=42=12R+30W；C. 2n=45=12R +33W；D. 有丝分裂后期；
E. 有丝分裂末期；F. 714-8，2n=44=13R+31W；G. 843-7，2n=46=13R +33W；H. 732-8，2n=42=14R+28W；I. 732-8，减数分裂末期Ⅰ。以地高辛标记的黑麦总 DNA 作为探针，黄绿色信号的为黑麦染色体，其余染色体呈红色。

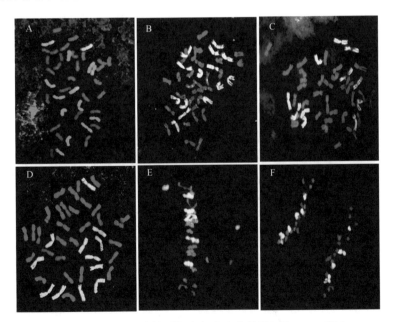

三属杂种 F₅ 代 24 个株系根尖细胞和花粉母细胞 GISH 鉴定

注：A～D. 根尖；E、F. 花粉母细胞。A. 526-5，2n=42=14R+28W；B. 537-1，2n=42=14R+28W；C. 547-3，2n=42=12R+30W；
D、E. 548-3，2n=42=12R + 30W；F. 548-3，减数分裂Ⅰ末期。

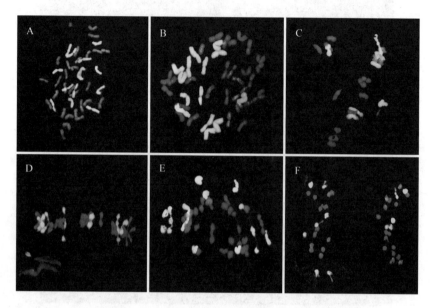

13 个新型小黑麦株系根尖细胞和花粉母细胞 GISH 鉴定

注：A、B. 根尖；C～F. 花粉母细胞。A、C. 555-4；B、D～F. 561-2。

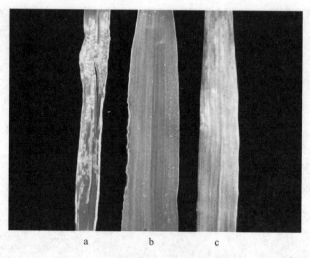

三属杂种 F_5 抗条锈病鉴定

注：a. 中饲 828；b. 三属杂种 F_5；c. 双二倍体 PHW-SA。

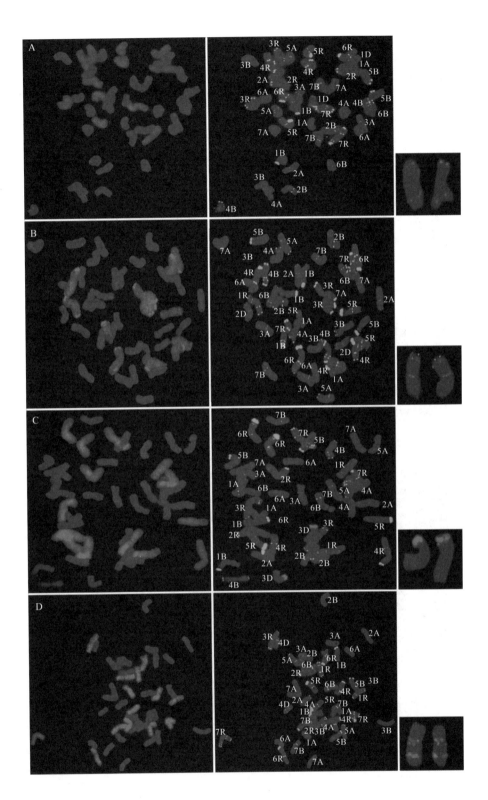

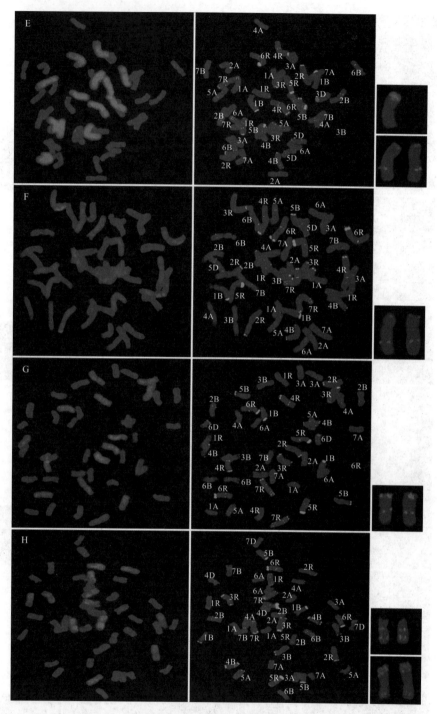

F₇ 代 8 份材料的 FISH 和 GSIH 鉴定结果 (见本书彩图版)

注：A. K16-1550-6-8，$2n=42=14\,A+14\,B+12\,R+II\,1D$；B. K16-4173-3，$2n=42=14\,A+14\,B+12\,R+II\,2D$；C. K16-1565-6-3，$2n=42=14\,A+12\,B+14\,R+II\,3D$；D. K16-1549-10-3，$2n=42=14\,A+12\,B+14\,R+II\,4D$；E. K16-1565-6-4，$2n=42=14\,A+12\,B+13\,R+II\,5D+I\,3D$；F. K16-601-1-4，$2n=43=14\,A+13\,B+14\,R+II\,5D$；G. K16-4121-3，$2n=44=14\,A+14\,B+14\,R+II\,6D$；H. K16-1566-4-1，$2n=44=14\,A+14\,B+12\,R+II\,4D+II\,7D$。图片左侧为 GISH 结果，中间为相应的 FISH 结果，右侧为相应导入的 D 染色体。pSc119.2 的信号标记为绿色，pTa535 的信号标记为红色。